智能建筑弱电工程
从入门到精通

建筑弱电工程
设计与施工

JIANZHU RUODIAN GONGCHENG
SHEJI YU SHIGONG

肖文军　主编

中国电力出版社
CHINA ELECTRIC POWER PRESS

内 容 提 要

本书引用最新标准规范，如 GB 50057—2010《建筑物防雷设计规范》，GB 50314—2015《智能建筑设计标准》，GB 50339—2013《智能建筑工程质量验收规范》，GB 50395—2007《视频安防监控系统工程设计规范》，GB 50151—2010《泡沫灭火系统设计规范》，GB 50166—2007《火灾自动报警系统施工及验收规范》等进行编写。

全书共分 14 章，主要包括弱电系统常用材料、弱电工程项目运作程序及施工注意事项、综合布线系统施工、电话通信系统施工、卫星和有线电视接收系统安装、扩声音响系统施工、防盗报警系统施工、火灾自动报警及消防联动系统施工、建筑设备监控系统施工、防雷及接地系统施工、可视对讲系统施工、出入口控制系统施工、停车场管理系统施工等施工操作技术要点及综合案例。书中紧扣当前建筑物所配弱电系统的实际情况，有的放矢，为读者在工作中实际运用提供尽可能多的便利资料。

本书适用于初入职从事建筑弱电工程施工人员、相应管理人员等。

图书在版编目（CIP）数据

智能建筑弱电工程从入门到精通．建筑弱电工程设计与施工／肖文军主编．—北京：中国电力出版社，2018.9（2024.5 重印）

ISBN 978-7-5198-0797-9

Ⅰ.①智… Ⅱ.①肖… Ⅲ.①智能建筑-电气设备-工程设计②智能建筑-电气设备-工程施工 Ⅳ.①TU85

中国版本图书馆 CIP 数据核字（2017）第 122065 号

出版发行：中国电力出版社
地　　址：北京市东城区北京站西街 19 号（邮政编码 100005）
网　　址：http：//www.cepp.sgcc.com.cn
责任编辑：王晓蕾（010-63412610）
责任校对：黄　蓓　马　宁
装帧设计：张俊霞
责任印制：杨晓东

印　　刷：北京雁林吉兆印刷有限公司
版　　次：2018 年 9 月第一版
印　　次：2024 年 5 月北京第九次印刷
开　　本：787 毫米×1092 毫米　16 开本
印　　张：22.75
字　　数：556 千字
定　　价：68.00 元

编委会成员

主编 肖文军

编委 郭晓平 张金明 刘彦林 徐树峰

杨 杰 刘 义 冯 波 张计锋

毛新林 孙 丹 李志刚 孙兴雷

韩玉祥 梁 燕 马立棉 杨晓方

前　言

建筑中的弱电主要有两类：一类是国家规定的安全电压等级及控制电压等低电压电能，有交流与直流之分，如 24V 直流控制电源，或应急照明灯备用电源；另一类是载有语音、图像、数据等信息的信息源，如电话、电视、计算机的信息。建筑弱电是一门综合性的技术，它涉及学科十分广泛，且朝着综合、智能化方向发展，使得建筑物的服务功能大大扩展，进而增加了建筑物与外界的信息交换能力。

常用的建筑弱电系统主要有：① 电话通信系统，实现电话（包括三类传真机、可视电话等）通信功能。② 计算机局域网系统，是实现办公自动化及各种数据传输的网络基础。③ 音乐/广播系统，通过安装在现场（如商场、车站、餐厅、客房、走廊等处）的扬声器播放音乐，并可通过传声器对现场进行广播。④ 有线电视信号分配系统，将有线电视信号均匀地分配到楼内各用户点。⑤ 视频监控系统，通过安装在现场的摄像机、防盗探测器等设备，对建筑物的各出入口和一些重要场所进行监视和异常情况报警等。⑥ 消防报警系统，该系统由火灾报警及消防联动系统、消防广播系统、火警对讲电话系统等 3 部分组成。⑦ 出入口控制系统/一卡通系统，使用计算机、智能卡门锁、读卡器等设备，对各出入口状态进行设置、监视、控制和记录等。⑧ 停车场收费管理系统，通过安装在出入口地面下的感应线圈，感应车辆的出入，通过人工/半自动/全自动收费管理系统，实现收费和控制电动栏杆的启闭等。⑨ 楼宇自控系统，通过与现场控制器相连的各种检测和执行器件，对大楼内外的各种环境参数以及楼内各种设备（如空调、给排水、照明、供配电、电梯等设备）的工作状态进行检测、监视和控制，并通过计算机网络连接各现场控制器，对楼内的资源和设备进行合理分配和管理，达到舒适、便捷、节省、可靠的目的。

本书以建筑弱电工程的设计与施工技术为核心，将弱电工程的子系统进行了细分，阐述了弱电子系统的设计、施工和检验、验收技术，融入了工程的设计思想、常用的计算公式、设计图表、设计实例，设备、线缆的选型，施工、安装工艺，工程质量检验与检测等，是比较系统、完整地介绍建筑弱电工程设计、施工、测试、验收技术的实用工具书。本书的读者对象是建筑设计院所、建筑施工企业、机电安装公司、安防与智能化系统集成商等单位的从事弱电工程设计、施工、监理、验收、管理的工程技术人员、技术工人，从事房地产开发、物业管理的工程技术人员以及各大专院校相关专业师生。

真诚欢迎相关人员阅读和使用，也希望广大读者提出完善建议和意见。

编　者

2018. 7

目　　录

前言

第一章　弱电系统常用材料 …… 1
第一节　弱电系统常用电缆 …… 1
第二节　弱电系统常用管材 …… 5
第二章　弱电工程项目运作程序及施工注意事项 …… 13
第三章　综合布线系统施工 …… 20
第一节　综合布线常用材料 …… 20
第二节　综合布线系统组成及布线方式 …… 26
第三节　综合布线系统施工图识读 …… 30
第四节　综合布线施工前准备工作 …… 31
第五节　综合布线系统施工基本要求 …… 33
第六节　布线系统管槽敷设 …… 37
第七节　桥架的安装 …… 40
第八节　电缆的布设施工 …… 42
第九节　光缆布线 …… 52
第十节　综合布线系统测试与验收 …… 56
第十一节　某建筑办公楼综合布线实施方案 …… 61
第四章　电话通信系统施工 …… 65
第一节　电话通信配套设施及材料设备 …… 65
第二节　电话通信系统组成 …… 73
第三节　电话通信系统施工图识读 …… 79
第四节　电话通信系统安装基本要求 …… 81
第五节　电话站布置 …… 88
第六节　电话通信系统管路分布及交接箱安装 …… 91
第七节　电话通信系统测试 …… 99
第八节　电话通信系统验收 …… 102
第五章　卫星和有线电视接收系统施工 …… 107
第一节　卫星和有线电视接收系统组成 …… 107
第二节　卫星和有线电视系统图识读 …… 110
第三节　卫星和电视系统施工基本要求 …… 111
第四节　卫星和有线电视系统施工技术 …… 114
第五节　卫星和有线电视接收系统调试 …… 125

第六节　卫星和有线电视系统验收…… 129
第七节　某建筑卫星接收及有线电视系统安装指导书…… 133
第六章　扩声音响系统施工…… 137
第一节　扩声音响系统组成…… 137
第二节　扩声音响系统安装…… 142
第三节　扩声音响系统的检测与验收…… 149
第七章　防盗报警系统施工…… 151
第一节　防盗报警系统组成…… 151
第二节　防盗报警系统图识读…… 160
第三节　防盗报警系统施工基本要求…… 161
第四节　防盗报警系统施工准备…… 162
第五节　防盗报警系统的缆线敷设…… 164
第六节　防盗报警系统报警控制器的安装…… 165
第七节　各种探测报警器的安装要点…… 167
第八节　防盗报警系统检测及验收…… 171
第九节　某医院防盗报警系统安装方案…… 174
第八章　火灾自动报警及消防联动系统施工…… 188
第一节　火灾自动报警及消防联动系统组成…… 188
第二节　火灾自动报警及消防联动控制系统识图…… 202
第三节　火灾自动报警及消防联动系统控制原理…… 204
第四节　火灾自动报警及消防联动系统施工基本要求…… 205
第五节　火灾自动报警及消防联动系统布线与配管…… 207
第六节　火灾探测器的安装…… 211
第七节　消防联动控制系统安装…… 220
第八节　建筑消防系统接地…… 224
第九节　火灾自动报警及消防联动系统调试…… 225
第十节　火灾自动报警及消防联动系统的验收…… 234
第十一节　某公司火灾自动报警系统安装方案…… 241
第九章　建筑设备监控系统施工…… 260
第一节　建筑设备监控系统安装基本要求…… 260
第二节　建筑设备监控系统管线敷设…… 263
第三节　建筑设备监控系统安装及验收…… 265
第十章　防雷及接地系统施工…… 272
第一节　防雷与接地系统组成…… 272
第二节　弱电系统防雷接地施工准备…… 273
第三节　弱电系统防雷引下线安装…… 274
第四节　避雷针安装…… 277
第五节　接闪器安装…… 280
第六节　接地装置安装…… 283

第七节　等电位联结的要求…………………………………………………………… 285
第八节　防雷接地系统施工质量验收……………………………………………… 288
第九节　某办公楼工程防雷接地系统施工方案…………………………………… 290
第十一章　可视对讲系统施工…………………………………………………………… 300
第一节　可视对讲系统的方式……………………………………………………… 300
第二节　可视对讲系统安装………………………………………………………… 306
第三节　可视对讲系统检测与验收………………………………………………… 311
第四节　某访客可视对讲系统设计方案…………………………………………… 313
第十二章　出入口控制系统施工………………………………………………………… 318
第一节　出入口控制系统的类别…………………………………………………… 318
第二节　出入口控制系统组成……………………………………………………… 320
第三节　出入口控制系统设备安装一般要求……………………………………… 322
第四节　出入口控制系统安装……………………………………………………… 327
第五节　出入口控制系统的检测与验收…………………………………………… 329
第六节　出入口控制系统的防护等级……………………………………………… 330
第十三章　停车场管理系统施工………………………………………………………… 334
第一节　停车场管理系统用设备…………………………………………………… 334
第二节　停车场管理系统施工……………………………………………………… 335
第三节　停车场管理系统安装……………………………………………………… 339
第四节　停车场管理系统的检测与验收…………………………………………… 341
第十四章　弱电工程施工综合案例……………………………………………………… 343
参考文献…………………………………………………………………………………… 354

第一章　弱电系统常用材料

第一节　弱电系统常用电缆

一、普通电缆

1. 电缆的型号

电缆产品的型号由汉语拼音字母组成，通常由类别、导体材料、绝缘材料、内外护层、特征代号等部分组成。

常用电缆型号中字母的含义及排列顺序见表 1-1。

表 1-1　　常用电缆型号字母含义

类　别		绝缘种类		线芯材料种类	内护层		特征类型	外护层
代号	意义	代号	意义		代号	意义		
不表示	电力电缆	Z	纸绝缘	T—铜 L—铝	Q	铅护套	D—不滴流 F—分相铅包 P—屏蔽 C—重型	数字
K	控制电缆	X	橡皮		L	铝护套		
Y	移动式软电缆	V	聚氯乙烯		H	橡皮		
P	信号电缆	Y	聚乙烯		（H）F	非燃性橡套		
H	市内电话电缆	YJ	交联聚乙烯		V	聚氯乙烯护套		
					Y	聚乙烯护套		

2. 电缆结构

电缆的基本结构一般是由导电线芯、绝缘层、屏蔽层和保护层四个主要部分组成。

（1）导电线芯。导电线芯用来输送电流信号的，必须具有较高的导电性，足够的机械强度和柔软性，通常由铜或铝的多股绞线做成，我国制造的电缆线芯的标称截面有 $0.32mm^2$、$0.4mm^2$、$0.5mm^2$、$0.6mm^2$、$0.8mm^2$、$1mm^2$、$1.5mm^2$、$2.5mm^2$、$4mm^2$、$6mm^2$、$10mm^2$、$16mm^2$、$25mm^2$、$35mm^2$、$70mm^2$、$95mm^2$、$120mm^2$、$150mm^2$、$185mm^2$、$240mm^2$、$300mm^2$、$400mm^2$、$500mm^2$、$625mm^2$、$800mm^2$ 等。

（2）绝缘层。绝缘层的作用是将导电线芯与相邻导体以及保护层隔离，用来抵抗电力、电流、电压、电场对外界的作用，保证电流沿线芯方向传输。绝缘的好坏，直接影响电缆运行的质量。电缆的绝缘层通常采用纸、橡皮、聚氯乙烯、聚乙烯、聚丙烯、交联聚乙烯等。

（3）屏蔽层。屏蔽层为金属层，是为了减少电缆工作回路受外界磁场的干扰而添加的。有纵包和绕包两种。屏蔽方式及材料由裸铝带、双面涂塑铝带、铜带、铜包不锈钢带、裸铝裸钢双层金属带、双面涂塑铝钢双层金属带等。

（4）保护层。保护层简称护层，它是为使电缆适应各种使用环境，而在绝缘层外面所施加的保护覆盖层。其主要作用是保护电缆在敷设和运行过程中，免遭机械损伤和各种环境因素的破坏，以保持长时间稳定的电气性能。

3. 常见电缆、电线

常用聚氯乙烯绝缘电缆（电线）型号和名称，规格见表 1-2 和表 1-3，其他的参见附录。

表 1-2　电缆（电线）型号和名称

型　号	名　称	用　途
BV	铜心聚氯乙烯绝缘电缆（电线）	固定敷设
BLV	铝心聚氯乙烯绝缘电缆（电线）	固定敷设
BVR	铜心聚氯乙烯绝缘软电缆（电线）	固定敷设是要求柔软的场合
BVV	铜心聚氯乙烯绝缘聚氯乙烯护套圆形电缆	固定敷设
BLW	铝心聚氯乙烯绝缘聚氯乙烯护套圆形电缆	固定敷设
BVVB	铜心聚氯乙烯绝缘聚氯乙烯护套平行电缆（电线）	固定敷设
BLVVB	铝心聚氯乙烯绝缘聚氯乙烯护套平行电缆（电线）	固定敷设
BV-105	铜心耐热 105℃聚氯乙烯绝缘电缆（电线）	固定敷设

表 1-3　电缆的规格

型　号	额定电压/V	芯　数	标称截面/mm^2
BV	300/500	1	0.5～1
	450/750	1	1.5～400
BLV	450/750	1	2.5～400
BVR	450/750	1	2.5～70
BVV	300/500	1，2，3，4，5	0.75～70，1.5～35
BLVV	300/500	1	2.5～10
BVVB	300/500	2，3	0.75～10
BLVVB	300/500	2，3	2.5～10
BV-105	450/750	1	0.5～6

常用聚氯乙烯绝缘软电缆（电线）型号和名称，规格见表 1-4 和表 1-5。

表 1-4　软电缆（电线）型号和名称

型　号	名　称
RV	铜心聚氯乙烯绝缘连接软电缆（电线）
RVB	铜心聚氯乙烯绝缘平形连接软电线
RVS	铜心聚氯乙烯绝缘绞形连接软电线
RVV	铜心聚氯乙烯绝缘聚氯乙烯护套圆形连接软电缆
RVVB	铜心聚氯乙烯绝缘聚氯乙烯护套平形连接软电缆
RV-105	铜心耐热 105℃聚氯乙烯绝缘连接软电线

表 1-5　　　　软电缆的规格表

型　号	额定电压/V	芯　数	标称截面/mm²
RV	300/500	1	0.3~1
	450/750		1.5~70
RVB	300/300	2	0.3~1
RVS	300/300	2	0.3~0.75
RVV	300/300	2，3	0.5~0.75
	300/500	2，3，4，5	0.75~2.5
RVVB	300/300	2	0.5~0.75
	300/500		0.75

二、光纤电缆

光纤电缆具有传输损耗低、速率高、频带宽、无电磁干扰、保密性强、尺寸小、质量小等显著特点。光缆基本结构如图 1-1 所示。通信常用光纤用途及特性见表 1-6。

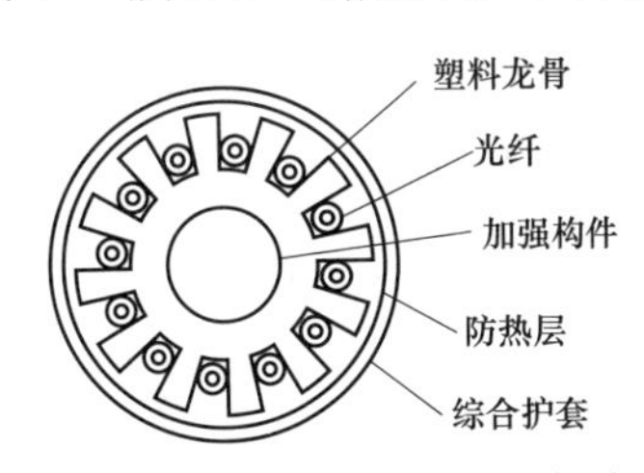

图 1-1　光缆基本结构（骨架式）

表 1-6　　　　通信常用光纤规格及特性

类别		特征	用　途	规格					
				芯径/μm	包层直径/μm	损耗/(dB/km)	传输带宽/(MHz/km)	波长/μm	数值孔径/NA
石英	多模突变光纤	传输损耗大	小容量，短距离，低速数据传输	50~100	125~150	3~4	200~1000	0.85	0.17~0.26
	多模渐变光纤	损耗较小，频带较宽	中小容量，中小距离，高速数据传输	50(±6%)	125(±2.4%)	0.8~3	200~1200	1.30	0.17~0.25
	单模光纤	损耗小，频带宽	大中小容量，长距离通信	9~10(±10%)	125(±2.4%)	0.4~0.7 0.2~0.5	几吉特~几十赫	1.30 1.55	≤6

光纤电缆传输特性（即数据率、带宽、损耗—距离）好，但成本太高，光纤的接插件价格也比 UTP 高得多。

三、同轴电缆

同轴电缆是由内外两层相互绝缘的金属导体同轴布置组成，内部为实心铜导线，外层为金属网，其线芯只有一根。具有高频损耗低、屏蔽及抗干扰能力强、使用频带宽等显著优点，广泛用于有线、无线、卫星、微波通信等系统中。在有线电视系统中，我国常规定采用特性阻抗为75Ω的同轴电缆作为传输线路。射频电缆型号的字母符号通常为四个部分，其型号及其字母符号意义见表1-7。

表1-7　　射频电缆型号及其字母符号

分类代号		绝缘材料		护套材料		派生特性	
符号	意义	符号	意义	符号	意义	符号	意义
S	同轴射频电缆	Y	聚乙烯	V	聚氯乙烯	P	屏蔽
SE	对称射频电缆	W	稳定聚乙烯	Y	聚乙烯	Z	综合
SJ	强力射频电缆	F	氟塑料	F	氟塑料		
SG	高压射频电缆	X	橡皮	B	玻璃丝编织		
SZ	延迟射频电缆	I	聚乙烯空气绝缘	H	橡皮		
ST	特性射频电缆	D	稳定聚乙烯空气绝缘	M	棉纱编织		
SS	电视电缆						

四、对绞电缆

对绞电缆（paired cable）是将相互扭绞的对称线对组成的电缆产品。根据性能加以分类，见表1-8。综合布线系统常用的双绞线规格型号见表1-9。

表1-8　　对绞电缆的分类

类别/Category	宽带/MHz	传输速率/(Mbit/s)	主要用途
一类（Cat1）			电话
二类（Cat2）	1	4	低速数据
三类（Cat3）	16	10	以太网10BaseT
四类（Cat4）	20	16	IBM令牌环网
五类（Cat5）	100	100～155	快速以太网及ATM
六类（Cat6）	200	155	千兆位以太网及622Mbit，ATM网
七类（Cat7）	600	>155	

表1-9　　PDS三类/四类/五类双绞线型号规格

技术数据 / 型号	支持网络速率/(Mbit/s)	频率衰减量（dB/100ft①）			
		1MHz	10MHz	16MHz	20MHz
Cat3	10	7.8	30	40	NS
Cat4	20	6.5	22	27	31
Cat5	155 FDD LTE/CDD LTE/ATM	6.3	20	25	28

① 1ft（英尺）= 0.304 8m。

目前，五类电缆是综合布线系统最常用的传输媒质，可用作垂直干线、水平布线、设备连线及跳线等。这种电缆的用量最大，使用长度应小于90m。设备连线是指终端设备（个人计算机、打印机、电话机等）与墙壁信息插座之间的互连线，而跳线用于配线设备内部接

线。两者均为移动使用场合，应采用2～4对柔软型五类电缆。

第二节　弱电系统常用管材

一、塑料管

建筑电气工程中常用的塑料管有硬质塑料管、半硬质塑料管和软塑料管。配线所用的电线保护管多为PVC塑料管，PVC是聚氯乙烯的代号。聚氯乙烯是用电石和氯气（电解食盐产生）制成的，根据加入增塑剂的多少可制成不同硬度的塑料。其特点是：性质较稳定，有较高的绝缘性能，耐酸、耐腐蚀，能抵抗大气、日光、潮湿，可作为电缆和导线的良好保护层和绝缘物。

（1）PVC硬质塑料管常用于民用建筑或室内有酸碱腐蚀性介质的场所。

（2）由于塑料管在高温下机械强度下降，老化加速，且蠕变量大，所以环境温度在40℃以上的高温场所不宜使用。

（3）在经常发生机械冲击、碰撞、摩擦等易受机械损伤的场所也不应使用PVC管。

（4）PVC硬质塑料管工程图标注代号为P（旧符号为SG或VG），半硬塑料管工程图标注代号旧符号为BYG，可挠型（波纹管）塑料管工程图标注代号旧符号为KRG，新文字符号对后两种没有进行区分。常用PVC塑料电线管技术数据见表1-10。

表1-10　　PVC塑料电线管规格

塑料电线管类别（工程图标注代号）	公称口径/mm	外径/mm	壁厚/mm	内径/mm	内孔总截面积/mm^2	备　注
聚乙烯半硬型电线管（BYG）	15	16	2	12	113	难燃型氧气指数：27%以上
	20	20	2	16	201	
	25	25	2.5	20	314	
	32	32	3	26	530	
	40	40	3	34	907	
	50	50	3	44	1520	
聚乙烯可挠型电线管（KRG）	5	18.7	峰谷时间2.20	14.3	161	难燃型氧气指数：27%以上
	20	21.2	峰谷时间2.35	16.5	214	
	25	28.5	峰谷时间2.60	23.3	426	
	32	34.5	峰谷时间2.75	29	660	
	40	42.5	峰谷时间3.00	36.5	1043	
	50	54.8	峰谷时间3.75	47	1734	

（5）在工程中选择硬质塑料管，还应根据管内所穿导线截面、根数，选择配管管径。一般情况下，管内导线总截面积（包括外护层），应不大于管内空截面积的40%。

二、金属管

配管工程中常使用的钢管有厚壁钢管、薄壁钢管、金属波纹管和普利卡套管4类。厚壁钢管又称焊接钢管或低压流体输送钢管（水煤气管），有镀锌和不镀锌之分。钢管又分为普通钢管和加厚钢管两种，薄壁钢管又称电线管。

1. 薄壁钢管（电线管）

（1）电线管多用于敷设在干燥场所的电线、电缆的保护管，可明敷或暗敷。

（2）电线管的技术数据见表1-11。

（3）绝缘导线穿薄壁钢管允许穿管根数及相应的最小管径见表1-12和表1-13。

表1-11　普通碳素钢电线管规格

公称尺寸/mm	外径/mm	外径允许偏差/mm	壁厚/mm	理论质量（不计管接头）/(kg/m)
15	15.88	±0.20	1.6	0.581
20	19.05	+0.25	1.8	0.766
25	25.40	±0.25	1.8	1.048
32	31.75	±0.25	1.8	1.329
40	38.10	±0.25	1.80	1.611
50	50.80	±0.30	2.00	2.047

表1-12　BX、BLX绝缘导线穿电线管管径选择

导线截面/mm^2	导线根数 2	3	4	5	6	7	8
1	20	20	20	25	25	25	32
1.5	20	20	25	25	25	25	32
2.5	20	20	25	25	25	32	32
4	25	25	25	25	32	32	32
6	25	25	25	32	32	32	40
10	32	32	32	40	40	50	50
16	32	32	40	40	50	50	50
25	40	40	50	50	50	50	
35	40	50	50				
50	50	50					
70	50	50					

表1-13　BV、BLV塑料线穿电线管管径选择

导线截面/mm^2	导线根数 2	3	4	5	6	7	8
1	15	15	15	15	15	15	15
1.5	15	15	15	15	20	20	25
2.5	15	15	15	20	20	25	25
4	15	15	20	25	25	25	25
6	20	20	25	25	25	25	32
10	25	25	25	32	32	40	40
16	25	32	32	40	40	40	50
25	32	32	40	50	50	50	50
35	40	40	50	50	50	50	
50	50	50	50	50	50	50	
70	50	50					

（4）钢管暗配工程应选用镀锌金属盒，即灯位盒、开关（插座）盒等，其壁厚应不小于1.2mm。

2. 厚壁钢管（水煤气钢管）

（1）厚壁钢管用作电线电缆的保护管，可以暗配于一些潮湿场所或直埋于地下，也可以沿建筑物、墙壁或支吊架敷设。

（2）明敷设一般在生产厂房中出现较多。低压流体输送用焊接钢管技术数据见表1-14。

表 1-14　　低压流体输送用焊接钢管

公称口径		外　　径		普通钢管			加厚钢管		
				壁　　厚		理论质量/(kg/m)	壁　　厚		理论质量/(kg/m)
mm	in	公称尺寸/mm	允许偏差/mm	公称尺寸/mm	允许偏差率(%)		公称尺寸/mm	允许偏差率(%)	
15	1/2	21.3	±0.50	2.75	+12 −15	1.25	3.25	+12 −15	1.45
20	3/4	26.8		2.75		1.63	3.50		2.01
25	1	33.5		3.25		2.42	4.00		2.91
32	5/4	42.3		3.25		3.13	4.00		3.78
40	3/2	48.0		3.50		3.84	4.25		4.58
50	2	60.0	±1.0	3.50		4.88	4.50		6.16
65	5/2	75.5		3.70		6.64	4.50		7.88
80	3	88.5		4.00		8.34	4.75		9.81
100	4	114.0		4.00		10.85	5.00		13.44
125	5	140.0		4.50		15.04	5.50		18.24
150	6	165.0		4.50		17.81	4.50		21.63

注：1. 表中的公称直径系近似内径的名义尺寸，它不表示公称外径减去两个公称壁厚所得的内径。

2. in 为英寸，1in＝25.4mm。

3. 钢管理论质量的计算（钢的相对密度为 7.85）公式为

$$P=0.02466S(D-S)$$

式中，P 为钢管的理论质量（kg/m）；D 为钢管公称外径（mm）；S 为钢管的公称壁厚（mm）。

（3）要根据所穿导线截面、根数选择配管管径。绝缘导线穿厚壁钢管允许穿管根数及相应的最小管径见表 1-15 和表 1-16。

表 1-15　　BX、BLX 绝缘线穿焊接钢管管径选择

导线截面/mm^2	导线根数 2	3	4	5	6	7	8
1							
1.5							
2.5		15	20				25
4							32
6							
10			25				40
16			32		40		
25			40				50
35							65
50	40		50				
70							80
95			65	80			
120							
150			80				

表 1-16　　BV、BLV 塑料线穿焊接钢管管径选择表

导线截面/mm^2	导线根数 2	3	4	5	6	7	8
1							
1.5							20
2.5							
4			15				
6							25
10		20					32
16			25				40
25					40		50
35			32	40			
50		40					65
70			50				80
95							
120			65				

3. 普利卡金属套管

普利卡金属套管是电线电缆保护套管的更新换代产品，其种类很多，但其基本结构类似，都是由镀锌钢带卷绕成螺纹状，属于可挠性金属套管。在建筑电气工程中，可用于各种场所的明、暗敷设，包括现浇混凝土内的暗敷设。

（1）LV-5 型普利卡金属套管。

1）LV-5 型普利卡金属套是用特殊方法在 LZ-4 型套管表面被覆一层具有良好耐韧性软质聚氯乙烯（PVC）。

2）有优良的耐水性、耐腐蚀性、耐化学稳定性，适用于室内外潮湿及有水蒸气的场所。其规格见表 1-17，构造如图 1-2 所示。

表 1-17　LZ-5 型普利卡金属套管技术数据

规格	内径/mm	外径/mm	外径公差/mm	每卷长/m	乙烯层厚度/mm	每卷质量/kg
10 号	9. 2	14. 9	±0. 2	50	0. 8	15. 5
12 号	11. 4	17. 7	±0. 2	50	0，8	20. 0
15 号	14. 1	20. 6	±0. 2	50	0. 8	22. 5
17 号	16. 6	23. 1	±0. 2	50	0. 8	25. 5
24 号	23. 8	30. 4	±0. 2	25	0. 8	20. 0
30 号	29. 3	36. 5	±0. 2	25	0. 8	24. 5
38 号	37. 1	44. 9	±0. 4	25	0. 8	31. 5
50 号	49. 1	56. 9	±0. 4	20	1. 0	36. 0
63 号	62. 6	71. 5	±0. 6	10	1. 0	23. 8
76 号	76. 0	85. 3	±0. 6	10	1. 0	28. 8
83 号	81. 0	90. 9	±0. 8	10	2. 0	34. 1
101 号	100. 2	110. 1	±0. 8	6	2. 0	27. 84

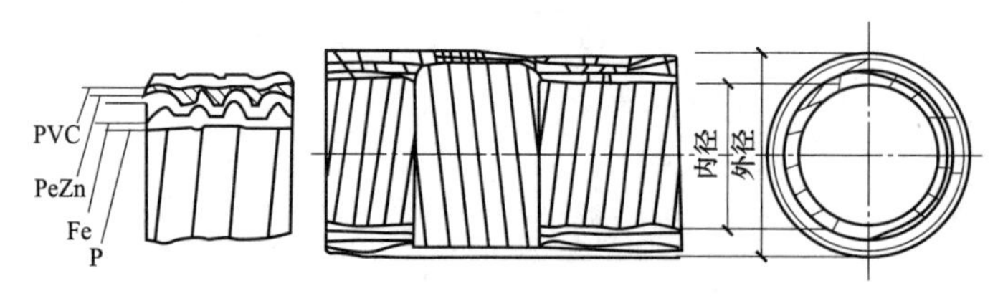

图 1-2　LZ-5 型普利卡金属套管

3）除以上几种类型外，还有 LE-6、LVH-7、LAL-8、LS-9 等多种类型，它们各自具有不同的特点，适用于潮湿或有腐蚀性气体等场所。

普利卡金属套管与镀锌钢管尺寸对照见表 1-18。

表 1-18　　普利卡金属套管与镀锌钢管尺寸对照表

公称口径	普利卡管		10 号	12 号	15 号	17 号	24 号	38 号	50 号	63 号	76 号	83 号	101 号
	镀锌钢管	mm	8	10	15	20	25	32	50		70	80	
		in	1/4	3/8	1/2	3/4	1	5/4	2		5/2	3	

穿入普利卡金属套管内导线的总截面积不超过管内径截面积的 40%。管内穿放聚氯乙烯绝缘导线，选择管径见表 1-19。

表 1-19　　BV、BLV-500V 导线穿普利卡管管径选择表

电线截面 /mm²	电线根数									
	1	2	3	4	5	6	7	8	9	10
	普利卡金属套管的最小外径/mm									
1		10	10	10	10	12	12	15	15	15
1.5		10	10	12	15	15	17	17	17	24
2.5		10	12	15	15	17	17	17	24	24
4		12	15	15	17	17	24	24	24	24
6		12	15	17	17	24	24	24	24	30
10		17	24	24	24	30	30	38		
16		24	24	30	30	38	38	38		
25		24	30	38	38	38				
35		30	38	38	50					
50		38	38	50	50					
70		38	50	50	63					
95		50	50	63	63					
120		50	63	76	76					

（2）LZ-4 型普利卡金属套管。

1）LZ-4 型为双层金属可挠性保护套管，属于基本型，构造如图 1-3 所示。

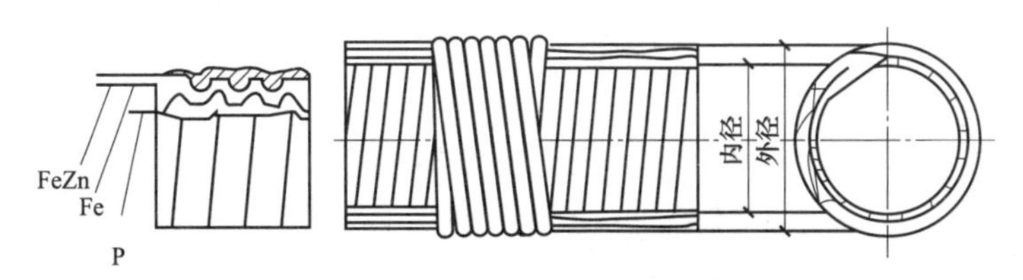

图 1-3　LZ-4 型普利卡金属套管

2）套管外层为镀锌钢带，中间层为冷轧钢带，里层为电工纸。

3）金属层与电工纸重叠卷绕呈螺旋状，再与卷材方向相反地施行螺纹状折褶，构成可挠性，其技术数据见表 1-20。

表 1-20　　**LZ-4 型普利卡套管规格**

规格	内径/mm	外径/mm	外径公差/mm	每卷长/m	螺距/m	每卷质量/kg
10 号	9.2	13.3	±0.2	50	1.6±0.2	11.5
12 号	11.4	16.1	±0.2	50		15.5
15 号	14.1	19.0	±0.2	50		18.5
17 号	16.6	21.5	±0.2	50		22.0
24 号	23.8	28.8	±0.2	38	1.8±0.25	16.25
30 号	29.3	34.9	±0.2	38		21.8
38 号	37.1	42.9	±0.4	38		24.5
50 号	49.1	54.9	±0.4	20		28.2
63 号	62.6	69.1	±0.6	10	2.0±0.3	20.6
76 号	76.0	82.9	±0.6	10		25.4
83 号	8.0	88.1	±0.6	10		26.8
101 号	100.2	107.3	±0.6	6		18.72

4. 金属波纹管

金属波纹管也叫金属软管或蛇皮管，主要用于设备上的配线，如车床、铣床等。是由 0.5mm 以上的双面镀锌薄钢带加工压边卷制而成，轧缝处有的加石棉垫，有的不加，其规格尺寸与电线管相同。

三、线槽

1. 金属线槽

为适应现代化建筑物内电气线路的日趋复杂、配线出口位置又多变的实际需要，可选用壁厚为 2mm 的封闭式矩形金属线槽，可直接敷设在混凝土地面、现浇钢筋混凝土楼板或预制混凝土楼板的垫层内。选用金属线槽时，应考虑到导线的填充率及导线的根数，并满足散热、敷设等安全要求。

常用金属吊装线槽型号及容纳导线根参见表 1-21～表 1-24。

表 1-21　　**GXC-30 系列金属线槽容纳导线根数表**

线槽型号	导线型号	安装方式	500V 单支绝缘导线规格/mm^2														电话电缆型号规格			
			1.0	1.5	2.5	4.0	6.0	10	16	25	35	50	70	95	120	150	RVB2 ×0.2	HYV 型电话电缆 2×0.5	SYU 同轴电缆 75-5	SYU 同轴电缆 75-9
			容纳导线根数														容纳导线对数或电缆（条数）			
GXC 30 线槽	BV-500V	槽口向上	62	42	32	25	19	10	7	4	3	2	—	—	—		46/28	（1）×100 对 或 （2）×50 对/（1）×50 对	25	15
		槽口向下	38	25	19	15	11	6	4	3	2	2	—	—	—	—				
	BXF-500V	槽口向上	31	28	24	18	12	8	5	4	3	2	2	—	—	—				
		槽口向下	19	17	14	11	8	5	3	2	2	—	—	—	—	—				

注：表中（1）表示 1 条电缆，（2）表示 2 条电缆。

表 1-22　　GXC-40 系列金属线槽容纳导线根数表

线槽型号	导线型号	安装方式	500V 单支绝缘导线规格/mm²														电话电缆型号规格			
			1.0	1.5	2.5	4.0	6.0	10	16	25	35	50	70	95	120	150	RVB2 ×0.2	HYV 型电话电缆 2×0.5	SYU 同轴电缆 75-5	SYU 同轴电缆 75-9
			容纳导线根数														容纳导线对数或电缆（条数）			
GXC 40 线槽	BV-500V	槽口向上	112	74	51	43	33	17	12	8	6	4	3	2	2	—	46/28	（1）×200 对或（2）×150 对/（1）×150 对	46	26
		槽口向下	68	45	30	26	20	10	7	5	4	3	2	—	—	—				
	BXF-500V	槽口向上	56	51	43	32	22	15	10	7	5	4	3	—	—	—				
		槽口向下	34	31	26	20	14	9	6	4	3	2	2	—	—	—				

表 1-23　　GXC-45 系列金属线槽容纳导线根数

线槽型号	导线型号	安装方式	500V 单支绝缘导线规格/mm²														电话电缆型号规格			
			1.0	1.5	2.5	4.0	6.0	10	16	25	35	50	70	95	120	150	RVB2 ×0.2	HYV 型电话电缆 2×0.5	SYU 同轴电缆 75-5	SYU 同轴电缆 75-9
			容纳导线根数														容纳导线对数或电缆（条数）			
GXC 45 线槽	BV-500V	槽口向上	103	58	52	41	31	16	11	7	6	4	3	2	2	—	43/26	（1）×300 对或（2）×200 对/（1）×200 对	43	24
		槽口向下	63	35	29	23	18	9	7	4	3	2	2	—	—	—				
	BXF-500V	槽口向上	52	47	40	31	21	14	9	6	5	4	3	2	—	—				
		槽口向下	32	27	26	20	13	9	5	4	3	2	2	—	—	—				

表 1-24　　GXC-65 系列金属线槽容纳导线规格

线槽型号	导线型号	安装方式	500V 单支绝缘导线规格/mm²														电话电缆型号规格			
			1.0	1.5	2.5	4.0	6.0	10	16	25	35	50	70	95	120	150	RVB2 ×0.2	HYV 型电话电缆 2×0.5	SYU 同轴电缆 75-5	SYU 同轴电缆 75-9
			容纳导线根数														容纳导线对数或电缆（条数）			
GXC 65 线槽	BV-500V	槽口向上	443	246	201	159	123	65	46	30	24	16	12	9	8	6	184/112	（2）×400 对/（1）×400 对	184	1036
		槽口向下	269	149	122	96	75	40	28	19	14	10	8	6	5	4				
	BXF-500V	槽口向上	221	201	170	130	88	58	38	28	20	15	12	9	—	—				
		槽口向下	134	122	103	80	57	37	23	17	12	9	8	5	—	—				

地面内暗装金属线槽分为单槽型和双槽分离型两种结构形式。当强电与弱电线路同时敷设时，为防止电磁干扰，应将强、弱电线路分隔而采用双槽分离型线槽分槽敷设。选用地面内金属线槽主要根据所需敷设导线的根数，见表 1-25。

表 1-25　　地面金属线槽允许容纳导线根数

导线型号名称及规格	BV-500V 型绝缘导线						通信及弱电线路导线及电缆			
	单芯导线规格/mm^2						RVB 型平行软线	HYV 型电话电缆	SYU 型同轴电缆	
线槽型号及规格	1	1.5	2.5	4	6	10	2×0.2	2×0.5	75-5	75-9
	槽内容纳导线根数						槽内容纳导线对数或电缆（条数）			
50 系列	60	35	25	30	15	9	40 对	（1）×80 对	(25)	(15)
70 系列	130	75	60	45	35	20	80 对	（1）×150 对	(60)	(30)

2. 塑料线槽

（1）塑料线槽由槽底、槽盖及附件组成，由难燃型硬质聚氯乙烯工程塑料挤压成形，适用于正常环境的室内场所明配线。

（2）常用塑料线槽型号有 VXC2 型、VXC25 型和 VX-CF 型。在潮湿和有酸碱腐蚀的场所宜采用 VXC2 型。

（3）选择线槽时，应按线槽允许容纳导线根数来选择线槽的规格。

四、网络地板

网络地板又称为布线地板，是一种为适应现代化办公，便于网络布线而专门设计的地板。网络地板的特点是水平支撑不高、安装方便、自然形成布线槽，同时比传统高架地板更节省净空。种类有塑料网络地板、全钢 OA 网络地板（分为带线槽和不带线槽两种）等。

PVC 塑料面层的网络地板为 500mm×500mm 方形，槽高有 35mm、40mm 两种。这种网络地板结构由十字槽、一字槽和无槽地板块三种形式组合而成；线槽上盖 5mm 厚玻璃缸盖板；地板上的线槽宽 40mm，线槽中距 250～750mm；模壳内填承压的水泥珍珠岩材料。

BMC（团状模塑料）型网络地板是一种单一材料热固成形的高档网络地板。这种地板承重的三角形板，用十字形底板连接；线槽上盖 10mm 厚盖板，地板上的线槽宽 100mm，线槽间距 500mm 且平均布置。

塑料网络地板的配套的接线盒和出线口只有 35～45mm 高，不用剔凿地面即可安装。

OA 网络地板（智能化地板）是一种新型的楼面建筑地板，采用优质合金冷轧钢板，经拉伸后点焊成形，外表经磷化后进行静电喷塑处理，内腔填充发泡水泥填料，四角带有锁孔。安装时地板放置在带有防震垫的支座上，螺钉穿过地板周围的角锁孔直接连接在支座上，支座为镀锌及铸铝合金结构，高度可调并能自锁。

第二章　弱电工程项目运作程序及施工注意事项

弱电工程项目施工程序主要有可行性研究、安装预算、招标、合同签订、施工初步设计、正式设计、施工、系统调试及竣工验收等过程。

一、项目可行性研究

通常在建设单位实施弱电工程项目之前必须先进行工程项目的可行性研究。因为可行性研究报告批准后，方可进行正式工程立项。研究报告可由建设单位或设计单位编制，并对被防护目标的风险等级与防护级别、工程项目的内容和要求、施工工期、工程费用等方面进行论证。其中，弱电系统施工时间表的确定由建设单位组织弱电各系统设备供应商、机电设备供应商以及工程安装承包商进行工程施工界面的协调和确认，从而形成弱电工程时间表。内容主要应包括系统施工图的确认或二次深化设计、设备选购、管线施工、设备安装前单体验收、设备安装、系统调试开通、系统竣工验收和培训等，同时工程施工界面协调和确认应形成纪要或界面协调文件。

二、安装概预算

弱电安装概预算，按不同的设计阶段编制可以分为设计概算、施工图预算、设计预算以及电气工程概算四种。

通常采用电气工程概算作为工程结算和投资控制的手段，而预算仅作施工企业内部管理用，概算定额是以主代次，子项目少，概括性强，比较容易接近实际工程的用量。工程总承包适用概算定额，定额价格中包含有不同预欠费的成分。

三、招标及合同签订

（1）工程项目在主管部门和建设单位的共同主持下进行招标，工程招标应由建设单位根据设计任务书的要求编制招标文件，发出招标广告或通知。

（2）建设单位组织招标单位勘察工程现场，负责解答招标文件中的有关问题。

（3）中标单位根据建设单位任务设计书提出的委托和设计施工的要求，提出工程项目的具体建议和工程实施方案。

（4）中标单位提出的工程实施方案经建设单位批准后，委托生效，这时可签订工程合同。工程合同的条款应包括以下几个方面内容：

1）工程名称和内容。

2）建设单位和设计施工单位的责任和任务。

3）工程进度和要求。

4）工程费用和付款方式。

5）工程验收方法。

6）人员培训和维修。

7）风险及违约责任。

8）其他有关事项。

四、工程设计

（1）工程初步设计。

1）系统设计方案及系统功能。

2）器材平面布防图和防护范围。

3）系统框图及主要器材配套清单。

4）中心控制室布局及使用操作。

5）工程费用的概算和建设工期。

（2）工程方案认证。

1）对初步设计的各项内容进行审查。

2）对工程设计中技术、质量、费用、工期、服务和预期效果作出评价。

3）对工程设计中有异议的内容提出评价意见。

（3）正式设计。

正式设计主要应包含以下两个方面的内容：

1）提交技术设计、施工图设计，操作、维修说明和工程费用预算书。

2）建设单位对设计文件和预算进行审查，审批后工程进入实施阶段。

五、工程施工

1. 施工内容

（1）工程施工后，依照工程设计文件所预选的器材及数量进行订货。

（2）按管线铺设图和施工规范进行管线铺设施工。

（3）按施工图的技术要求进行器材和设备的安装。

2. 弱电施工特点

弱电施工，目前主要以手工操作加电动工具和液压工具配合施工，施工要求按照有关弱电工程安装施工及验收规范进行。可靠性、工程质量是整个弱电系统施工质量的核心。弱电系统安装施工的特点主要有：

（1）系统多而且复杂，技术先进。

（2）施工周期较长，作业空间大，使用设备和材料品多，有些设备不但很精密，价格也十分昂贵。

（3）在系统中涉及计算机、通信、无线电、传感器等多方面的专业，给调试工作增加了复杂性。

3. 弱电系统施工过程中应把控的三个环节

（1）弱电集成系统施工图的会审。

1）图样会审是一项极其严肃和重要的技术工作。认真做好图样会审工作，对于减少施

工图中的差错，保证和提高工程质量有重要作用。在图样会审前，施工单位必须向建设单位索取施工图，负责施工的专业人员应首先认真阅读施工图，熟悉图样的内容和要求，把疑难问题整理出来，把图样中存在的问题记录下来，在设计交底和图样会审时解决。

2）图样会审应由弱电工程总包方组织和领导，分别由建设单位、各子系统设备供应商、系统安装承包商参加，有步骤地进行，并按照工程性质、图样内容等分别组织会审工作。会审结果应形成纪要，由设计、建设、施工三方共同签字，并分发下去，作为施工图的补充技术文件。

（2）弱电集成系统工程施工技术交底。技术交底包括智能弱电集成系统设计单位（通常是系统总承包商）与工程安装承包商、各分系统承包商和机电设备供应商内部负责施工专业的工程师与工程项目技术主管（工程项目工程师）的技术交底工作。

1）弱电集成系统设计单位与工程安装承包商之间的技术交底工作的目的通常有以下两个方面：

① 为了明确所承担施工任务的特点、技术质量要求、系统的划分、施工工艺、施工要点和注意事项等，做到心中有数，以利于有计划、有组织地多快好省地完成任务，工程项目经理可以进一步帮助工人理解、消化图样。

② 对工程技术的具体要求、安全措施、施工程序、配制的工具等做详细地说明，使责任明确，各负其责。

2）技术交底的主要内容包括：

① 施工中采用的新技术、新工艺、新设备、新材料的性能和操作使用方法。

② 预埋部件注意事项。

③ 技术交底应做好相应的记录。

（3）弱电集成系统施工工期的时间表。确定施工工期的时间表是施工进度管理、人员组织和确保工程按时竣工的主要措施，因此，工程合约一旦签订，应立即由建设方组织智能弱电集成系统各子系统设备供应商、机电设备供应商、工程安装承包商进行工程施工界面的协调和确认，从而形成弱电工程施工工期时间表。

该时间表的主要时间段内容包括系统设计、设备生产与购买、管线施工、设备验收、系统调试、培训和系统验收等，同时工程施工界面的协调和确认应形成纪要或界面协调文件。

4. 弱电系统施工应注意的问题

（1）弱电集成系统预留孔洞和预埋线管与土建工程的配合。通常在建筑物土建初期的地下层工程中，牵涉到弱电集成系统线槽孔洞的预留和消防、保安系统线管的预埋，因此在建筑物地下部分的“挖坑”阶段，弱电集成系统承包商就应该配合建筑设计院完成该建筑物地下层、裙楼部分的孔洞预留和线管预埋的施工图设计，以确保土建工程如期进行。

（2）线槽架的施工与土建工程的配合。弱电集成系统线槽架的安装施工，应在土建工程基本结束以后，并与其他管道（风管、给排水管）的安装同步，也可稍迟于管道安装一段时间（约 15 个工作日），但必须在设计上解决好弱电线槽与管道在空间位置上的合理安置和配合问题。

（3）弱电集成系统布线和中控室布置与土建和装饰工程的配合。弱电集成系统布线和穿线工作，在土建完全结束以后，与装饰工程同步进行，同时中央监控室的装饰也应与整体的装饰工程同步，在中央监控室基本装饰完毕前，应将中控台、电视墙、显示屏定位。

（4）弱电集成系统设备的定位、安装、接线端连线。弱电集成系统设备的定位、安装、接线端连线，应在装饰工程基本结束时开始，当相应的监控机电设备安装完毕以后，弱电系统集成设备的定位、安装和连线的步骤如下：① 中控设备；② 现场控制器；③ 报警探头；④ 传感器；⑤ 摄像机；⑥ 读卡器；⑦ 计算机网络设备。

（5）弱电集成系统调试。弱电集成系统的调试，基本上在中控设备安装完毕后即可进行，调试的步骤如下：① 中控设备；② 现场控制器；③ 分区域端接好的终端设备；④ 程序演示；⑤ 部分开通；⑥ 全部开通。

弱电集成系统的调试周期大约需要 30～45d。

（6）弱电集成系统验收。由业主组织系统承包商、施工单位进行系统的竣工验收是对弱电系统的设计、功能和施工质量的全面检查。在整个集成系统验收前，分别进行集成系统中的各子系统工程验收。为了做好系统的工程验收，要进行以下几方面的准备工作：

1）系统验收文件。在施工图的基础上，将系统的最终设备，终端器件的型号、名称、安装位置，线路连线正确地标注在楼层监控及信息点分布平面图上，同时要向业主提供完整的“监控点参数设定表”“系统框图”“系统试运行日登记表”等技术资料，以便业主以后对系统提升和扩展，为系统的维护和维修提供一个有据可查的文字档案。

2）系统培训。弱电系统承包商要向业主提供不少于一周的系统培训课程，该培训课程需在工程现场进行。培训课程的主要内容是系统的操作、系统的参数设定和修改、系统的维修三个方面，同时要进行必要的上机考核。业主方参加系统培训的人员，必须是具有一定专业技术的工程技术人员或实际的值班操作人员。

六、系统调试

弱电系统种类很多，性能指标和功能特点差异很大。通常都是先单体设备或部件调试，而后局部或区域调试，最后是整体系统调试。也有些智能化程度高的弱电系统，比如智能化火灾自动报警系统，有些产品是先调试报警控制主机，再逐一调试所连接的所有火灾探测器和各类接口模块与设备；又如弱电集成系统也是如此，在中央监控设备安装完毕后进行，调试步骤为中央监控设备→现场控制器→分区域端接好的终端设备→程序演示→部分开通。

调试内容有：

（1）系统运行是否正常。

（2）系统功能是否符合设计要求。

（3）误报警、漏报警的次数及产生原因。

（4）故障产生的次数及排除故障的时间。

（5）维修服务是否符合合同规定。

七、弱电系统验收

1. 弱电系统验收目的

（1）验收是系统交付使用的必备程序。系统工程竣工验收，是全面考核工程项目建设成果，检验项目决策、规划与设计、施工、综合管理水平，以及总结工程项目建设经验的重要环节。系统只有经过竣工验收，才能正式交付业主或物业公司使用，并办理设备与系统的移交。

（2）明确和履行合同责任。系统能否顺利通过竣工验收，是判别承包商是否按系统工程承包合同约定的责任范围完成了工程施工义务的标志。圆满地通过竣工验收后，承包商可以与业主办理竣工结算手续，将所施工的工程移交业主或物业公司使用和照管。

（3）对工程施工质量全面考察。弱电工程竣工验收将按规范和技术标准通过对已竣工工程检查和试验，考核承包商的施工质量、系统性能是否达到了设计要求和使用能力，是否可以正式投入运行。通过竣工验收可以及时发现和解决系统运行和使用方面存在的问题，以保证系统按照设计要求的各项技术经济指标正常投入运行。

2. 弱电工程施工验收方式

弱电系统由各种类型和用途的自动控制系统、图像视频系统以及计算机网络系统等组成。由于这些系统跨越多个专业技术领域和行业，且施工工期、行业监管方式、验收规范和要求均不相同，因此，其竣工验收的方式和实施办法与其他建筑机电系统相比有明显区别。依据工程管理与工程监理经验，弱电工程竣工验收可采用分系统、分阶段多层次和先分散后集中的验收方式，整个系统验收按施工和调试运行阶段可以分为管线验收（隐蔽工程验收）、单体设备验收、单项系统功能验收、系统联动（集成）验收、第三方测试验收、系统竣工交付验收六个层次的验收方式。

其中，分阶段多层次验收方式因系统验收工作分阶段、分层次地具体化，可在每个施工节点即时验收并做工程交接，能适合上述工程承包模式，有利于形成规范的随工验收、交工验收、交付验收制度，便于划清各方工程界面，有效地实施整个项目的工程管理。

3. 竣工验收步骤

（1）分项工程。

1）弱电工程在某阶段工程结束或某一分项工程完工后，由建设单位会同设计单位进行工程验收。

2）有些单项工程则由建设单位申报当地主管部门进行验收。火灾自动报警与消防控制系统由公安消防部门验收。

3）安全防范系统由公安技防部门验收，卫星接收电视系统由广播电视部门验收。

（2）隐蔽工程。弱电安装中线管预埋、直埋电缆、接地极等都属于隐蔽工程，这些工程在下道工序施工前，应由建设单位代表进行隐蔽工程检查验收，并认真办理好隐蔽工程验收手续，纳入技术档案。

（3）竣工工程。

1）工程竣工验收是对整个工程建设项目的综合性检查验收。在工程正式验收前，应由施工单位进行预验收，检查有关的技术资料、工程质量，发现问题及时解决。

2）智能化建筑物管理系统验收，在各个子系统分别调试完成后，演示相应的联动联锁程序。在整个系统验收文件完成以及系统正常运行一个月以后，方可进行系统验收。在整个集成系统验收前，也可分别进行集成系统各子系统的工程验收。

4. 弱电工程施工验收内容

按分系统、分阶段多层次验收方式可将弱电工程竣工验收过程分为管线验收（隐蔽工程验收）、单体设备验收、单项系统功能验收、系统联动（集成）验收、第三方测试验收以及系统竣工交付验收六个阶段。

（1）管线验收（隐蔽工程验收）。弱电系统的管线验收是指对系统的电管和缆线安装、敷设、测试完成后进行的阶段验收，管线验收是管线施工和设备安装与调试的工作界面，只有通过管线验收才可进一步进行设备通电试验。

管线验收可以作为机电设备施工管线隐蔽工程验收的一部分，由监理组织业主、施工单位、系统承包商、设备供应商等共同参加。管线验收报告应包括管线施工图、施工管线的实际走向、长度与规格、安装质量、缆线测试记录等。

在施工期内，验收报告可用于核算工作量和支付工程进度款，同时也是工程后期制作系统竣工图和竣工决算的依据。若设备安装与调试是由其他工程公司承担，也可以此办理管线交接。

（2）单项系统功能验收。弱电系统的单项系统功能验收指对调试合格的各子系统及时实施功能性验收（竣工资料审核、费用核算等可在后续阶段进行），以便系统及早投入试运行并发挥作用。

单项系统功能验收可由监理组织业主、系统承包商、物业管理部门等共同参加验收。验收报告应包括系统功能说明（方案）、工程承包合同、系统调试大纲、系统调试记录、系统操作使用说明书等。

通过单项系统功能验收是系统可以进入试运行的必要条件，系统承包商还应及时对物业人员做相应技术培训。系统试运行期间，系统运行与维护由系统承包商与物业管理部门共同照管。

（3）单体设备验收。弱电系统的单体设备验收是指对系统设备安装到位，通电试验完成后，对已安装好的设备的验收，通常以现场安装设备为主。如卫星接收与 CATV 系统的天线、分支分配器和终端等，安保系统的摄像机、探测器，BA 系统的传感器、执行器等。

通过单体设备验收是进行系统调试的必要条件，同时也可对设备安装质量、性能指标、产地证明、实际数量等及时核实和清点。单体设备验收可由监理组织业主、安装公司、系统承包商、设备供应商等共同参加。

验收报告应包括设备供货合同，设备到场开箱资料，进口设备产地证明，设备安装施工平面图和工艺图，安装设备名称、规格、实际数量、试验数据等。单体设备验收报告可用于核算设备安装工作量和支付工程进度款，同时也是工程后期竣工决算的依据。若设备供应、安装与调试是由多家工程公司承担，也可以此办理设备的移交或以此作为相互间的产品保护依据。

（4）系统联动（集成）验收。弱电系统的系统联动（集成）验收是一种对系统的功能性验收。系统联动（集成）验收对象是各子系统正常运行条件下的系统间联动功能，或者是对各子系统的集成功能。

系统联动（集成）验收可由监理组织业主、系统承包商、物业管理部门等共同参加验收。

具体可根据系统联动（集成）的内容和规模以不同的方式操作，如子系统间联动验收（消防和安保、消防和门禁等）可在单项系统功能验收后补充验收内容，BMS 类的系统集成可以作为 BA 系统功能的补充内容组织验收，而 IBMS 类的系统集成则应作为单独一个上层子系统组织验收。

（5）第三方测试验收。弱电系统通过系统功能和联动（集成）的验收，并经过一定时间试运行后，应由国家有关部门组织竣工验收。但因建筑智能化系统的特殊性，尚无统一的

部门来完成整个系统的验收。

目前必须由行业监管部门组织的验收，主要有消防部门的消防报警与联动控制系统验收，公安部门的安保系统验收，广电部门的 CATV 系统验收，电信部门的电话、程控交换机系统验收，无线电管委会对楼宇通信中继站的验收等。

另外，还有技术监督部门组织综合布线系统验收、楼宇自控系统验收、智能建筑的检验和评估等。上述系统验收都必须先经过有资质的第三方测试，第三方资质由行业主管部门或权威机构认定。具体申报、测试、验收流程和验收资料要求、报告格式详见相应规范，这里不一一列举。

（6）系统竣工交付验收。弱电系统交付验收由国家有关部门和业主上级单位组成的验收委员会主持，客户、监理、系统承包商及有关单位参加。主要内容有：

1）听取客户对项目建设的工作报告。

2）审核竣工项目移交使用的各种档案资料。

3）评审项目质量。对主要工程部位的施工质量进行复验、鉴定，对系统设计的先进性、合理性、经济性进行鉴定和评审。

4）审查系统运行规程，检查系统正式运行准备情况。

5）核定收尾工程项目，对遗留问题提出处理意见。

6）审查前阶段竣工验收报告，签署验收鉴定书，对整个项目做出总的验收鉴定。

7）整个工程项目竣工验收后，客户应迅速办理系统交付使用手续，并按合同进行竣工决算。

◉ **小提示：**

弱电系统建设项目是集多种现代技术、涉及多个行业领域的系统工程，对工程管理与监理人员在专业知识和工程管理经验上都有较高要求。分阶段多层次的验收方式要求对每一阶段都提出具体的、切实可行的验收目标和操作方法，可有效地帮助工程管理与监理人员在工程的每一重要环节实施质量和进度控制，从而确保整个系统工程如期顺利地实施。

第三章　综合布线系统施工

第一节　综合布线常用材料

一、综合布线系统常用电缆

综合布线常用电缆见表 3-1。

表 3-1　综合布线系统常用电缆

类别	内　容
双绞电缆	双绞电缆按其包缠是否有金属层，主要分为以下两大类： 1）非屏蔽双绞（UTP）电缆。非屏蔽双绞电缆（UTP）是由多对双绞线外包缠一层绝缘塑料护套构成。4 对非屏蔽双绞缆线如图 3-1（a）所示。 2）屏蔽双绞电缆。屏蔽双绞电缆与非屏蔽双绞电缆一样，电缆芯是铜双绞线，护套层是绝缘塑料橡皮，只不过在护套层内增加了金属层。按增加的金属屏蔽层数量和金属屏蔽层绕包方式，又可分为以下三类： ① 铝箔屏蔽双绞电缆（FTP）。FTP 是由多对双绞线外纵包铝箔构成，在屏蔽层外是电缆护套层。4 对双绞电缆结构如图 3-1（b）所示。 ② 铝箔/金属网双层屏蔽双绞电缆（SFTP）。SFTP 是由多对双绞线外纵包铝箔后，再加铜编织网构成。4 对双绞电缆结构如图 3-1（c）所示。SFTP 提供了比 FTP 更好的电磁屏蔽特性。 ③ 独立双层屏蔽双绞电缆（STP）。STP 是由每对双绞线外纵包铝箔后，再将纵包铝箔的多对双绞线加铜编织网构成。4 对双绞电缆结构如图 3-1（d）所示。根据电磁理论可知，这种结构不仅可以减少电磁干扰，也使线对之间的综合串扰得到有效控制。 非屏蔽双绞电缆和屏蔽双绞电缆都有一根用来撕开电缆保护套的拉绳。屏蔽双绞电缆在铝箔屏蔽层和内层聚酯包皮之间还有一根漏电线，把它连接到接地装置上，可泄放金属屏蔽层的电荷，解除线对间的干扰
同轴电缆	同轴电缆中心有一根单芯铜导线。铜导线外面是绝缘层，绝缘层的外面有一层导电金属层，金属层可以是密集型的，也可以是网状型的，用来屏蔽电磁干扰和防止辐射。同轴电缆的最外层又包了一层绝缘塑料外皮。同轴电缆结构示意如图 3-2 所示。 1）同轴电缆电气参数主要有以下几个： ① 衰减。通常是指 500m 长的电缆段的衰减值。当用 10MHz 的正弦波进行测量时，其值不超过 8.5dB（17dB/km）；而用 5MHz 的正弦波进行测量时，其值不超过 6.0dB（12dB/km）。 ② 特性阻抗。特性阻抗是用来描述电缆信号传输特性的指标，其数值只取决于同轴线内外导体的半径、绝缘介质和信号频率。在一定频率下，不管线路有多长，特性阻抗是不变的。同轴电缆的特性阻抗主要有 50Ω、75Ω 及 150Ω 等。 ③ 传播速度。传播速度是指同轴电缆中信号传播的速度。最低传播速度应为 0.77c（c 为光速）。 ④ 直流回路电阻。中心导体的电阻与屏蔽层的电阻之和不超过 10MΩ/m（在 20℃下测量）。 2）同轴电缆主要有以下两种基本类型：

续表

类别	内　容
同轴电缆	① 宽带同轴电缆。宽带常用的电缆，其屏蔽层通常是用铝冲压成的，特性阻抗为 75Ω，如 RG-59 等。它既可以传输数字信号，也可以传输模拟信号，传输频率可以更高。 ② 基带同轴电缆。基带常用的电缆，其屏蔽层是用铜做成网状的，特性阻抗为 50Ω，如 RG-8（粗缆）、RG-58（细缆）等。这种电缆用于基带或数字传输。 由于双绞线电缆传输速率的提高和价格下降，同轴电缆在目前的综合布线工程中已很少使用

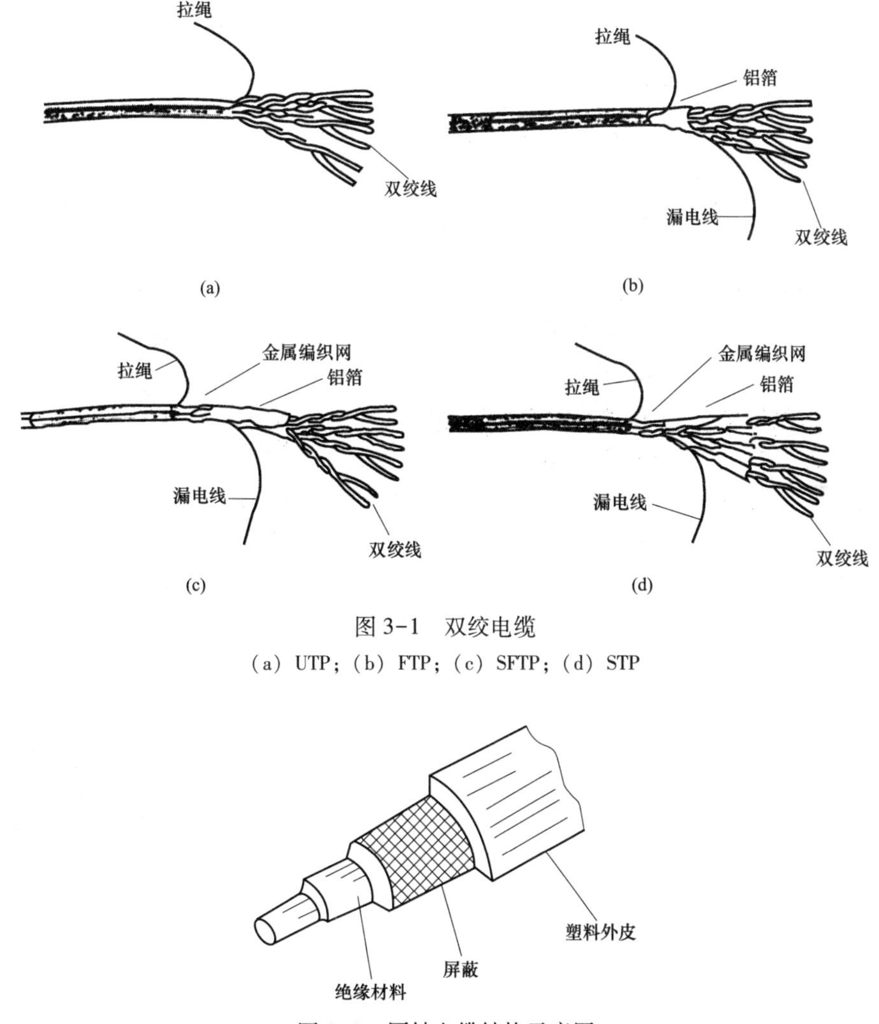

图 3-1　双绞电缆

（a）UTP；（b）FTP；（c）SFTP；（d）STP

图 3-2　同轴电缆结构示意图

二、光缆

光缆传输系统适用于工程范围和建设规模均较大，且房屋建筑分布较广阔的智能化小区。尤其是建筑群体内需要高速率的传输网络系统，采用铜心双绞线对称电缆不能满足要求或在小区周围环境中有严重的外界电磁干扰源等情况，应选用光缆以满足综合高速传输信息的需要。

1. 光缆的形式

光缆由一捆光纤构成。光缆是数据传输中最有效的一种传输介质。光缆传输的优点主要有重量轻、体积小、传输距离远、容量大、信号衰减小以及抗电磁干扰。

光缆按结构分类主要有以下三种形式：

（1）中心束管式。一般 12 芯以下的采用中心束管式，中心束管式工艺简单，成本低（比层绞式光缆的价格便宜 15%左右）。

（2）层绞式。层绞式的最大优点是易于分叉，即光缆部分光纤需分别使用时，不必将整个光缆开断，只需将要分叉的光纤开断即可。层绞式光缆采用中心放置钢绞线或单根钢丝加强，将光纤续合成缆，成缆纤数可达 144 芯。

（3）带状式。带状式光缆的芯数可以做到上千芯，它将 4～12 芯光纤排列成行，构成带状光纤单元，再将多个带状单元按一定方式排列成缆。

光缆按敷设方式分类有多种形式，即室内光缆、架空光缆、直埋光缆、管道光缆、自承式光缆、水底（海底）光缆和吹光纤等。

2. 光纤的分类

光纤的分类方法很多，它既可以按照折射率的大小来分，也可以按照传输模式来分，还可以按照光的波长来分。

（1）根据光纤纤芯与包层折射率的大小分类。

1）阶跃型光纤。这种光纤的纤芯和包层的折射率都是一个常数，纤芯的折射率大于包层的折射率，折射率在纤芯与包层的界面处有一个突变。进入这种光纤的光线只要满足全反射原理，就会在纤芯中以折线的形状向前推进。阶跃型光纤如图 3-3 所示。

2）渐变型光纤。这种光纤包层的折射率为一常数，纤芯的折射率从中心开始随其半径的增加而逐渐变小，到包层与纤芯的界面处折射率减小到包层的折射率。进入这种光纤的光线因入射角不同将沿着各自的曲线路径向前推进。渐变型光纤如图 3-4 所示。

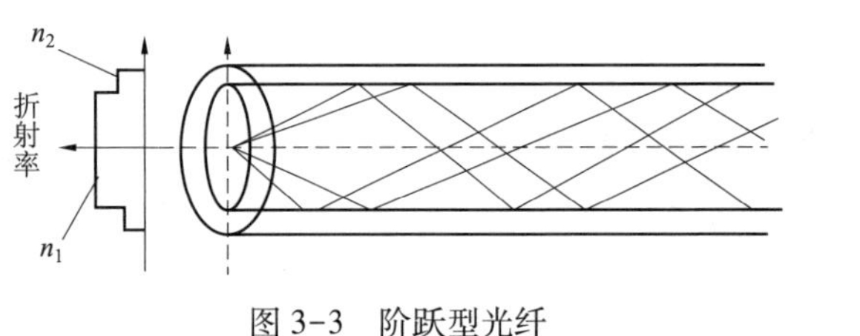

图 3-3　阶跃型光纤

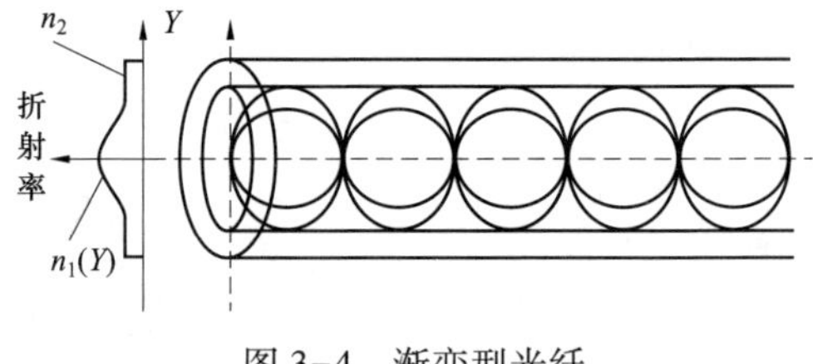

图 3-4　渐变型光纤

（2）根据光纤传输模式分类。

1）单模光纤。单模光纤的纤芯直径很小，在给定的工作波长上只能以单一模式传输，传输频带宽，传输容量大。光信号可以沿着光纤的轴向传播，因此光信号的损耗很小，离散也很小，传播的距离较远。单模光纤（PMI）规范建议芯径为 8～10μm，包括包层直径为 125μm。

2）多模光纤。多模光纤是在给定的工作波长上，能以多个模式同时传输的光纤。多模光纤的纤芯直径一般为 50～200μm，而包层直径的变化范围为 125～230μm，计算机网络用纤芯直径为 62.5μm，包层为 125μm，也就是通常所说的 62.5μm。与单模光纤相比，多模

光纤的传输性能要差。在导入波长上分单模 1310nm、1550nm 和多模 850nm、1300nm。

多模光纤可以是阶跃型，也可以是渐变型的，而单模光纤大都为阶跃型。

注：光纤的传输模式是指光进入光纤的入射角度。当光在直径为几十倍光波波长的纤芯中传播时，以各种不同的角度进入光纤的光线，从一端传至另一端时，其折射或弯曲的次数不尽相同，这种以不同角度进入纤芯的光线的传输方式称为多模式传输。可传输多模式光波的光纤称为多模光纤。如果光纤的纤芯的直径为 5～10μm，只有所传光波波长的几倍，则只能有一种传输模式，即沿着纤芯直线传播，这类光纤称为单模光纤。

3. 光纤的结构

光纤是光导纤维的简称。它是采用石英玻璃或特制塑料拉成的柔软细丝，直径在几微米至 120μm。像水流过管子一样，光能沿着这种细丝在内部传输。因而，这种细丝也叫光导纤维。若只有这根纤芯，也无法传播光。这是由于不同角度的入射光会毫无阻挡地直穿过它，而不是沿着光纤传播，就好像一块透明玻璃不会使光线方向发生改变。人们为了使光线的方向发生变化，从而可以沿光纤传播，就在光纤纤芯外涂上折射率比光纤纤芯材料低的材料，通常把涂的这层材料称为包层。这样，当一定角度之内的入射光射入光纤纤芯后会在纤芯与包层的交界处发生全发射，经过若干次全发射之后，光线就损耗极小地达到了光纤的另一端。

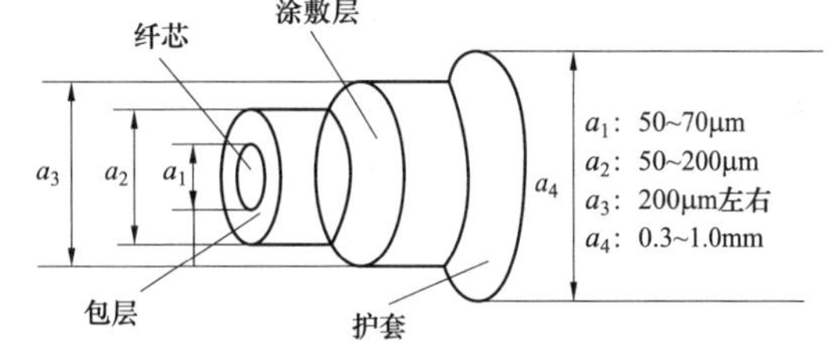

图 3-5　光纤的典型结构

图 3-5 是光纤的典型结构，自内向外分别为纤芯、包层、涂敷覆层以及最外层的护套。

4. 光纤的传输特性

在采用光纤进行通信的系统中，两个直接通过光纤相连的光端机的最大距离称为光纤的中继距离。当两个光端机的距离超过光纤的中继距离时，必须在其间加入光的再生中继器。光纤的中继距离由所采用光纤的实际传输特性决定。

光纤的传输特性主要包括以下两点：

（1）光纤的损耗特性。光纤的损耗特性是光纤通信中的另一重要特性。光波在光纤的传输中随着距离的增加，光功率逐渐下降，当光波的功率下降到一定程度时，接收设备就难以识别。造成光纤损耗的原因很多，有光纤本身的损耗，也有光纤与光源耦合的损耗，以及光纤之间连接时的接头与连接器的损耗等。光纤本身的损耗来自光纤的吸收和散射两个方面。

1）散射损耗。散射损耗来自光纤的质量缺陷。研究表明，光源波长增长时，散射损耗减少。

2）吸收损耗。吸收损耗是光波通过光纤时，有一部分能量变成热能，从而造成光功率的损耗。吸收损耗与光纤的制造材料和加工过程有关。不纯净或有杂质的光纤，其中的金属和某些离子会吸收光的能量。对于超高纯度的石英光纤，在 1. 3μm 和 1. 5μm 的波长附近，光的吸收损耗是最低的。

（2）光纤的色散特性。光纤的色散是光纤通信中的一个重要特性。它是使光信号在光纤中传输后出现畸变的重要原因。在传输数字信号时就表现为光脉冲在时间上的展宽，即使光脉冲的上升下降时间加长。严重时，将使前后码元相互重叠，形成码间干扰。上述情况会随着传输距离的增加而越来越严重，从而限制了光纤传输的中继距离和传输的码速。

三、连接硬件

1. 光缆连接器

（1）光缆连接器。光缆活动连接器，俗称活接头，通常称为光缆连接器，是用于连接两根光缆或形成连续光通路的可以重复使用的无源器件，已经广泛用在光缆传输线路、光缆配线架以及光缆测试仪器、仪表中，是目前使用数量最多的光缆器件。

按照不同的分类方法，光缆连接器可以分为不同的种类，其具体分类见表 3-2。

表 3-2　　光缆连接器的分类

分类依据	分　类
按传输媒介的不同	可分为单模光缆连接器、多模光缆连接器
按结构的不同	可分为 FC、SC、ST、D4、DIN、Biconic、MU、IC、MT 等
按连接器的插针端面不同	可分为 FC、PC（JPC）和 APC
按光缆芯数	可分为单芯、多芯

在实际应用过程中，通常按照光缆连接器结构的不同来加以区分。多模光缆连接器接头类型有 FC、SC、ST、FDDI、SMA、LC、MTRJ、MU 及 VF-45 等。单模光缆连接器接头类型有 FC、SC、ST、FDDI、SMA、LC、MTRJ 等。光缆连接器根据插针端面接触方式分为 PC、UPC 和 APC 型。

在综合布线系统中，用于光导纤维的连接器有 STⅡ连接器、SC 连接器，还有 FDDI 介质界面连接器（MIC）和 ESCON 连接器。各种光缆连接器如图 3-6 所示。

STⅡ连接插头用于光导纤维的端点，此时光缆中只有单根光导纤维（而非多股的带状结构），并且光缆以交叉连接或互连的方式至光电设备上，如图 3-7 所示。

（2）光缆连接件。光纤互连装置（LIU）是综合布线系统中常用的标准光纤交连硬件，用来实现交叉连接和光纤互连，还支持带状光缆和束管式光缆的跨接线。图 3-8 所示为光纤连接盒。

1）光纤交叉连接。交叉连接方式是利用光纤跳线（两头有端接好的连接器）实现两根光纤的连接来重新安排链路，而不需改动在交叉连接模块上已接好的永久性光缆（如干线光缆），如图 3-9 所示。

2）光纤互连。光纤互连是直接将来自不同地点的光纤互连起来而不必通过光纤跳线，如图 3-10 所示，有时也用于链路的管理。

以上两种连接方式相比较，交连方式灵活，便于重新安排线路。互连的光能量损耗比交叉连接要小。这是由于在互连中光信号只通过一次连接，而在交叉连接中光信号要通过两次连接。

2. 双绞电缆连接件

（1）双绞线连接件。双绞电缆连接件主要有配线架和信息插座等。它是用于端接和管理缆线用的连接件。配线架的类型有 110 系列和模块化系列。110 系列又分夹接式（110A）和插接式（110P），如图 3-11 所示。连接件的产品型号很多，并且不断有新产品推出。

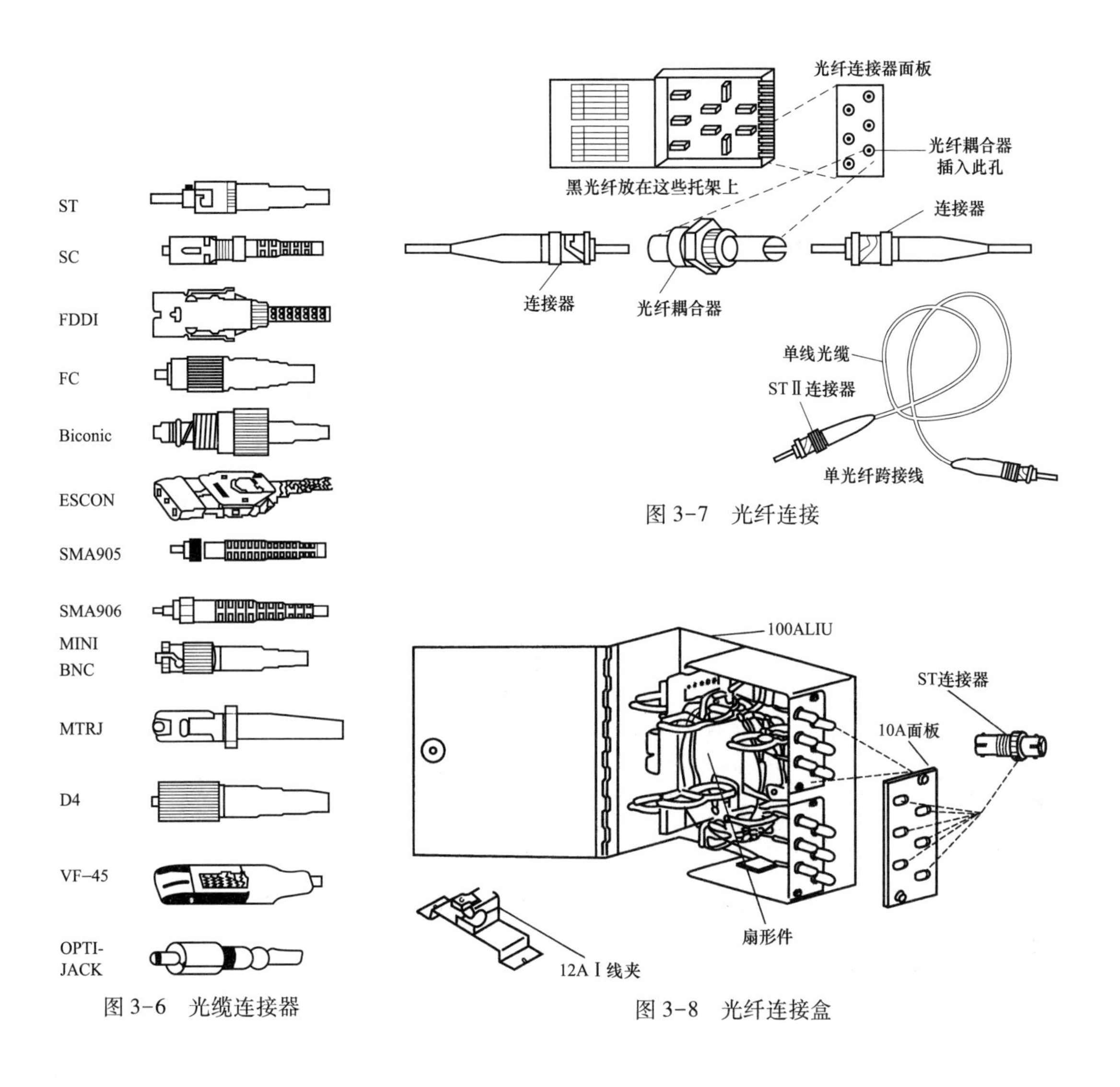

图 3-6　光缆连接器

图 3-7　光纤连接

图 3-8　光纤连接盒

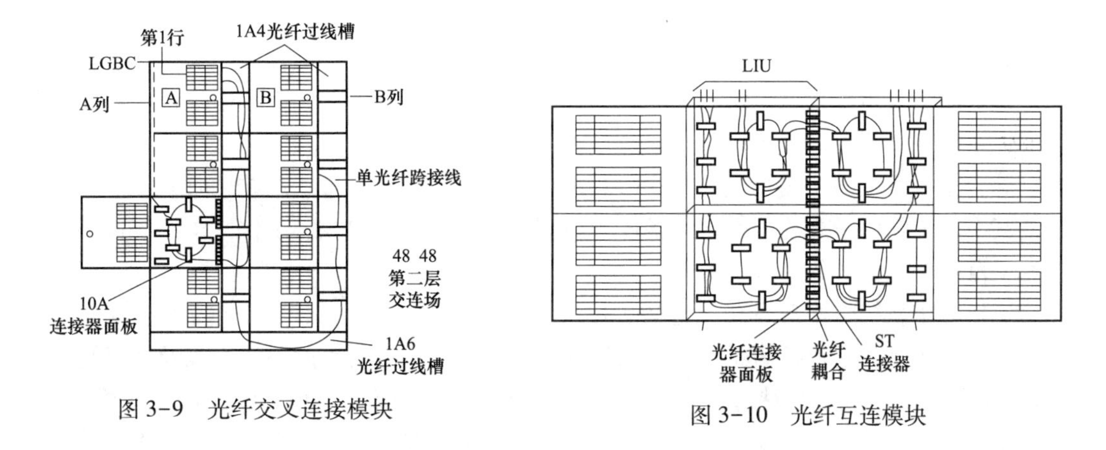

图 3-9　光纤交叉连接模块

图 3-10　光纤互连模块

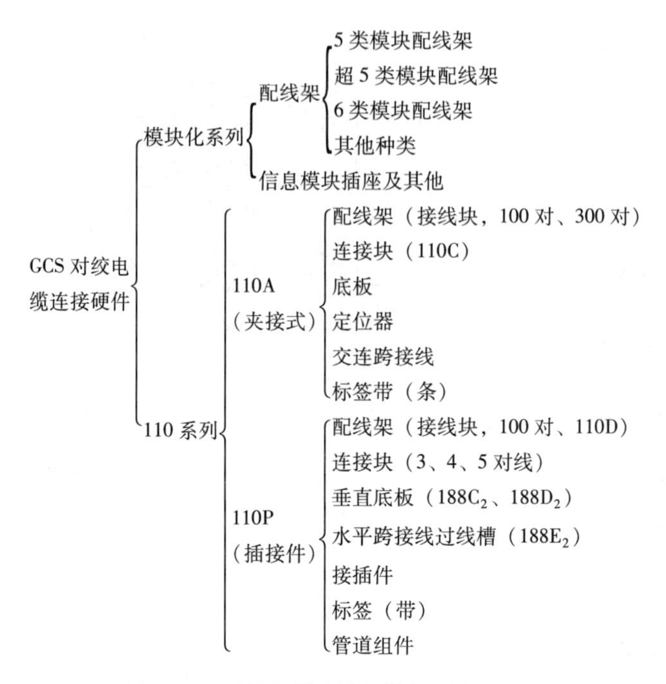

图 3-11　对绞电缆连接硬件的种类和组成

（2）信息插座。模块化信息插座分为单孔、双孔和多孔，每孔都有一个 8 位插脚。这种插座的高性能、小尺寸及模块化特性，为设计综合布线提供了灵活性，保证了快速、准确地安装。

第二节　综合布线系统组成及布线方式

一、综合布线系统组成

通常综合布线由六个子系统组成，即工作区子系统、水平子系统、垂直干线子系统、设备间子系统、管理子系统和建筑群子系统。综合布线系统大多采用标准化部件和模块化组合方式，把语音、数据、图像和控制信号用统一的传输媒体进行综合，形成了一套标准、实用、灵活、开放的布线系统，提升了弱电系统平台的支撑。

建筑的综合布线系统是将各种不同部分构成一个有机的整体，而不是像传统的布线那样自成体系，互不相干。

综合布线系统的结构组成如图 3-12 所示。智能大厦综合布线结构组成图如图 3-13 所示。其中，工作区子系统由终端设备连接到信息插座的跳线组成。工作区子系统位于建筑物内水平范围个人办公的区域内。

工作区子系统将用户终端（电话、传真机、计算机、打印机等）连接到结构化布线系统的信息插座上。它包括信息插头、信息模块、网卡、连接所需的跳线，以及在终端设备和输入/输出（I/O）之间搭接，相当于电话配线系统中连接话机的用户线及话机终端部分。

工作区子系统的终端设备可以是电话、微机和数据终端，也可以是仪器仪表、传感器的

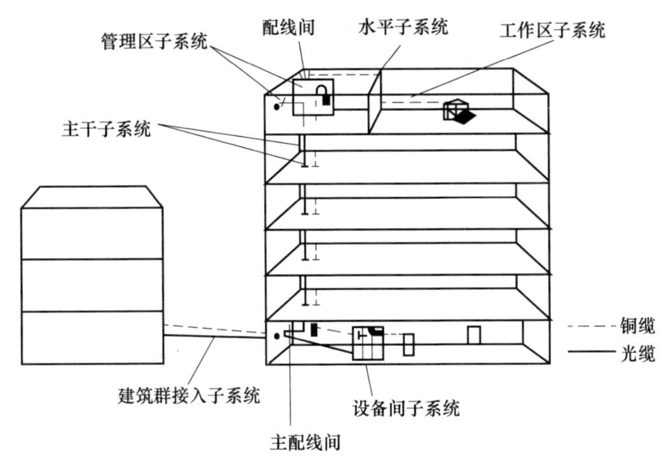

图 3-12　综合布线系统结构组成图

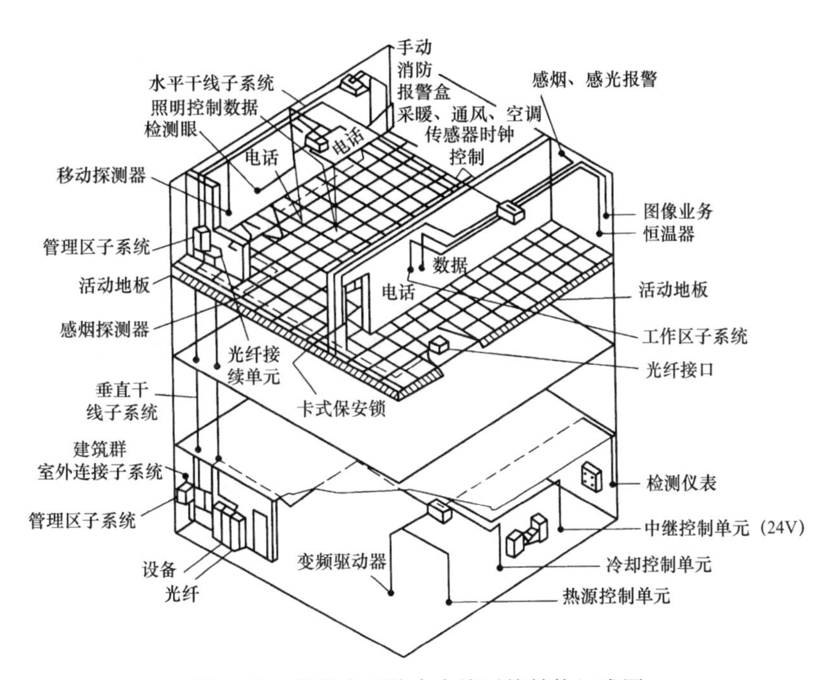

图 3-13　智能大厦综合布线系统结构组成图

探测器。

工作区子系统的硬件主要有信息插座（通信接线盒）、组合跳线。其中，信息插座是终端设备（工作站）与水平子系统连接的接口，它是工作区子系统与水平子系统之间的分界点，也是连接点、管理点，也称为 I/O 口，或通信线盒。

工作区线缆是连接插座与终端设备之间的电缆，也称为组合跳线，它是在非屏蔽双绞线（UTP）的两端安装上模块化插头（RJ45 型水晶头）制成。

工作区的墙面暗装信息出口，面板的下沿距地面应为 300mm；信息出口与强电插座的距离不能小于 200mm。信息插座与计算机设备的距离保持在 5m 范围内。

工作区子系统组成图如图 3-14 所示。

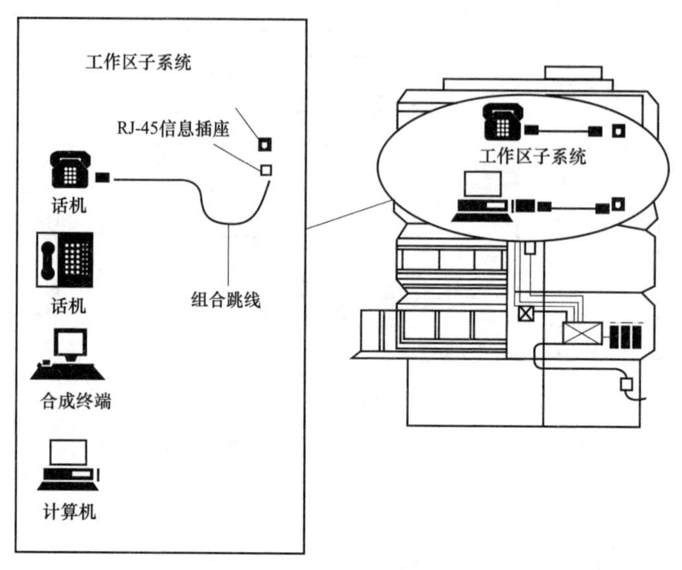

图 3-14　工作区子系统图

水平子系统是指从工作区子系统的信息出发，连接管理子系统的通信中间交叉配线设备的线缆部分。水平布线子系统总是处在一个楼水平布线子系统的一部分，它将干线子系统线路延伸到用户工作区。

水平子系统一端接于信息插座上，另一端接在干线接线间、卫星接线间或设备机房的管理配线架上。水平子系统包括水平电缆、水平光缆及其在楼层配线架上的机械终端、接插软线和跳接线。水平电缆或水平光缆一般直接连接至信息插座。

图 3-15 所示为水平子系统组成图。

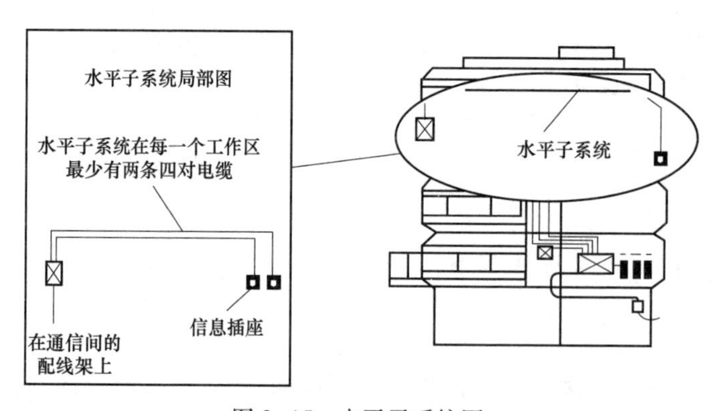

图 3-15　水平子系统图

垂直干线子系统是由连接主设备间 MDF 与各管理子系统 IDF 之间的干线光缆及大对数电缆构成，指提供建筑物主干电缆的路由，实现主配线架（MDF）与分配线架的连接及计算机、交换机（PBX）、控制中心与各管理子系统间的连接。

垂直干线子系统的任务是通过建筑物内部的传输电缆，把各个接线间的信号传送到设备间，直至传送到最终接口，再通往外部网络。它既要满足当前的需要，又要适应今后的发

展。垂直干线子系统由供各干线接线间电缆走线用的竖向或横向通道与主设备间的电缆组成。

图 3-16 为垂直干线子系统组成图。

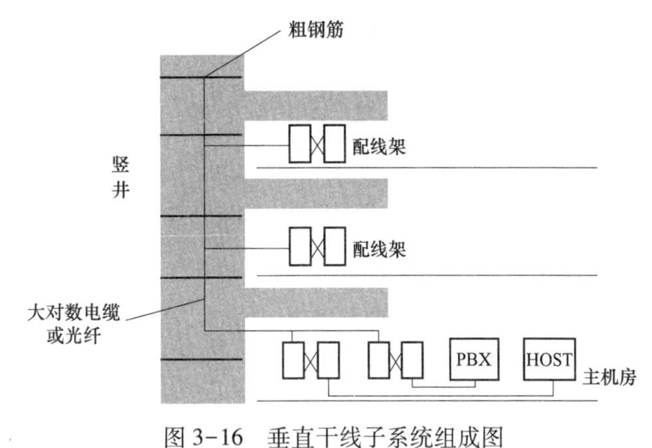

图 3-16　垂直干线子系统组成图

设备间子系统是安装公用设备（如电话交换机、计算机主机、进出线设备、网络主交换机、综合布线系统的有关硬件和设备）的场所。

设备间供电电源为 50Hz、380/220V，采取三相五线制/单相三线制。通常应考虑备用电源。可采用直接供电和不间断供电相结合的方式。噪声、温度、湿度应满足相应要求，安全和防火应符合相应规范。

管理子系统是提供与其他子系统连接的手段，是使整个综合布线系统及其所连接的设备、器件等构成一个完整的有机体的软系统。通过对管理子系统交接的调整，可以安排或重新安装系统线路的路由，使传输线路能延伸到建筑物内部的各工作区。

管理子系统由交连、互连以及 I/O 组成。管理子系统应对设备间、交接间和工作区的配线设备、线缆、信息插座等设施，按一定的模式进行标识和记录。

建筑群子系统是连接各建筑物之间的传输介质和各种支持设备（硬件）而组成的布线系统。

二、综合布线方式

1. 基本型综合布线系统

基本型综合布线系统是一个经济有效的布线方案。它支持语音或综合型语音/数据产品，并能够全面过渡到数据的异步传输或综合型布线系统。

配置：

（1）每一个工作区有 1 个信息插座。

（2）每个工作区的配线为 1 条 4 对对绞电缆。

（3）完全采用 110A 交叉连接硬件，并与未来的附加设备兼容。

（4）每个工作区的干线电缆至少有 2 对双绞线。

2. 增强型综合布线系统

增强型综合布线系统不仅支持语音和数据的应用，还支持图像、影像、影视、视频会议等。它具有为增加功能提供发展的余地，并能够利用接线板进行管理。

配置：

（1）每个工作区有 2 个以上信息插座。

（2）每个工作区的配线为 2 条 4 对对绞电缆。

（3）具有 110A 交叉连接硬件。

（4）每个工作区的地平线电缆至少有 3 对双绞线。

3. 综合型布线系统

综合型布线系统是将光缆、双绞电缆或混合电缆纳入建筑物布线的系统。其配置为：需在基本型和增强型综合布线基础上增设光缆及相关接件。

第三节　综合布线系统施工图识读

图 3-17 及图 3-18 为某住宅楼综合布线控制系统图及平面图。

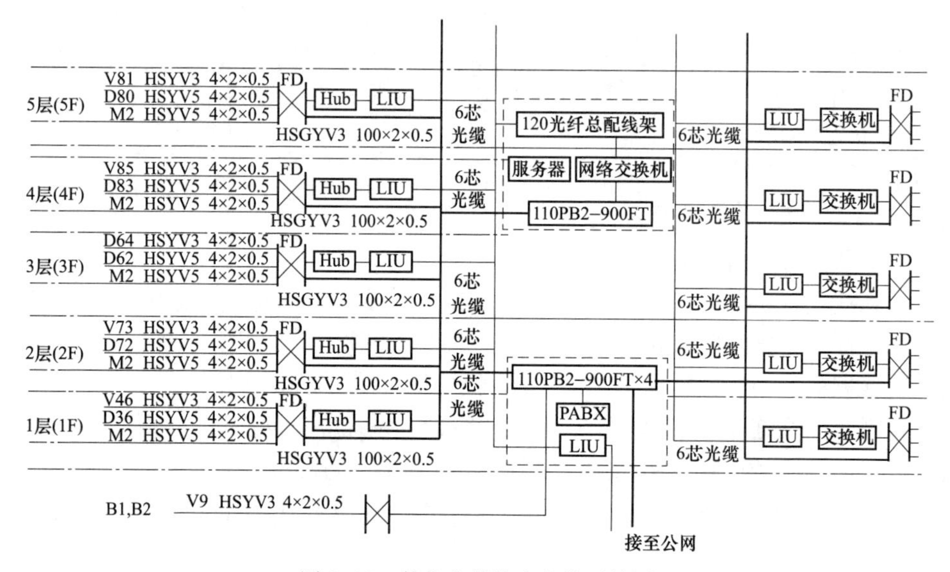

图 3-17　某住宅楼综合布线系统图

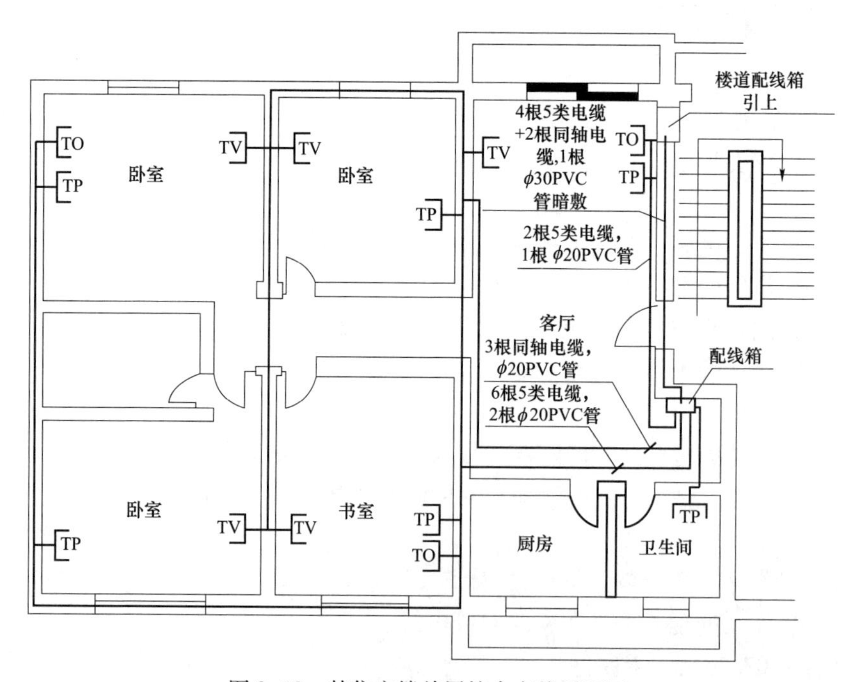

图 3-18　某住宅楼首层综合布线平面图

从图 3-17 上可以看出图中的电话线由户外公用引入，接至主配线间或用户交换机房，机房内有 4 台 110PB2-900FT 型配线架和 1 台用户交换机（PABX）。

可以看出主机房中有服务器、网络交换机、1 台配线架等。

图 3-17 中的电话与信息输出线，在每个楼层各使用一根 100 对干线 3 类大对数电缆（HSGYV3 100×2×0.5），此外每个楼层还使用一根 6 芯光缆。

可以看出每个楼层设楼层配线架（FD），大多数电缆要接入配线架，用户使用 3 类、5 类 8 芯电缆（HSYV5 4×2×0.5）。

从图 3-17 上还可以看出光缆先接入光纤配线架（LIU），转换成电信号后，再经集线器（Hub）或交换机分路，接入楼层配线架（FD）。

图 3-17 左侧 2 层的右边，V73 表示本层有 73 个语音出线口，D72 表示本层有 72 个数据出线口，M2 表示本层有 2 个视像监控口。

从此住宅楼平面图（图 3-17）上可以看出信息线由楼道内配电箱引入室内，使用 4 根 5 类 4 对非屏蔽双绞线电缆（UTP）和 2 根同轴电缆，穿 ϕ30PVC 管在墙体内暗敷设。

从图 3-18 上可以看出首层每户室内有一只家居配线箱，配线箱内有双绞线电缆分接端子和电视分配器，本用户为 3 分配器。

可以获悉该层户内每个房间都有电话插座（TP），起居室和书房有数据信息插座（TO），每个插座用 1 根 5 类 UTP 电缆与家居配线箱连接。

可以得知该层户内各居室都有电视插座（TV），用 3 根同轴电缆与家居配线箱内分配器连接，墙两侧安装的电视插座，用二分支配器分配电视信号。户内电缆穿 ϕ20PVC 管在墙体内暗敷。

第四节　综合布线施工前准备工作

一、施工技术准备

（1）熟悉和工程有关的其他技术资料。如施工及验收规范、技术规程、质量检验评定标准以及制造厂提供的资料，如安装使用说明书、产品合格证、试验记录数据等。

（2）熟悉、会审图样。图样是工程的语言、施工的依据。开工前，施工人员首先应熟悉施工图纸，了解设计内容及设计意图，明确工程所采用的设备和材料，明确图样所提出的施工要求，明确综合布线工程和主体工程以及其他安装工程的交叉配合，以便于及早采取措施，确保在施工过程中不破坏建筑物的强度和外观，不与其他工程发生位置冲突。

（3）编制施工方案。在全面熟悉施工图样的基础上，依据图样并根据施工现场情况、技术力量及技术装备情况，综合做出合理的施工方案。

（4）编制工程预算。工程预算包括工程材料清单和施工预算。

二、施工前检查

综合布线系统施工前检查内容见表 3-3。

表 3-3　综合布线系统施工前检查内容

类别	内容
环境检查	(1) 工作区、电信间、设备间的检查应包括的内容如下： 1) 铺设活动地板的场所，活动地板防静电措施及接地应符合设计要求。 2) 工作区、电信间、设备间土建工程已全部竣工。房屋地面平整、光洁，门的高度和宽度应符合设计要求。 3) 电信间、设备间应提供可靠的接地装置，接地电阻值及接地装置的设置应符合设计要求。 4) 房屋预埋线槽、暗管、孔洞和竖井的位置、数量、尺寸均应符合设计要求。 5) 电信间、设备间应提供 220V 带保护接地的单相电源插座。 6) 电信间、设备间的位置、面积、高度、通风、防火及环境温、湿度等应符合设计要求。 (2) 建筑物进线间及入口设施的检查应包括的内容如下： 1) 管线入口部位的处理应符合设计要求，并应检查采取排水及防止气、水、虫等进入的措施。 2) 进线间的位置、面积、高度、照明、电源、接地、防火、防水等应符合设计要求。 3) 引入管道与其他设施如电气、水、煤气、下水道等的位置间距应符合设计要求。 4) 引入缆线采用的敷设方法应符合设计要求。 (3) 有关设施的安装方式应符合设计文件规定的抗震要求
器材及测试仪表工具检查	(1) 器材检验应符合的要求如下： 1) 工程中使用的缆线、器材应与订货合同或封存的产品在规格、型号、等级上相符。 2) 进口设备和材料应具有产地证明和商检证明。 3) 工程所用缆线和器材的品牌、型号、规格、数量、质量应在施工前进行检查，应符合设计要求并具备相应的质量文件或证书，无出厂检验证明材料、质量文件或与设计不符者不得在工程中使用。 4) 经检验的器材应做好记录，对不合格的器件应单独存放，以备核查与处理。 5) 备品、备件及各类文件资料应齐全。 (2) 配套型材、管材与铁件的检查应符合的要求如下： 1) 各种型材的材质、规格，型号应符合设计文件的规定，表面应光滑、平整，不得变形、断裂。预埋金属线槽、过线盒，接线盒及桥架等表面涂覆或镀层应均匀、完整，不得变形、损坏。 2) 室内管材采用金属管或塑料管时，其管身应光滑、无伤痕，管孔无变形，孔径、壁厚应符合设计要求。金属管槽应根据工程环境要求做镀锌或其他防腐处理。塑料管槽必须采用阻燃管槽，外壁应具有阻燃标记。 3) 室外管道应按通信管道工程验收的相关规定进行检验。 4) 各种铁件的材质、规格均应符合相应质量标准，不得有歪斜、扭曲、飞刺、断裂或破损。 5) 铁件的表面处理和镀层应均匀、完整，表面光洁，无脱落、气泡等缺陷。 (3) 缆线的检验应符合的要求如下： 1) 缆线外包装和外护套需完整无损，当外包装损坏严重时，应测试合格后再在工程中使用。 2) 工程使用的电缆和光缆形式、规格及缆线的防火等级应符合设计要求。 3) 电缆应附有本批量的电气性能检验报告，施工前应进行链路或信道的电气性能及缆线长度的抽验，并做测试记录。 4) 光缆开盘后应先检查光缆端头封装是否良好。光缆外包装或光缆护套如有损伤，应对该盘光缆进行光纤性能指标测试，如有断纤，应进行处理，待检查合格才允许使用。光纤检测完毕，光缆端头应密封固定，恢复外包装。 5) 缆线所附标志、标签内容应齐全、清晰，外包装应注明型号和规格。 6) 光纤接插软线或光跳线检验应符合下列规定：① 两端的光纤连接器件端面应装配合适的保护盖帽；② 光纤类型应符合设计要求，并应有明显的标记。 (4) 连接器件的检验应符合的要求如下：

续表

类别	内　　容
器材及测试仪表工具检查	1）光纤连接器件及适配器使用形式和数量、位置应与设计相符。 2）配线模块、信息插座模块及其他连接器件的部件应完整，电气和机械性能等指标符合相应产品生产的质量标准。塑料材质应具有阻燃性能，并应满足设计要求。 3）信号线路浪涌保护器各项指标应符合有关规定。 （5）配线设备的使用应符合的规定如下： 1）光、电缆配线设备的编排及标志名称应与设计相符。各类标志名称应统一，标志位置正确、清晰。 2）光、电缆配线设备的形式、规格应符合设计要求。 （6）测试仪表和工具的检验应符合的要求如下： 1）施工工具，如电缆或光缆的接续工具（剥线器、光缆切断器、光纤熔接机、光纤磨光机、卡接工具等）必须进行检查，合格后方可在工程中使用。 2）综合布线系统的测试仪表应能测试相应类别工程的各种电气性能及传输特性，其精度应符合相应要求。测试仪表的精度应按相应的鉴定规程和校准方法进行定期检查和校准，经相应计量部门校验取得合格证后，方可在有效期内使用。 3）应事先对工程中需要使用的仪表和工具进行测试或检查，缆线测试仪表应附有相应检测机构的证明文件。 （7）现场尚无检测手段取得屏蔽布线系统所需的相关技术参数时。可将认证检测机构或生产厂家附有的技术报告作为检查依据。 （8）对绞电缆电气性能、力学特性、光缆传输性能及连接器件的具体技术指标和要求。应符合设计要求。经过测试与检查，性能指标不符合设计要求的设备和材料不得在工程中使用

第五节　综合布线系统施工基本要求

一、材料设备要求

（1）准备工作不仅在施工前，而且贯穿于施工的全过程。为保证工程的全面开工，在工程开工前除按分部工程的惯例做好施工条件的检查和施工技术组织准备外，还应做好特殊器材的检验。

（2）器材检验一般要求对工程所用线缆和连接件的规格、程式、数量、质量进行检查。无出厂检验证明的材料或与设计不符的材料，不得在工程中使用。经检验的器材应做好记录，对不合格的器材应单独存放，以备核查与处理。

（3）备品、备件及各类资料齐全。

（4）各种型材的规格、型号、材质应符合设计文件的规定，外观检查应光滑、平整，不得有变形、断裂和锈蚀现象。

（5）预埋金属线槽、过线盒、接线盒及桥架表面涂膜或镀层均匀、完整，不得变形、损坏。

（6）工程所用缆线和器材的品牌、型号、规格、数量、质量，应在施工前进行检查，应符合设计要求并具备相应的质量文件或证书，无出厂检验证明材料、质量文件或设计不符者不得在工程中使用。进口设备和材料应具有产地证明和商检证明。经检验的器材应做好记录，对不合格的器件应单独存放。

（7）设备的表面处理和镀层应均匀完整，表面光洁，无脱落、气泡等现象。

（8）经检查的设备应做好记录，对查出不合格的产品应单独存放，以备核查与处理。工程使用的缆线、器材应与订货合同或封存产品的规格、型号、等级相符。

（9）各种管材的规格、型号应符合设计要求，管壁光滑、管壁厚度符合规范要求。各种铁件的材质、规格均应符合现行质量标准，外观应完好无损。

（10）综合布线所有设备形式、规格、数量、质量经检查，应符合设计及规范要求，应有产品合格证及产品出场检验证明材料。

（11）工程中使用的缆线、器材应与订货合同或封存的产品在规格、型号、等级上相符。备品、备件及各类文件资料应齐全。

（12）配套型材、管材与铁件要求：

1）室外管道应按通信管道工程验收的相关规定进行检验。

2）各种铁件的材质、规格均应符合相应质量标准，不得有歪斜、扭曲、飞刺、断裂或破损。铁件的表面处理和镀层应均匀、完整，表面光洁，无脱落、气泡等缺陷。

3）各种型材的材质、规格、型号应符合设计文件的规定，表面应光滑、平整，不得变形、断裂。预埋金属线槽、过线盒、接线盒及桥架等表面涂覆或镀层应均匀、完整，不得变形、损坏。室内管材采用金属管或塑料管时，其管身应光滑、无伤痕，管孔无变形，孔径、壁厚应符合设计要求。金属管槽应根据工程环境要求作镀锌或其他防腐处理。塑料管槽必须采用阻燃管槽，外壁应具有阻燃标记。

（13）缆线的检验要求：

1）缆线外包装和外护套需完整无损，当外包装损坏严重时，应测试合格后再在工程中使用。

2）工程使用的电缆和光缆型号、规格及缆线的防火等级应符合设计要求。缆线所附标志、标签内容应齐全、清晰，外包装应注明型号和规格。

3）电缆应附有本批量的电气性能检验报告，施工前应进行链路或信道的电气性能及缆线长度的抽验，并做好测试记录。光缆开盘后应先检查光缆端头封装是否良好。光缆外包装或光缆护套如有损伤，应对该盘光缆进行光纤性能指标测试，如有断纤，应进行处理，待检查合格才允许使用。光纤检测完毕，光缆端头应密封固定，恢复外包装。

（14）光纤接插软线或光跳线检验应符合下列规定：

1）两端的光纤连接器件端面应装配合适的保护盖帽。

2）光纤类型应符合设计要求，并应有明显的标记。

（15）连接器件的检验要求：

1）光纤连接器件及适配器使用形式和数量、位置应与设计相符。

2）配线模块、信息插座模块及其他连接器件的部件应完整，电气和机械性能等指标符合相应产品生产的质量标准。塑料材质应具有阻燃性能，并应满足设计要求。

3）信号线路浪涌保护器各项指标应符合有关规定。

（16）配线设备的使用规定：

1）光、电缆配线设备的编排及标志名称应与设计相符。标志名称应统一，标志位置正确清晰。

2）光、电缆配线设备的型号、规格应符合设计要求。

二、综合布线工作区划分要求

一个独立的需要设置终端设备的区域，应划分为一个工作区。工作区应由配线子系统的信息插座到终端设备的连接线缆及适配器组成，并应符合下列规定：

（1）工作区面积的划分，应根据不同建筑物的功能和应用，并作具体分析后确定。当终端设备需求不明确时，工作区面积宜符合表3-4的规定。

表3-4　　工作区面积

建筑物类型及功能	工作区面积/m^2
银行、金融中心、证交中心、调度中心、计算中心、特种阅览室等，终端设备较为密集的场地	3～5
办公区	4～10
会议室	5～20
住　宅	15～60
展览区	15～100
商　场	20～60
候机厅、体育场馆	20～100

（2）每个工作区信息点数量的配置，应根据用户的性质、网络的构成及实际需求，并考虑冗余和发展的因素，具体配置宜符合表3-5的规定。

表3-5　　信息点数量配置

建筑物功能区	每一个工作区信息点数量/个			备　注
	语　音	数　据	光纤（双工端口）	
办公区（一般）	1	1	—	—
办公区（重要）	2	2	1	—
出租或大客户区域	≥2	≥2	≥1	—
政务办公区	2～5	≥2	≥1	分内、外网络

（3）设备安装。

1）壁挂式配线设备底部离地面的高度应不小于300mm。

2）设备间、电信间及设备均应做等电位联结。

3）机架或机柜的安装，其前面净空应不小于800mm，后面的净空应不小于600mm。

（4）工作区信息插座。

1）安装在墙上或柱上的信息插座和多用户信息插座盒体的底部距地面的高度宜为0.3m。

2）安装在地面上的插座，应采用防水和抗压接线盒。

3）每个工作区至少配置1个220V、10A带保护接地的单相交流电源插座。

4）安装在墙上或柱子上的集合点配线箱体，底部距地面高度宜为1.0～1.5m。

（5）综合布线采用屏蔽布线时对接地的要求。

1）屏蔽系统中所用的信息插座，对绞电缆、连接器件、跳线等所组成的布线系统线路应具有良好的屏蔽及导通特性。

2）采用屏蔽布线系统时，屏蔽层的配线设备 FD 或 BD 端必须良好接地。

3）保护接地的电阻值，当采用单独接地体时，应不大于 4Ω；采用共用接地体时，应不大于 1Ω。

4）当采用屏蔽布线时，各个布线线路的屏蔽层应保持连续性。

（6）电缆的敷设方式及要求。

1）管内穿大对数电缆时，直线管路的管径利用率为 50%～60%。弯管管路的管径利用率应为 40%～50%。管内穿放 4 对对绞电缆时，截面利用率为 25%～30%。线槽的截面利用率应不超过 50%。

2）配线子系统电缆宜穿管或沿金属电缆桥架敷设，当电缆在地板下布置时，应根据环境条件选用地板下线槽布线、网络地板布线、高架地板布线、地板下管道布线等敷设方式。

3）干线子系统垂直通道有电缆孔、管道、电缆竖井这三种方式可供选择，宜采用电缆竖井方式。水平通道可选择预埋暗管或电缆桥架方式。

三、综合布线系统施工应注意事项

（1）应根据产品说明书的要求，按编号进行查线，并将标注清楚的导线按编号、回路安装牢固，相同回路的颜色应一致。

（2）端于箱应固定牢固，安装与墙面平正，外观完整。如达不到标准应进行修复，损坏的要进行更换。

（3）导线压接应牢固，绝缘电阻值应符合规范要求；如达不到应找出原因，否则不准投入使用。

（4）管道内或地面线槽阻塞或进水，影响布线。疏通管槽，清除水污后布线。

（5）信息插座损坏，接触不良。检查修复。

（6）柜（盘）、箱的安装应符合规范要求，如超出允许偏差，应及时纠正。

（7）柜（盘）、箱的接地应可靠，接地电阻值应符合设计要求，接地导线截面应符合规范规定。

（8）光纤连接器极性接反，信号无输出。将光纤连接器极性调整正确。

（9）缆线长度过长，信号衰减严重。按设计图进行检查，缆线长度应符合设计要求，调整信号频率，使其衰减符合设计和规范规定。

（10）设备间子系统接线错误，造成控制设备不能正常工作。检查色标按设计图修正接线错误。

（11）光缆传输系统输衰减严重。检查陶瓷头或塑料头的连接器，每个连接点的衰减值是否大于规定值。

（12）光缆数字传输系统的数字系列比特率不符合规范规定。检查数字接口是否符合设计规定。

（13）有信号干扰。检查消除干扰源，检查缆线的屏蔽导线是否接地，线槽内并排的导线是否加隔板屏蔽，电缆和光缆是否进行隔离处理，室内防静电地板是否良好接地等。

第六节　布线系统管槽敷设

一、路由的选择

两点间最短的距离是直线，然而对于布缆线来说，却不一定就是最好、最佳的路由。在选择最容易布线的路由时，要考虑便于施工，便于操作，即使花费更多的缆线也要这样做。

例如，要把“25 对”缆线从一个配线间牵引到另一个配线间，采用直线路径，要经天花板布线，路由中要多次分割、钻孔才能使缆线穿过并吊起来；而另一条路由是将缆线通过一个配线间的地板，然后通过一层悬挂的天花板，再通过另一个配线间的地板向上，如图 3-19 所示。

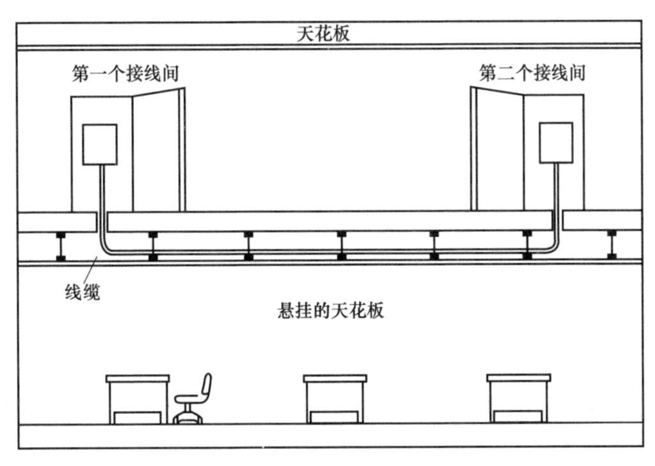

图 3-19　水平缆线布线的一种方法

二、金属管敷设

1. 金属管的暗设

（1）金属管连接时，管孔应对准，接缝应严密，不得有水和泥浆渗入；管孔对准无错位，以免影响管路的有效管理，保证铺设缆线时穿设顺利。

（2）建筑群之间金属管的埋设深度应不小于 0. 8m，在人行道下面铺设时，应不小于 0. 5m。

（3）在室外金属管道应有不小于 0. 1% 的排水坡度。

（4）铺设在混凝土、水泥里的金属管，其地基应坚实、平整和不应有沉陷，以保证铺设后的缆线安全运行。

（5）预埋在墙体中间的金属管内径不宜超过 50mm，楼板中的管径宜为 15～25mm，直线布管 30m 处设置暗线盒。

（6）金属管的两端应有标记，表示建筑物、楼层、房间和长度。

（7）金属管内应安置牵引线或拉线。

（8）暗管的转弯角度应大于 90°，在路径上每根暗管的转弯角不得多于 2 个，并不应有

S 弯出现，有转弯的管段长度超过 20m 时，应设置管线过线盒装置；有 2 个弯时，不超过 15m 应设置过线盒。

（9）暗管管口应光滑，并加有护口保护，管口伸出部位宜为 25～50mm。

（10）暗管内应安置牵引线或拉线。

（11）至楼层电信间暗管的管口应排列有序，便于识别与布放缆线。

2. 金属管明敷时

（1）金属管应用卡子固定，这种固定方式较为美观，且在需要拆卸时方便拆卸。

（2）金属的支持点间距，有要求时应按照规定设计，无设计要求时应不超过 3m。

（3）在距接线盒 0.3m 处，要加管卡将管子固定。

（4）在弯头的地方，弯头两边也应用管卡固定。

3. 光缆与电缆同管敷设

应在暗管内预置塑料子管。将光缆敷设在塑料子管内，使光缆和电缆分开布放。子管的内径应为光缆外径的 2.5 倍。

4. PVC 管在工作区暗埋线管操作时注意事项

管转弯时，弯曲半径要大，便于穿线。

管内穿线不宜太多，要留有 50% 以上的空间。一根管子宜穿设一条综合布线电缆。管内穿放大对数的电缆时，直线管路的管径利用率宜为 50%～60%，弯管路的管径利用率宜为 40%～50%。

三、金属槽敷设

1. 线槽安装要求

安装线槽应在土建工程基本结束以后，与其他管道同步进行，也可比其他管道稍迟一段时间安装。但尽量避免在装饰工程结束以后进行安装，那样将造成敷设缆线的困难。安装线槽应符合以下要求：

（1）线槽转弯半径应不小于其槽内的缆线最小允许弯曲半径的最大者。

（2）支吊架应保持垂直、整齐牢固，无歪斜现象。

（3）线槽节与节间用接头连接板拼接，螺钉应拧紧。两线槽拼接处水平偏差应不超过 2mm。

（4）线槽安装位置应符合施工图样规定，左右偏差视环境而定，最大不超过 50mm。

（5）垂直线槽应与地面保持垂直，并无倾斜现象，垂直度偏差应不超过 3mm。

（6）线槽水平度每米偏差应不超过 2mm。

（7）当直线段桥架超过 30m 或跨越建筑物时，应有伸缩缝。其连接宜采用伸缩连接板。

（8）盖板应紧固，并且要错位盖槽板。

为了防止电磁干扰，宜用辫式铜带把线槽连接到其经过的设备间，或楼层配线间的接地装置上，并保持良好的电气连接。

2. 水平子系统缆线敷设支撑保护要求

（1）预埋金属线槽支撑保护要求。在建筑物中预埋的线槽可采用不同的尺寸。每层楼应至少预埋两根以上，线槽截面高度不宜超过 25mm。线槽直埋长度超过 15m 或在线槽路由交叉、转弯时宜设置拉线盒，以便布放缆线和维护。

接线盒盖应能开启，并与地面齐平，盒盖处应采取防水措施。宜采用金属引入分线盒。

（2）设置线槽支撑保护的要求。水平敷设时，支撑间距一般为 1.5～2m，垂直敷设时固定在建筑物构体上的间距宜小于 2m。

（3）在活动地板下敷设缆线时，活动地板内净空应不小于 150mm。如果活动地板内作为通风系统的风道使用时，地板内净高应不小于 300mm。

地面内暗装金属线槽的组合安装如图 3-20 所示。

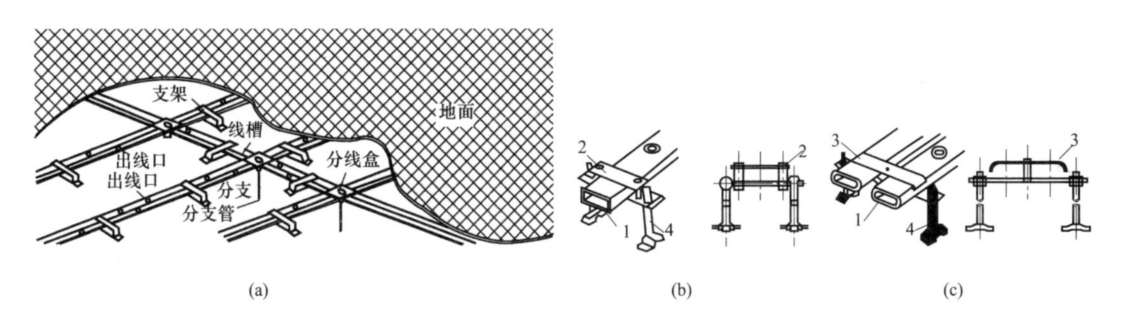

图 3-20　地面内暗装金属线槽的组合安装

（a）地面内暗装金属线槽组装；（b）单线槽支架安装；（c）双线槽支架安装

1—线槽；2—支架单压板；3—支架双压板；4—卧脚螺栓

（4）采用公用立柱作为吊顶支撑柱时，可在立柱中布放缆线。立柱支撑点应避开沟槽和线槽位置，支撑应牢固。

（5）采用格形楼板和沟槽相结合时，敷设缆线支槽保护要求如下：① 沟槽和格形线槽必须沟通。② 沟槽盖板可开启，并与地面齐平，盖板和信息插座出口处应采取防水措施。

（6）在工作区的信息点位置和缆线敷设方式未定的情况下，或在工作区采用地毯下布放缆线时，在工作区宜设置交接箱，每个交接箱的服务面积约为 $80cm^2$。

（7）不同种类的缆线布放在金属线槽内，应同槽分室（用金属板隔开）布放。

四、塑料槽铺设

塑料槽的安装规格有多种。塑料槽的铺设从原理上讲类似金属槽，但操作上还有所不同，其具体表现主要有以下几种：

（1）在天花板吊顶外采用托架加配定槽铺设。

（2）在天花板吊顶打吊杆或托盘式桥架铺设。

（3）在天花板吊顶外采用托架桥架铺设。

采用托架时，通常在 1m 左右安装一个托架。固定槽时一般在 1m 左右安装固定点。固定点是指把槽固定的地方，根据槽的大小进行安装。

（1）25mm×20mm～25mm×30mm 规格的槽，一个固定点应有 2～3 个固定螺钉，并水平排列。

（2）25mm×30mm 以上的规格槽，一个固定点应有 3～4 个固定螺钉，呈梯形状，使槽受力点分散分布。

除了固定点外，应每隔 1m 左右钻 2 个孔，用双绞线穿入，待布线结束后，把所布的双绞线捆扎起来。

水平干线布槽和垂直干线布槽的方法是一样的，差别在于一个是横布槽，另一个是竖布槽。在水平干线与工作区交接处不易施工时，可采用金属软管（蛇皮管）或塑料软管连接。

第七节 桥架的安装

桥架安装分水平安装和垂直安装。水平安装又分吊装和壁装两种形式。桥架与墙壁穿孔采用金属软管或PVC管的连接。桥架垂直安装主要在电缆竖井中沿墙采用壁装方式，用于固定线槽或电缆垂直敷设，或者用作垂直干线电缆的支撑。桥架垂直安装方式如图3-21所示。

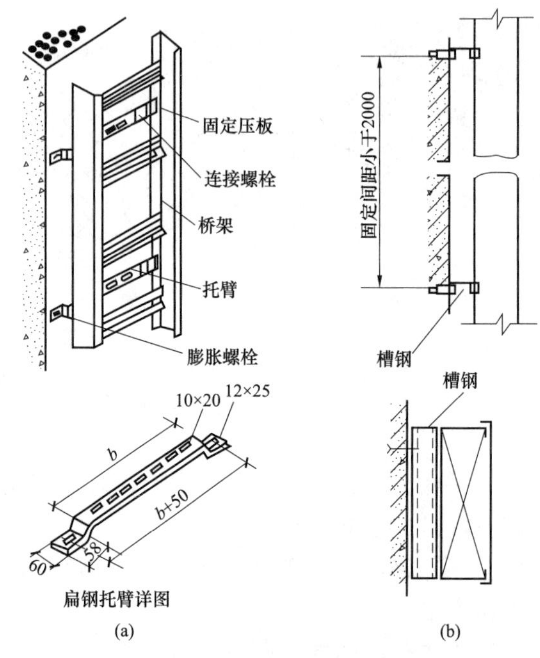

图3-21 桥架垂直安装方式

（a）桥架垂直安装示意图；（b）桥架与墙面的连接

桥架（梯架）竖井内垂直安装的形式和方法，如图3-22所示。桥架穿孔洞的防火处理做法如图3-23所示。

直线管道允许段长通常应限制在150m内，弯曲管道应比直线管道相应缩短。采用弯曲管道时，它的曲率半径通常应不小于36m，在一段弯曲管道内不应有反向弯曲即“S”弯曲，在任何情况下也不得有U形弯曲出现。布放管道电缆，选用管孔时按照“先下后上、先两侧

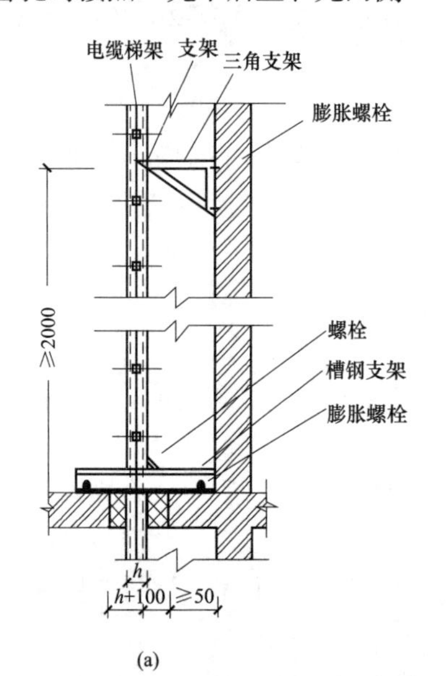

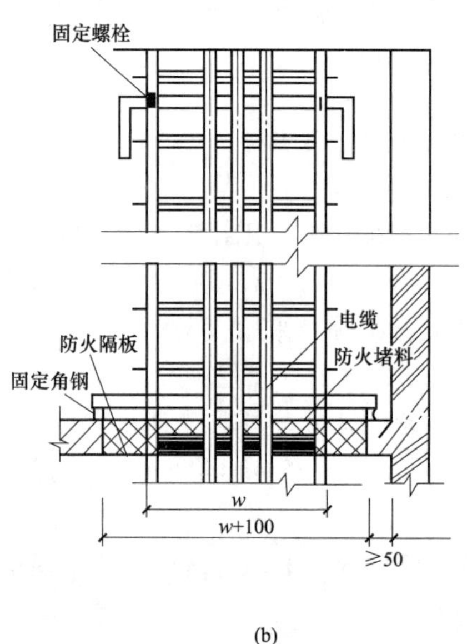

图3-22 桥架（梯架）竖井内垂直安装

（a）三角支架安装；（b）门形钢支架安装

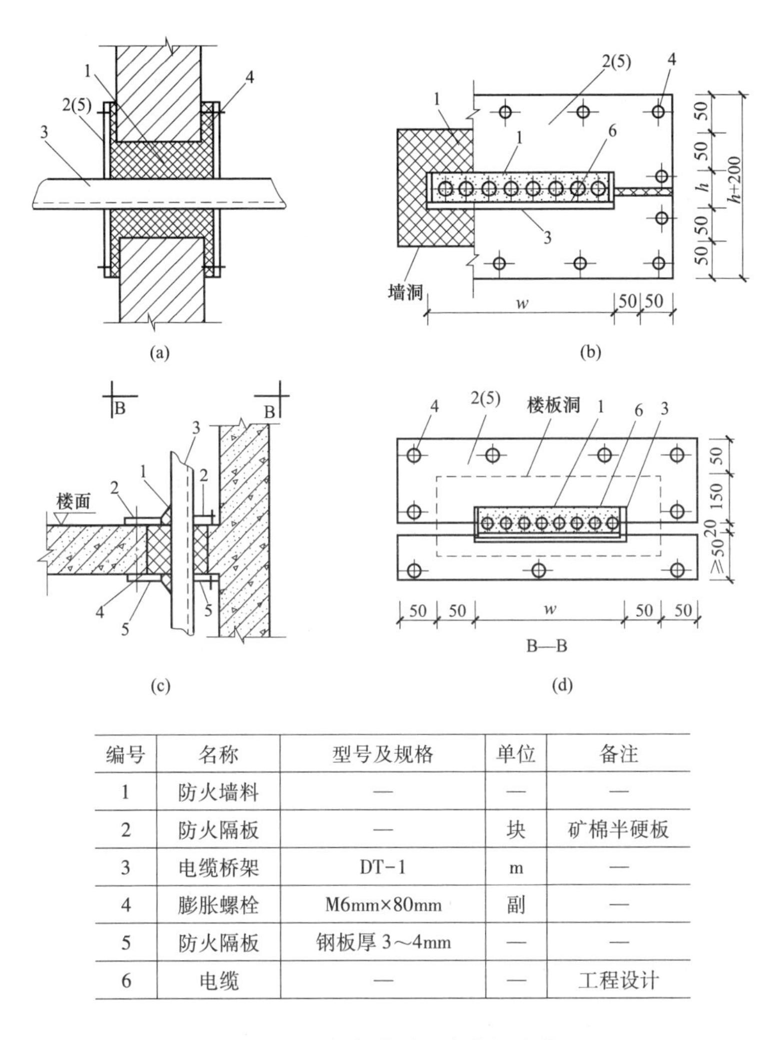

编号	名称	型号及规格	单位	备注
1	防火墙料	—	—	—
2	防火隔板	—	块	矿棉半硬板
3	电缆桥架	DT-1	m	—
4	膨胀螺栓	M6mm×80mm	副	—
5	防火隔板	钢板厚 3～4mm	—	—
6	电缆	—	—	工程设计

图 3-23　桥架穿墙和穿楼板安装

（a）电缆桥架穿墙洞做法；（b）电缆桥架穿墙洞做法；

（c）电缆桥架穿楼板洞做法；（d）电缆桥架穿楼板洞做法

后中央”的顺序安排使用。大对数电缆通常应敷设在靠下和靠侧壁的管孔中，管孔必须对应使用。同一条电缆所占管孔的位置在各个人孔内应尽量保持不变，以避免发生电缆交错现象。一个管孔内一般只穿放一条电缆，如果电缆截面积较小，则允许在同一管孔内穿放两条电缆，必须防止电缆穿放时因摩擦而损伤护套。布放管道电缆前应检查电缆线号、端别、电线长度、对数以及程式等，准确无误后再敷设。

敷设时，电缆盘应放在准备穿入电缆管道的同侧。在该位置布放电缆，可以使电缆展开到出厂前的状态，避免电缆扭曲变形。当两孔之间为直线管道时，电线应从坡度较高处往低处穿放。

第八节 电缆的布设施工

一、缆线敷设的一般要求

（1）缆线的型号、规格应与设计规定相符。电缆线在各种环境中的敷设方式、布放间距均应符合设计要求。

（2）缆线的布放应自然平直，不得产生扭绞、打圈、接头等现象，应不受外力的挤压和损伤。

（3）缆线两端应贴有标签，应标明编号，标签书写应清晰正确。标签应选用不易损坏的材料。缆线应有余量，以适应终接、检测和变更。对绞电缆预留长度：在工作区宜为3～6cm，电信间宜为0.5～2m，设备间宜为3～5m；光缆布放路由宜盘留，预留长度宜为3～5m，有特殊要求的应按设计要求预留长度。

（4）缆线的弯曲半径应符合下列规定：

1）非屏蔽4对对绞电缆的弯曲半径应至少为电缆外径的4倍。

2）屏蔽4对对绞电缆的弯曲半径应至少为电缆外径的8倍。

3）主干对绞电缆的弯曲半径应至少为电缆外径的10倍。

4）2芯或4芯水平光缆的弯曲半径应大于25mm；其他芯数的水平光缆、主干光缆和室外光缆的弯曲半径应至少为光缆外径的10倍。

（5）缆线间的最小净距应符合设计要求：

1）电源线、综合布线系统缆线应分隔布放，并应符合表3-6的规定。

表3-6　对绞电缆与电力电缆最小净距

条　件	最小净距/mm		
	380V，<2kVA	380V，2～5kVA	380V，>5kVA
对绞电缆与电力电缆平行敷设	130	300	600
有一方在接地的金属槽道或钢管中	70	150	300
双方均在接地的金属槽道或钢管中	10	80	150

注：1. 当380V电力电缆<2kVA，双方都在接地的线槽中，且平行长度≤10m时，最小间距可为10mm。
2. 双方都在接地的线槽中，系指两个不同的线槽，也可在同一线槽中用金属板隔开。

2）综合布线与配电箱、变电室、电梯机房、空调机房之间最小净距宜符合表3-7的规定。

表3-7　综合布线电缆与其他机房最小净距

名　称	最小净距/m	名　称	最小净距/m
配电箱	1	电梯机房	2
变电室	2	空调机房	2

3）建筑物内电、光缆暗管敷设与其他管线最小净距见表3-8的规定。

表 3-8　　综合布线缆线及管线与其他管线的间距

管　线　种　类	平行净距/mm	垂直交叉净距/mm
避雷引下线	1000	300
保护地线	50	20
热力管（不包封）	500	500
热力管（包封）	300	300
给水管	150	20
煤气管	300	20
压缩空气管	150	20

4）综合布线缆线宜单独敷设，与其他弱电系统各子系统缆线间距应符合设计要求。

5）对于有安全保密要求的工程，综合布线缆线与信号线、电力线、接地线的间距应符合相应的保密规定。对于具有安全保密要求的缆线应采取独立的金属管或金属线槽敷设。8 屏蔽电缆的屏蔽层端到端应保持完好的导通性。

（6）缆线布放，在牵引过程中，吊挂缆线的支点相隔间距应不大于 1.5m。布放缆线的牵引车，应小于缆线允许张力的 80%，对光缆瞬间最大牵引力应不超过光缆允许的张力。在以牵引方式敷设光缆时，主要牵引力应加在光缆的加强芯上。缆线布放过程中为避免张力和扭曲，应制作合格的牵引端头。如果用机械牵引时，应根据缆线牵引的长度，布放环境，牵引张力等因素选用集中牵引或分散牵引等方式。布放光缆时，光缆盘转动应与光缆布放同步，光缆牵引的速度一般为 15m/s。光缆出盘处要保持松弛的弧度，并留有缓冲的余量，又不宜过多，避免光缆出现背扣。

（7）预埋线槽和暗管敷设缆线应符合下列规定：

1）管道内应无阻挡，管口应无毛刺，并安置牵引线或拉线。

2）敷设线槽和暗管的两端宜用标志表示出编号等内容。

3）预埋线槽宜采用金属线槽，预埋或密封线槽的截面利用率应为 30%～50%。

4）光缆与电缆同管敷设时，应在暗管内预置塑料子管，将光缆设子管子，使光缆和电缆分开布放，子管的内径应为光缆外径的 1.5 倍。

5）敷设暗管宜采用钢管或阻燃聚氯乙烯硬质管。布放大对数主干电缆及 4 芯以上光缆时，直线管道的管径利用率应为 50%～60%，弯管道应为 40%～50%。暗管布放 4 对对绞电缆或 4 芯及以下光缆时，管道的截面利用率应为 25%～30%。预埋线槽宜采用金属线槽，线槽的截面利用率应不超过 40%。

（8）设置缆线桥架和线槽敷设缆线应符合下列规定：

1）电缆桥架宜高出地面 2.2m 以上，槽盖开启面应保持 80mm 的垂直净空，桥架顶部距顶棚或其他障碍物应不小于 300mm。桥架宽度不宜小于 100mm，桥架内横断面的填充率应不超过 50%，在吊顶内设置时，线槽截面利用率应不超过 50%。

2）缆线桥架内缆线垂直敷设时，在缆线的上端和每间隔 1.5m 处应固定在桥架的支架上。

水平敷设时，直线部分间隔距离在 3～5m 处设固定点。在缆线的距离首端、尾端、转弯中心点处 300～500mm 处设置固定点。

3）在水平、垂直桥架中敷设缆线时，应对缆线进行绑扎。对绞电缆、光缆及其他信号电缆应根据缆线的类别、数量、缆径、缆线芯数分束绑扎。绑扎间距不宜大于 1.5m，间距应均匀，不宜绑扎过紧或使缆线受到挤压。

4）布放线槽缆线可以不绑扎，槽内缆线应顺直，尽量不交叉、缆线不应溢出线槽，在缆线进出线槽部位，转变处应绑扎固定。垂直线槽布放缆线应每间隔 1.5m 处固定在缆线支架上。

绑扎间距不宜大于 1.5m，扣间距应均匀、松紧适度。楼内光缆在桥架敞开敷设时应在绑扎固定段加装垫套。

（9）建筑群子系统采用架空、管道、直埋、墙壁及暗管敷设电、光缆的施工技术要求应按照本地网通信线路工程验收的相关规定执行。

（10）桥架水平敷设时，吊（支）架间距一般为 1.5～3m，垂直敷设时固定在建筑物构体上的间距宜小于 2m。桥架及槽道安装位置左右偏差应不超过 50mm。桥架及槽道水平度过每米偏差应不超过 2mm。垂直桥架及槽道应与地面保持垂直，并无倾斜现象，垂直度偏差应不超过 3mm。两槽道拼接处水平度偏差应不超过 2mm。吊（支）架安装应保持垂直平整，排列整齐，固定牢固，无歪斜现象。金属桥架及槽道节与节间应接触良好，安装牢固。

（11）沟槽和格形线槽必须沟通。沟槽盖板可开启，并与地面平齐，盖板和信息插座出口处应采取防水措施。

（12）配线设备机架安装要求。采用下走线方式、架底位置应与电缆上线孔相对应。各直列垂直倾斜误差应不大于 3mm，底座水平误差每平方米应不大于 2mm。接线端子各种标志应齐全。

（13）顶棚内敷设缆线时，应考虑防火要求，缆线敷设应单独设置吊架，不得布放在顶棚吊架上，宜放置在金属线槽内布线。缆线护套应阻燃、缆线截面选用应符合设计要求。

（14）在竖井内采用明配管、桥架、金属线槽等方式敷设缆线，并应符合以上有关条款要求。竖井内楼板孔洞周边应设置 50mm 的防水台，洞口用防火材料封堵严实。

（15）各类接线模块安装要求。模块设备应完整无损，安装就位、标志齐全。安装螺栓应拧牢固，面板应保持在一个水平面上。

（16）接地要求。安装机架，配线设备及金属钢管、槽道、接地体，保护接地导线截面、颜色应符合设计要求，并保持良好的电气连接，压接处牢固可靠。

二、缆线的牵引

缆线牵引是指采用一条拉线将缆线牵引穿入墙壁管道、吊顶和地板管道。在施工中，应使拉线和缆线的连接点尽量平滑，因此，要采用电工胶带在连接点外面紧紧缠绕，以确保其平滑和牢靠，所用的方法取决于要完成作业的类型、缆线的质量、布线路由的难度，还与管道中要穿过的缆线数目有关，在已有缆线的拥挤的管道中穿线要比空管道难。

注意理论上，线的直径越小，则拉线的速度越快。然而，有经验的安装者采取慢速而又平稳地拉线，因为快速拉线会造成线的缠绕或被绊住。

若拉力过大，将导致缆线变形，从而引起缆线传输性能下降。缆线最大允许的拉力如下：

（1）一根 4 对线电缆，拉力为 100N。

（2）二根 4 对线电缆，拉力为 150N。

（3）三根 4 对线电缆，拉力为 200N。

（4）n 根线电缆，拉力为（n×50+50）N。

不管多少根线对电缆，最大拉力都不能超过 400N。

1. 牵引少量 5 类缆线

（1）少量的缆线很轻，只要将其对齐。在 80mm 的裸线拨开塑料绝缘层，将铜导线平均分成两股，如图 3-24 所示。

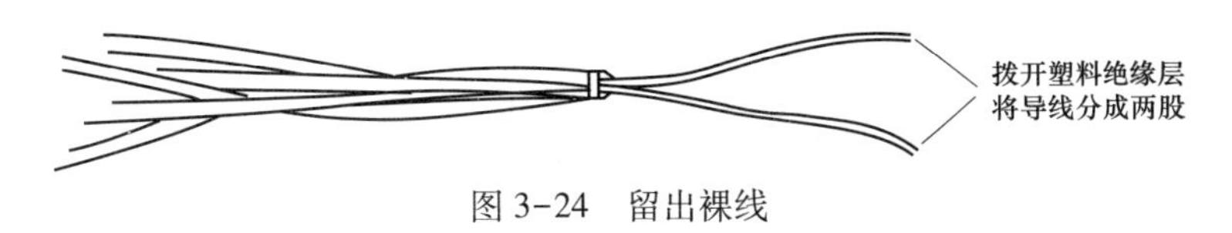

图 3-24　留出裸线

（2）把两股铜导线相互打圈子结牢，如图 3-25 所示。

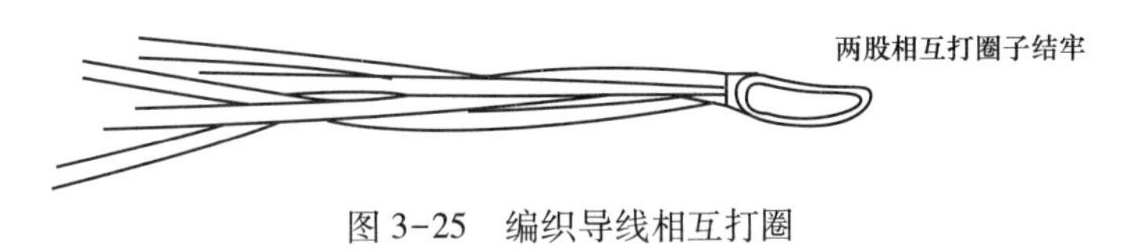

图 3-25　编织导线相互打圈

（3）将拉线穿过已经打结的圈子后打活结（使越拉越紧）。

（4）用电工胶布紧紧地缠在绞好的接头上，扎紧使得导线不露出，并将胶布末端夹入缆线中。

2. 牵引多对线数电缆

芯套/钩的连接是非常牢固的，它能够用于“几百对”的电缆上，应按下列程序进行。

（1）剥除约 30cm 的电缆护套，包括导线上的绝缘层。

（2）使用斜口钳将线切去，留下约 12 根（一打）。

（3）将导线分成两个绞线组，如图 3-26 所示。

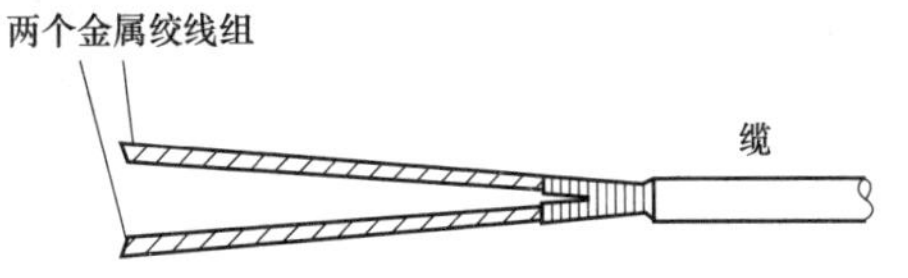

图 3-26　将缆导线分成两个均匀的绞线组

（4）将两组绞线交叉地穿过拉绳的环，在缆的那边建立一个闭环。

（5）将缆一端的线缠绕在一起以使环封闭，如图 3-27 所示。

（6）用电工带紧紧地缠绕在缆周围，覆盖长度约是环直径的 3～4 倍，然后继续再绕上一段，如图 3-28 所示。

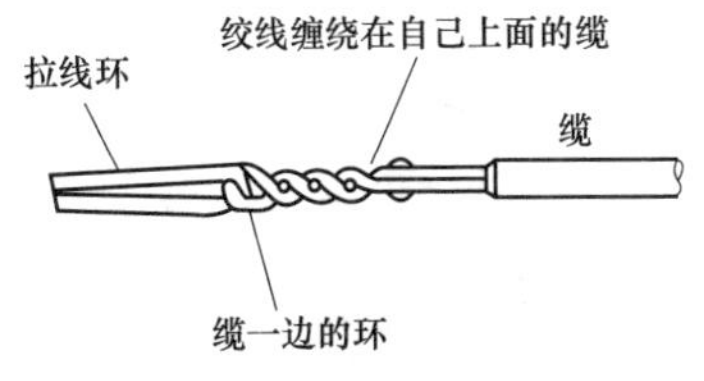

图 3-27　用绞线缠绕在自己上面的方法建立的芯套/钩来关闭缆环

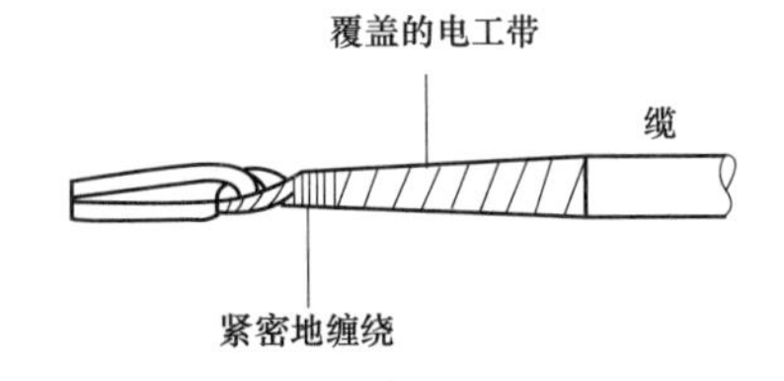

图 3-28　用电工带紧密缠绕

◉ **小提示：**

较重的电缆上装一个牵引眼，在缆上制作一个环，使拉绳固定在它上面。对于没有牵引眼的电缆，可以使用一个分离的缆夹。将夹子分开缠到缆上，在分离部分的每一半上有一个牵引眼。当吊缆已经缠在缆上时，可同时牵引两个眼，使夹子紧紧地保持在缆上，用这种办法可以较好地保护好电缆的封头。

三、建筑物主干线电缆布线

1. 向上牵引缆线

向上牵引缆线可用电动牵引绞车。向上牵引缆线的主要步骤如下：

（1）按照缆线的质量，选定绞车型号，并按绞车制造厂家的说明书进行操作。先往绞车中穿一条绳子，启动绞车，并往下垂放一条拉绳，拉绳向下垂放直到安放缆线的底层。

（2）如果缆上有一个拉眼，则将绳子连接到此拉眼上。

（3）启动绞车，慢慢地将缆线通过各层的孔向上牵引，缆的末端到达顶层时，停止绞车。

（4）在地板孔边沿上用夹具将缆线固定。

（5）当所有连接制作好之后，从绞车上释放缆线的末端。

2. 向下垂放缆线

向下垂放缆线的主要步骤如下：

（1）首先把缆线卷轴放到最顶层，在离房子的开口处（孔洞处）3～4m 安装缆线卷轴，并从卷轴顶部馈线。

（2）在缆线卷轴处安排所需的布线施工人员，每层上要有一个人，以便引寻下垂的缆线。

（3）开始旋转卷轴，将缆线从卷轴上拉出，将拉出的缆线引导进竖井中的孔洞。在此之前先在孔洞中安放一个塑料的套状保护物，以防止孔洞不光滑的边缘擦破缆线的外皮，如图 3-29 所示。

（4）慢慢地从卷轴上放缆并进入孔洞向下垂放，直到下一层布线施工人员能将缆线引到下一个孔洞。

（5）按前面的步骤，继续慢慢地放线，并将缆线引入各层的孔洞。

若要经由一个大孔敷设垂直主干缆线，就无法使用一个塑料保护套了，这时最好使用一个滑车轮，通过它来下垂布线，为此需要做如下操作：在孔的中心处装上一个滑车轮，将缆拉出绕在滑车轮上，按前面所介绍的方法牵引缆穿过每层的孔，当缆线到达目的地时，把每层上的缆线绕成卷放在架子上固定起来，等待以后的端接，如图 3-30 所示。

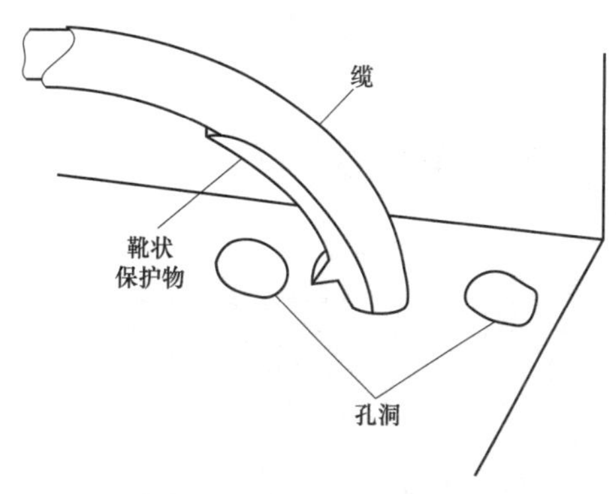

图 3-29　用套状物保护缆线

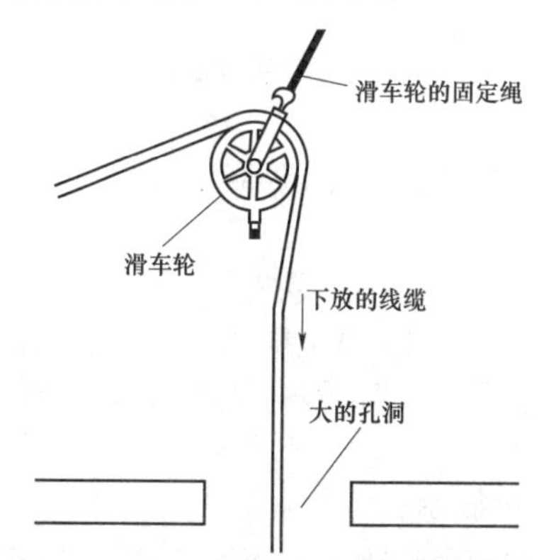

图 3-30　滑轮下放缆线方法示意图

四、建筑物水平布线

1. 管道布线

管道布线是指在浇筑混凝土时已把管道预埋在地板中，管道内预先穿放着牵引电缆的钢丝或铁丝。

（1）施工时，只需通过管道图样了解地板管道就可做出施工方案。

（2）对于没有预埋管道的新建筑物，布线施工可以与建筑物装潢同步进行，以便于布线，而不影响建筑物的美观。

（3）对于老旧的建筑物或没有预埋管道的新建筑物，设计施工人员应向业主索取建筑物的图样，并到布线建筑物现场查清建筑物内电、水、气管路的布局和走向，然后详细绘制布线图样，确定布线施工方案。

（4）水平子系统电缆宜穿钢管或沿金属桥架敷设，并应选择最捷径的路径。

（5）管道通常从配线间埋到信息插座安装孔。安装人员只要将 4 对线电缆固定在信息插座的拉线端，从管道的另一端牵引拉线就可将缆线送达配线间。

（6）当缆线在吊顶内布放完成后，还要通过墙壁或墙柱的管道将缆线向下引至信息插座安装孔内。将双绞线用胶带缠绕成紧密的一组，将其末端送入预埋在墙壁中的 PVC 圆管内并把它往下压，直到在插座孔处露出 25～30mm 即可，也可以用拉线牵引。

2. 天花板顶内布线

水平布线最常用的方法是在天花板吊顶内布线，具体施工步骤如下：

（1）索取施工图样，确定布线路由。

（2）沿着所设计的路由在电缆桥架槽体下方打开吊顶，用双手推开每块镶板。

（3）为了减轻多条 4 对线电缆的重量，减轻在吊顶上的压力，可使用 J 形钩、吊索及其他支撑物来支撑缆线。

（4）假设要布放 24 条 4 对线电缆，每个信息插座安装孔要放两条缆线，可将缆线箱放在一起并使缆线出线口向上，24 个缆线箱按图 3-31 所示方式分组安装，每组有 6 个缆线箱，共有 4 组。

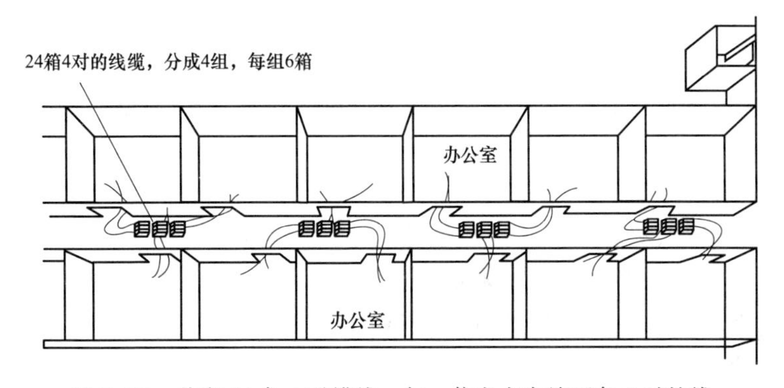

图 3-31　共布 24 条 4 对缆线，每一信息点布放两条 4 对的线

（5）在箱上标注并且在缆线的末端注上标号。

（6）从离管理间最远的一端开始，拉到管理间。

3. 地板底下布线

水平子系统电缆在地板下的安装，应根据环境条件选用地下桥架布线法，蜂窝状地板布线法、高架（活动）地板布线法以及地板下管线布线法等四种安装方式。

4. 墙壁线槽布线

在墙壁上的布线槽布线通常应按以下步骤进行：

（1）确定布线路由。

（2）沿着路由方向放线讲究直线美观。

（3）线槽每隔 1m 要安装固定螺钉。

（4）布线时线槽容量为 70%。

（5）盖塑料槽盖应错位盖好。

5. 布线中墙壁线管及缆线的固定

（1）尼龙扎带。适合综合布线工程中使用的尼龙扎带，具有防火、耐酸、耐蚀、绝缘性良好、耐久和不易老化等特点，使用时只需将带身轻轻穿过带孔一拉，即可牢牢扣住线把。扎带使用时也可用专门工具，它使得扎带的安装使用极为简单省力。使用扎带时要注意不能勒得太紧，避免造成电缆内部参数的改变。

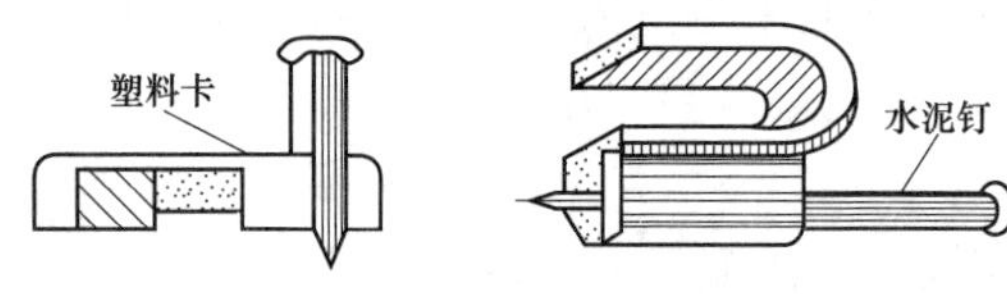

图 3-32　塑料钢钉电线卡

（2）钢钉线卡。钢钉线卡全称为塑料钢钉电线卡，用于明敷电线、护套线、电话线、闭路电视线及双绞线。塑料钢钉电线卡外形如图 3-32 所示。在敷设缆线时，用塑料卡卡住缆线，用锤子将水泥钉钉入建筑物即可。管线或电缆水平敷设时，钉子要钉在水平管线的下边，让钉子可以承受电缆的部分重力。垂直敷设时钉子要均匀地钉在管线的两边，这样可起到夹住电缆的定位作用。

（3）线扣。线扣用于将扎带或缆线等进行固定，分粘贴型线扣和非粘贴型线扣。

五、缆线终端安装

（1）缆线终端一般要求：

1）缆线中间不得接头，缆线终端处必须卡接牢固、接触良好。

2）缆线在终接前，必须核对缆线标识内容是否正确。

3）缆线在终接前，对绞电缆与插接件连接应认准线号、线位色标，不得颠倒和错接。

4）缆线终端应符合设计和厂家安装手册要求。

（2）对绞电缆终接应符合下列要求：

1）对绞线与 8 位模块式通用插座相连时，必须按色标和线对顺序进行卡接。插座类型、色标和编号应符合图 3-33 的规定。两种连接方式均可采用，但在同一布线工程中两种连接方式不应混合使用。

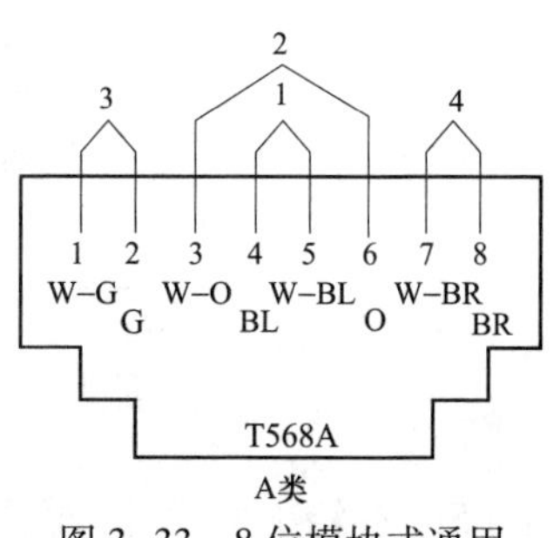

图 3-33　8 位模块式通用插座连接示意图

2）终接时，每对对绞线应保持扭绞状态，扭绞松开长度对于 3 类电缆应不大于 75mm；对于 5 类电缆应不大于 13mm；对于 6 类电缆应尽量保持扭绞状态，减小扭绞松开长度。

3）对不同的屏蔽对绞线或屏蔽电缆，屏蔽层应采用不同

的端接方法。应对编织层或金属箔与汇流导线进行有效的端接。

4）7类布线系统采用非刚45°方式终接时，连接图应符合相关标准规定。

5）每个2EL86面板底盒宜终接2条对绞电缆或1根2芯/4芯光缆，不宜兼作过路盒使用。

6）屏蔽对绞电缆的屏蔽层与连接器件终接处屏蔽罩应通过紧固器件可靠接触，缆线屏蔽层应与连接器件屏蔽罩360°圆周接触，接触长度不宜小于10mm。屏蔽层不应用于受力的场合。

（3）光缆终接与接续应采用下列方式：

1）光纤与光纤接续可采用熔接和光连接子（机械）连接方式。

2）光纤与连接器件连接可采用尾纤熔接、现场研磨和机械连接方式。

（4）光缆芯线终接应符合下列要求：

1）光纤连接盘面板应有标志。

2）采用光纤连接盘对光纤进行连接、保护，在连接盘中光纤的弯曲半径应符合安装工艺要求。

3）光纤连接损耗值，应符合表3-9的规定。

表3-9　　光纤连接损耗值（dB）

连接类别	多模		单模	
	平均值	最大值	平均值	最大值
熔接	0.15	0.3	0.15	0.3
机械连接		0.3		0.3

4）光纤熔接处应加以保护和固定。

（5）各类跳线的终接应符合下列规定：

1）各类跳线长度应符合设计要求。

2）各类跳线缆线和连接器件间接触应良好，接线无误，标志齐全。跳线选用类型应符合系统设计要求。

六、安装信息插座端接

1. 信息插座的安装

（1）安装在地面上或活动地板上的地面信息插座，是由接线盒体和插座面板两部分组成。插座面板有直立式（面板与地面成45°，可以倒下成平面）、水平式等。缆线连接固定在接线盒体内的装置上，接线盒体均埋在地面下，其盒盖面与地面平齐，可以开启，要求必须有严密防水、防尘和抗压功能。在不使用时，插座面板与地面齐平，不得影响人们的日常行动。

地面信息插座的各种安装方法示意如图3-34所示。

（2）安装在墙上的信息插座，其位置宜高出地面300mm左右。当房间地面采用活动地板时，信息插座高出活动地板地面300mm。墙上信息插座的安装示意图如图3-35所示。

（3）信息插座的具体数量和装设位置以及规格型号应根据设计中的规定来配备和确定。

（4）信息插座底座的固定方法应以现场施工的具体条件来定，可以采用扩张螺钉、射钉或一般螺钉等安装，安装必须牢固可靠，不应有松动现象。

（5）信息插座应有明显的标志，可以采用颜色、图形和文字符号来表示所接终端设备的类型，以便于使用时的区分，以免造成混淆。

（6）在新建的智能建筑中，信息插座宜与暗敷管路系统配合，信息插座盒体采用暗装方式，在墙壁上预留洞孔，将盒体埋设在墙内，综合布线施工时，只需加装接线模块和插座面板。

2. 信息插座引针与电缆的连接

信息插座和电缆连接可以按照 T568B 标准或 T568A（ISDN）标准接线，其引针和线对安排如图 3-36 所示。在同一个工程中，只能有一种连接方式。否则，就应标注清楚。

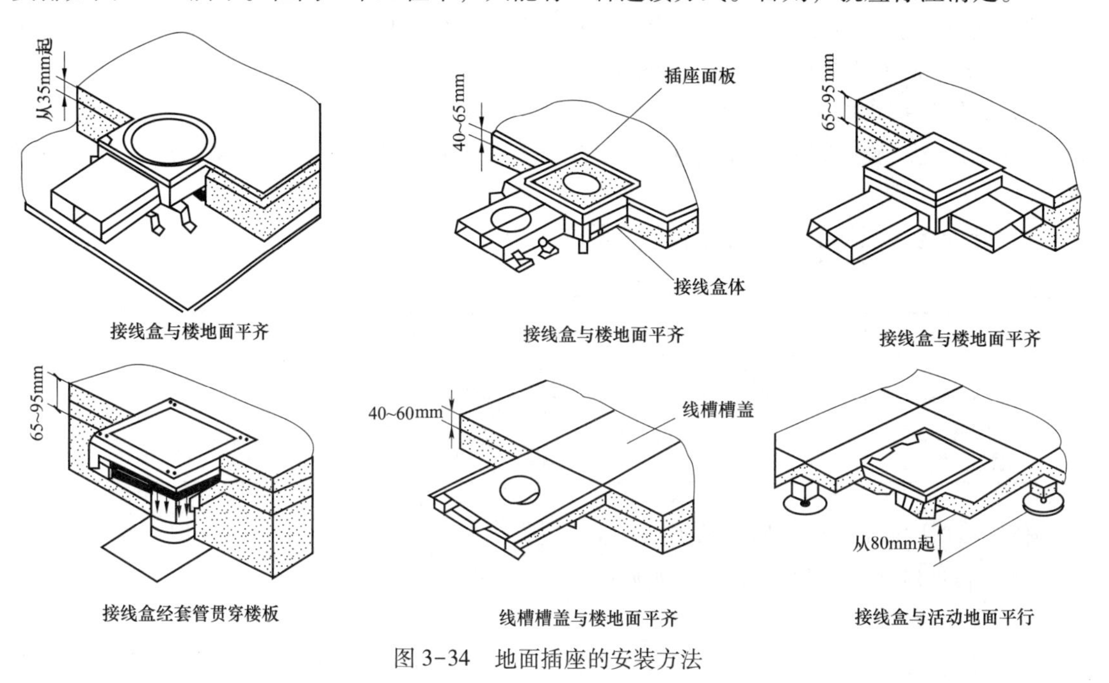

图 3-34　地面插座的安装方法

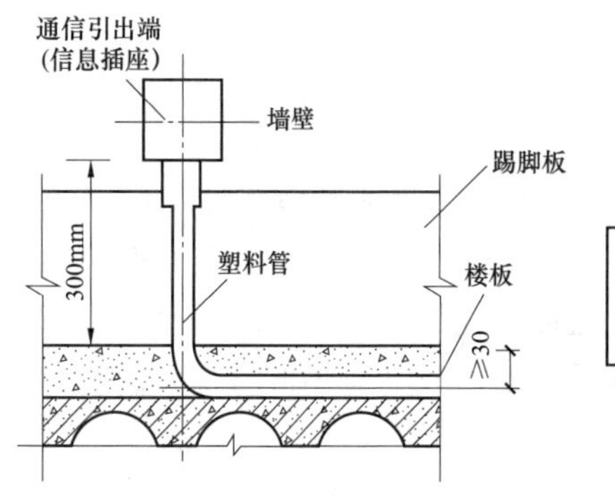

图 3-35　墙上信息插座的安装示意图

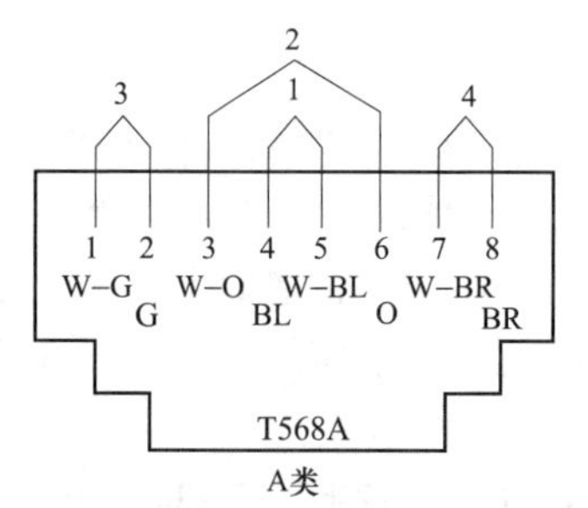

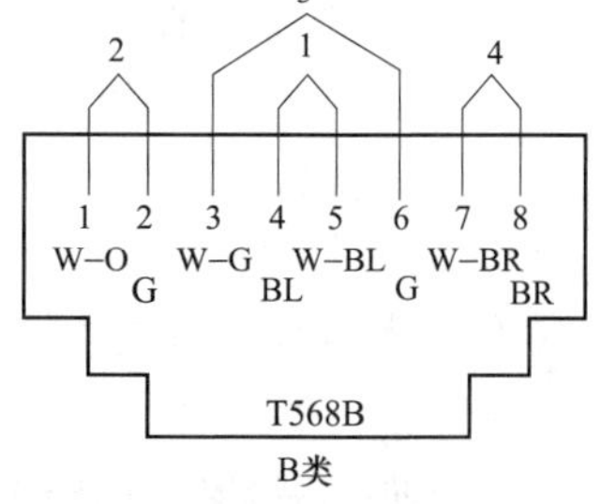

图 3-36　8 位模块式通用插座连接

G—绿；BL—蓝；BR—棕；

W—白；O—橙

3. 通用信息插座端接

如图 3-37 所示为信息插座模块的正视图、侧视图、立体图。

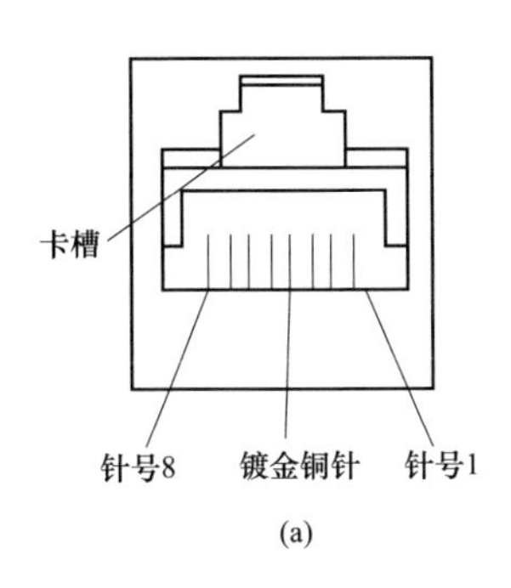

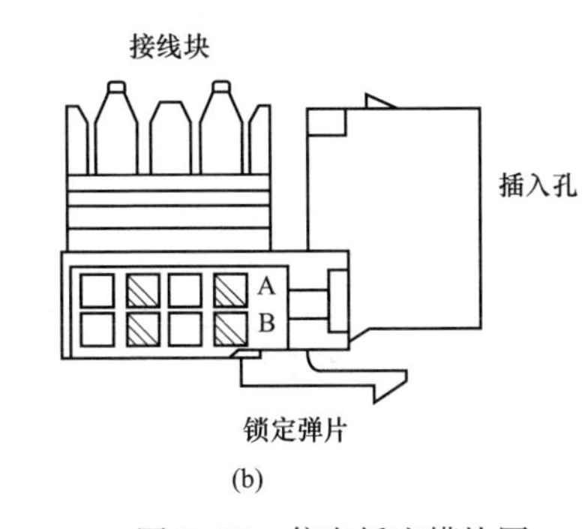

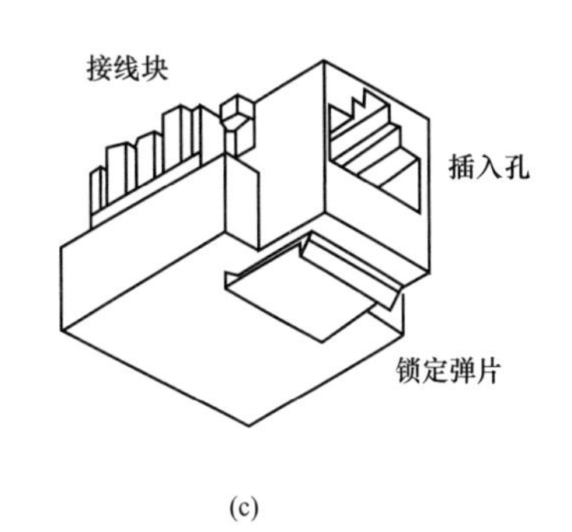

图 3-37　信息插座模块图

（a）正视图；（b）侧视图；（c）立体图

（1）双绞线在与信息插座模块连接时，必须按色标和线对顺序进行卡接。插座类型、色标以及编号均应符合规定。

（2）信息插座与插头的 8 根针状金属片，属于弹性连接，且有锁定装置，一旦插入连接，很难直接拔出，必须解锁后才能顺利拔出。由于弹簧片的摩擦作用，电接触随插头的插入而得到进一步加强。

（3）最新国际标准提出信息插座应具有 45°斜面，并具有防尘、防潮护板功能。同时信息出口应有明确的标记，面板应符合国际 86 系列标准。

（4）双绞电缆与信息插座的卡接端子连接时，应按色标要求的顺序进行卡接。

（5）双绞电缆与接线模块（IDC、RJ-45）卡接时，应按设计和厂家规定进行操作。

（6）屏蔽双绞电缆的屏蔽层与连接硬件端接处屏蔽罩必须保持良好接触。缆线屏蔽层应与连接硬件屏蔽罩 360°圆周接触，接触长度不宜小于 10mm。

（7）信息插座在正常情况下，具有较小的衰减和近端串扰以及插入电阻。如果连接不好，可能要增加链路衰减及近端串扰。所以，安装和维护综合布线的人员，必须先进行严格培训，掌握安装技能。

（8）连接 4 对双绞电缆到墙上安装的信息插座的安装步骤如下：

1）将信息插座上的螺钉拧开，然后将端接夹拉出来拿开。

2）从墙上的信息插座安装孔中将双绞线拉出 20cm。

3）用扁口钳从双绞线上剥除 10cm 长的外护套。

4）将导线穿过信息插座底部的孔。

5）将导线压到合适的槽中去。

6）使用扁口钳将导线的末端割断。

7）将端接夹放回，并用拇指稳稳地压下。

8）重新组装信息插座，将分开的盖和底座扣在一起，再将连接螺钉拧上。

9）将组装好的信息插座放到墙上。

10）将螺钉拧到接线盒上，以便固定。

用此法也可将 4 对双绞电缆连接到掩埋型的信息插座上。然而，电气盒在安装前应已装好。

4. 配线板端接

如图 3-38 所示，在一个配线板上端接电缆的基本步骤如下：

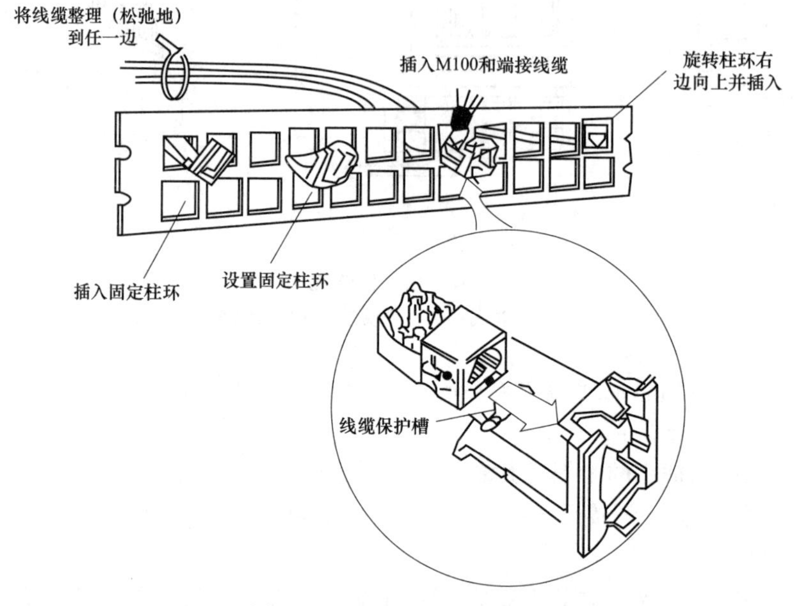

图 3-38　配线板端接的步骤

（1）在端接缆线之前，首先整理缆线。松弛地将缆线捆扎在配线板的任一边上，最好是捆到垂直通道的托架上。

（2）以对角线的形式将固定柱环插到一个配线板孔中去。

（3）设置固定柱环，以便柱环挂住并向下形成一定角度从而有助于缆线的端接插入。

（4）将缆线放到固定柱环的线槽中去，并按照前面模块化连接器的安装过程对其进行端接。

（5）最后一步是旋转固定柱环，完成此工作时必须注意合适的方向，以避免将缆线缠绕到固定柱环上。

第九节　光　缆　布　线

一、光缆的布线

1. 通过吊顶敷设光缆

在系统中敷设光纤从弱电井到配线间的这段路径，通常应采用走吊顶的电缆桥架敷设方式，敷设方法如下：

（1）沿着所建议的光纤敷设路径打开吊顶。

（2）利用工具切去一段光纤的外护套，并由一端开始的 0.3m 处环切光缆的外护套，然

后除去外护套。

（3）将光纤及加固芯切去并掩没在外护套中，只留下纱线。对需敷设的每条光缆重复此过程。

（4）将纱线与带子扭绞在一起。

（5）用胶布紧紧地将长 20cm 范围的光缆护套缠住。

（6）将纱线馈送到合适的夹子中去，直到被带子缠绕的护套全塞入夹子中为止。

（7）将带子绕在夹子和光缆上，将光缆牵引到所需的地方，并留下足够长的光缆供后续处理用。

2. 通过弱电井垂直敷设

在弱电井中敷设光缆有向上牵引和向下垂放两种选择。通常向下垂放比向上牵引容易些。向下垂放光缆主要步骤如下：

（1）在离建筑顶层设备间的槽孔 1～1.5m 处安放光缆卷轴，使卷筒在转动时能控制光缆。将光缆卷轴安置于平台上，以便于保持在所有时间内光缆与卷筒轴心都是垂直的，放置卷轴时要使光缆的末端在其顶部，然后从卷轴顶部牵引光缆。

（2）转动光缆卷轴，并将光缆从其顶部牵出。牵引光缆时，要保持不超过最小弯曲半径和最大张力的规定。

（3）引导光缆进入敷设好的电缆桥架中。

（4）慢慢地从光缆卷轴上牵引光缆，直到下一层的施工人员可以接到光缆并引入下一层。在每一层楼均重复以上步骤，当光缆达到最底层时，要使光缆松弛地盘在地上。在弱电间敷设光缆时，为了减少光缆上的负荷，应在一定的间隔（如 5.5m）上用缆带将光缆扣牢在墙壁上。用这种方法，光缆不需要中间支持，但要小心地捆扎光缆，不要弄断光纤。为了避免弄断光纤及产生附加的传输损耗，在捆扎光缆时不要碰破光缆外护套。

二、光缆的固定

1. 无固定桥架的光缆固定

（1）架空：U 形铁挂钩，带塑料包皮的金属丝如钢绞线。

（2）沿墙壁：U 形铁卡子。

（3）楼内：U 形铁卡子，U 形塑料卡子，扎带。

2. 有固定桥架的光缆固定

（1）使用塑料扎带由光缆的顶部开始将干线光缆扣牢在电缆桥架上。

（2）由上往下地在指定间隔（每 5.5m）安装扎带，直到干线光缆被牢固地扣好为止。

（3）检查光缆外套有无破损，盖上桥架的外盖。

光缆固定好以后，在设备间和楼层配线间将光缆捆扎在一起，然后方可进行光纤连接。可以利用光纤端接装置、光纤耦合器、光纤连接器面板来建立模块组合化的连接。当辐射光缆工作完成后，及光纤交连和在应有的位置上建立互连模组以后，就可以将光纤连接器加到光纤末端上，并建立光纤连接。最后，通过性能测试来检验整体通道的有效性，并为所有连接加上标签。

光缆色谱见表 3-10。

表 3-10　　光缆色谱

光纤数	颜色	光纤数	颜色
1	蓝	7	红
2	橙	8	黑
3	绿	9	黄
4	棕	10	紫
5	灰	11	玫瑰
6	白	12	浅绿

三、光缆连接器的互联

光纤连接器的互联比较简单，以 ST 连接器为例，其互联的步骤如下：

（1）清洁 ST 连接器。拿下 ST 连接器头上的黑色保护帽，用蘸有试剂级丙醇酒精的棉签轻轻擦拭连接器头。

（2）清洁耦合器。摘下耦合器两端的红色保护帽，用蘸有试剂级丙醇酒精的杆状清洁器穿过耦合孔擦拭耦合器内部，以除去其中的碎片，如图 3-39 所示。

（3）使用罐装气，吹去耦合器内部的灰尘，如图 3-40 所示。

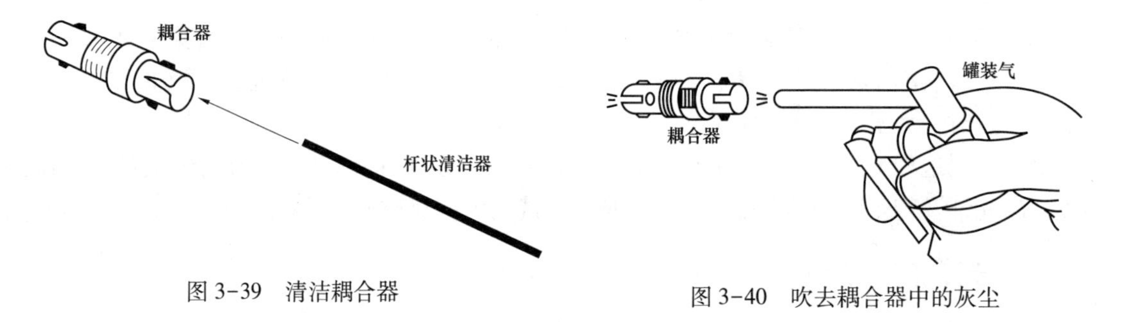

图 3-39　清洁耦合器

图 3-40　吹去耦合器中的灰尘

（4）将 ST 连接器插到一个耦合器中。将连接器的头插入耦合器一端，耦合器上的突起对准连接器槽口，插入后扭转连接器以使其锁定，若经测试发现光能量损耗较高，则需摘下连接器并用罐装气重新净化耦合器，然后再插入 ST 连接器。在耦合器端插入 ST 连接器，应确保两个连接器的端面与耦合器中的端面接触上。

（5）重复上述步骤，直到所有的 ST 连接器都插入耦合器为止。

四、光纤的接续

1. 光纤涂面层的剥除

光纤涂面层的剥除，要掌握“平、稳、快”三字剥纤法。

（1）“平”，即持纤要平。左手拇指和食指捏紧光纤，使之成水平状，所露长度以 5cm 为准，光纤在无名指、小拇指之间自然打弯，以增加力度，防止打滑。

（2）“稳”，即剥纤钳要握得稳。

（3）“快”，即剥纤要快，剥纤钳应与光纤垂直，上方向内倾斜一定角度，然后用钳口

轻轻卡住光纤，右手随之用力，顺光纤轴平推出去，整个过程要自然流畅，一气呵成。

2. 裸纤的清洁

（1）观察光纤剥除部分的涂覆层是否全部剥除，若有残留应重新剥除。

（2）若有极少量不易剥除的涂覆层，用棉球沾适量的酒精，一边浸渍一边逐步擦除。棉花要撕成层面平整的扇形小块。

（3）沾少许酒精以两指相捏无溢出为宜，折成V形，夹住已剥覆的光纤。

（4）顺光纤轴向擦拭，力争一次成功。一块棉花使用2～3次后应及时更换，每次要使用棉花的不同部位和层面，这样既可提高棉花利用率，又防止了裸纤的二次污染。

3. 裸纤的切割

裸纤的切割是光纤端面制备中最为关键的部分，精密、优良的切刀是基础，而严格、科学的操作规范是保证。切刀的选择如下：

（1）手动切刀。手动切刀操作简单，性能可靠，随着操作者水平的提高，切割效率和质量可大幅度提高，且要求裸纤较短，但该切刀对环境温差要求较高。

（2）电动切刀切割质量较高，适宜在野外寒冷条件下作业，但操作较复杂，工作速度恒定，要求裸纤较长。

熟练的操作者在常温下进行快速光缆接续或抢险，采用手动切刀为宜。反之，初学者或在野外较寒冷条件下作业时，宜采用电动切刀。

（3）操作人员应掌握动作要领和操作规范。首先要清洁切刀和调整切刀位置，切刀的摆放要平稳，切割时，动作要自然、平稳、勿重、勿急，避免断纤、斜角、毛刺及裂痕等不良端面的产生。另外要学会“弹钢琴”，合理分配和使用自己的右手手指，使之与切口的具体部件相对应、协调，提高切割速度和质量。

（4）热缩套管应在剥覆前穿入，严禁在端面制备后穿入。裸纤的清洁、切割和熔接的时间应紧密衔接，不可间隔过长，特别是已制备的端面，切勿放在空气中。移动时要轻拿轻放，防止与其他物件擦碰。在接续中应根据环境，对切刀“V”形槽、压板、刀刃进行清洁，谨防端面污染。

合格的光纤端面是熔接的必要条件，端面质量直接影响到熔接质量。

4. 光纤熔接

熔接机的功能就是把两根光纤熔接到一起，因此，正确使用熔接机也是降低光纤接续损耗的重要措施。光纤熔接是接续工作的中心环节，因此高性能熔接机和熔接的过程中科学操作是十分必要的。

熔接前根据光纤的材料和类型，正确设置熔接机的熔接模式。注意单模和多模不能设置错误，不正确的设置将会导致无法熔接成功。然后设置好最佳预熔注入电流和时间以及光纤送入量等关键参数。光纤熔接有自动熔接和手动熔接两种选择。

通常选择自动模式的操作步骤如下：

（1）接通电源，熔接机进入自动模式。

（2）打开防风盖把光纤固定到V形槽里，关闭防风盖。

（3）按下“SET”键，熔接机开始以下自动接续过程：调间隔→调焦→清灰→端面检查→变换Y→X→调焦→端面检查→对纤芯→变换Y→X→调焦→对纤芯→熔接→检查→变换→检查→推定损耗。

5. 盘纤

（1）先中间后两边，即先将热缩后的套管逐个放置于固定槽中，然后再处理两侧余纤。优点是有利于保护光纤接点，避免盘纤可能造成的损害。在光纤预留盘空间小、光纤不易盘绕和固定时，常用此种方法。

（2）从一端开始盘纤，固定热缩管，然后再处理另一侧余纤。优点是可根据一侧余纤长度灵活选择热缩管的安放位置，方便、快捷，可避免出现急弯或小圈现象。

经过光纤整理后的光缆配线盒如图 3-41 所示。

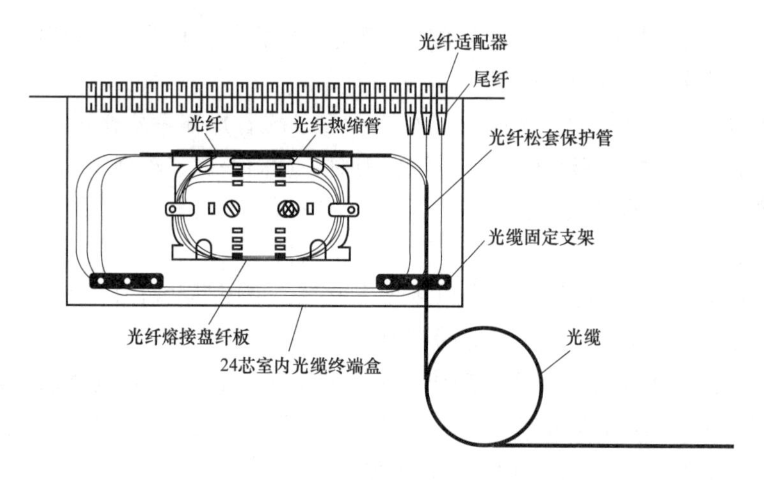

图 3-41　24 芯室内光缆终端盒接续示意图

（3）特殊情况的处理。当个别光纤过长或过短时，可将其放在最后，单独盘绕。带有特殊光器件时，可将其于另一盘处理，若与普通光纤共盘时，应将其轻置于普通光纤之上，两者之间加缓冲衬垫，以防止挤压造成断纤，且特殊光器件尾纤不可太长。

（4）根据实际情况采用多种图形盘纤。按余纤的长度和预留空间大小，顺势自然盘绕，且勿生拉硬拽，应灵活地采用圆、椭圆、“CC”“～”等多种图形盘纤（注意 $R\geqslant4$cm），尽可能最大限度地利用预留空间并有效地降低因盘纤带来的附加损耗。

第十节　综合布线系统测试与验收

一、综合布线系统测试

（1）综合布线工程测试包括电缆系统电气性能测试及光纤系统性能测试。电缆系统电气性能测试项目应根据布线信道或链路的设计等级和布线系统的类别要求制订。各项测试结果应有详细记录，作为竣工资料的一部分。测试记录内容和形式宜符合表 3-11 和表 3-12 的要求。

表 3-11　　　　综合布线系统工程电缆（链路/信道）性能指标测试记录

工程项目名称											
序号	编号			内容							备注
				电缆系统							
	地址号	缆线号	设备号	长度	接线图	衰减	近端串音	…	电缆屏蔽层连通情况	其他任选项目	
测试日期、人员及测试仪表型号 测试仪表精度											
处理情况											

表 3-12　　　　综合布线系统工程光纤（链路/信道）性能指标测试记录

工程项目名称												
序号	编号			光缆系统								备注
				多模				单模				
	地址号	缆线号	设备号	850mm		1300mm		1310mm		1550mm		
				衰减（插入损耗）	长度	衰减（插入损耗）	长度	衰减（插入损耗）	长度	衰减（插入损耗）	长度	
测试日期、人员及测试仪表型号 测试仪表精度												
处理情况												

（2）对绞电缆及光纤布线系统的现场测试仪应符合下列要求：

1）应能测试信道与链路的性能指标。

2）应具有针对不同布线系统等级的相应精度，应考虑测试仪的功能、电源、使用方法等因素。

3）测试仪精度应定期检测，每次现场测试前仪表厂家应出示测试仪的精度有效期限证明。

（3）测试仪表应具有测试结果的保存功能并提供输出端口，将所有存储的测试数据输出至计算机和打印机，测试数据必须不被修改，并进行维护和文档管理。测试仪表应提供所有测试项目、概要和详细的报告。测试仪表宜提供汉化的通用人机界面。

二、综合布线系统验收

（1）竣工技术文件应按下列要求进行编制：

1）工程竣工后，施工单位应在工程验收以前，将工程竣工技术资料交给建设单位。

2）综合布线系统工程的竣工技术资料应包括以下内容：① 工程说明；② 设备、器材明细表；③ 竣工图样；④ 测试记录（宜采用中文表示）；⑤ 工程变更、检查记录及施工过程中，需更改设计或采取相关措施，建设、设计、施工等单位之间的双方洽商记录；⑥ 随工验收记录；⑦ 隐蔽工程签证；⑧ 工程决算。

3）安装工程量。

4）竣工技术文件要保证质量，做到外观整洁、内容齐全、数据准确。

（2）综合布线系统工程，应按表3-13所列项目、内容进行检验。检测结论作为工程竣工资料的组成部分及工程验收的依据之一。

表3-13　综合布线系统工程检验项目及内容

阶段	验收项目	验收内容	验收方式
施工前检验	环境要求	① 土建施工情况：地面、墙面、门、电源插座及接地装置 ② 土建工艺：机房面积、预留孔洞 ③ 施工电源 ④ 地板铺设	施工前检查
	器材检验	① 外观检查 ② 型式、规格、数量 ③ 电缆电气性能测试 ④ 光纤特性测试	施工前检查
	安全、防火要求	① 消防器材 ② 危险物的堆放 ③ 预留孔洞防火措施	施工前检查
设备安装	交接间、设备间、设备机柜、机架	① 规格、外观 ② 安装垂直、水平度 ③ 油漆不得脱落，标志完整齐全 ④ 各种螺钉必须紧固 ⑤ 抗震加固措施 ⑥ 接地措施	随工检验
	配线部件及8位模块式通用插座	① 规格、位置、质量 ② 各种螺钉必须拧紧 ③ 标志齐全 ④ 安装符合工艺要求 ⑤ 屏蔽层可靠连接	随工检验

续表

阶段	验 收 项 目	验 收 内 容	验 收 方 式
电、光缆布放（楼内）	电缆桥架及线槽布放	① 安装位置正确 ② 安装符合工艺要求 ③ 符合布放缆线工艺要求 ④ 接地	随工检验
	缆线暗敷（包括暗管、线槽、地板等方式）	① 缆线规格、路由、位置 ② 符合布放缆线工艺要求 ③ 接地	隐蔽工程签证
电、光缆布放（楼间）	架空缆线	① 吊线规格、架设位置、装设规格 ② 吊线垂度 ③ 缆线规格 ④ 卡、挂间隔 ⑤ 缆线的引入符合工艺要求	随工检验
	管道缆线	① 使用管孔孔位 ② 缆线规格 ③ 缆线走向 ④ 缆线的防护设施的设置质量	隐蔽工程签证
	埋式缆线	① 缆线规格 ② 敷设位置、深度 ③ 缆线的防护设施的设置质量 ④ 回土夯实质量	隐蔽工程签证
	隧道缆线	① 缆线规格 ② 安装位置、路由 ③ 土建设计符合工艺要求	隐蔽工程签证
	其他	① 通信线路与其他设施的间距 ② 进线室安装、施工质量	随工检验或隐蔽工程签证
缆线终接	8 位模块式通用插座	符合工艺要求	随工检验
	配线部件		
	光纤插座		
	各类跳线		
系统测试	工程电气性能测试	① 连接图 ② 长度 ③ 衰减 ④ 近端串音（两端都应测试） ⑤ 设计中特殊规定的测试内容	竣工检验
	光纤特性测试	① 衰减 ② 长度	竣工检验

续表

阶段	验收项目	验收内容	验收方式
工程总验收	竣工技术文件	清点、交接技术文件	竣工检验
	工程验收评价	考核工程质量，确认验收结果	

注：系统测试内容的验收在施工中进行检验。

（3）合格标准。

1）系统工程安装质量检查，各项指标符合设计要求，则被检项目检查结果为合格；被检项目的合格率为100%，则工程安装质量判为合格。

2）系统性能检测中，对绞电缆布线链路、光纤信道应全部检测，竣工验收需要抽验时，抽样比例不低于10%，抽样点应包括最远布线点。

3）系统性能检测单项合格判定。

如果一个及以上被测项目的技术参数测试结果不合格，则该项目判为不合格。某一被测项目的检测结果与相应规定的差值在仪表准确度范围内，则该被测项目应判为合格。

按GB 50312—2007《综合布线系统工程验收规范》指标要求，采用4对对绞电缆作为水平电缆或主干电缆，所组成的链路或信道有一项及以上指标测试结果不合格，则该链路或信道或主干链路判为不合格。

主干布线大对数电缆中按4对对绞线对组成的链路一项及以上不合格，则判为不合格。

如果光纤链路或信道测试结果不满足设计要求的，则该光纤信道判为不合格。

未通过检测的链路或信道应在修复后复检。

竣工检测综合合格判定：

对绞电缆布线全部检测时，无法修复的链路、信道或不合格线对数量有一项及以上超过被测总数的1%，则判为不合格。光缆布线检测时，如果系统中有一条及以上光纤链路或信道无法修复的，则判为不合格。

对绞电缆布线抽样检测时，被抽样检测点（线对）不合格比例不大于被测总数的1%，则视为抽样检测通过，不合格点（线对）应予以修复并复检。被抽样检测点（线对）不合格比例如果大于1%，则视为一次抽样检测未通过，应进行加倍抽样，加倍抽样不合格比例不大于1%，则视为抽样检测通过。若不合格比例仍大于1%，则视为抽样检测不通过，应进行全部检测，并按全部检测要求进行判定。

全部检测或抽样检测的结论为合格，则竣工检测的最后结论为合格；全部检测的结论为不合格，则竣工检测的最后结论为不合格。

综合布线标签和标识按10%抽检，综合布线管理软件功能全部检测。检测结果符合设计要求，则判为合格。

电子配线架应检测管理软件中显示的链路连接关系与链路的物理连接的一致性，并应按10%抽检。检测结果全部一致的，应判为检测合格。

综合布线系统的验收文件尚应包括综合布线管理软件相关文档。

第十一节　某建筑办公楼综合布线实施方案

一、施工准备

做好施工准备可以保证安装工作有计划、有步骤地进行。减少施工中的混乱，对实现均衡施工，缩短工期，确保工程质量和安全生产，将起到重要作用。

（1）熟悉图样，组织施工图的会审，对发现的问题向建设单位提出。

（2）根据会审后的图样，进行预算编制，确定项目管理目标。

（3）编制“标后”深化设计，并报请建设单位审批。

（4）根据合同工期和建设单位的要求，结合现场实际条件，编制切实可行的工程施工计划。

（5）制订本工程所需的主要施工机具计划，并予以落实。

（6）根据现场实际情况，编制设备、材料的进场计划，联合有关部门适时解决材料、设备的到场。确保工程进度。

（7）确定施工力量的构成及分配。同时层层进行施工技术交底，使所有的施工人员明确自己的责任，对施工的技术要求心中有底。

二、施工部署及与其他专业的协调

本工程的弱电安装施工是整个建筑工程的一个组成部分，与其他各专业的施工必然发生多方面的交叉作业，尤其和装修及空调、机电安装最为密切，因此，做好相互间的协调工作，不但能提高安装质量，而且能加快施工进度，提高生产效率和经济效益，保证施工过程的安全。

（1）与强电专业的配合。本工程中强电、弱电关系密切，有弱电点位的地方就有强电。因此，要经常与强电施工单位进行沟通和交流，及时解决施工中出现的问题。

（2）与精装修的配合。由于部分弱电点位是安装在隔墙上，所以与装修单位的配合非常重要，弱电施工要根据装修单位的进度适时插入，否则将会给整个工程带来影响。因此，必须经常巡检，随时掌握现场的进度情况。

弱电施工顺序：穿线施工→测线→设备安装→调试→运行。

三、施工工艺技术要求

（1）按图样施工，严格执行操作规程，确保施工质量。

（2）预埋（留）位置准确、无遗漏。

（3）线缆应根据实际情况留有足够的冗余。导线两端应有明显的编号和标记。

（4）设备安装牢固、美观、排列整齐。

四、线管敷设

从金属线槽到各点位的线管为 KBG 管，从线槽上引出，沿天棚引至各构造柱（或隔墙）后，再沿柱（墙）而下，引至各点位。

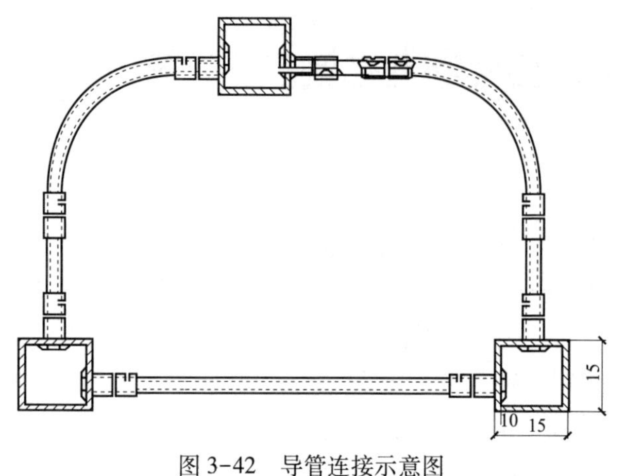

图 3-42 导管连接示意图

敷设方法如下：

（1）管与管连接：直接将导管插入直管接头或套管接头，用扣压器在连接处施行点压即可。

（2）管与盒连接：先将螺纹管接头与接线盒连接，再将导管插入螺纹管接头的一端，然后用扣压器在螺纹管与导管衔头出施行点压即可。

导管连接示意图如图 3-42 所示。

KBG 管路明敷设时，排列应整齐，固定点牢固、间距均匀，其最大间距应符合表 3-14 的规定。

表 3-14　　固定点间的最大距离

敷设方式	管的直径/mm		
	16～20	25～32	40
吊架、支架或沿墙敷设	固定点间的最大距离/m		
	1.0	1.5	2.0

五、电缆（线）的敷设

（1）电缆敷设必须设专人指挥，在敷设前向全体施工人员交底，说明敷设电缆的根数、始末端的编号、工艺要求及安全注意事项。

（2）敷设电缆前要准备标志牌，标明电缆的编号。

（3）在管内穿线时，要避免电缆受到过度拉引。

（4）布放线缆时，线缆不能放成死角或打结，以保证线缆的性能良好，水平线槽中敷设电缆时，电缆应顺直，尽量避免交叉。

（5）线缆敷设时，两端应做好标记，线缆标记要标识清楚。在一根线缆的两端必须有一致的标识，线标应清晰可读。

（6）垂直线缆的布放：穿线宜自上而下进行，在放线时线缆要求平行摆放，不能相互绞缠、交叉，不得使线缆放成死弯或打结。

（7）光缆应尽量避免重物挤压。

（8）绑扎：施工穿线时做好临时绑扎，避免垂直拉紧后再绑扎，以减少重力下垂对线缆性能的影响。主干线穿完后进行整体绑扎。

（9）线槽内线布放完毕后应盖好槽盖，满足防火、防潮、防鼠害之要求。

六、机柜（箱）内接线

（1）按设计安装图进行机架、机柜安装，安装螺钉必须拧紧。

（2）机架、机柜安装时，应调整好水平、垂直度，偏差应不大于 3mm。

（3）机架、机柜、配线架的金属基座都应做好接地连接。

（4）核对电缆编号无误。

（5）端接前，机柜内线缆应做好绑扎，绑扎要整齐美观。应留有 1m 左右的移动余量。

（6）剥除电缆护套时应采用专用开线器，不得刮伤绝缘层，电缆中间不得产生断接现象。

（7）来自现场进入机柜（箱）内的电缆首先要进行校验编号。

（8）来自现场进入机柜（箱）内的电缆尽量避免相互交叉。

（9）按图施工，接线正确，连接牢固接触良好，配线整齐、美观、标牌清晰。

七、接地要求

（1）各机柜、机箱接地电阻不大于 1Ω。

（2）机房设备采取两种独立的接地方式，工作接地和联合接地。工作接地电阻不大于 4Ω，联合接地电阻不大于 1Ω。

八、设备安装

（1）综合布线系统。

1）机架或机柜前面净空应不小于 800mm，后面净空应不小于 600mm。

2）壁挂式配线设备底部离地面高度不宜小于 300mm。

3）管理间及设备间应有良好的通风、干燥环境，尤其应注意散热。

4）待办公家具摆放到位后，安装模块，安装面板。

（2）有线电视系统。

1）放大器、分支分配器应安装在放大器箱内，箱体的固定位置以方便为主。

2）电缆与放大器、分支分配器连接通常采用 F 型电缆接头相连接。

3）在与部件连接时，电缆应留有一定的余量，使调试和维修方便。

九、工程调试

（1）综合布线系统。

1）综合布线系统测试包括电缆测试、光缆测试。执行《智能建筑工程质量验收规范》。

2）测试方法：首先使用普通测线器进行通断测试，对发现的问题及时进行修理。全部点位测试完成后，再使用 FLUCK 测试仪进行正式测试，测试结果制作成光盘存档。

（2）有线电视系统。

有线电视系统的调试：首先进行干线放大器的调整，使用场强仪，对输入、输出电平进行测试，然后对输出电平进行调整，将输出电平调整到 100dB。

对各分支放大器进行调整，逐一测试各终端点位，是终端电平达到 68dB。调试中做好调试记录。

十、竣工验收

整个弱电系统的验收分为隐蔽工程、分项工程与竣工工程三个步骤进行：

（1）弱电安装中的线管预埋、直埋电缆、接地及线缆的敷设都属于隐蔽工程，这些工程在下道工序施工前，应由建设单位代表、监理人员进行隐蔽工程检查验收，并认真办好隐蔽工程验收手续，纳入技术档案。

（2）分项工程验收（略）。

（3）竣工资料（略）。

第四章　电话通信系统施工

第一节　电话通信配套设施及材料设备

一、电话交换机机房

1. 位置

为了进出线方便和避免受湿，总机房一般宜选一楼或二楼。总机最好放在分级用户负荷中心的位置，以节省用户线路的投资。总机位置宜选在建筑物的朝阳面，并使电话站的有关机房相连，以节省布线电缆及馈送线，并便于维护管理。交换机房要求环境比较洁净，最好远离人流嘈杂和多尘的场所，不要设在厕所、浴室、卫生间、开水房、变配电所、空调通风机房、水泵房等易于积水和有电磁或噪声振动等场所的楼上、楼下或隔壁。

2. 面积

电话交换机房面积见表 4-1 的估算。

表 4-1　　程控交换机房面积

程控交换机门数	交换机房预期面积/m^2	交换机房最小宽度/m
500～800	60～80	5.5
1000	70～90	6.5
1600	80～100	7.0
2000	90～110	8.0
2500	100～120	8.0
3000	110～130	8.8
4000	130～150	10.5

3. 电源

程控交换机房的电源为一级负荷，其交流电源的负荷等级与建筑工程中最高等级的用电负荷相同。

程控交换机主机电气指标：① 1000 门以下，每门按 2.5W 计算。② 1000 门以上，每门按 2.0W 计算。③ 其他附加设备电负荷另行计算。

程控交换机房供电方式选择可参考的原则有：① 400 门以下程控交换机采用双路交流低压电源和备用蓄电池组。② 400 门以上程控交换机采用双路交流低压电源和两组蓄电池组。

4. 房间分布要求

（1）200 门及以下容量的程控交换机房，可分为交换机室、转接台及维修间。

（2）400～800门容量的程控交换机房，应设有配线架室、交换机室、转接台室、蓄电池室、维修间、库房，如有条件可设值班室。

（3）800门以上容量的程控交换机房，应设有电缆进线室、配线室、交换机室、转换台室、蓄电池室、维修间、库房、办公等专用房。

5. 土建要求

程控交换机房对土建设计的要求见表4-2。

表4-2　电话交换机房对土建设计的要求

房间名称		用户交换机房		控制室	话务员室	传输设备室	用户模块室	总配线室	
房间净高/m（梁或风管下）		低架	≥3.0	≥3.0	≥3.5	≥3.0		每列100或120回路	≥3.0
		高架	≥3.5					每列220回路	≥3.5
								每列600回路	≥3.5
均布活荷载/（kN/m^2）		低架	≥4.5	≥4.5	≥3.0	≥6.0		每列100或120回路	≥4.5
		高架	≥6.0					每列220回路	≥4.5
								每列600回路	≥7.5
地面材料（防静电、阻燃）		活动地板		活动地板	活动地板	活动地板	活动地板	活动地板	
温度/℃	长期工作条件	18～28		18～28	10～30	10～32	10～32	10～32	
	短期工作条件	10～35		10～35		10～40	10～40		
相对湿度（%）	长期工作条件	30～75		30～75	20～80	20～80	20～80	20～80	
	短期工作条件	10～90		10～90		10～90	10～90		
最低照度/lx（距地1.4m）		垂直面	150	水平面（0.8m） 150	垂直面 150				
		垂直面	50		垂直面 50				
接地		接地方式		接地电阻/Ω					
		单点接地		<1000门	10	≥1000门～≤10 000门		5	
环境	防尘、防止有害气体SO_2、H_2S、NH_3、NO_2侵入，远离电磁干扰源								

注：1. 最低照度为无机架照明时的最低照明要求。

2. 一般低架交换机房（指2.4m机架），净高2.8～3.2m。

3. 高架指2.6m或2.9m机架。

二、交换机

1. 交换机容量要求

（1）主机的初装容量可按上述估算的实际容量计及远期（10～20年）的发展量再乘以

1.2，即装机容量=1.2（目前所需容量+远期发展容量）。若远期容量不容易确定时，可按目前所需容量及近期（3～5年）发展的可能，再计入30%的备用量，即装机容量=1.3（目前所需容量+近期发展容量）。

（2）主机的容量不可能100%利用，常使用其80%的容量，按此条件选用相近而偏大一点的用户交换机容量。当用户数量在30门以下时，若市话局能满足需要，而且在技术经济上合理，可不设主机，直接由市话局引入。

2. 电话交换机系统组成

电话交换机示意图如图4-1所示。数字程控用户交换机（PABX，Private Automatic Branch Exchange）接口功能简图如图4-2所示。它有丰富的接口功能，接口数量的多少决定于交换机容量的大小，每一部与它相连的用户电话机都接在一个用户接口电路上。

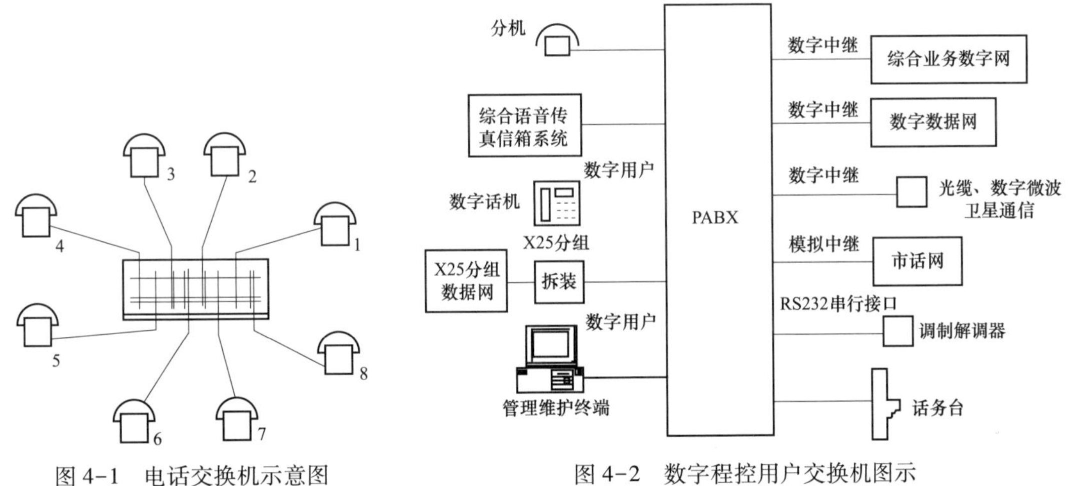

图4-1　电话交换机示意图

图4-2　数字程控用户交换机图示

三、中继方式

1. 人工中继方式

当程控用户交换机呼入或呼出话务量≤10Erl时，宜采用人工中继方式，如图4-3所示。这种进网方式适合于单位要求控制分机用户打公用电话的费用，便于管理。

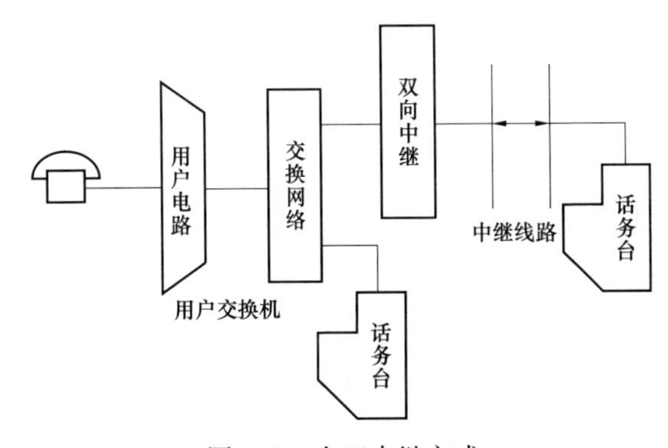

图4-3　人工中继方式

2. 混合进网中继方式

当使用较大容量交换机时，可采用混合进网中继方式（DOD、DID 和 BID），如图 4-4 和图 4-5 所示。这种进网方式适合于 1000 门以上大容量的用户交换机。

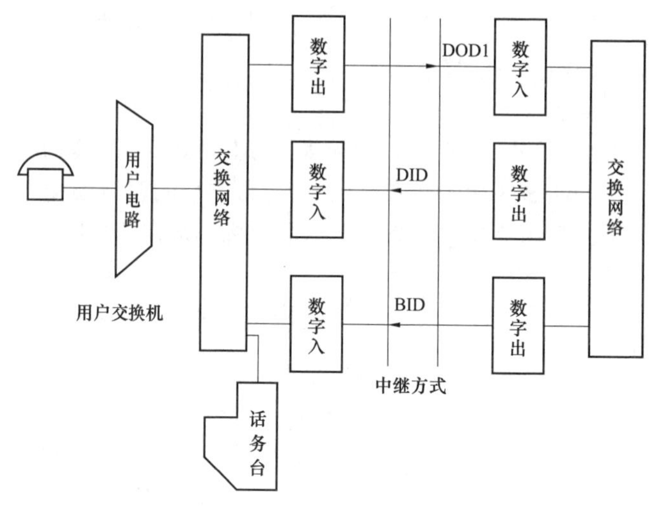

图 4-4　混合进网中继方式（DOD1、BID 和 DID）

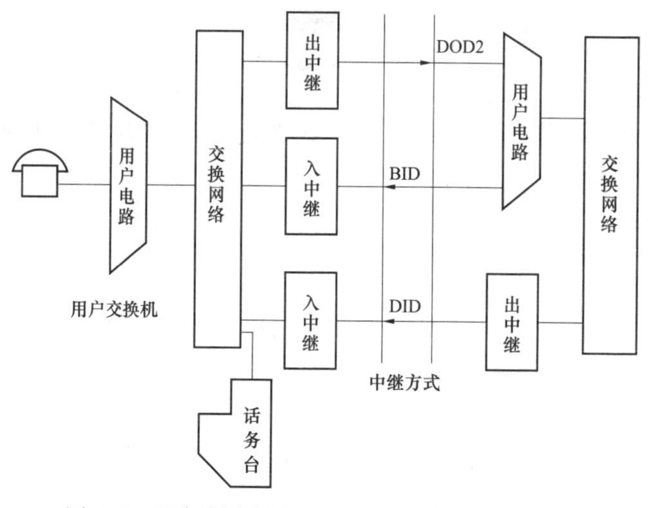

图 4-5　混合进网中继（DOD2、BID 和 DID）方式

3. 全自动式中继方式

当程控用户的呼入话务量≥40Erl 时，适宜采用直拨呼入中继方式，即 DID 方式；输出话务量≥40Erl 时，适宜采用全自动直拨呼出中继方式，即 DOD1 方式；呼出话务量<40Erl 时，适宜采用 DOD2 方式，图 4-6 是全自动中继方式。适合于较大容量的交换机，一般适合 800 门以上。

4. 半自动中继方式

程控用户的呼入话务量<40Erl 时，适宜采用半自动中继方式（DOD+BID），如图 4-7 所示。

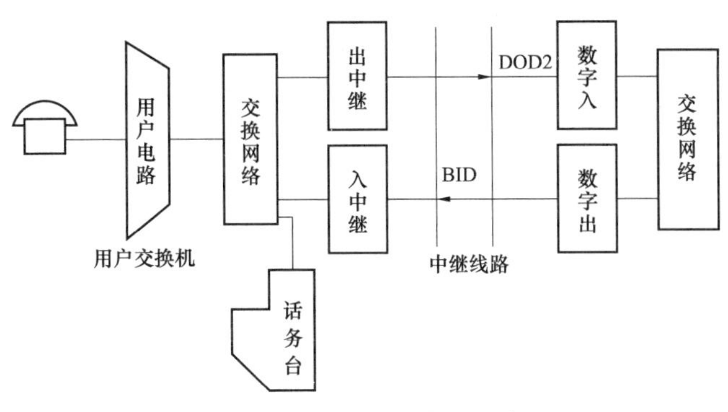

图 4-6　全自动中继方式

这种进网方式适合于 3 级以下旅馆、饭店等高层民用建筑。当容量较小无特殊要求时，采用半自动单向方式（DOD2+BID）。

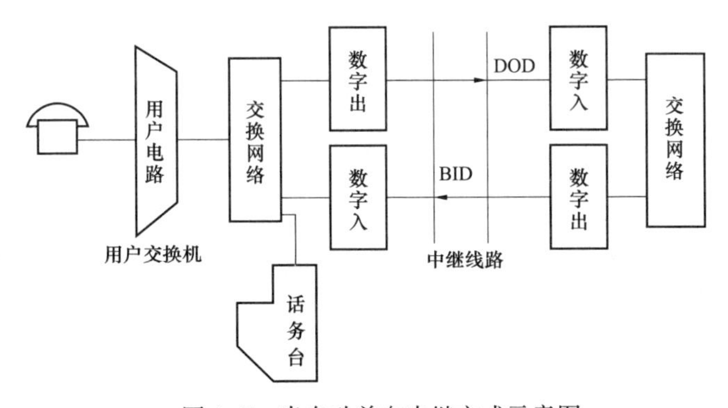

图 4-7　半自动单向中继方式示意图

四、电话线

常用电话电缆及电话线型号及技术数据见表 4-3～表 4-5。

表 4-3　　铜芯绝缘对绞电话电缆型号及技术数据

型号	名　称	作　用	线芯对数 线芯直径/mm 0.4	0.5	0.6	0.7	0.9
HQ	裸铅包电话电缆	敷设于电缆管道和吊挂钢索上	5～1200	5～1200	5～800	5～600	5～400
HQ2	铅包钢带铠装市内电话电缆	敷设于斜度不大于 40°的地下，不能承受拉力	5～600	5～600	S～600	5～600	5～400
HQ20	铅包裸钢带铠装市内电话电缆	露天架设于易起火的地方	5～200	5～500	5～400	5～400	
HQ3	铅包细钢丝铠装市内电话电缆	敷设于地下，能承受相当的拉力					

续表

型号	名　　称	作　　用	线 芯 对 数				
			线芯直径/mm				
			0.4	0.5	0.6	0.7	0.9
HQ5	铅包粗钢丝铠装市内电话电缆	敷设于水下，能承受较大的拉力	5～600	5～600	5～600	5～600	5～400
HQ11	裸铅包一级外护层市内电话电缆	敷设于架空、管道或电缆沟内，能防护护套免受酸、碱、盐和水分的侵蚀	5～500	5～300	5～200	5～150	5～100
HQ12	铅包钢带铠装一级防护市内电话电缆	直埋敷设，能一般防护护套免受酸、碱、盐和水分的侵蚀，但在严重酸性和海水中易锈烂	5～500	5～300	5～200	5～150	5～100
HQ120	铅包裸钢带铠装一级外护层市内电话电缆	敷设于管道或电缆沟内，能一般防护护套免受酸、碱、盐和水分的侵蚀，但对铠装无防护作用	5～500	5～300	5～200	5～150	5～100

表 4-4　　铜芯聚氯乙烯绝缘对绞市内电话电缆型号及技术数据

型号	名　　称	作　　用	线芯直径/mm	线芯对数
HYQ	聚乙烯绝缘铅护套市内电话电缆	敷设于电缆管道和吊挂钢索上	0.4，0.5，0.6，0.7	10～100
HPVQ	聚氯乙烯绝缘铅包配线电缆	使用于配线架、交接箱、分线箱、分线盒等配线设备的始端或终端连接，便于与 HQ、HQ2 等铅包电缆的套管进行焊接	0.5	5～400
HYV	金属化纸屏蔽聚氯乙烯护套市内通信电缆	市内或管道内	0.5 0.63 0.9	10～300 10～300 10～200
HYY	金属化纸屏蔽聚乙烯护套市内通信电缆	架空或管道内		
HYYC	聚乙烯绝缘聚氯乙烯护套市内通信电缆	可用专用夹具直接挂于电杆上	0.5	20～100
HPW	聚氯乙烯绝缘聚氯乙烯护套市内通信电缆	使用于配线架、交接箱、分线箱、分线盒等配线设备的始端或终端连接，但不能与铅包电缆的套管焊接	0.5	5～400

表 4-5　　市内电话配线型号及技术数据

<table>
<tr><th>型号</th><th>名　　称</th><th>芯线直径/mm</th><th>导线外径/mm</th></tr>
<tr><td>HPV</td><td>铜心聚氯乙烯电话配线（用于跳线）</td><td>0. 5
0. 6
0. 7
0. 8
0. 9</td><td>1. 3
1. 5
1. 7
1. 9
2. 1</td></tr>
<tr><td>HVR</td><td>铜心聚氯乙烯及护套电话软线（用于电话机与接线盒之间连接）</td><td>6×2/1. 0</td><td>二芯圆形 4. 3
二芯扁形 3×4. 3
三芯 4. 5
四芯 5. 1</td></tr>
<tr><td>RVB</td><td>铜心聚氯乙烯绝缘平型软线（用于明敷或穿管）</td><td rowspan="2">2×0. 2
2×0. 28
2×0. 35
2×0. 4
2×0. 5
2×0. 6
2×0. 7
2×0. 75
2×1
2×1. 5
2×2
2×2. 5</td><td rowspan="2"></td></tr>
<tr><td>RVS</td><td>铜心聚氯乙烯绝缘绞型软线（用于穿管）</td></tr>
</table>

五、电话线穿管

在建筑配管中，管材可分为钢管、硬聚氯乙烯管、陶瓷管等。现在广泛使用钢管及硬聚氯乙烯管。电话电缆（线）穿管的最小管径及线槽内允许容纳导线根数见表 4-6～表 4-9。

表 4-6　　电话电缆穿管的最小管径

<table>
<tr><th rowspan="3">电话电缆型号规格</th><th rowspan="3">管材种类</th><th rowspan="3">穿管长度/m</th><th rowspan="3">保护管弯曲数</th><th colspan="10">电缆对数</th></tr>
<tr><th>10</th><th>20</th><th>30</th><th>50</th><th>80</th><th>100</th><th>150</th><th>200</th><th>300</th><th>400</th></tr>
<tr><th colspan="10">最小管径/mm</th></tr>
<tr><td rowspan="3">HYV
HYQ
HPVV
2×0.5</td><td rowspan="3">SC
RC</td><td rowspan="3">30以下</td><td>直通</td><td colspan="2">20</td><td>25</td><td>32</td><td colspan="2">40</td><td>50</td><td>70</td><td colspan="2">80</td></tr>
<tr><td>一个弯曲</td><td>25</td><td colspan="5">50</td><td>70</td><td>80</td><td colspan="2" rowspan="2">100</td></tr>
<tr><td>二个弯曲</td><td colspan="2">32</td><td>40</td><td>50</td><td colspan="2">70</td><td>80</td><td></td></tr>
<tr><td rowspan="3">HYV
HYQ
HPVV
2×0.5</td><td rowspan="3">TC
PC</td><td rowspan="3">30以下</td><td>直通</td><td colspan="2">25</td><td>32</td><td>40</td><td colspan="2">50</td><td></td><td></td><td></td><td></td></tr>
<tr><td>一个弯曲</td><td colspan="2">32</td><td>40</td><td>50</td><td></td><td></td><td></td><td></td><td></td><td></td></tr>
<tr><td>二个弯曲</td><td>40</td><td colspan="2">50</td><td></td><td></td><td></td><td></td><td></td><td></td><td></td></tr>
</table>

表 4-7　　电话电线穿管的最小直径

电线型号	穿管对数	电缆截面/mm² 0.75	1.0	1.5	2.5	4.0	电线型号	穿管对数	电缆截面/mm² 0.75	1.0	1.5	2.5	4.0
		SC或RC管径/mm							TC或PC管径/mm				
RVS 250V	1					20	RVS 250V	1			16	20	25
	2	15			25			2		20	25		
	3				32			3	20				
	4		20					4	25		32		
	5					40		5					
	6	25		32	40	50		6			40		

表 4-8　　电话电缆在线槽内允许容纳导线根数

安装方式		金属线槽容纳电缆根数						塑料线槽容纳电缆根数				
电话电缆型号	对数	墙上或支架				地面内		墙上或支架				
		40×30	55×40	45×45	65×120	50×25	70×36	40×30	60×30	80×50	100×50	120×50
HYV-0.5	10	3	6	5	21	3	6	3	5	11	14	16
	20	2	4	4	15	2	5	2	3	8	10	12
	30	2	3	3	11	1	3	1	2	6	7	8
	50		2	2	7	1	2	1	1	3	4	5
	80		1	1	5		1		1	2	3	4
	100			1	4		1			2	3	3

表 4-9　　线槽内电话电缆与电话支线换算

电话支线型号	HYV-0.5 电话电缆对数 10	20	30	50	80	100
RVS-2×0.2	8	12	16	25	37	4
RVS-2×0.5	7	8	11	18	25	31

电话支线型号	对数	HYV-0.5 电话电缆对数 100	80	50	30
		相当于电缆根数			
HYV-0.5	10	5	4	3	2
	20	4	3	2	1
	30	3	2	1	
	50	2	1		

六、总配线架（箱）

总配线架（箱）是引入电缆进屋后的终端设备，通常只有在设置了用户交换机的情况下，才采用总配线架或总配线箱。若没有设置用户交换机，常用交接箱或交换间即可。

七、交接箱

交接箱是设置在用户线路中用于主干电缆和配线电缆的接口装置，主干电缆线对在交接箱内按一定的方式用跳线与配线电缆线对连接，可做调配线路等工作。

（1）交接箱主要是由接线模块、箱架结构和机箱组装而成。按安装方式不同交接箱分为落地式、架空式和壁龛式 3 种，其中落地式又分为室内和室外两种。

（2）落地式适用于主干电缆、配线电缆都是地面下敷设或主干电缆是地面下、配线电缆是架空敷设的情况，目前建筑内安装的交接箱一般均为落地式。

（3）架空式交接箱适用于主干电缆和配线电缆都是空中杆路架设的情况，它一般安装于电线杆上，300 对以下的交接箱一般用单杆安装，600 对以上的交接箱安装在 H 形杆上。

（4）壁龛式交接箱的安装是将其嵌入在墙体内的预留洞中，适用于主干电缆和配线电缆暗敷在墙内的场合。

（5）交接箱的主要指标是容量，交接箱的容量是指进、出接线端子的总对数，按行业标准规定，交接箱的容量系列为 300、600、900、1200、1800、2400、3000、3600 对等规格。

八、分线箱与分线盒

分线箱与分线盒是电缆分线设备，一般用在配线电缆的分线点，配线电缆通过分线箱或分线盒与用户引入线相连。

分线箱与分线盒的主要区别在于：分线箱带有保险装置，而分线盒没有；分线盒内只装有接线板，而分线箱内还装有一块绝缘瓷板，瓷板上装有金属避雷器及熔丝管，每一回路线上各接 2 只，以防止雷电或其他高压电流进入用户引入线。分线箱的内部结构如图 4-8 所示。

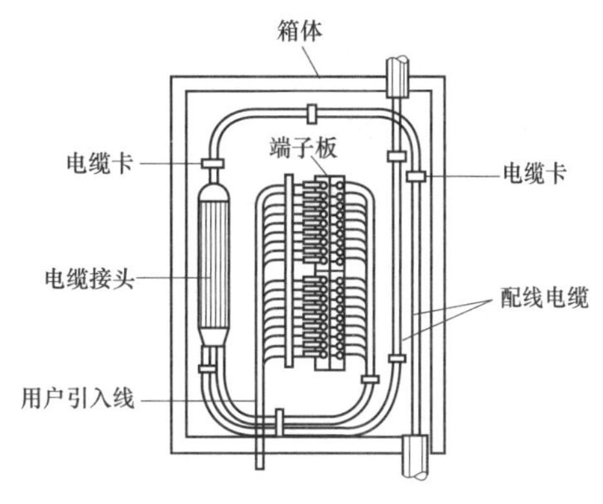

图 4-8　分线箱内部结构

九、出线盒

用户出线盒是用户引入线与电话机所带的电话线的连接装置，其面板上有 RJ45 插口。它由一个主话机插口和若干个副话机插口组成。用户出线盒一般暗装于墙内，其底边离地面高度通常为 300mm 或 1300mm。

十、用户终端设备

用户终端设备最主要、最常见的就是电话机。它可以分为模拟电话机和数字电话机两种。模拟电话机传输的信号是模拟信号，在连续的时间内对语音进行处理变为信号，传递给对方，电话机的送话机就是对语音进行处理的设备。

第二节　电话通信系统组成

一、主要组成系统

1. 电话交换设备

交换设备主要就是电话交换机，是接通电话用户之间通信线路的专用设备。正是借助于交换机，一门用户电话机能拨打其他任意一门用户电话机，使人们的信息交流能在很短的时间内完成。

电话交换机的发展经历了四大阶段，即人工制交换机、步进制交换机、纵横制交换机和存储程序控制交换机（简称程控交换机）。目前普遍采用程控交换机。

2. 传输系统

传输系统按传输媒介分为有线传输（明线、电缆、光纤等）和无线传输（短波、微波中继、卫星通信等）。本节着重讲述有线传输。有线传输按传输信息工作方式又分为模拟传输和数字传输两种。模拟传输是将信息转换成为与之相应大小的电流模拟量进行传输，例如普通电话就是采用模拟语言信息传输。数字传输则是将信息按数字编码（PcM）方式转换成数字信号进行传输，具有抗干扰能力强、保密性强、电路便于集成化（设备体积小）等优点。

3. 用户终端设备

用户终端设备主要指电话机，现在又增加了许多新设备，如传真机、计算机终端等。

二、程控交换机的组成

程控交换机是指用计算机来控制的交换系统，它由硬件和软件两大部分组成。这里所说的基本组成只是它的硬件结构。图 4-9 是程控交换系统硬件的基本组成框图。

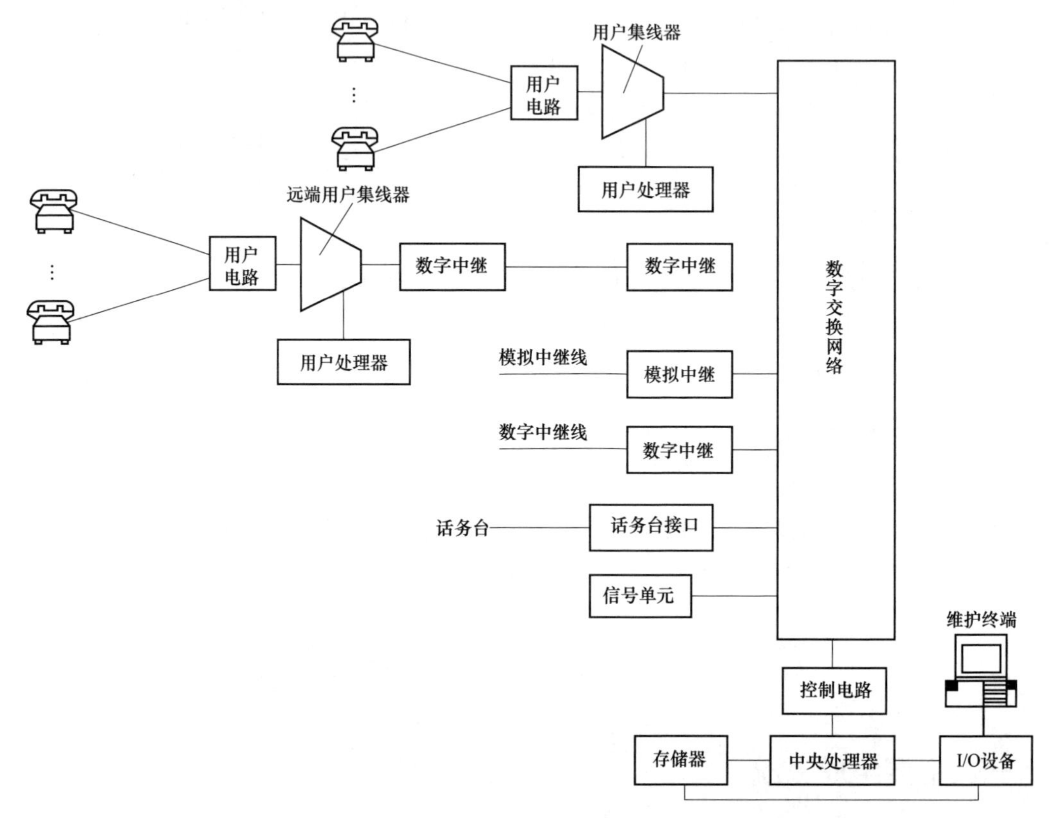

图 4-9 程控交换系统硬件基本组成框图（PABX 的结构）

1. 控制设备

控制设备主要由处理器和存储器组成。处理器执行交换机软件，指示硬件、软件协调操作。存储器用来存放软件程序及有关永久数据和中间数据。控制设备有单机配置和多机配置，其控制方式可分为集中控制和分散控制两种。

2. 交换网络

交换网络的基本功能是根据用户的呼叫请求，通过控制部分的接续命令，建立主叫与被叫用户之间的连接通路，目前主要采用由电子开关阵列构成的空分交换网络和由存储器等电路构成的时分接续网络。

3. 外围接口

外围接口是交换系统中的交换网络与用户设备、其他交换机或通信网络之间的接口。根据所连设备及其信号方式的不同，外围接口电路有多种形式。

（1）模拟用户接口电路：模拟用户接口电路所连接的设备是传统的模拟话机，它是一个 2 线接口，线路上传送的是模拟信号。

（2）模拟中继电路：数字交换机和其他交换机（步进、纵横、程控模拟、数字交换机等）之间可以使用模拟中继线相连。模拟接口（包括中继和用户电路）的主要功能是对信号进行 A/D（或 D/A）转换、编码、解码及时分复用。

（3）数字用户电路：数字用户电路是数字交换机和数字话机、数据终端等设备的接口电路，其线路上传输的是数字信号，它是 2 线或 4 线接口，使用 2B+D 信道传送信息。

（4）数字中继电路：数字中继电路是两台数字交换机之间的接口电路。其线路上传送的是 PCM 基群或者高次群数字信号，基群接口通常使用双绞线或同轴电缆传输信号，而高次群接口则正在逐步采用光缆传输方式。

4. 信号设备

信号设备主要有回铃音、忙音、拨号音等各种信号音发生器，双音多频信号接收器、发送器等。

三、电信网的构成

电信网一般是指由许多电信设备构成的一个总体，它使得网内位于不同地点的用户可以通过它来交换信息。

电信网主要是由交换设备、传输设备和用户终端设备组成的。其中交换设备是为了使网络的传输设备能为全网用户所共用而加入的，通过它可以根据用户的需要将两地用户间的传输通路接通，或者为用户的传送信息选择一条通路。传输设备包括通信线路设备在内，其作用是将电信号以尽可能低的代价，即以最有效的方式来保持尽可能低的失真，从一地传至另一地。用户终端设备一般是装在用户处，如电话机、传真机、计算机等，它们将语音、文字、图像和数据等原始信息转变成电信号发送出去，或把接收到的电信号还原成可辨认的信息。终端用户与交换设备之间的线路称为用户线。

四、电话网构成

（1）从电话网的服务区域分，可分为国际、国内长途电话网、市话网和农村电话网。

（2）按照网络上传递信息所采用的信号形式，又可分为数字网和模拟网，前者以数字信号形式传送信息，后者采取模拟信号形式。

国内的公用电话网，是由长途电话网和地方电话网组成，见表4-10。

表4-10　　国内电话网

类　别	内　容
国内长途电话网的构成	长途电话网是完成不同城市或不同地区之间电话通信的电话网，简称为“长途网”或“长话网”。国内长途网采用分等级的结构形式，这样可以通过合理的交换，达到迅速、准确、经济、方便地进行通信的目的。 1）第一级为首都和省间交换中心，又称大区中心，是汇接一个大区内各省之间的通信中心。设在首都和中心城市（如南京、武汉、成都、西安等）、首都和省间中心之间以及各省间中心之间均设置直达通信线路。 2）第二级为省交换中心，它是汇接一个省内各城市、各地区之间的通信中心，一般设在省会所在地。 3）第三级为县间交换中心，它是在省内选择几个适当地点建立的汇接点，汇接几个县之间的通信，一般设在较大省辖市或地区所在地。 4）第四级为县中心，它是汇接一个省辖市或县内各城镇、乡之间的通信中心，一般设在省辖市或县政府所在地
地方电话网的构成	地方电话网又称本地电话网或本地网，是相对全国长途电话网而言的局部地区电话网。其特点有： 1）本地网为实行统一组网、统一编号的电话网。 2）一个本地网为一个闭锁编号区，同一本地网内各终端局用户号长相等。 3）一个长途区号的范围就是一个本地网的服务范围。一个本地网可设置一个或多个长途局，但本地网不包括长途交换中心。 4）本地网内部用户互相呼叫时，只拨本地网编号，若与本地网以外用户进行国内或国际长途呼叫时，须按国内或国际长途的拨号程序拨号。市话网即市内电话网，是本地网的主要组成部分
市话网	1）多局制市话网。由于市话网用户数量多，每个用户都要有一对用户线，如果采用单局制，则线路设备的投资可能要占总设备投资的绝大部分。而且随着网络的不断扩大，用户与电话局之间的平均距离增长，通话电路的损耗增大，电话局供给话机的电流将减小。因此，大型市话网都实行分区，每区建立一个电话分局，大区在分局下还设有支局，各用户电话线都接到就近的电话分局或支局，各分局之间以及分局与支局间用中继线连接，这就是多局制市话网。虽然多局制增加了局间中继线路，但中继线为众多用户所公用，这样就换来了用户线路平均长度的缩短。这在经济上和保证通话质量上都是有利的。由于市话话务量大，分局间中继线一般均采用光缆。市话网中目前都包含无线寻呼和移动电话。此外，在消防部门设置的火警专用电话、在公安机关设置的匪警专用电话等，均有专用线与市话局相连。 2）汇接制市话网。在市话网分区数较多的情况下，各分局间如仍像多局制那样采用直接中继法，用中继线进行两两相连，则局间中继线的数量将大大增加，但其利用率却反而下降，显然这是不经济的，也是不合理的

五、电话通信线路的组成

电话通信线路从进屋管线一直到用户出线盒，通常是由以下几个部分组成的（图 4-10）。

（1）引入（进户）电缆管路。引入（进户）电缆管路主要可以分为地下进户和外墙进户两种方式。

（2）交接设备或总配线设备。交接设备或总配线设备是引入电缆进屋后的终端设备，有设置与不设置用户交换机两种情况。

1）设置用户交换机，采用总配线箱或总配线架。

2）不设用户交换机，常用交接箱或交接间。

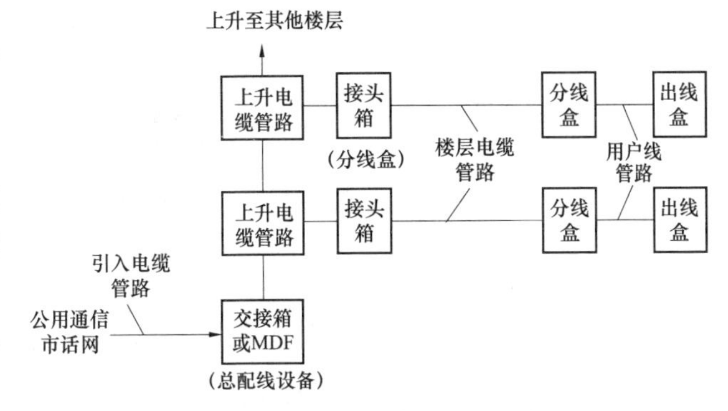

图 4-10　电话通信线路的组成

交接设备宜装在房屋的一二层，如有地下室，且较干燥、通风，可考虑设置在地下室。

（3）上升电缆管路。有上升管路、上升房和竖井三种建筑类型。

（4）楼层电缆管路。

（5）配线设备如电缆接头箱、过路箱、分线盒、用户出线盒，是通信线路分支、中间检查、终端用设备。

六、电话通信线路的进户方式

进户管线主要可以分为以下两种形式。

1. 外墙进户方式

（1）外墙进户方式是在建筑物第二层预埋进户管至配线设备间或配线箱（架）内。进户管应呈内高外低倾斜状，并做防水弯头，以防雨水进入管中。进户点应靠近配线设施，并尽量选在建筑物后面或侧面。这种方式适合于架空或挂墙的电缆进线，如图 4-11 所示。

（2）在有用户电话交换机的建筑物内，通常设置配线架（箱）于电话站的配线室内；在不设置用户交换机的较大型建筑物内，于首层或地下一层电话引入点设置电缆交接间，内置交接箱。配线架（箱）和交接箱是连接内外线的汇集点。

（3）塔式的高层住宅建筑电话线路的引入位置，通常选在楼层电梯间或楼梯间附近，这样可以利用电梯间或楼梯间附近的空间或管线竖井敷设电话线路。

2. 地下进户方式

地下进户方式是为了市政管网美观要求而将管线转入地下。

（1）地下进户管线又分为两种敷设形式：一种是建筑物设有地下层，地下进户管直接进入地下层，采用的是直进户管。另一种是建筑物无地下层，地下进户管只能直接引入设在底层的配线设备间或分线箱（小型多层建筑物没有配线或交接设备时），这时采用的进户管为弯管。地下进户方式如图 4-12 所示。

（2）建筑物通信引入管，每处管孔数应不少于 2 孔，即在核算主用管孔数量后，应至少留有一孔备用管。同样，引上暗配管也应至少留有一孔备用管。

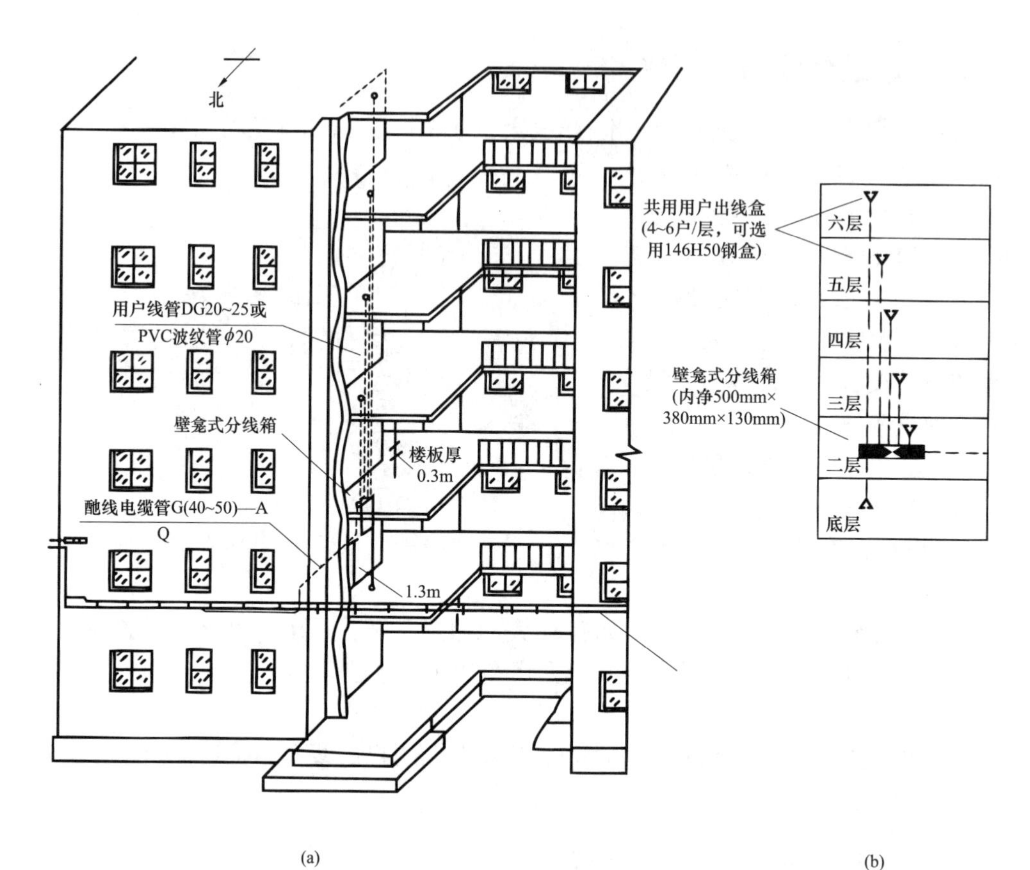

图 4-11　多层住宅楼电话进线管网图

（a）外墙进户管网立体示意图；（b）暗配线管网图

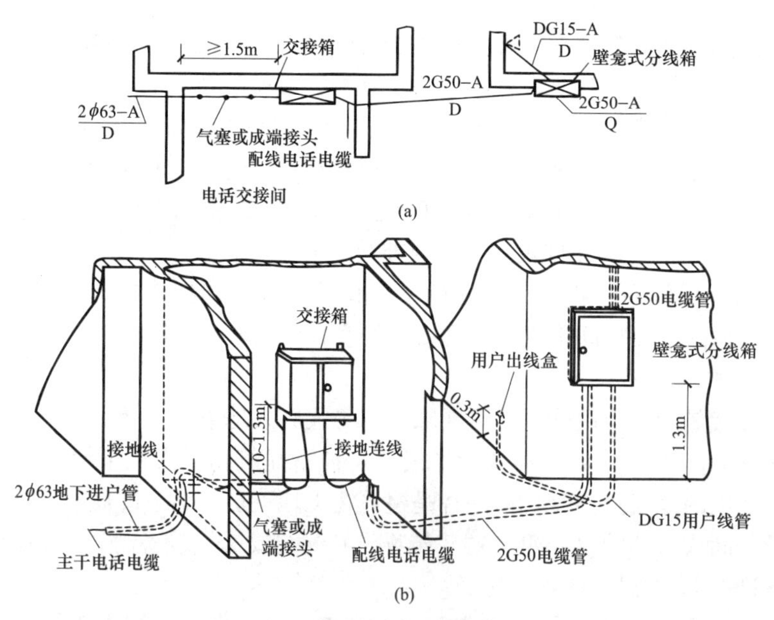

图 4-12　电话线路地下进户方式

（a）底层平面图；（b）立体图

（3）地下进户管应埋出建筑物散水坡外 1m 以上，户外埋设深度在自然地坪下 0.8m。当电话进线电缆对数较多时，建筑物户外应设人（手）孔。预埋管应由建筑物向人孔方向倾斜。

第三节　电话通信系统施工图识读

一、住宅楼电话通信系统施工图识读

图 4-13 为某住宅楼电话通信控制系统图。

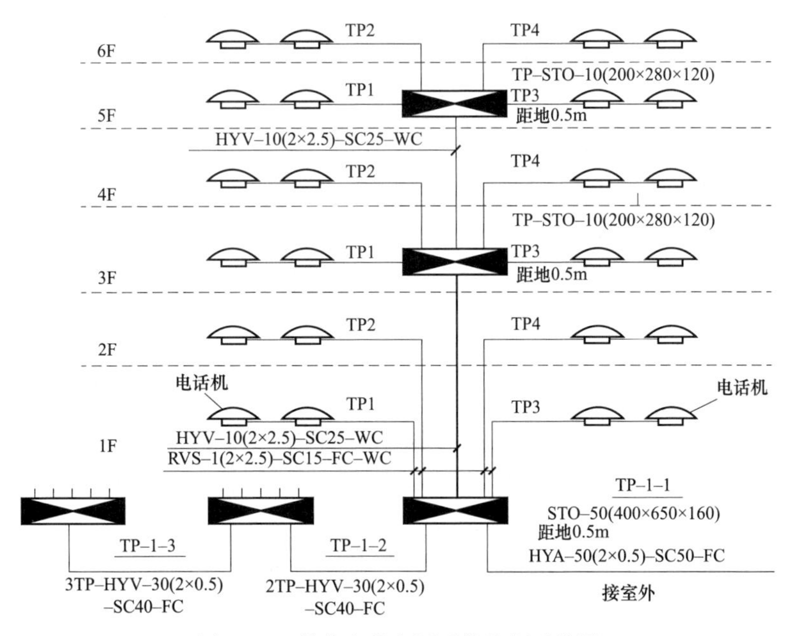

图 4-13　某住宅楼电话通信控制系统图

从图 4-13 上可以看出，此通信系统的进户用的是 HYA 型电缆［HYV-50（2×0.5）-SC50-FC］，电缆用的是 50 对线（2×0.5）mm^2，穿直径 50mm 焊接钢管埋地敷设。

可以看出此系统的电话组线箱 TP-1-1 为一只 50 对线电话组线箱（STO-50），箱体尺寸为 400mm×650mm×160mm，安装高度距地 0.5m。

此系统的进线电缆在箱内与本单元分户线和分户电缆及到下一单元的干线电缆连接。下一单元的干线电缆为 HYV 型 30 对线电缆［HYV-30（2×0.5）-SC40-FC］，穿直径 40mm 焊接钢管埋地敷设。

此住宅楼的一二层用户线从电话组线箱 TP-1-1 引出，各用户线使用 RVS 型双绞线，每条线规格为（2×0.5）mm^2［RVS-1（2×0.5）-SC15-FC-WC］，穿直径 15mm 焊接钢管埋地并沿墙暗敷设。

图 4-13 中，从组线箱 TP-1-1 到三层电话组线箱用了一根 10 对线电缆［HYV-10（2×0.5）-SC25-WC］，穿直径 25mm 焊接钢管沿墙暗敷设。

在三层和五层各设一只电话组线箱 STO-10（200mm×280mm×120mm），两只电话组线箱均为 10 对线电话组线箱，箱体尺寸为 200mm×280mm×120mm，安装高度距地 0.5m。

三层到五层也为一根 10 对线电缆。三层和五层电话组线箱连接上、下层四户的用户电话出线口，均使用 RVS 型（2×0.5）mm^2 双绞线，且每户内两个电话出线口。

从此电话通信控制系统图上可以看出，从一层组线箱 TP-1-1 箱引出一层 B 户电话线 TP3 向下到起居室电话出线口，隔墙是卧室的电话出线口。

还可以看出一层 A 户电话线 TP1 向右下到起居室电话出线口，隔墙是主卧室的电话出线口。一层每户的两个电话出线口为并联关系，两只电话机并接在一条电话线上。

二层用户电话线从组线箱 TP-1-1 箱直接引入二层户内，位置与一层对应。一层线路沿一层地面内敷设，二层线路沿一层顶板内敷设。

单元干线电缆 TP 从 TP-1-1 箱向右下到楼梯对面墙，干线电缆沿墙从一楼向上到五楼，三层和五层装有电话组线箱，各层的电话组线箱引出本层和上一层的用户电话线。

二、办公楼电话通信控制系统综合施工图

图 4-14 为某办公楼电话通信系统图，图 4-15 为电话通信控制平面图。

从系统图上可以看出，此系统组线箱用的是 HYA-50（2×0.5）SC50WCFC 自电信局埋地引入此建筑物的，埋设深度为 0.8m。

从图 4-14 上可看出电话组线箱由一层电话分接线箱 HX1 引出 3 条电缆，其中一条供本楼层电话使用，一条引至二、三层电话分接线箱，还有一条供给四、五层电话分接线箱，分接线箱引出的支线采用 RVB-2×0.5 型绞线穿塑料 PC 管敷设。

从图 4-14 上可以看出五层电话分接线箱信号通过 HYA-10（2×0.5mm）型电缆由四楼分接线箱引入。

从平面图 4-15 上还可以看出，该层的每个办公室有电话出线盒 2 只，共 12 只电话出线盒。

各路电话线均单独从信息箱分出，分接线箱引出的支线采用 RVB-2×0.5 型双绞线，穿 PC 管敷设，出线盒暗敷在墙内，离地 0.3m。

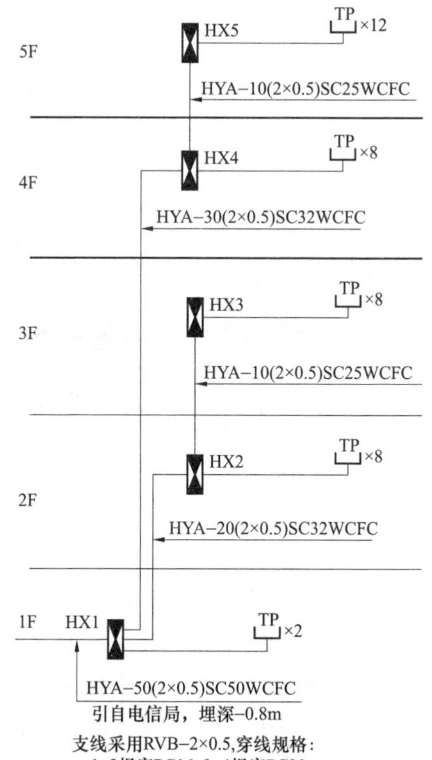

图 4-14　电话通信控制系统图

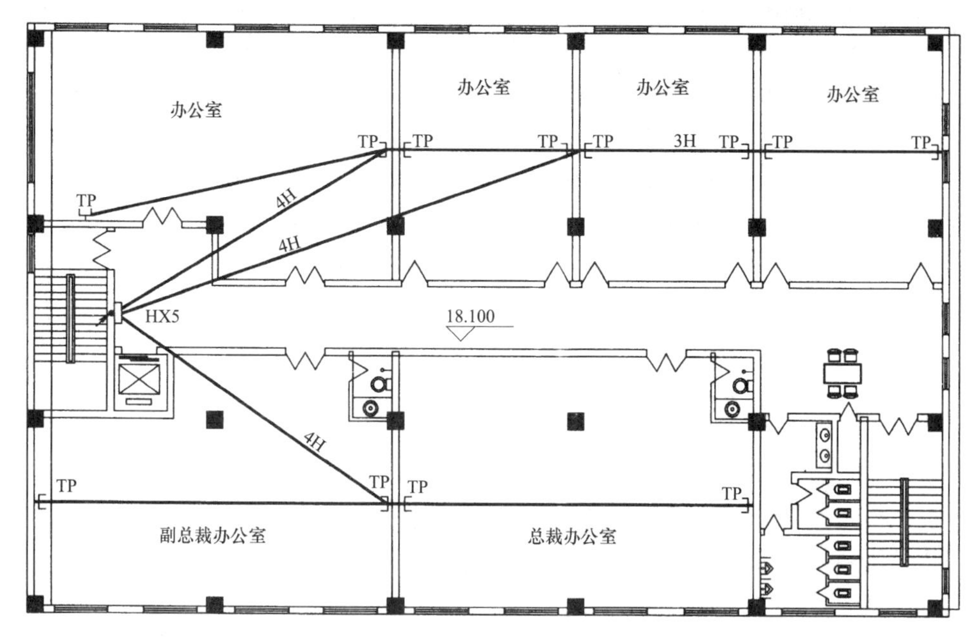

图 4-15　某办公楼五层电话通信控制平面图

第四节　电话通信系统安装基本要求

一、设备及材料要求

（1）所有设备、材料应外观完整、附件齐全、不得有凹凸不平、油漆脱落等现象。

（2）所用设备及材料应符合设计及规范要求，产品应具有合格证和技术文件。

（3）电话电缆及电话导线的规格、型号应符合设计要求，并应有产品合格证和相关技术文件。

（4）材料附件，如螺栓、垫圈等，应为镀锌材料。

二、电话组线箱及分线盒的安装规定

（1）电话线箱及分线盒的安装有明装和暗装，安装部位及安装高度应符合设计要求。明装电话线箱及分线盒一般距地 1.3～2.0m，暗装电话组线箱一般距地 0.5～1.3m，暗装电话分线盒一般距地 0.3m，潮湿场所 1.0～1.3m。

（2）电话组线箱及分线盒无论明装、暗装，均应标记该箱的区线编号，箱盒的编号以及线序，应与图纸（样）上的编号一致，以便检修。电话分线盒安装与热力管及强电插座的安装距离应符合规范规定。

三、电话系统线、管的布线规定

当采用通信线缆竖井敷设方式时，电话、数据以及光缆等通信线缆不应与水管、燃气管、热力管等管道共用同一竖井。建筑物内通信配线电缆保护管，在地下层、首层和潮湿场所宜采用壁厚 2mm 以上的金属导管，在其他楼层、墙内和干燥场所，宜采用壁厚不小于 1.5mm 的金属导管。管内穿放电缆直线管的管径利用率宜为 50% ～60%，弯曲管的管径利用率宜为 40% ～50%。建筑物内敷设的通信配线电缆或用户电话线宜采用金属线槽，线槽内不宜与其他线缆混合布放，其布线线缆的总截面利用率宜为 30% ～50%。

建筑物内通信线缆与电力电缆的间距，应符合表 4-11 规定。

表 4-11　　综合布线电缆与电力电缆的间距

类　别	与综合布线接近状况	最小净距/mm
380V 电力电缆 <2kV·A	与缆线平行敷设	130
	有一方在接地的金属线槽或钢管中	70
	双方都在接地的金属线槽或钢管中	10
380V 电力电缆 2～5kV·A	与缆线平行敷设	300
	有一方在接地的金属线槽或钢管中	150
	双方都在接地的金属线槽或钢管中	80
380V 电力电缆 >5kV·A	与缆线平行敷设	600
	有一方在接地的金属线槽或钢管中	300
	双方都在接地的金属线槽或钢管中	150

注：1. 当 380V 电力电缆<2kV·A，双方都在接地的线槽中，且平行长度不大于 10m 时，最小间距可以是 10mm。
2. 电话用户存在振铃电流时，不能与计算机网络在同一根对绞电缆中一起使用。
3. 双方都在接地的线槽中，系指两根不同的线槽，也可以同一线槽中用金属板隔开。

建筑物内电缆易采用全塑、阻燃型电话通信电缆，光缆易采用阻燃型通信光缆。通信电缆不宜与用户电话线合穿一根导管；电缆配线导管内不得合穿其他非通信电缆。建筑物内用户电话线，宜采用铜心线径为 0.5mm 或 0.6mm 的室内一对或多对电话线。

四、通信管道安装规定

（1）通信管道的路由和位置宜与高压电力管路、热力管、燃气管安排在不同路侧，并宜选择在建筑物多或通信业务需求量大的道路一侧。建筑群内地下通信管道的路由，宜选在人行道、人行道旁绿化带及车行道下。

（2）各种材料的通信管道道顶至路面的埋深应符合表 4-12 的规定，并应符合下列要求：

1）通信管道应符合道路改建可能引起路面高程变化时，不影响管道的最小埋深要求。

2）通信管道宜避免敷设在冻土层及可能发生翻浆的土层内；在地下水位高的地区宜浅埋。

表 4-12　　通信管道最小埋深

管道类别	人行道下	车行道下
混凝土管、塑料管	0.5	0.7
钢管	0.2	0.4

（3）地下通信管道应有一定的坡度，以利于渗入管道内的流向人（手）孔。管道坡度宜为 0.3%～0.4%；当室外道路已有坡度时，可利用其他势布置。地下通信管道与其他各类管道及建筑物的最小净距，应符合表 4-13 的规定。

表 4-13　　通信管道和其他地下管道及建筑物的最小净距表

其他地下管道及建筑物名称		平等净距/m	交叉净距/m
已有建筑物		2.00	—
规划建筑物红线		1.50	—
给水管	直径为 300mm 以下	0.50	0.15
	直径为 300～500mm	1.00	
	直径为 500mm 以上	1.50	
污水、排水管		1.00[1]	0.15[2]
热力管		1.00	0.25
燃气管	压力≤300kPa	1.00	0.30[3]
	300kPa<压力≤800kPa	2.00	
10kV 及以下电力电缆		0.50	0.50[4]
其他通信电缆或通信管道		0.50	0.25
绿化	乔木	1.50	—
	灌木	1.00	—
地上杆柱		0.50～1.00	—
马路边石		1.00	—
沟渠（基础底）		—	0.50
涵洞（基础底）		—	0.25

注：1. 主干排水管后敷设时，其施工沟边与通信管道间的水平净距不宜小于 1.5m。
2. 当通信管道在排水管下部穿越时，净距不宜小于 0.4m，通信管道应做包封，包封长度自排水管的两侧各加长 2.0m。
3. 与燃气管道交越处 2.0m 范围内，燃气管不应做接合装置和附属设备；如上述情况不能避免时，通信管道应做包封 2.0m。
4. 如电力电缆加保护管时，净距可减至 0.15m。

五、通信电缆的敷设规定

（1）一个管道内宜布放一根通信电缆，当采用多孔高强塑料管（梅花管、格栅管、蜂窝管）时，可在每个子管内敷设一根线缆。

（2）室外直埋电缆的埋设深度宜为 0.7～0.9m，并应在电缆上方加设专用保护板和设置电缆标志；直埋电缆在穿越沟渠、车行道路时，应穿保护管。

（3）一般通信电缆宜采用铜心线径为 0.4～0.5mm 的电缆，当有特殊通信要求时可采用铜芯线径为 0.6mm 的电缆。

（4）地下管道内敷设的通信电缆宜选用非填充型全塑电缆，不得采用金属铠装通信电缆。

（5）室外直埋通信电缆宜采用铜心全塑填充型钢带铠装电缆，在坡度大于30°或线缆可承受张力的地段，宜采用钢丝铠装电缆。

（6）直埋敷设的通信光缆，宜采用金属双层铠装护套通信光缆。

（7）一条通信光缆宜敷设在一个管道内；当管道直径远大于光缆外径时，应在原管道内一次敷足多根外径不小于32mm硅芯式塑料子管道；塑料子管道在各人（手）孔之间的管道内不应有接头，多根子管道的总外径不应超过原管道内径的85%，子管道内径宜大于光缆外径的1.5倍。

（8）光缆的最小弯曲半径，敷设过程中应不小于光缆外径的20倍，敷设固定后应不小于光缆外径的10倍。

六、室外电话线路的敷设

住宅小区和大型建筑群的布线宜采用电缆管道敷设。

（1）确定管道的管孔数应按终期电缆条数及备用孔数。将电话线路引入管道，注意每处管孔数不宜少于两孔。组合硬塑料管应选用孔径50mm和90mm或孔径50mm和75mm的管。

（2）室外管道通常采用硬塑料管或混凝土管块。宜选用6孔（孔径90mm）管孔为基数进行混凝土管组合。

注意主干管道的孔径大于75mm；用作配线管道的孔径大于50mm。

（1）在下列情况下宜采用双波纹塑料管或硬塑料管。

1）管道埋深位于地下水位以下，或与渗漏的排水系统相邻近。

2）腐蚀情况比较严重的地段。

3）地下障碍物复杂的地段。

（2）在下列情况下宜采用钢管。

1）管道附挂在桥梁上或跨越沟渠，有悬空跨度时。

2）需采用顶管施工方法穿越道路或铁路路基时。

3）埋深过浅或路面荷载过重时。

（3）埋设管道。埋深一般为0.8～1.2m。在穿越人行道、车行道时，最小埋深不得小于表4-14的规定。

表4-14　　管道的最小埋深

管道种类	管顶至路面或铁道路基的最小净距/m			
	人行道	车行道	电车轨道	铁道
混凝土管块、硬塑料管	0.5	0.7	1.0	1.3
钢管	0.2	0.4	0.7	0.8

（4）电缆管道埋设。电缆管道不宜与压力管道、热力管道等同设于道路的一侧。电话线路管道与其他各种管线及建筑物等的最小净距应符合表4-13和表4-15的规定。其中电车轨底交叉净距为1.0m，铁路轨底交叉净距为1.5m；每段管道一般不宜大于120m，最长应不超过150m，坡度应大于或等于4.0‰。

表 4-15　　长途通信直埋光缆与其他建筑设施间的最小净距

名　　称		平行时/m	交越时/m
通信管道边线［不包括人（手）孔］		0.75	0.25
非同沟的直埋通信光、电缆		0.5	0.25
埋式电力电缆（35kV 及以下）		0.5	0.5
埋式电力电缆（35kV 及以上）		2.0	0.5
给水管	管径小于 30cm	0.5	0.5
	管径 30～50cm	1.0	0.5
	管径大于 50cm	1.5	0.5
高压油管、天然气管		10.0	0.5
热力、排水管		1.0	0.5
燃气管	压力小于 300kPa	1.0	0.5
	压力 300～800kPa	2.0	0.5
排水沟		0.8	0.5
房屋建筑红线或基础		1.0	
树木（市区、村镇大树、果树、行道树）		0.75	
树木（市外大树）		2.0	
水井、坟墓		3.0	
粪坑、积肥池、沼气池、氨水池等		3.0	
架空杆路及拉线		1.5	

注：1. 直埋光缆采用钢管保护时，与水管、煤气管、石油管交越时的间距可降低为 0.15m。
　　2. 对于杆路、拉线、孤立大树和高价建筑，还应考虑防雷要求。大树指直径 30cm 及以下的树木。
　　3. 穿越埋深与光缆相近的各种地下管线时，光缆宜在管线下方通过。

（5）人（手）孔位置的选择应符合下列要求。

1）人（手）孔位置应选择在管道分支点、建筑物引入点等处。在交叉路口、管道坡度较大的转折处或主要建筑物附近宜设置人（手）孔。人孔、手孔尺寸如图 4-16 所示，人孔、手孔内净高及容纳管道数量见表 4-16。

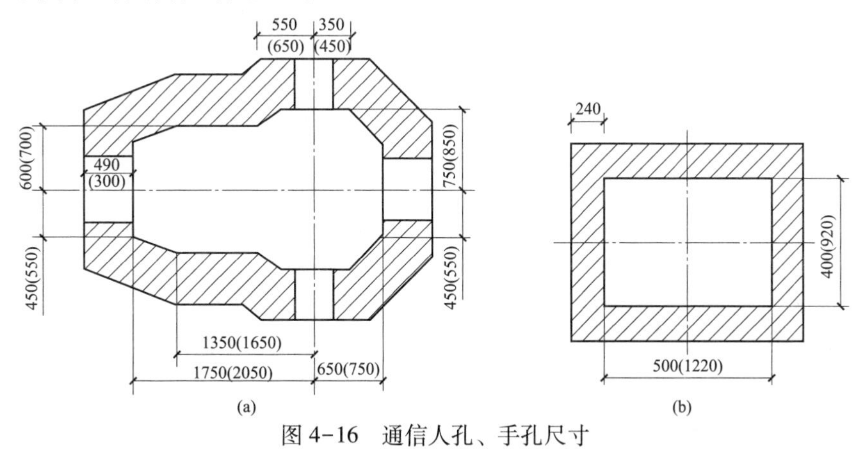

图 4-16　通信人孔、手孔尺寸

（a）四通型人孔；（b）手孔

注：1. 图中侧墙数据中括号外的数字为侧墙采用 MU10 烧结普通砖的数据，括号内的数字为侧墙采用混凝土的数据。
　　2. 图中人孔、手孔内部括号外的数字为小号人孔、手孔的数据，括号内的数字为大号人孔、手孔的数据。

表 4-16　　人孔、手孔内净高及容纳管道数量表

类　别	净高/m	容纳管道最大孔数量/孔	
		标准管道（孔径 90mm）	多孔管道（孔径 28～32mm）
大号人孔	1.8	24	72
小号人孔	1.8	18	54
手孔	1.1	4	12
小号手孔	0.225～0.525	2	6

2）人（手）孔间的距离不宜超过 150m。

人孔型式应根据终期管群容量大小确定。综合月前通信管道的建设和使用情况，人（手）孔型号的选择宜按下列孔数选择。

3）单一方向标准孔（孔径 90mm）不多于 6 孔、孔径为 28mm 或 32mm 的多孔管不多于 12 孔容量时，宜选用手孔。

4）单一方向标准孔（孔径 90mm）不多于 12 孔、孔径为 28mm 或 32mm 的多孔管不多于 24 孔容量时，宜选用小号人孔。

5）单一方向标准孔（孔径 90mm）不多于 24 孔、孔径为 28mm 或 32mm 的多孔管不多于 36 孔容量时，宜选用中号人孔。

6）单一方向标准孔（孔径 90mm）不多于 48 孔、孔径为 28mm 或 32mm 的多孔管不多于 72 孔容量时，宜选用大号人孔。

7）人（手）孔型式按表 4-17 的规定选用。

表 4-17　　人（手）孔型式表

<table>
<tr><th colspan="2">型　式</th><th>管道中心线交角</th><th>备　注</th></tr>
<tr><td colspan="2">直通型</td><td><7.5°</td><td>适用于直线通信管道中间设置的人孔</td></tr>
<tr><td rowspan="5">斜通型（亦称扇形）</td><td>15°</td><td>7.5°～22.5°</td><td rowspan="5">适用于非直线折点上设置的人孔</td></tr>
<tr><td>30°</td><td>22.5°～37.5°</td></tr>
<tr><td>45°</td><td>37.5°～52.5°</td></tr>
<tr><td>60°</td><td>52.5°～67.5°</td></tr>
<tr><td>75°</td><td>67.5°～82.5°</td></tr>
<tr><td colspan="2">三通型（亦称拐弯型）</td><td>>82.5°</td><td>适用于直线通信管道上有另一方向分歧通信管道，其分歧点设置的人孔或局前人孔</td></tr>
<tr><td colspan="2">四通型（亦称分歧型）</td><td>—</td><td>适用于纵横两路通信管道交叉点上设置的人孔，或局前人孔</td></tr>
<tr><td colspan="2">局前人孔</td><td>—</td><td>适用于局前人孔</td></tr>
<tr><td colspan="2">手孔</td><td>—</td><td>适用于光缆线路简易塑料管道、分支引上管等</td></tr>
</table>

（6）这样可避免建筑物沉降或承重不同而对电话线路产生外力影响，使电话电缆外护套受伤，引入管道发生错口。

（7）引入管道穿越墙壁，为了防止污水或有害气体由管孔中进入高层建筑内部，应采取防水和堵气措施。防水措施除采用密闭性能好的钢管等管材外，还应将引入管道由室内向室外

稍倾斜铺设，以防水流入室内。堵气措施通常是对已占用管孔的电缆四周用环氧树脂等填充剂堵塞。对空闲管孔先用麻丝等堵口，再用防水水泥浆堵封严密，使外界有害气体无隙可入。

（8）埋设电缆穿越车行道，加钢管或铸铁管等保护，在设计穿管保护时应将管径规格增大一级选择，并留一至二条备用管。直埋电缆不得直接埋入室内。如需引入建筑物内分线设备时，应换接或采取非铠装方法穿管引入。如引至分线设备的距离在 10m 以内时，则可将铠装层脱去后穿管引入。

七、室内电话线路的敷设

（1）室内电话线路应根据工程的要求，采用明敷、暗敷、线槽敷设方式。室内配线宜采用全塑电话电缆和一般塑料线。室内配线应避免穿越沉降缝，不应穿越易燃、易爆、高温、高电压、高潮湿及有较强震动的地段或房间，若不可避免时，应采取保护措施。电缆、电线穿管的选择和管子利用率的确定见表 4-18。

表 4-18　　穿管的选择

电缆、电线敷设地段	最大管径限制/mm	管径利用率/%	管子截面利用率/%
		电缆	绞合导线
暗设于底层地坪	不作限制	50～60	30～35
暗设于楼层地坪	一般≤25；特殊≤32	50～60	30～35
暗设于墙内	一般≤50	50～60	30～35
暗设于吊顶内或明设	不作限制	50～60	25～30（30～35）
穿放用户线	≤25	— 25～30（30～35）	

注：1. 管子拐弯不宜超过两个弯头，其弯头角度不得小于 90°，有弯头的管段长如超过 20m 时，应加管线过路盒。

2. 直线管段长一般以 30m 为宜，超过 30m 时，应加管线过路盒。

3. 配线电缆和用户线不应同穿一条管子。

4. 表中括号内数值为管内穿放平行导线时的数值。

（2）保护设置。由电话分线箱、过路箱至电话出线口间的电话线路保护管，最小标称管径不小于 15mm，最大标称管径应不大于 25mm。一根保护管最多布放 6 对电话线，当布放电话线多于 6 对时应增加管路数量。

注意有特殊屏蔽要求的电缆或电话线，应穿钢管敷设，并将钢管接地。

（3）室内暗敷管线与其他管线的最小净距，应符合表 4-19 的规定。

表 4-19　　暗敷管线与其他管线的最小净距　　单位：mm

管　　线	平行净距	交叉净距	管线	平行净距	交叉净距
电力线路（380V 及以下）	150	50	热力管（包封）	300	300
压缩空气管	150	20	煤气管	300	20
给水管	150	20	防雷引下线	1000	300
热力管（不包封）	500	500	保护地线	50	20

注：1. 表中防雷引下线应尽量避免交越，交越距离为墙壁电缆敷设高度小于 6m 时数据。墙壁电缆与防雷引下线交叉时，应加保护装置。

2. 墙壁电缆在易受电磁干扰影响的场合敷设时，应加钢管保护，钢管做良好接地。

（4）建筑物室内配线。

1）区域应按楼层划分，特殊情况下个别用户线可跨越两个楼层。

2）配线区域内分线箱（盒）应位于负荷中心，容量应不大于50对。

3）配线区域内应采用直接配线为主，特殊情况下部分用户可采用复接配线。

（5）室内分线设备的设置应满足以下规定。

1）与高压线路接近或靠近雷击危险地区，明线或架空电缆从室外引入室内时，电缆交接箱或分线盒等应装设保安装置。

2）分线箱（盒）暗设时，一般应预留墙洞。墙洞大小应按分线箱尺寸留有一定的余量，即墙洞上、下边尺寸增加20～30mm，左、右边尺寸增加10～20mm。

3）过路箱一般作暗配线时电缆管线的转接或接续用，箱内不应有其他管线穿过。

4）电话出线盒宜暗设，电话出线盒应是专用出线盒或插座，不得用其他插座代用。

5）引进建筑物的电缆如多于200对时，可设置交接箱或电缆进线箱，装设地点应使进出线方便。

6）分线箱（盒）安装高度底边距地为0.5～1m，距话机出线盒为0.2～0.3m。

（6）设置引至各楼层上升电缆。如与其他管线（电力线等）合用竖井时，应各占一侧敷设。如在竖井内采用钢管敷线时，应预留1～2条备用管。通信电缆在竖井内宜采用封闭型电缆桥架或封闭线槽等架设方式。通信电缆应绑扎于电缆桥架梯铁或线槽内横铁上，以减少电缆自身承受的重力。

（7）室内配线电缆敷设特殊情况下需要作横向敷设时，电缆容量以不超过50对为宜。配线电缆在竖井内作纵向敷设时，以不大于100对为宜。

（8）埋设引出建筑物的用户线。在2对以下、距离不超过25m时，可采用铁管埋地引至电话出线盒，如超过上述规定时，则应采用直埋电缆。但该段管路应采取一定的防腐措施。

第五节 电话站布置

一、电话站布置基本要求

电话站内设备布置应符合“以近期为主，远近期相结合”的原则，并要满足下列要求：

（1）整齐美观。

（2）便于扩充发展。

（3）安全适用和维护方便。

话务台室宜与电话交换机室相邻，话务台的安装宜能使话务员通过观察窗正视或侧视到机列上的信号灯。总配线架或配线箱应靠近自动电话交换机；电缆转接箱或用户端子板应靠近人工电话交换机，并均应考虑电缆引入、引出的方便和用户所在方位。电话站交换机的容量在200门及以下（程控交换机500门及以下），总配线架（箱）采用小型插入式端子箱时，可置于交换机室或话务台室；当容量较大时，交换机话务台与总配线架应分别置于不同房间内。容量在360回线以下的总配线架落地安装时，一侧可靠墙；大于360回线时，与墙的距离一般不小于0.8m。横列端子板离墙一般不小于1m，直列保安器排离墙一般不小于

1.2m，挂墙装设的小型端子配线箱底边距地一般为0.6m。

成套供应的自动电话交换机的安装铁件，列间距离应按生产厂家的规定，否则设备（机架）各种排列方式的间距应符合表4-20的规定。

表4-20　　设备（机架）各种排列方式的间距

名　　称	建议距离/m	名　　称	建议距离/m
相邻机列面对面排列的距离	≥1.5	主通道	1.5～2.0
相邻机列面对背排列的距离	1.0～1.5	设备侧面距墙	应不小于0.8m
相邻机列背对背排列的距离	0.8		

注：当机列背面不需要维护时可靠墙安装。

电话站内机列、总配线架、整流器和蓄电池等通信设备的安装应采取加固措施。当有抗震要求时，其加固要求应按当地规定的抗震烈度再提高一度来考虑。配线架与机列间的电缆敷设方法宜采用地面线槽或走线架。交直流线路可穿管埋地敷设。电话站内机架正面宜与机房窗户垂直布置。

电话站的典型布置示例如图4-17所示。

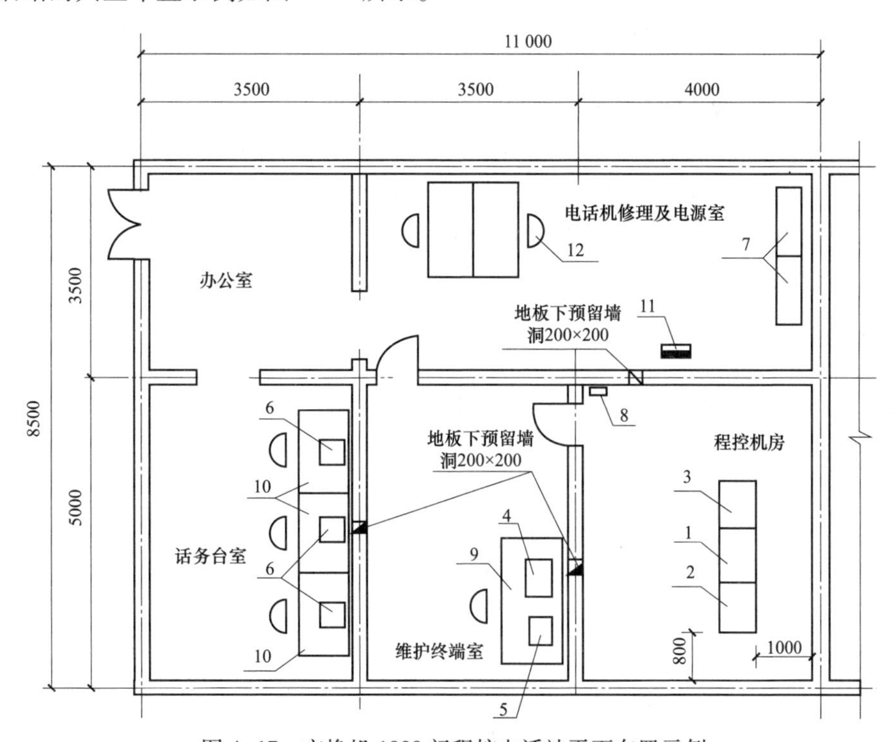

图4-17　交换机1000门程控电话站平面布置示例

1—交换机主机柜；2—交换机扩展柜；3—配线电源柜；4—维护终端（含打印机）；5—计费装置；6—话务台；7—全密封免维护铅酸蓄电池；8—接地板；9—终端桌（大型）；10—终端桌；11—交流配电箱；12—椅子

二、电话机房的位置选择

（1）机房应设在便于管理、交通方便的位置，不宜邻贴外墙。

（2）机房的位置应方便各种管线的进出，尽量靠近弱电间、控制室。电话机房宜设置在首层以上、四层以下的房间。

（3）电话机房内设备布置应符合近期为主、远近期相结合的原则。

（4）远离易燃、易爆场所。

（5）机房不应设于变压器室、汽车库、厕所、锅炉房、洗衣房、浴室等产生蒸汽、烟尘、有害气体、电磁辐射干扰的相邻和上、下层相对应的位置。

（6）蓄电池室内设备参照下列要求进行布置。

1）蓄电池组为免维护电池时，可采用机柜安装方式。

2）双列蓄电池组与墙间的平行通道宽度不小于0.8m；单列蓄电池组可靠墙安装，蓄电池与墙间的距离为0.1～0.2m。

3）同一组蓄电池分双列平行安装于同一电池台（架）时，列间距为0.15m。

4）蓄电池台（架）之间的通道宽度不小于0.8m。

5）蓄电池台（架）的一端应留有主要通道，其宽度通常为1.2～1.5m，另一端与墙间的净距为0.1～0.3m。

6）蓄电池与采暖散热器的净距不小于0.8m，蓄电池不得安装在暖气沟上面。

（7）电话交换系统机房内机柜、用户总配线架、整流器和蓄电池等通信设备的安装应采取加固措施。加固要求按当地基本设计烈度进行抗震加固。

（8）总配线架与各机柜间的电缆可采用地面线槽、活动地板下线槽或走线架等敷设方式。交直流线路可穿管埋地敷设。

三、电话交接间的设置

电话交接间与智能化系统的弱电间要求相同，其位置选择应符合下列要求。

（1）弱电间应与配电间、电梯间、水暖管道间分别设置。

（2）弱电间应设在便于管理、交通方便的位置，弱电间不宜邻贴外墙。

弱电问的位置应方便各种管线的进出，尽量靠近控制室、机房，位于布线中心。

（3）弱电间距最远信息点的距离应满足水平电缆小于路径等条件，每层设置一个及以上弱电间。

（4）根据建筑面积、系统出线的数量、弱电间应在与上下层对应的位置。

（5）兼作综合布线系统楼层交接间时，满足90m的要求。

另外，每600～1000户应设置一个电话电缆交接间，其使用面积不应小于10m^2。当建筑物内设置电话交换机时，电话电缆交接间应与电话用户总配线架结合设置。

四、电话站机房的照明

（1）交换机室、话务室、电力室应设应急照明。

（2）电话站的工作照明（包括免维护蓄电池室）一般采用荧光灯，布置灯位时应使各机（柜）架、机台或需要的架面、台面均应达到规定照度标准（见表4-21）。

表 4-21　　电话站机房照明的照度标准值

名　称	照度标准值/lx	计算点高度/m	备　注
用户交换机室	100—150—200	1. 40	垂直照度
话务台	75—100—150	0. 80	水平照度
总配线架室	100—150—200	1. 40	垂直照度
控制室	100—150—200	0. 80	水平照度
电力室配电盘	75—100—150	1. 40	垂直照度
蓄电池槽上表面，电缆进线室电缆架	30—50—75	0. 80	水平照度
传输设备室	100—150—200	1. 40	垂直照度

第六节　电话通信系统管路分布及交接箱安装

一、楼层管路的分布与安装

1. 楼层管路的分布

（1）放射式分布方式。

1）特点。

从上升管路或上升房分出楼层管路由楼层管路连通分线设备，以分线设备为中心，用户线管路作放射式的分布。

① 楼层管路长度短，弯曲次数少。

② 节约管路材料和电缆长度及工程投资。

③ 用户线管路为斜穿的不规则路由，易与房屋建筑结构发生矛盾。

④ 施工中容易发生敷设管路困难。

2）适用。

① 大型公共房屋建筑。

② 高层办公楼。

③ 技术业务楼。

（2）格子形分布方式。

1）特点。

楼层管路有规则地互相垂直形成有规律的格子形。

① 楼层管路长度长，弯曲次数少。

② 能适应房屋建筑结构布局。

③ 易于施工和安装管路及配线设备。

④ 管路长度增加，设备也多，工程投资增加。

2）适用。

① 大型高层办公楼。

② 用户密度集中，要求较高，布置较固定的金融、贸易、机构办公用房。

③ 楼层面积很大的办公楼。

（3）分支式分布方式。

1）特点。

楼层管路较规则，有条理分布，一般互相垂直，斜穿敷设较少。

① 能适应房屋建筑结构布置，配合方便。

② 管路布置有规则性、使用灵活性，较易管理。

③ 管路长度较长，弯曲角度大，次数较多，对施工和维护不便。

④ 管路长，弯曲多，使工程造价增加。

2）适用。

① 大型高级宾馆。

② 高层住宅。

③ 高层办公大楼。

2. 分线箱

分线箱是指连接配线电缆和用户线的设备。在弱电竖井内装设的电话分线箱应为明装挂墙方式，如图 4-18 所示。其他情况下电话分线箱大多为墙上暗装方式（壁龛分线箱），以适应用户暗管的引入及美观要求。住宅楼房电话分线盒安装高度应为上边距顶棚 0. 3m。

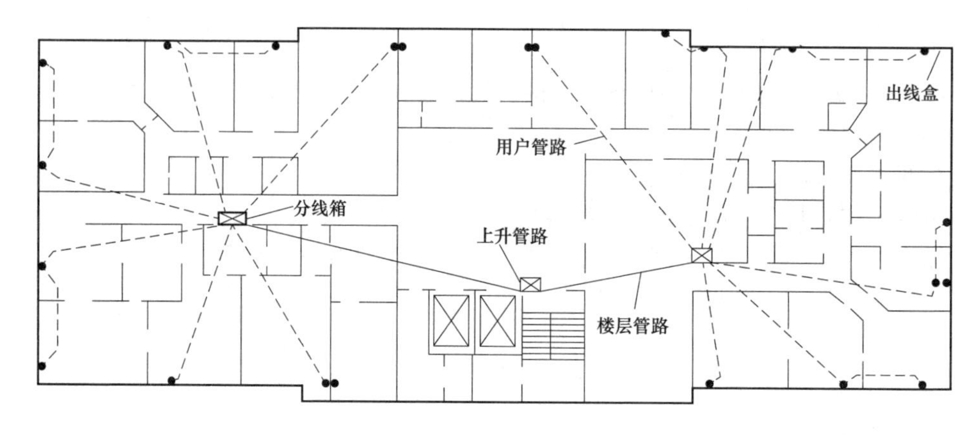

图 4-18　分线盒安装图

分线箱均应编号，箱号编排宜与所在的楼层数一致，若同一层有几个分线箱，则可以第一位为楼层号，然后按照从左到右的原则进行顺序编号。分线箱中的电缆线序配置宜上层小，下层大。

3. 过路盒与用户出线盒

（1）直线（水平或垂直）敷设电缆管和用户线管，长度超过 30m 应加装过路箱（盒），管路弯曲敷设两次也应加装过路箱（盒），以方便穿线施工。过路盒外形尺寸与分线盒相同。

（2）过路箱（盒）应设置在建筑物内的公共部分，宜为底边距地 0. 3～0. 4m 或距顶 0. 3m。住户内过路盒安装在门后时，如图 4-19 所示。若采用地板式电话出线盒，宜设置在人行通道以外的隐蔽处，其盒口应与地面平齐。

（3）安装要求：

1）电话机不能直接同线路接在一起，而是通过电话出线盒（即接线盒）与电话线路连接。

2）室内线路明敷时，应采用明装接线盒，即两根进线、两根出线。电话机两条引线无极性区别，可任意连接。

3）墙壁式用户出线盒均暗装，底边距地宜为 300mm。根据用户需要也可装于距地面 1.3m 处。用户出线盒规格可采用 86H50（尺寸为：高 75mm×宽 75mm×深 50mm），如图 4-20 所示。

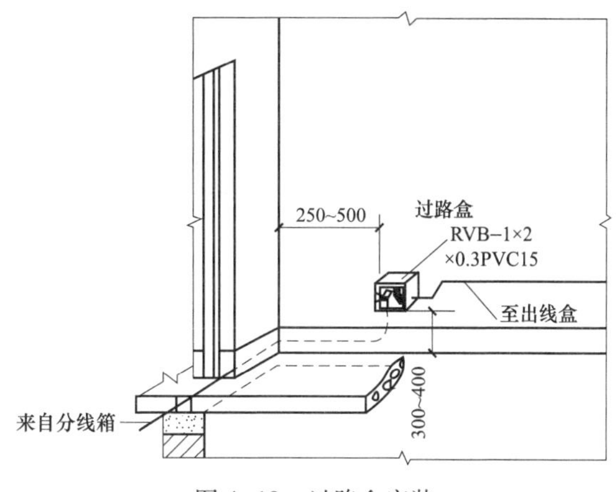

图 4-19　过路盒安装

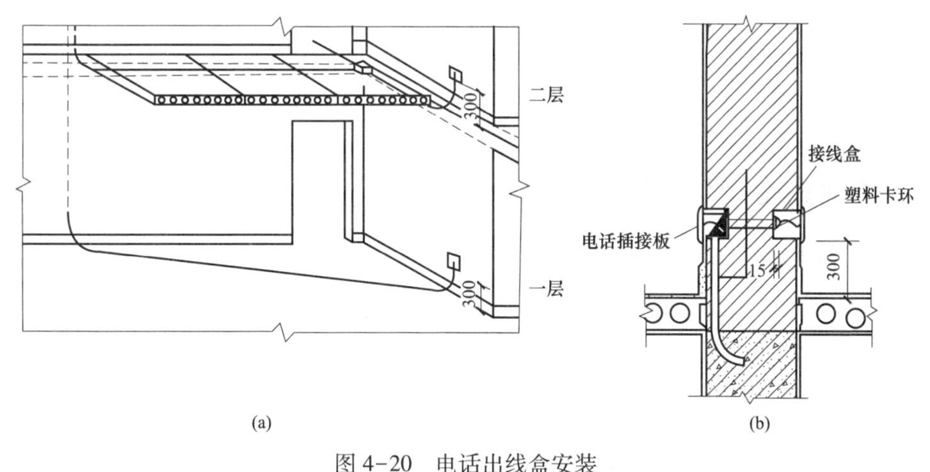

图 4-20　电话出线盒安装

（a）安装示意图；（b）局部剖面图

二、电话交接间安装

电话交接间即设置电缆交接设备的技术性房间。每栋住宅楼内必须设置一个专用电话交接间。电话交接间宜设在住宅楼底层，靠近竖向电缆管路的上升点，且应设在线路网中心，靠近电话局或室外交接箱一侧。

交接间使用面积：高层应不小于 $6m^2$，多层应不小于 $3m^2$，室内净高不小于 2.4m，应通风良好，有保安措施，设置宽度为 1m 的外开门。电话交接间内可设置落地式交接箱，落地式电话交接箱可以横向也可以竖向放置。楼梯间电话交接间也可安装壁龛式交接箱，如图 4-21 所示。

交接间内应设置照明灯及 220V 电源插座。交接间通信设备可用住宅楼综合接地线作保护接地（包括电缆屏蔽接地），其综合接地时电阻不宜大于 1Ω，独自接地时其接地电阻应不大于 5Ω。

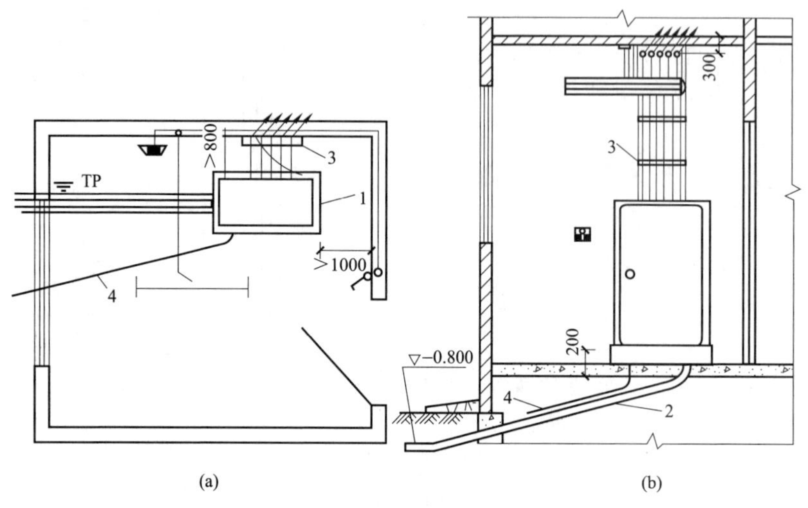

图 4-21　电话交接间布置示意图

（a）平面图；（b）立面图

1—电缆交接箱；2—电缆进线护管；3—电缆支架；4—接地线

三、落地式交接箱安装

交接箱是用于连接主干电缆和配线电缆的设备。落地电话交接箱可以横向也可以竖向放置，如图 4-22 所示。

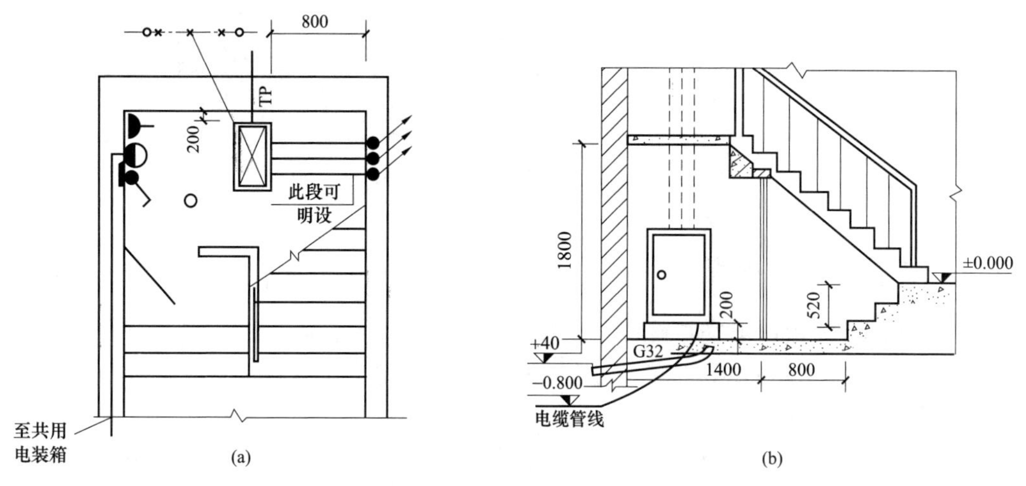

图 4-22　落地电话交接箱布置图

（a）平面布置图；（b）立面布置图

安装交接箱前，应先检查交接箱是否完好，然后放在底座上，箱体下边的地脚孔应对正脚螺栓，并要拧紧螺母加以固定。落地式交接箱接地做法，如图 4-23 所示。

交接箱基础底座的高度应不小于 200mm，在底座的四个角上应预埋 4 颗 M10×100 长的镀锌地脚螺栓，用来固定交接箱，且在底座中央留置适当的长方洞作电缆及电缆保护管的出入口，如图 4-24 所示。

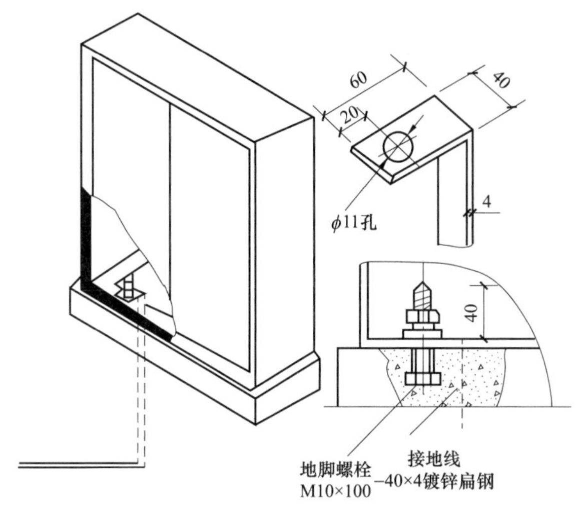

图 4-23　电缆交接箱接地安装

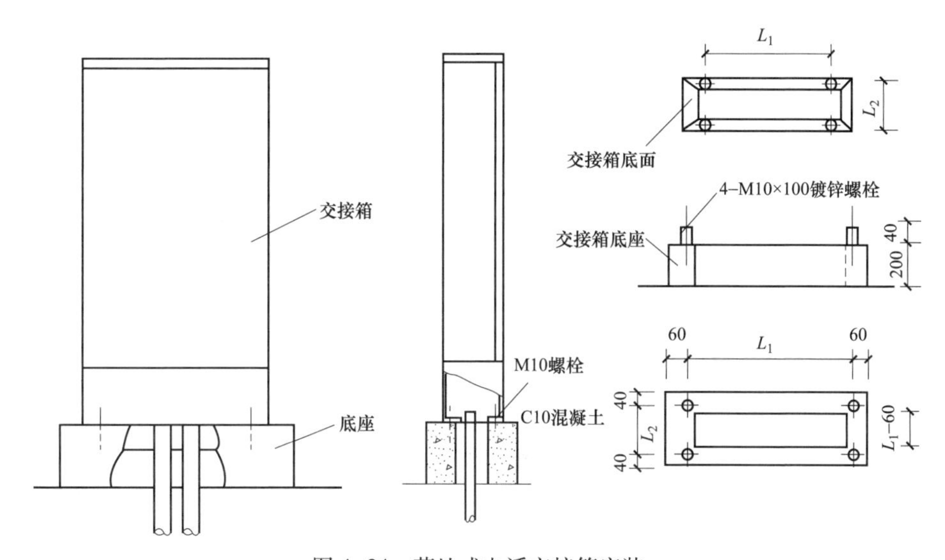

图 4-24　落地式电话交接箱安装

将交接箱放在底座上，箱体下边的地脚孔应对正地脚螺栓，且拧紧螺母加以固定。将箱体底边与基础底座四周用水泥砂浆抹平，以防止水流进底座。

四、分线箱和过路箱的安装

暗装电缆交接箱、分线箱及过路箱统称为壁龛，以供电缆在上升管路及楼层管路内分歧、接续以及安装分线端子板用。

（1）设置壁龛。可在建筑物的底层或二层，其安装高度应为其底边距地面 1.3m。壁龛安装与电力、照明线路以及设施最小距离应为 30mm 以上；与燃气、热力管道等最小净距应不小于 300mm。

（2）预埋壁龛。接入壁龛内部的管子应管口光滑，并且在壁龛内露出长度应为 10～

15mm。钢管端部应用丝扣，并采用锁紧螺母固定。

（3）壁龛主进线管和进线管。通常应敷设在箱内的两对角线位置上，各分支回路的出线管应布置在壁龛底部和顶部的中间位置上。

（4）壁龛箱本体可为钢质、铝质或木质，并具有防潮、防尘以及防腐的能力。壁龛、分线小间的外门形式、色彩应与安装地点的建筑物环境基本协调。铝合金框室内电缆交接箱规格见表4–22。壁龛分线箱规格见表4–23。

表4–22　　铝合金框室内电缆交接箱规格表

规格/对	（高×宽×厚）/（mm×mm×mm）	质量/kg
100	470×350×220	12
200	600×350×220	14
300	800×350×220	18
400	1000×350×220	21

表4–23　　壁龛分线箱规格表　　单位：mm

规格/对	厚	高	宽
10	120	250	250
20	120	300	300
30	120	300	300
50	120	350	300
100	120	400	300
200	120	500	350

◉ **小提示：**

通常壁龛主进线管和出线管应敷设在箱内的两对角线的位置上，各分支回路的出线管应布置在壁龛底部和顶部的中间位置上。壁龛内部电缆的布置形式和引入管子的位置有密切关系，然而管子的位置因配线连接的不同要求而有不同的方式。有电缆分歧和无电缆分歧，管孔也由于进出箱位置不同分为如图4–25所示的几种形式。

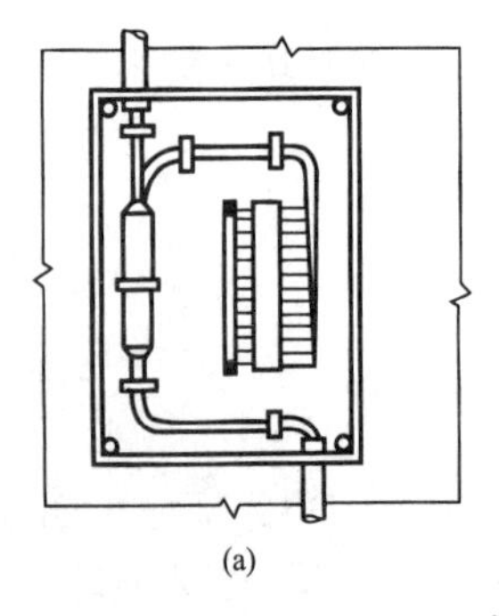
(a)

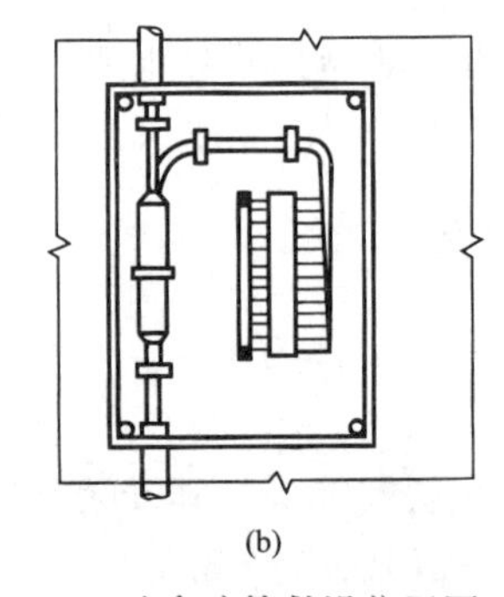
(b)

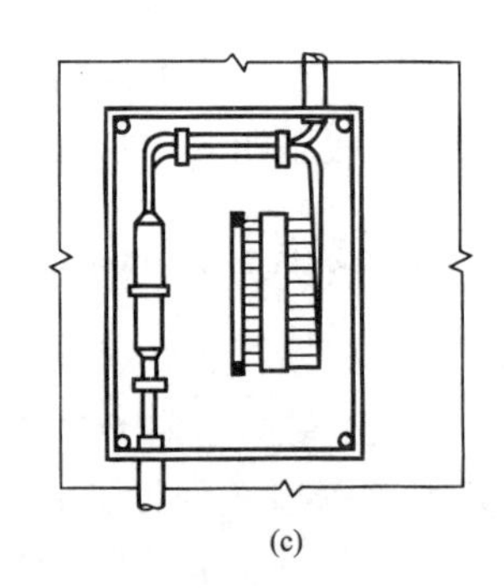
(c)

图4–25　壁龛暗管敷设位置图（一）

（a）管线左上右下分岐式；（b）管线同侧上下分岐式；（c）管线右上左下分岐式

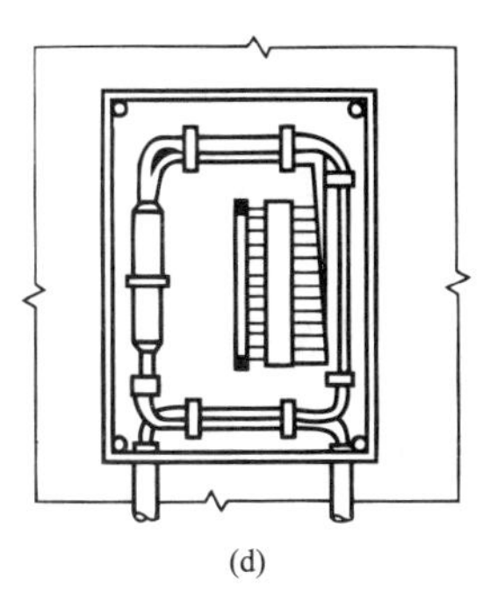
(d)

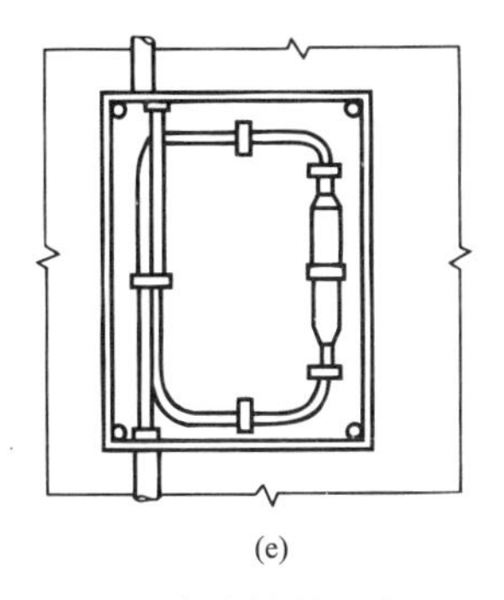
(e)

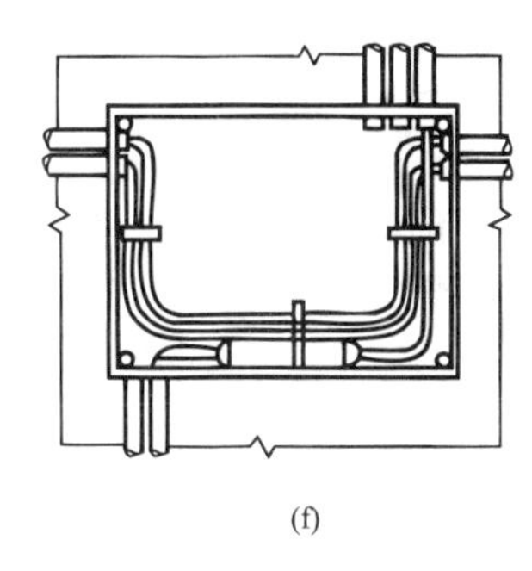
(f)

图 4-25　壁龛暗管敷设位置图（二）
（d）管线过路分岐式；（e）单条电缆过路式；（f）多条电缆横向过路式

五、上升通信管路安装

暗敷管路系统上升部分的几种建筑方式见表 4-24，上升电缆直接敷设的方法和上升管路在墙内的敷设方式分别如图 4-26 和图 4-27 所示。

表 4-24　暗敷管路系统上升部分的几种建筑方式

上升部分的名称	是否装设配线设备	上升电缆条数	特　点	适　用　场　合
上升房	设有配线设备，并有电缆接头，配线设备可以明装或暗装，上升房与各楼层管路连接	8 条电缆以上	能适应今后用户发展变化，灵活性大，便于施工和维护，要占用从顶层到底层的连续统一位置的房间，占用房间面积较多，受到房屋建筑的限制因素较多	大型或特大型的高层房屋建筑；电话用户数较多而集中；用户发展变化较大，通信业务种类较多的房屋建筑
竖井（上升通槽或通道）	竖井内一般不设配线设备，在竖井附近设置配线设备，以便连接楼层管路	5~8 条电缆	能适应今后用户发展变化，灵活性较大，便于施工和维护，占用房间面积少，受房屋建筑的限制因素较少	中型的高层房屋建筑，电话用户发展较固定，变化不大的情况
上升管路（上升管）	管路附近设置配线设备，以便连接楼层管路	4 条及以下	基本能适应用户发展，不受房屋建筑面积限制，一般不占房间面积，施工和维护稍有不便	小型的高层房屋建筑（如塔楼），用户比较固定的高层住宅建筑

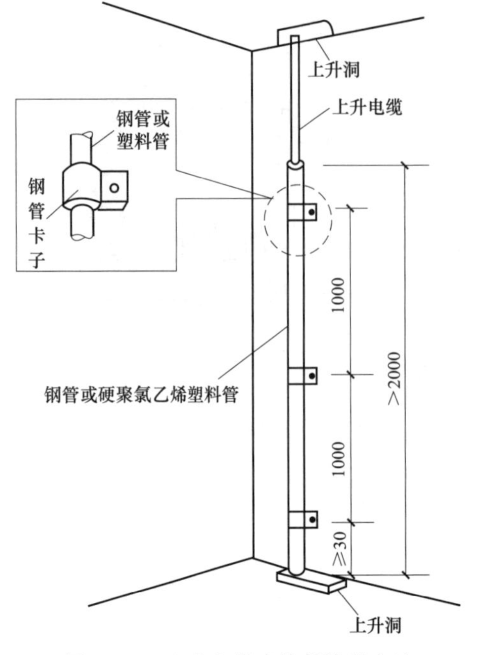

图 4-26　上升电缆直接敷设的方法

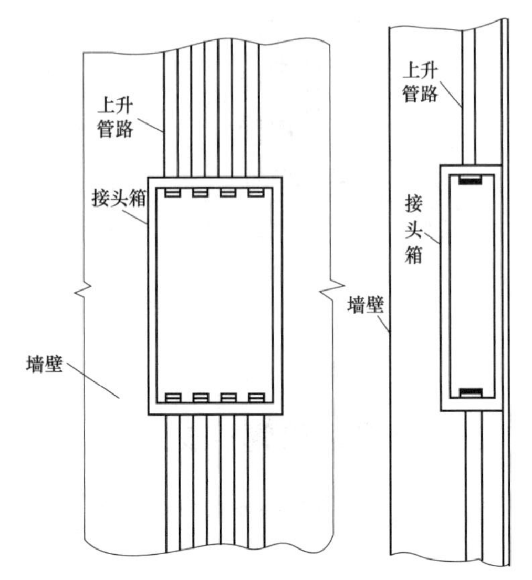

图 4-27　上升管路在墙内的敷设方式

六、电缆竖井设置与电缆穿管敷设

1. 电缆竖井设置

（1）高层建筑物电缆竖井宜单独设置，且宜设置在建筑物的公共部位。

（2）竖井内电缆要与支架间使用 4 号钢丝绑扎，也可用管卡固定，要牢固可靠，电缆间距应均匀整齐。

（3）安装在电缆竖井内的分线设备，宜采用室内电缆分线箱，电缆竖井分线箱可以明装在竖井内，也可以暗装于井外墙上。

（4）电缆竖井的宽度不宜小于 600mm，深度宜为 300～400mm。电缆竖井的外壁在每层楼都应装设阻燃防火操作门，门的高度不低于 1.85m，宽度与电缆井相当，每层楼的楼面洞口应按相关规范设防火隔板。电缆竖井的内壁应设固定电缆的铁支架，且应有固定电缆的支架预埋件，铁支架上间隔宜为 0.5～1m。

（5）电缆竖井也可与其他弱电缆综合考虑设置。然而检修距离不得小于 1m，若小于 1m 时必须设安全保护措施。

2. 电缆穿管敷设

（1）凡电缆经过暗装线箱，无论有无接口，都应接在箱内四壁，不得占用中心，并在暗线箱的门面上标明电信徽记。

（2）暗敷电缆的接口，其电缆均应绕箱半周或一周，以便于拆焊接口。

（3）在一个工程中必须采用同一型号的市话电缆。

（4）暗管的出入口必须光滑，并且在管口垫以铅皮或塑料皮保护电缆，防止磨损。

（5）在暗装线箱分线时，在干燥的楼层房间内可安装端子板，在地下室或潮湿的地方

应装分线盒。接线端子板上线序排列应由左至右、由上至下。

（6）一根电缆管应穿放一根电缆，电缆管内不得穿用户线，管内严禁穿放电力或广播线。

（7）穿放电缆时，应事先清刷暗管内的污水杂物，穿放电缆时应涂抹中性凡士林。

七、防雷与接地

（1）防雷与接地要求应满足建筑物防雷与电子信息系统防雷和接地及安全保护的有关要求。

（2）程控用户交换机容量<1000 门时，接地电阻设计要求≤10Ω。程控用户交换机容量≥1000 门且≤10 000 门时，接地电阻设计要求≤5Ω。在程控用户交换机选定以后，接地电阻可根据该产品要求确定。

（3）程控用户交换机应采用单点接地方式，将电池正极、机壳和熔断器告警三种地线分别用导线汇集至接地汇流排，再用导线连接至接地体。

（4）程控用户交换机也可采用共用接地装置接地，其接地电阻值应不大于 1Ω。

第七节　电话通信系统测试

一、电话通信系统测试内容

电话通信系统测试内容见表 4-25。

表 4-25　电话通信系统测试内容

类　别	内　容
接通率测试	① 局内模拟呼叫器大话务量测试。局内模拟呼叫器大话务量测试是指 60 对用户集中在数个用户级接近满负载的情况下运行时，指标应达到 99.96%。 ② 局内人工拨号测试。局内人工拨号测试是 10 对用户话机分组同时拨叫，累计达 5000 次，以做辅助考核指标。 ③ 局间人工拨号测试。每个直达局间出、入局呼叫在话务清闲时各进行 200 次。数字局间达 98%；数模局间达 95%
性能测试	在进行性能测试时主要应注意以下几方面内容： ① 本局呼叫测试。每次抽测 3～5 次应良好。本局呼叫测试的内容主要包括：正常通话、摘机不拨号和位间超时，拨号中途放弃，久叫不应、被叫忙用户电路锁定、呼叫群的空号、链路忙以及用户连选等。 ② 出、入局呼叫测试。对每个直达局向的中继线作 100% 呼叫测试，应良好。 ③ 释放控制测试。互不控制、主呼控制和被叫控制应良好。 ④ 特种业务和代答业务测试。对特服中继作 100% 呼叫测试，对代答录音接口作测试检查，均应良好。 ⑤ 用户新业务性能：缩位拨号、热线、限制呼出、叫醒业务、免打扰服务、转移呼叫、呼叫等待、三方通话、遇忙回叫、空号服务以及追查恶意呼叫等的登记、接通和撤销良好。 ⑥ 非电话业务测试。在用户电路上接人传真机进行文字、图片传真，接入调制解调器，传送 300～2400bit 的数据应良好，并不被其他呼叫插入和中断。 ⑦ 计费功能及差错率测试。计费功能应符合设计规定。差错率不大于 1/10 000

续表

类　别	内　容
局间中继测试	① 对市话（电信公网）及本地局间中继测试：位间超时、拨号中弃、久叫不应、中继忙、被叫应答、一方先挂释放、呼叫空号及经本局来、去话汇接等每项3～5次应良好。 ② 对本专网长途中继作全自动、半自动来话、人工来话呼叫测试：正常通话、被叫挂机再应答、中继忙、久叫不应、长途忙、呼叫空号以及被叫忙等经长途中继作自环测试及经迂回路由呼叫、半自动来话插入通知、人工来话再振铃和插入通知及强拆，每项3～5次应良好
处理能力、超负荷测试	① 按技术规范书指标，分系统、分级以及用户模块测试考核处理能力。 ② 超负荷测试应达到下列要求： a. 当处理机的处理能力超过上限值时，应自动逐步限制普通用户的呼出。 b. 所限制的用户要均匀分布在普通用户之间，优先用户不受限制。 c. 不允许同时将全部普通用户停止服务
维护管理和故障诊断	① 根据人机命令手册，对人机命令进行测试，应达到功能完善，执行正确。 ② 告警系统及其功能测试应符合下列要求： a. 告警装置的可闻、可视信号应动作可靠。 b. 操作维护中心与交换设备之间的各种告警信息传递应迅速正确。 c. 对交换、传输、电源及环境系统的故障模拟试验，其告警指标和信息应准确，记录完整。 ③ 话务统计和观察应符合下列要求： a. 用命令登记方式结合模拟呼叫器或人工呼叫对处理机用户级、中继群和公共设备的运行状况进行观察统计，输出结果应正确。 b. 用命令指定中继线和用户线进行话务观察，统计呼叫全过程及计费变更情况，输出结果应正确。 c. 按说明书对其他工作性能的内容进行检查核对应正确。 d. 对信令链路的永久性观察和监视的检查，应正确。 ④ 用人机命令对局数据和用户数据进行增、删、改的操作，并应通过呼叫予以证实。 a. 局数据项目包括：局向、中继线数量、路由、信令、发号位数、中继迂回路由和费率等。 b. 用户数据项目包括：用户号码、设备号码、类别和性能等。 ⑤ 用人机命令执行下列例行测试和指定测试，输出结果应正确。 a. 用户线和用户电路。 b. 中继线和中继电路。 c. 公用设备。 d. 信号链路。 e. 交换网络。 ⑥ 验证系统控制台、线路测量台的维护管理功能和话务转接台功能，应良好。 ⑦ 验证故障诊断功能应符合说明书要求。主、备用设备倒换应良好。 ⑧ 系统备用工作文件重新装入进行初始化，交换系统应正常运行；验证系统自动再装人和自动再启动，人工再启动功能应良好
环境测试	① 直流电源电压在标称电压-48V，机房电源输入端电压分别为-54V和-43V极限时，用模拟呼叫器进行多频话机呼叫，1h的本局接通率应为99.9%；各种操作维护功能应正常。 ② 在机房室温达35℃，相对湿度为30%～60%时，机架的前后盖板开启，系统应能正常工作1h，用模拟呼叫器进行局内呼叫，接通率应为99.9%；必要时要进行临界高温试验，即使室温达45℃，相对湿度大于20%，测试呼叫接通率0.5h，系统工作应正常；返回正常条件，即室温达20℃，相对湿度大于90%，测试呼叫接通率1h，指标应为99.9%（温度梯度应小于5℃/h，相对湿度梯度应小于10%/h）

续表

类　别	内　容
传输指标测试 传输指标测试	① 传输衰减应符合下列标准。 a. 用户线与用户线间本地通话 3. 5dB。 b. 用户线经四线中继与长途用户间长途通话 7dB。 c. 港区通信、中国交通通信网内通信全程传输衰减应符合设计要求。设计未提出具体要求时，模拟网全程传输衰减应不大于 22dB。 ② 增益/频率特性。在模拟接口点输入 f= 1004Hz 或 1020Hz 正弦波信号，其功率电平为 -10dB 时，模拟接口点之间的衰减频率失真应满足实践范围要求。 ③ 串音衰减。在通过交换机形成的两个连接通路间，在最不利的条件下，频率 f= 1100Hz 输入电平为 0dB 时，串音防扰度不小于 67dB ④ 增益/电平特性。将一个频率为 700～1100Hz 的正弦波信号，以-55～+3dB 之间的电平加到任一信道的输入端，这个信道的增益相对于输入电平为-10dB 时的增益变化处于规定的实线范围内 ⑤ 衡量杂音。由编、解码过程引起的杂音不超过-65dB ⑥ 群时延失真。在二线模拟接口点（z）之间的一个传输方向上的群时延失真应满足图 4-28 所示范围 ⑦ 绝对群时延。通过交换机由模拟用户 A 至模拟用户 B 加上模拟用户 B 至模拟用户 A 间，绝对群时延平均值应小于 3000μs 的 95% 数值应≤3800μs。 ⑧ 互调失真应满足下列要求。 a. 在频率 300～3400Hz 之间，非谐波的正弦波信号频率 f 在-4～-21dB 内。 b. 在频率 300～3400Hz 之间，具有-9dB 电平的任何信号与具有-23dB 电平的 f= 50Hz 信号同时加到通路的输入端，任何互调失真的电平应低于-49dB。 ⑨ 任一单频杂音电平应不超过-50dB。 ⑩ 交换局在忙时的脉冲杂音平均次数，在 5min 内超过-35dB（相对零电平点绝对功率电平）的脉冲杂音次数应不大于 5 次

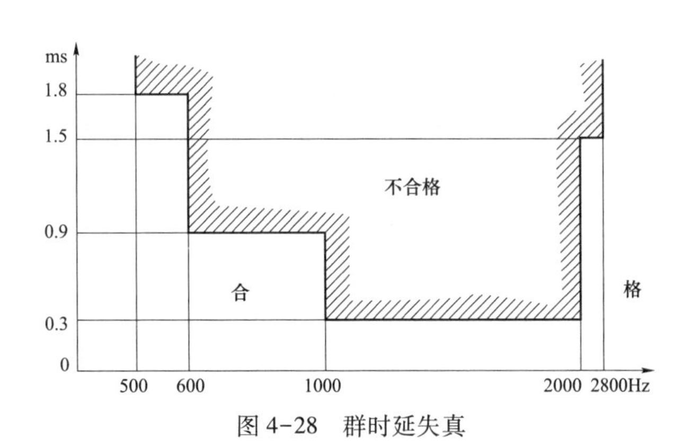

图 4-28　群时延失真

二、试运转测试

试运转应从初验测试完毕、割接开通后开始，时间应不少于三个月。试运转测试的主要指标和性能应达到指标规定，方可进行工程总验收。

如果主要指标不符合要求，应从次月开始重新进行三个月试运转。

在试运转期间，如果障碍率总指标合格，但某月的指标不合格时，应追加一个月，直到合格为止，试运转期间应接入设备容量20%以上的用户联网运行。

1. 观察指标

（1）硬件故障率。因元器件等损坏，需更换印刷板的次数，每月应不大于0.1次/100门。

（2）计费差错率应不大于1/10 000。

（3）交换网络非正常倒换的指标应不大于：第一月2次；第二月1次；第三月1次；总计4次。

（4）在试运转阶段不得由于设备原因进行人工再装入和最高级的人工再启动。

2. 模拟测试

（1）局内接通率测试。

1）用模拟呼叫器每月测试一次，每次在忙时作1000次呼叫，接通率应不小于99.9%。

2）用人工拨叫方法每月测试一次，每次在忙时作2000次呼叫，接通率应不小于99.5%。

（2）局间接通率测试。各局向出入中继接通率每月测试一次，每个局向连接4对用户，在话务清闲时作200次呼叫，接通率应不小于95%。

（3）长时间通话测试。每月测试一次，用10对话机连成通话状态，在48h后通话电路应正常，计费应正确，无重接、断话或单向通话等现象。

第八节　电话通信系统验收

一、电缆线路工程验收内容和标准

电缆线路工程验收内容和标准见表4-26。

表4-26　电缆线路工程验收内容标准表

验收项目	验收内容	验收标准	抽查比例
架空吊线	①吊线规格，架设位置，装设规格。 ②吊线各种节点及接续质量，规格。 ③吊线附属的辅助装置质量。 ④吊线垂度。 ⑤吊线的接地电阻	①按照设计要求进行架空电缆架设的验收。 ②吊线接续采用“套接”，两端捆扎上卡。 ③吊线垂度按规范见垂度标准表	100%
架空电缆及墙壁电缆	①电缆规格。 ②卡、挂间隔。 ③电缆接头规格质量。 ④接头的吊扎规格。 ⑤电缆引上规格。 ⑥气闭质量。 ⑦电缆的其他设备装置质量。 ⑧分线设备安装规格，质量等	①按照设计要求。 ②卡挂间隔50cm±3cm。 ③电缆接头美观，不漏气。 ④吊扎采用三点固定方式。 ⑤电缆引上应具有保护管，采取防腐、防损伤措施，规格型号等按设计要求。 ⑥分线箱安装应符合设计	100%

续表

验收项目	验　收　内　容	验　收　标　准	抽查比例
埋式电缆	① 电缆规格。 ② 敷设位置，深度。 ③ 保护装置的规格，质量。 ④ 电缆防护设施的设置质量规格。 ⑤ 回土夯实质量。 ⑥ 引上管，引上电缆设置质量。 ⑦ 电缆接头处理质量。 ⑧ 电缆标识及标志的设置质量	① 验收内容的①～④条应符合设计要求。 ② 回夯应分套夯实。 ③ 电缆引上应有保护管，采取防护措施。 ④ 电缆标志，采用石桩、水泥桩。设在电缆接、拐弯等处，直线埋设每 2200m 设一标识，郊区可 500m 设一个。 ⑤ 电缆引上应具有保护管，采取防腐、防损伤措施，规格型号等按设计要求	检查隐蔽工程，现场记录，现场察看 60%
管道电缆	① 电缆规格。 ② 使用管孔孔位。 ③ 电缆接续规格质量。 ④ 电缆走向，托板等衬垫。 ⑤ 电缆防护设施的设置质量。 ⑥ 气闭头制作质量及气闭质量等	① 电缆规格，管孔孔位应符合设计。 ② 电缆接头美观，不漏气。 ③ 在人（手）孔处应加托板，电缆接头应在人（手）孔内	检查电缆布放记录，人孔等查看 60%
水下电缆	① 电缆规格，布放位置。 ② 水下电缆标志。 ③ 梅花桩设置。 ④ 电缆防护设施	① 电缆规格、布放位置应符合设计。 ② 按规定设置水下电缆标志	水线房等设施查看 100%
电缆气闭	① 按气闭段检验气闭。 ② 单一电缆工程的气闭检验。 ③ 中继电缆 5km 以上者按合拢点检验等。 ④ 电缆气闭标面设置质量	① 气闭段：划分和要求应符合设计。 ② 气压标准（新架）：地下电缆 50～70kPa 架空电缆 40～60kPa。 ③ 空气含气量每立方米不大于 1.5g，气压表必须使用同一表	查验记录 100%
设备安装	① 设备安装规格质量。 ② 终端机安装质量、应符合设计规格。 ③ 防蚀设备安装质量、规格及开通测试报告	① 设备安装地点、型号等。 ② 终端机安装牢固、合理，外皮无损	100%
电气测试	① 绝缘电阻测试。 ② 环路电阻测试。 ③ 规定的近端串音衰减测试及设计特殊规定的测试内容。 ④ 电缆全程充耗测试。 ⑤ 电缆成端接地电阻。 ⑥ PCM 端机测试	① 绝缘电阻，环路电阻，串音衰耗等应符合设计要求。 ② 电缆全程衰减应符合设计要求。 ③ PCM 端机测试应符合产品技术指标	查验记录 100%

续表

验收项目	验收内容	验收标准	抽查比例
其他	① 电缆线路与其设施的间距。 ② 保护设施的设置质量。 ③ 分线设备安装规格、位置。 ④ 地下室安装、施工质量。 ⑤ 气压、告警装置的质量。 ⑥ 地面上可见部分的规格质量	① 电缆与其他设置间距：电缆与自来水管为0.5～2m；与煤气管、下水管等交越时0.5m。 ② 其他按设计要求及施工规范要求进行检查	查验记录100%

二、传输设备安装验收内容与标准

传输设备安装工程验收内容与标准见表4-27。

表4-27　传输设备安装工程验收表

验收项目	验收内容	验收标准	抽查比例
机房要求	① 传输室环境要求：土建完成情况；地面、门窗油漆等；照明、电源、通风、采暖；室内温、湿度要求。 ② 安全要求：消防器材；电源标志；严禁存放危险物品；预留孔洞处理。 ③ 器材清点检查：外观检查，资料清点	① 应符合设计要求。 ② 传输室必须配备消防设备。 ③ 按设计要求和订货合同对器材的型号、规格、数量进行清点，对破损、锈蚀进行检查。 ④ 技术资料要齐全	100%
设备安装	机架及配线架： ① 垂直、水平度。 ② 机架排列。 ③ 螺钉及地线。 ④ 油漆、标志	① 垂直、水平度偏差每米不大于2mm，排列要整齐。 ② 安装牢固松紧适度。 ③ 电缆外导体要接地	随工检验
电缆布放	① 布放电缆：电缆的布放路由和位置；走道及槽道电缆的工艺要求；架间电缆的布放。 ② 编扎、卡接电缆芯线：分线；绕接	见电缆布放规范要求	随工检验
零、附件安装	① 零、附件安装正确。 ② 外导体或屏蔽的接地。 ③ 设备标志	① 安装牢固正确。 ② 设备标志名称用仿宋体字或英文印刷体字	随工检验

续表

验收项目	验　收　内　容	验　收　标　准	抽查比例
布线检查及通电试验	① 布线检查：布放路由；绝缘测试。 ② 通电试验：电源电压；熔丝容量；告警检查	应符合设计要求	随工检验
本机测试	① 光端机：供给电压和功能；时钟频率；偏流；发送光功率；接收灵敏度；主要波形；公共接口；告警功能。 ② 中继器：平均发送光功率；接收机灵敏度；偏流；告警功能；公务接口；远供电源。 ③ 复用电端机：供给电压和功率；时钟频率；误码测试；抖动测试；接口输入衰减和输出波形；告警功能。 ④ PCM 基群设备	按设备技术指标进行测试	检查测试记录
系统测试	① 连通测试系统总衰减。 ② 市内局间中继光缆通信系统测试：发送光功率；系统动态范围；抖动性能；监测功能；转换功能；告警功能；误码率；音频接口指标。 ③ 长途光缆通信系统测试：发送光功率；系统动态范围；抖动性能；监测功能；转换功能；告警功能；公务功能；误码率；音频话路指标	① 应符合设计要求。 ② 按设备技术指标进行测试	抽测 1 个系统或 1～2 个中继段，抽测不少于 1 个光系统，一个基群中抽测不少于 2 个话路

三、地线验收

地线验收包括室外地线和室内地线验收。

1. 室外地线验收

（1）接地体组数、根数、位置及路由应符合设计要求。

（2）焊接牢固、无残渣、无气孔、无裂纹。

（3）活接头两个接触面均应除锈、镀锡，用螺栓固定其搭接长度应不小于扁钢宽度。

（4）经化学处理的土壤接地体，与地下金属物的距离不得小于 10m。

（5）接地电阻值。

1）大型收发信台机房工作接地电阻≤2Ω。

2）中型收发信台机房工作接地电阻≤4Ω。

3）小型收发信台机房工作接地电阻≤10Ω。

4）中央控制室、终端机室、人工报房的保护接地电阻≤10Ω。

5）收发信天线馈线引入窗口，真空避雷器接地电阻≤10Ω。

6）联合接地体电阻≤1Q。

2. 室内地线验收

（1）接地母线、规格、路由符合设计，应敷设地槽中央，平直、完整。

（2）铜皮搭接、两面镀锡、搭接长度不小于铜皮宽度焊接牢固、整齐、光滑，铜皮宽度80mm以上，应采用铆钉连接。

（3）母线为扁钢时，应除锈、焊接、刷防锈漆，焊接长度不小于扁钢宽度。

第五章　卫星和有线电视接收系统施工

第一节　卫星和有线电视接收系统组成

一、卫星电视接收系统组成

卫星电视接收系统是由上行发送站（上行发射）、卫星星体（星载转发器）和地面接收（下行接收站）三大部分组成，如图 5-1 和图 5-2 所示。

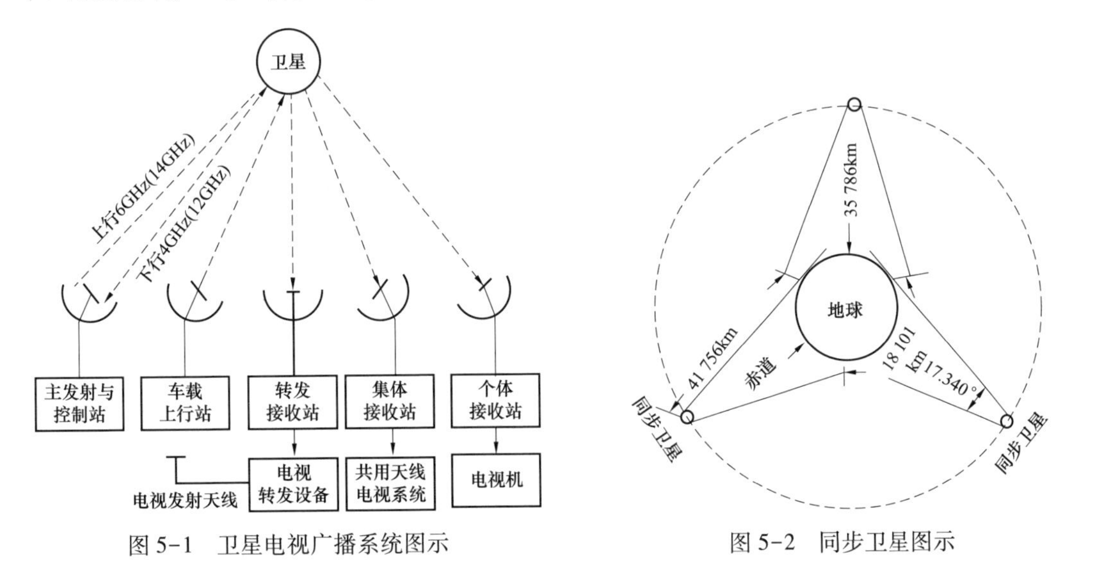

图 5-1　卫星电视广播系统图示　　　　图 5-2　同步卫星图示

（1）电视天线：电视天线的作用是接收发射台的电磁波信号，供给电视机接收端使用。

（2）放大器：放大器分为天线放大器、频道放大器、干线放大器、分配放大器、线路延长放大器等。

1）天线放大器：天线放大器宜在磁场弱、距电台远的时候使用。它主要是将弱信号放大，所以也称为低电平放大器。用来提高接收的信号电平，减少杂波干扰。

2）干线放大器：用以补偿干线上的能量损耗，它具有自动增益控制及自动斜率控制的性能。

3）线路延长放大器：它是用来补偿干线上分支器插入损耗及电缆损耗的放大器。

4）频道放大器：它主要是用来放大某一频道全电视信号的放大器，它在系统的前端，增益较高。

5）分配放大器：为了提高信号电平以满足分配器及分支器的需要而设置的放大器。

（3）混合器与分波器：它的作用是把天线收到的若干个不同频道的电视信号合并为一个送到宽频带放大器进行放大，混合器的作用就是把几个信号合并为一路而又不产生相互影响，并能阻止其他信号通过。

（4）分配网络。其功能是将前端提供的高频电视信号，经过干线传输到分支器，再传送到终端分配器，供给用户电视机收视。

二、有线电视系统组成

1. 有线电视系统的基本组成

有线电视（电缆电视，即 CATV）系统是以有线闭路形式传输电视节目信号和应用的信息工程系统。有线电视系统一般由信号源、前端设备、传输干线和用户分配网络等部分组成。图 5-3 为有线电视系统的基本组成的框图。实际系统可以是这几个部分的变形或组合，可视需要而定。图 5-4 为邻频系统的基本构成。

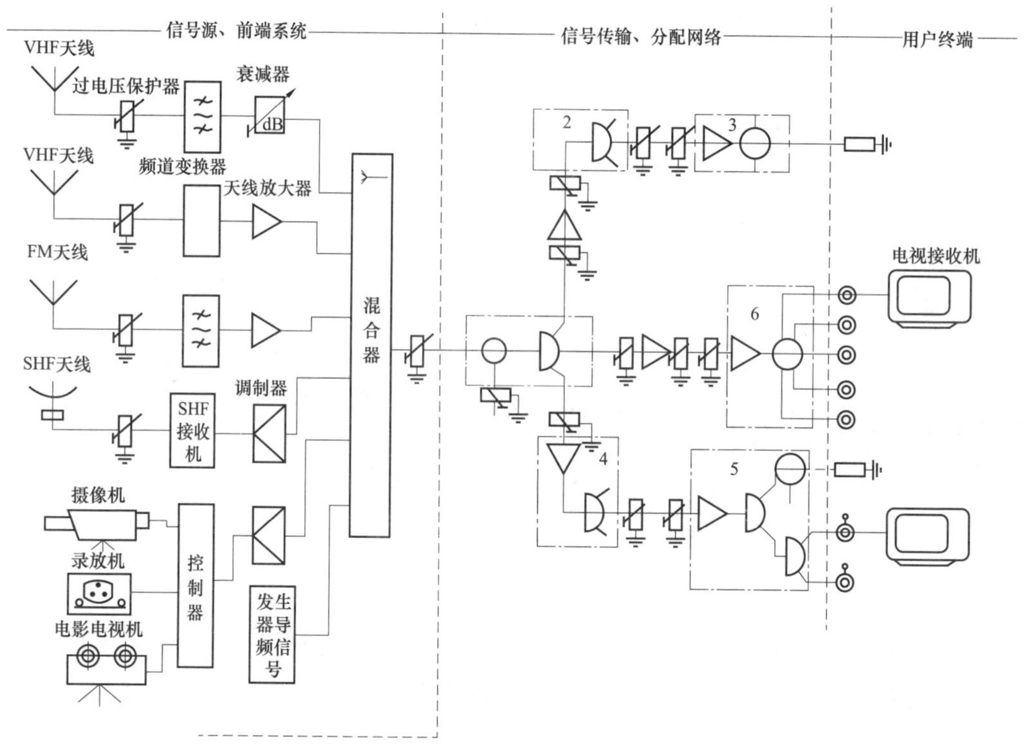

图 5-3　有线电视系统的基本组成

注：图中数字 1、2、3、…、6 代表楼号，高频避雷器应安装在架空线的出楼和进楼前。

（1）信号源。主要包括卫星地面站，邮电部门微波站，城市有线电视网，开路发射的 VHF、UHF、FM 电视接收天线，来自制作节目的演播室摄像机、录像机、激光影碟机信号等。

（2）前端。通常指为系统提供优质信号的处理设备站，如带通滤波器、图像伴音调制器、频率变换器、频道放大器、卫星接收机、信号均衡器、功分器、导频信号发生器和一些特殊服务设备（如调制解码器、系统监视计算机、线路检测、防盗报警器等）。根据系统的

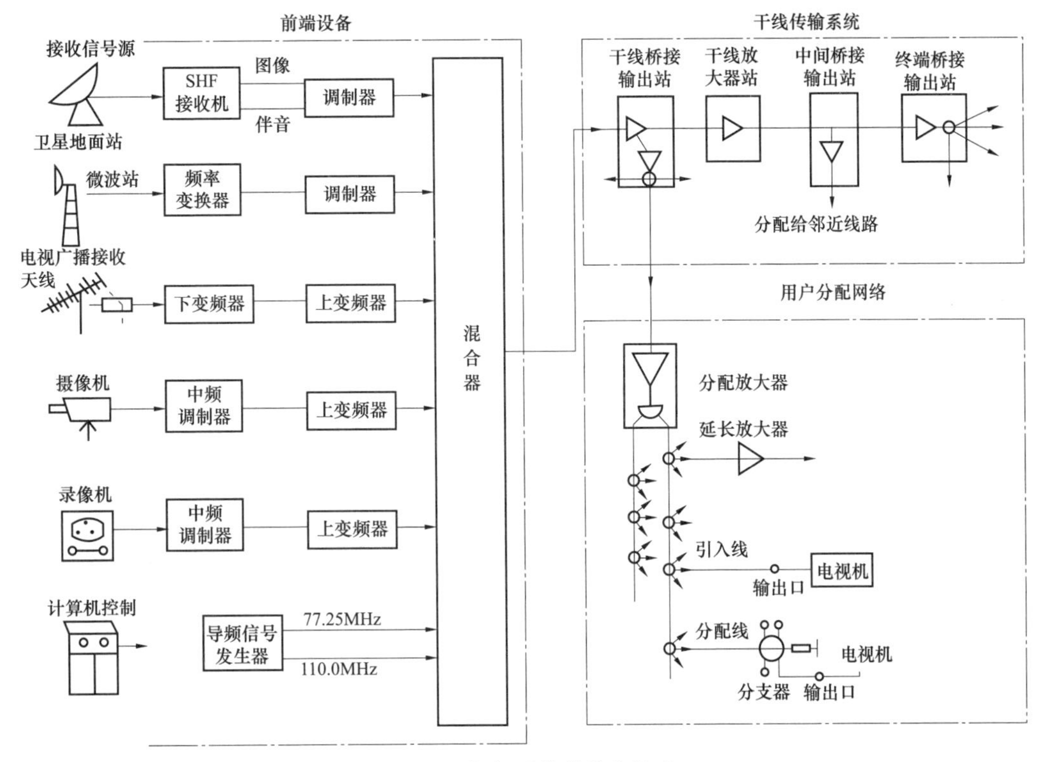

图 5-4　邻频系统的基本构成

规模大小、复杂程度又可分为本地前端、中心前端和通过卫星地面接收传送信号至本地中心前端的远地前端。

（3）干线传输系统。担负将前端处理过的信号长距离传送至用户分配网络的任务，主要由各类干线放大器和主干电缆组成，如需双向传输节目时，则采用双向传输干线放大器和分配器。当系统为规模较大的城市网时还可采用光缆作主干传输方式。

（4）用户分配网络。主要包括分配放大器、线路延长放大器、分配线、分支器、系统出线口（用户终端盒）以及电缆线路等，向各用户提供大致相同的电平（电视）信号。

2. 有线电视系统的划分

CATV 系统的划分有以下几种方式：

（1）按网络类型分类。它属于城域网。即有线电视用户数为 2000～100 000 户的城镇联网，或 100 000 户以上的大型城市网。一般由当地有线电视主管部门经营管理，设有一个信号源总前端，经干线传输到各地分前端，再进入用户分配网。传输干线多采用光纤传送技术与用户分配电缆网连接，形成光缆—电缆混合网（即 HFC），其网络拓扑结构如图 5-5 所示。

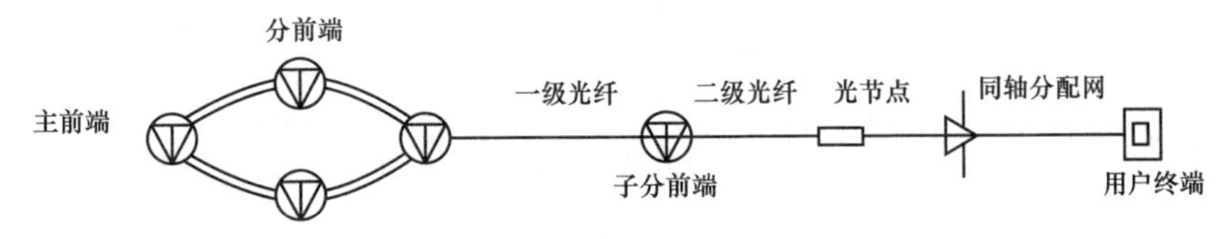

图 5-5　HFC 典型网络拓扑结构

（2）按网络类型分类。

1）局域网。即用户数在2000户以下的有线电视网。一般可采用全电缆网方式，用户分散、区域较大的情况下也可采用HFC方式。局域网也可通过电缆与城域网连接。

2）双向传输有线数字电视网。即在HFC网络的基础上，正向（下行）通道传输有线电视模拟信号、数字电视信号和各种数据业务信号，反向（上行）通道传输各种宽、窄带数字业务信号。

（3）按传输频带分类。

1）隔频传输系统。频道在频谱上的排列是间隔的传输系统，即VHF（甚高频）系统、UHF（超高频）系统、全频道系统（VHE+UHF）。其中VHF频段有DS1～DS12频道，15HF频段有DS13～DS68频道。

2）邻频传输系统。即300MHz、450MHz、550MHz、750MHz、862MHz系统。由于国家规定的68个标准频道是不连续的、跳跃的，因此在系统内部可以利用这些不连续的频率来设置增补频道，用Z表示。邻频系统频道划分及应用见表5-1。

表5-1　邻频系统频道划分及应用

系统类型	传输频道数目	可传输的频道号
300MHz邻频系统	28个频道	DS1～DS12+Z1～Z16
450MHz邻频系统	47个频道	DS1～DS12+Z1～Z35
550MHz邻频系统	52个频道	DS6～DS22+Z1～Z37
750MHz邻频系统	79个频道	DS6～DS42+Z1～Z42
862MHz邻频系统	93个频道	DS6～DS56+Z1～Z42

注：1. 小城镇中的住宅小区、企业可选用450MHz或550MHz邻频系统。
2. 大中城市中的住宅小区、企业应选择750MHz或862MHz系统，有条件的部门宜选用1GHz系统。
3. 对于新建的有线电视系统，单向传输时一般选用550MHz邻频系统，双向传输时选用750MHz、862MHz邻频系统，300MHz和450MHz邻频系统只用于现存的老系统。

第二节　卫星和有线电视系统图识读

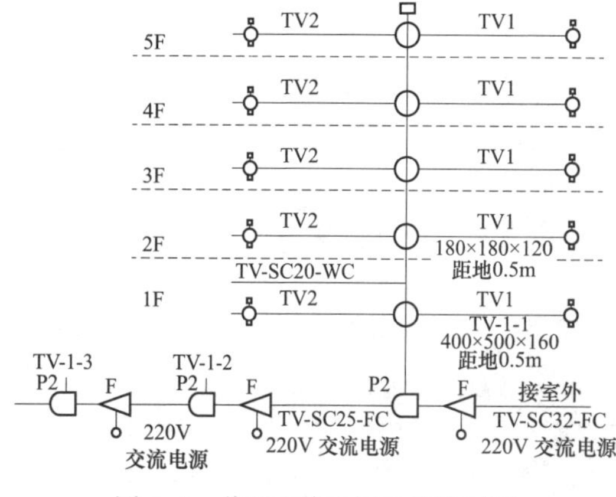

图5-6　共用天线电视系统控制图

图5-6及图5-7为某住宅楼共用天线电视系统控制图及平面图。

从图5-6上可以看出，此住宅楼图中共用天线电视系统电缆从室外埋地引入，穿直径32mm的焊接钢管（TV-SC32-FC）。此住宅楼的3个单元首层各有一只电视配电箱（TV-1-1、2、3），配电箱的尺寸为400mm×500mm×160mm，安装高度距地0.5m。且每只配电箱内装一只主放大器及电源和一只二分配器，电视信号在每个单元放大，并向后传输，

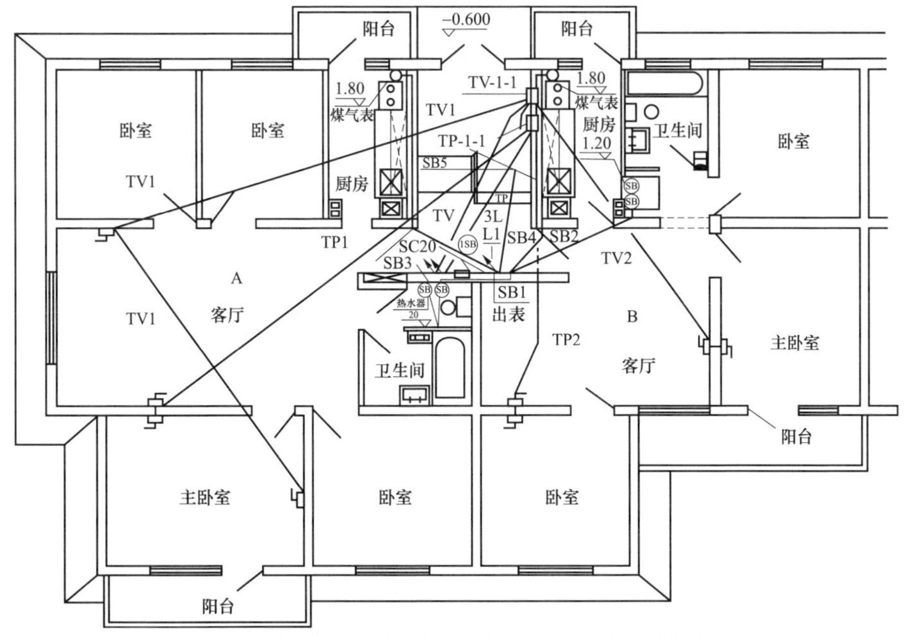

图 5-7　某住宅楼单元首层共用天线电视平面图

TV-1-3 箱中的信号如需要还可以继续向后面传输。

单元间的电缆也是穿焊接钢管埋地敷设（TV-SC25-FC）。每个单元为 5 层，每层两户，每个楼层使用一只二分支器，二分支器装在接线箱内，接线箱的尺寸为 800mm×180mm×120mm，安装高度距地 0.5m。

楼层间的电缆穿焊接钢管沿墙敷设（TC-SC20-WC）。每户内有两个房间且有用户出线口，第一个房间内使用一只串接一分支单元盒，对电视信号进行分配，另一个房间内使用一只电视终端盒。

图 5-7 是与图 5-6 对应的整个楼一层电气平面图。

从图 5-7 上可以看出，图中一层的二分器装在 TV-1-1 箱中。从 TV-1-1 箱中分出的 B 户一路信号 TV2 向左下到起居室用户终端盒，隔墙是主卧室的用户终端盒。A 户一信号 TV1 向右下到起居室用户终端盒，再向左下到主卧室用户终端盒。

单元干线 TV 从 TV-1-1 箱向右下到楼梯对面墙，沿墙从一楼向上到六楼，每层都装有一只分支器箱，各层的用户电缆从分支器箱引向户内。

干线 TV 左侧有本单元配电箱，箱内 3L 线是 TV-1-1 箱电源线。

楼内使用的电缆是 SYV-75-5 同轴电缆。其中 SYV 表示同轴电缆类型，75 表示特性阻抗 75Ω，5 表示规格直径是 5mm（图中未标时）。

第三节　卫星和电视系统施工基本要求

一、卫星电视系统安装材料要求

（1）各种铁件都应全部采用热浸镀锌处理，不能镀锌的应进行防腐处理。

（2）用户盒明装采用塑料盒，暗装有塑料盒和铁盒，并应有合格证。

（3）天线应采用屏蔽较好的聚氯乙烯外护套的同轴电缆，并应有产品合格证。

（4）分配器、天线放大器、混合器、分支器、干线放大器、分支放大器、线路放大器、频道转换器、机箱、机柜等使用前应进行检查，并应有产品合格证。

（5）其他材料：热浸镀锌紧固件、焊条、防水弯头、焊锡、焊剂、接插件、绝缘材料、绝缘子等。

二、安装基本要求

1. 选址

（1）天线一般固定在屋顶或其他较高而又便于安装的地方，但要尽可能避开风大的风口，防止天线在强风作用下发生变形、位移，影响接收效果。

（2）天线安装地点不易过远，所连接的馈线长度一般不要超过 35m，太远会因传输线过长而造成信号损耗，影响接收效果。

（3）天线应朝向电视台，前面无遮挡物。在多雷地区，选址附近最好有带避雷装置的建筑物，否则应按照防雷要求，设置好避雷保护装置，以防雷击损坏接收器材。

2. 安装固定形式

根据安装地所处的周围环境不同，卫星接收天线可以安装固定于户外、阳台、窗台等处。安装过程中要注意，不允许弧形反射面有任何碰伤或变形，以免影响接收质量，具体要求：

（1）户外安装。户外安装是按接收信号的方向，将天线安装固定于开阔、无遮挡区域内，比如可用螺钉固定在楼顶四周的围墙或护栏上。

（2）阳台安装。阳台安装一般应选择面向朝南的阳台，并使得天线能以最大接收面积接收卫星信号，以方便用户调整和减少强风对天线的影响。

（3）窗台安装。窗台安装应将天线安装在靠近窗子的位置，可以将天线直接固定在靠近窗台的外下方，还可自制一个支架，固定在窗台外侧附近，以方便使用者对天线进行调整。注意自制支架要牢固，以免天线坠落伤人。

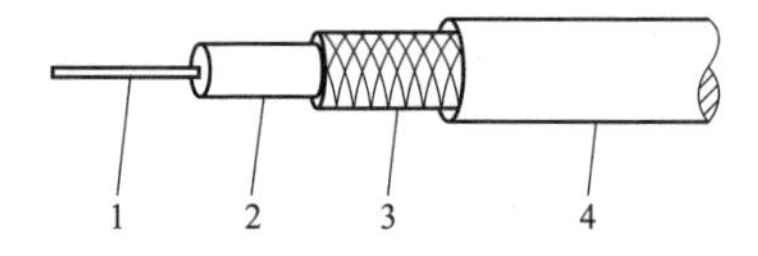

图 5-8　射频同轴电缆

1—单芯（或多芯）铜线；2—聚乙烯绝缘层；3—铜丝编织（即外导体屏蔽层）；4—绝缘保护层

3. 射频同轴电缆

射频同轴电缆如图 5-8 所示，作用是在电视系统中传输电视信号。它是由同轴的内外两个导体组成，内导体为单股实心导线，外导体为金属编织网，中间充有高频绝缘介质，外面有塑料保护层。

常用型号有 SYV－75－9、SYV－75－5，还有 SBYEV-75-5、SDVC-75-5、SDVC-75-9、SYKV-75-9、SYKV-75-5 等，“-9”一般用于干线，“-5”用于支线，9、5 是指屏蔽网内径。

4. CATV 系统的天线的要求

（1）天线架设应选择电视信号场强较强、单波传播路径单一的地方，并应靠近前端箱，要有足够的机械强度和抗腐蚀能力。

（2）天线应避开或远离干扰源，接收地点场强宜大于 54dBμV/m，天线与发射台之间，不应有遮挡物和可能的信号反射，并宜远离电气化铁路及高压电力线路等。天线与机动车道

的距离，不宜小于 20m。

（3）天线一般架设在建筑物顶部，应有可靠的防雷接地系统。杆、塔的防雷引下线，应与建筑物的防雷接地网做可靠连接，并不应少于 2 处。接地电阻应符合设计要求。

（4）共用天线系统对电源的要求：系统工作电源采用 50Hz、220V 电源。电视站采用 50Hz、三相四线 380V 电源，电视站的站内配电，应按动力、一般照明、演播照明及设备用电分别设置供电回路。

5. 电视设备箱及有关设备要求

前端设备箱应设置在用户中心，并靠近节目源。欲使调频广播进入本系统，必须增加调频接收天线、调频放大器和混合器等。电视分配网络不变。终端必须使用分频器，使调频和电视分开输出。工业电视系统宜单点接地。当交流供电或交直流两用供电的工业电视设备的交流单相负荷不大于 0. 5kV·A 时，接地电阻值应不大于 10Ω；大于 0. 5kV·A 时，应不大于 4Ω。

6. 电视接收距离要求

电视信号接收距离 L 的确定，与发射台的高度 h_1 和接收天线的高度 h_2 有直接关系，通常按下式计算：$L=4.12\times(\sqrt{h_1}+\sqrt{h_2})$。当电视发射天线的高度确定后，接收天线越高，收视距离越远。场强划分与距离的关系见表 5-2 所列。

表 5-2　　场强划分及其距离的关系

场强/dBμV		直视距离/km		
		10kW	5kW	3kW
强	$E>94$	≤10	≤7	≤3
中	$94\geq E>74$	≤30	≤21	≤10
弱	$74\geq E>54$	≤60	≤50	≤30
微	$E<54$	>70	>50	>30

表 5-3 中，距离是指共用电视天线与发射台间的直线距离。场强指数 VHF 频段。10kW、5kW、3kW 是指发射台辐射功率千瓦数。当频道发射机辐射功率大于 10kW 时，应以实际测量接收点场强为准。

7. 线路的敷设要求

（1）电视电缆线路如遇有电力、仪表管线等综合隧道，可利用隧道敷设电缆。

（2）电视电缆线路沿线有建筑物时，可采用沿墙壁敷设电缆。

（3）电视电缆敷设当易受外界损伤的路段、穿越障碍较多而不适合直埋、易燃易爆装置敷设，应采取管路保护并应符合国家现行《爆炸和火灾危险环境电力装置设计规范》规定。

（4）电视电缆线路如与通信管道平行敷设，可利用管道敷设电缆，但不宜和通信电缆共用管孔敷设。

（5）电视电缆线路如架空敷设，可与通信电缆同杆架设。

（6）如电缆需安全隐蔽，可采用埋式电缆线路敷设。

（7）有线电视系统的信号传输电缆，应采用特性阻抗为75Ω的同轴电缆。当选择光纤作为传输介质时，应符合广播电视短程光缆传输的相关规定。重要线路应考虑备用路由。

（8）在新建筑物内，电视电缆线路宜采用暗敷设方式。

（9）同轴电缆的敷设不得减死弯，一般规定同轴电缆的弯曲半径应不小于10倍的电缆直径，而且不得超过2个弯。

（10）室内线路的敷设应符合下列规定：

1）新建或有内装饰的改建工程，应采用暗配管敷设方式，在已建建筑物内，可采用明敷设。

2）在强场强区，应穿钢导管敷设，钢管宜背对电视发射台方向的墙面敷设。

第四节　卫星和有线电视系统施工技术

一、电视接收天线的选择

电视接收天线主要可以分为分电视接收天线（多采用八木天线，如图5-9所示）和卫星电视天线（多采用抛物面天线）。

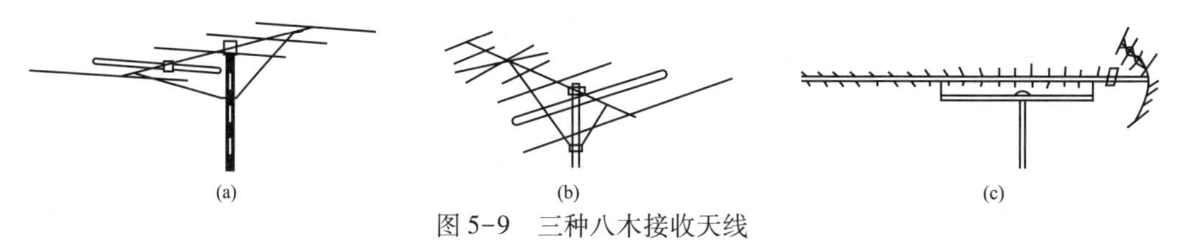

图5-9　三种八木接收天线

（a）VHF频道天线；（b）宽频带天线；（c）UHF频道天线

接收天线种类的选择应符合以下几个方面的规定。

（1）当接收UHF超高频段信号时，应采用频道天线，其带宽应满足系统的设计要求。接收天线各频道信号的技术参数应满足系统前端对输入信号的质量要求。

（2）当接收VHF甚高频段信号时，应采用频道天线，其频带宽度为8MHz。

（3）接收天线的最小输出电平可按下式计算，当不满足下式要求时，应采用高增益天线或加装低噪声天线放大器。

$$S_{min} \geqslant (C/N)_h + F_h + 2.4$$

式中　S_{min}——接收天线的最小输出电平，dB；

F_h——前端的噪声系数，dB；

$(C/N)_h$——天线输出端的载噪比，dB；

2.4——PAL-D制式的热噪声电平，dB。

（4）接收信号的场强较弱或环境反射波复杂，使用普通天线无法保证前端对输入信号的质量要求时，可采用高增益天线、抗重影天线、组合天线（阵）等特殊形式的天线。

（5）当某频道的接收信号场强大于或等于100dBμV/m，应加装频道转换器或解调器、调制器。

二、电视接收天线架设位置的选择

正确选择接收天线的架设位置，是使系统取得一定的信号电平及良好信噪比的关键。在实际工作过程中，首先应对当地接收情况有所了解，可用带图像的场强计如APM-741FM（用LFC型或同类型场强计亦可）进行信号场强测量及图像信号分析，以信号电平及接收图像信号质量最佳处为接收天线的安装位置，并将天线方向固定在最高场强方向上，完成初安装、调试工作。有时由于接收环境比较恶劣，要接收的某频道信号存在重影、干扰及场强较低的情况，此时应在一定范围内实际选点，以求达到最佳接收效果，选择该频道天线的最佳安装位置。在具体选择天线安装位置时，主要应注意以下几点：

（1）天线位置（通常就是机房位置）应尽量选在本CATV系统的中心位置，以方便信号的传输。

（2）要确保接收地点有足够的场强和良好的信噪比，要细致了解周围环境，避开干扰源。接收地点的场强应该大于46dBμV/m，信噪比要大于40dB。

（3）尽量缩小馈线长度，避免拐弯，以减少信号损失。

（4）天线可架设在山顶或高大建筑物上，以提高天线的实际高度，也有利于避开干扰源。

（5）天线与发射台之间不要有高山、高楼等障碍物，以免造成绕射损失。

独立杆塔接收天线的最佳绝对高度h_j为

$$h_j=\frac{\lambda d}{4h_1}$$

式中 λ——天线接收频道中心频率的波长，m；

d——天线杆塔至电视发射塔间的距离，m；

h_1——电视发射塔的绝对高度，m。

三、电视接收天线基座和竖杆的安装

天线的固定底座通常可以分为以下几种形式。

（1）由12mm和6mm厚钢板作肋板，同天线竖杆装配焊接而成。

（2）钢板和槽钢焊接成底座，天线竖杆与底座用螺栓紧固，如图5-10所示。

（3）天线竖杆底座用地脚螺栓固定在底座下的混凝土基座上。

（4）在土建工程浇筑混凝土屋面时，应当在事先选好的天线位置浇筑混凝土基座，在浇筑基座的同时，应在天线基座边沿适当位置上预埋几根电缆导入管（装几副天线就预埋几根），导入管上端应处理成防水弯或者使用防水弯头，并将暗设接地圆钢敷设好一同埋入基座内，如图5-11所示。

（5）在浇灌水泥底座的同时，应在距底座中心2m的半径上每隔120°处预埋3个拉耳环（地锚），以便于紧固钢线拉绳用。

（6）为避免钢丝拉绳对天线接收性能的影响，每隔小于1/4最高接收频道的波长处串入一个绝缘子（即拉绳瓷绝缘子）以绝缘。

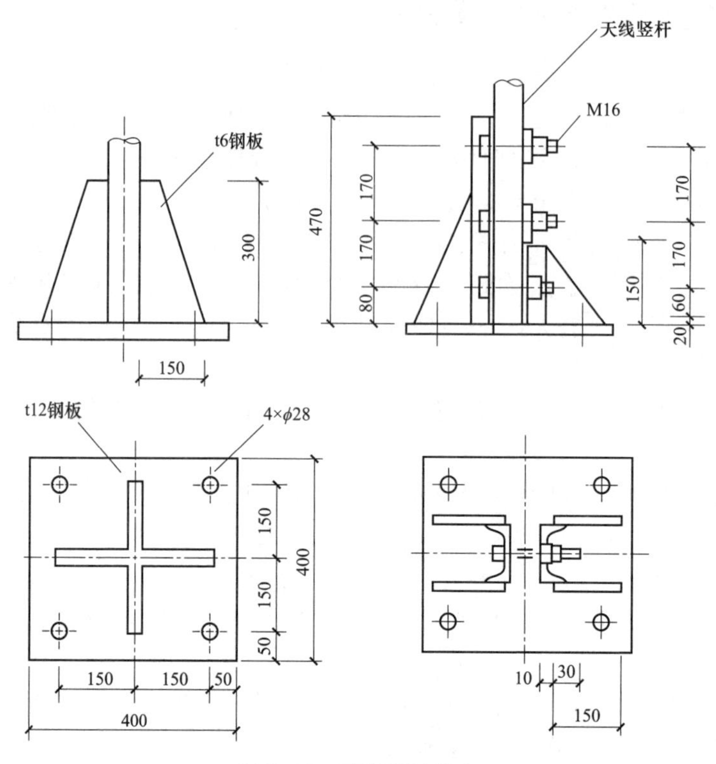

图 5-10　天线竖杆底座

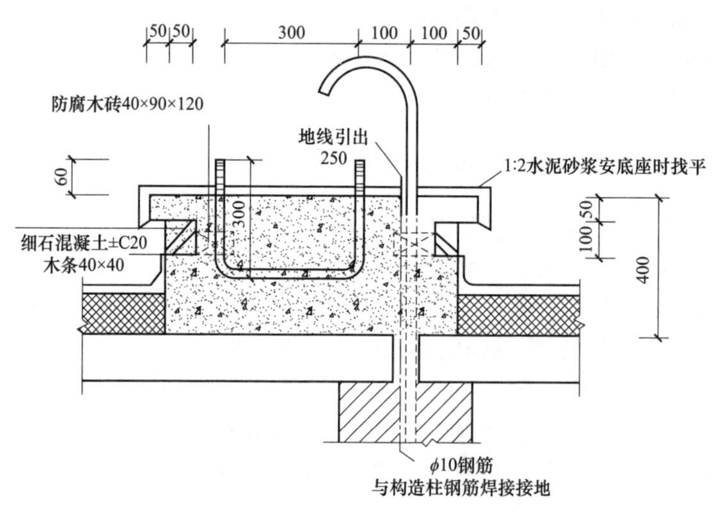

图 5-11　底座式天线基座安装图

（7）拉绳与拉耳环（地锚）之间用花篮螺栓连接，并采用它来调节拉绳的松紧。拉绳与竖杆的角度通常在 30°～45°。注意，在水泥底座沿适当距离预埋若干防水型弯管，以便于穿进接收天线的引入电缆。

（8）当接收信号源多，且不在同一方向上时，则需采用多副接收天线。根据接收点环

境条件等，接收天线可同杆安装或多杆安装，如图 5-12 所示。

四、天线安装具体要求

为了能够合理地架设天线，主要应注意以下几点：

1. 竖杆选择与架设的注意事项

（1）通常竖杆可选择钢管。其机械强度应符合天线承重及负荷要求，以免遇强风时发生事故。

（2）避雷针与金属竖杆之间采用电焊焊牢，焊点应光滑、无孔、无毛刺，并且应做防锈处理。避雷针可选用 ϕ20mm 的镀锌圆钢，长度不少于 2.5m，竖杆的焊接长度为圆钢直径的 10 倍以上。

（3）竖杆全长不超过 15m 时，埋设深度应为全长的 1/6；当其超过 15m 时，埋设深度应为 2.5m。若遇土质松软时，可用混凝土墩加固。

（4）竖杆底部用 ϕ10mm 钢筋或 25mm×4mm 扁钢与防雷地线焊牢。

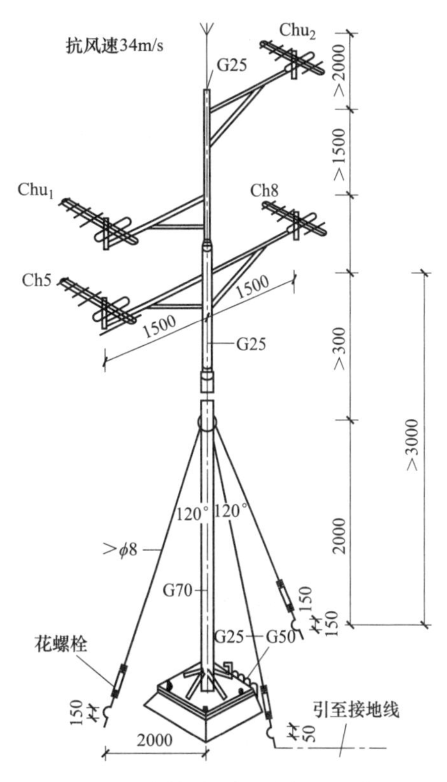

图 5-12　同杆多副天线架设示意图

（5）在最底层天线位置下面约 30cm 处，焊装 3 个拉线耳环。拉线应采用直径大于 6mm 的多股钢绞线，并以绝缘子分段，最下面可用花篮螺栓与地锚连接并紧固。三根拉线互成 120°，与立杆之间的夹角在 30°～45°之间。天线较高需两层拉线时，上层拉线应不穿越天线的主接收面，不能位于接收信号的传播路径上，两层天线通常共用同一地锚。

2. 天线与屋顶（或地面）表面平行安装

最底层天线与基础平面的最小垂直距离不小于天线的最长工作波长，通常为 3.5～4.5m，否则会因地面对电磁波的反射，使接收信号产生严重重影等。

◉ **小提示：**

多杆架设时，同一方向的两天线支架横向间距应在 5m 以上，或前后间距应在 10m 以上。接收不同信号的两副天线叠层架设，两天线间的垂直距离应大于或等于半个工作波长；在同一横杆上架设，两天线的横向间距也应大于或等于半个工作波长，如图 5-13 所示。多副天线同杆架设，通常都是将高频道天线架设在上层，低频道天线架设在下层。

五、卫星接收系统安装操作要点

1. 天线安装

（1）安装步骤。

1）大口径天线安装时可先将承座用螺钉固定。

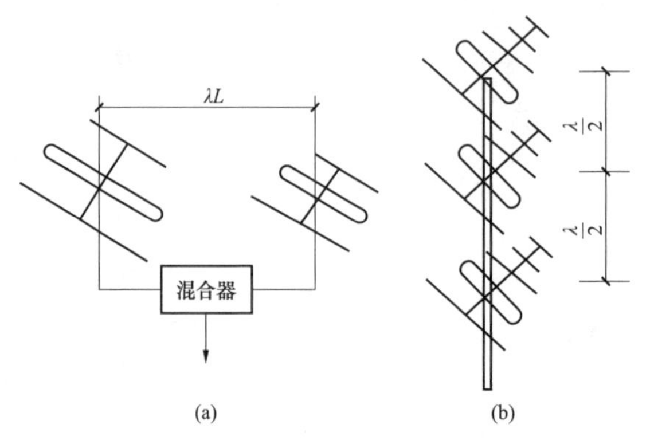

图 5-13　两种常用组合天线

（a）平行架设；（b）叠层架设

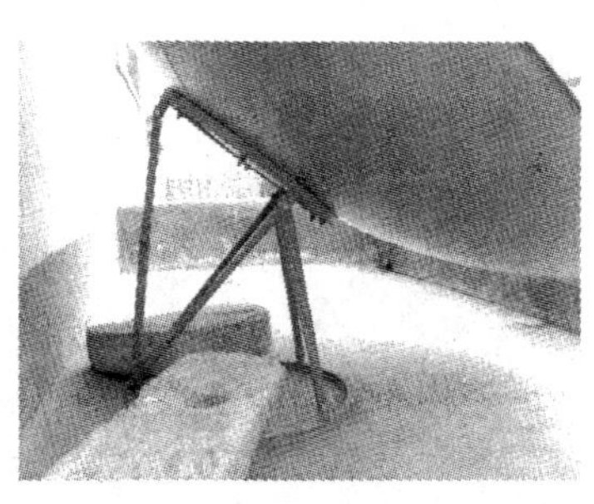

图 5-14　阳台上安装的天线

2）然后将固定承座的螺钉对齐，固定好，再将反射面固定在承座上。

3）对于选址位置在楼顶平台、阳台上，又不便在楼顶上、阳台上打孔固定时，可采用石块、水泥板等重物压在天线地盘上，如图 5-14 所示。

4）大口径天线，在天线反射面与底座连接时，接头与底座的固定螺钉不要拧得太紧，安装后调整俯仰角调整机构或方位圆盘以达到良好的接收效果。

（2）天线系统的调整。

1）天线安装完毕后，检查各接收频道安装位置是否正确。

2）各频道天线调整完毕后，方可接入公共天线系统的前端设备中。

3）将天线输出的 75Ω 同轴电缆接场强计输入端，测量信号电平大小，微调天线方向使场强计指示最大。如果转动天线时，电平指示无变化，则天线安装、阻抗变换器有问题，应检查排除故障。

4）测量电平正常时，接电视机检查图像和伴音质量。有重影时，反复微调天线方向直至重影消失、图像清晰为止。

（3）天线安装注意要点。

1）天线应水平安装，下层的天线距屋顶不小于 3m，每根天线杆可装 3～5 副天线，上、下天线间距不小于 1.5～2m，或不小于波长 λ_0 的 1/2，λ_0 是两个天线中低频道中心波长，两组天线水平距离不小于 5m，两组天线杆并排安装的间距不小于 10m。一般 U 段天线在杆上端，V 段天线在下端，场强弱的天线也可放在杆上端。

2）振子平行的天线架设构件与天线振子间的距离应不小于临近天线工作波长的 1/2 倍，最小波长为 0.5m。应与大型金属物、电力线路保持足够距离，避开邻近频道的干扰。

3）一般情况下，将天线最大接收方向朝向电视台。为了避开干扰可以灵活调整，应在不同的位置反复调整，甚至可以接收反射波，以求得最佳效果。

4）天线基座一般随土建施工预留，在土建施工过程中，专业人员配合做好预留工作。

预埋螺栓应不小于 ϕ25mm×250mm，接地引下线直径不小于 ϕ8 钢筋 2 根，暗敷设的圆钢直径应不小于 ϕ12，底板钢板厚度宜采用 10mm，预埋套管应为厚壁钢管管径不小于 ϕ100，同时预埋好拉线地锚。

2. 馈线安装

天线组装完毕后，用万用表 $R\times1$k 档测量电缆输入端，不应短路。绝缘电阻应近似于无限大。如果用 500Ω 绝缘电阻表测量，电阻应不小于 10Ω。振子和馈线连接处要接触牢固，电阻应为零。各层天线振子都要保持水平，而且之间的安装距离应不小于 1.5m。

电视馈线应与金属物体、导线、电力线保持一定距离，更不能贴在一起，以免因传输线过长而造成信号损失和发生事故。馈线穿墙时，要穿管保护，但不要与强电共管，以免产生干扰。接线时，馈线稍微留一些余量即可，以便于移动，多余的馈线应剪去，否则如果余量过长，卷绕在一起，会影响信号质量。天线馈线应接在卫星电视接收机的信号输入端，卫星电视接收机的视频信号 AUDIO、音频信号 VIDEO 输出端分别接到电视的视频、音频输入端，如图 5-15 所示。

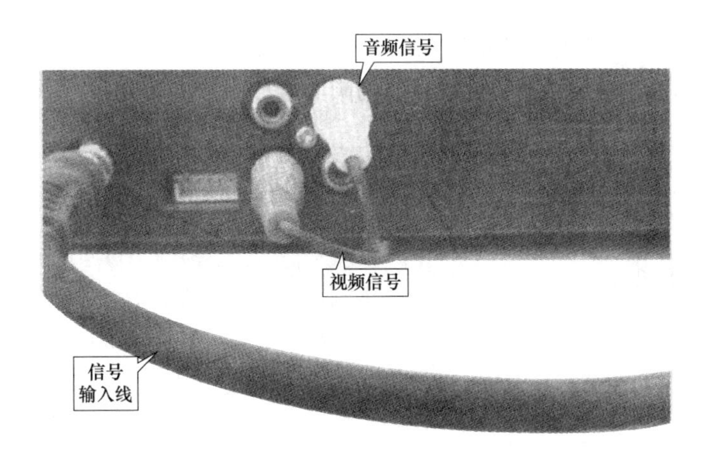

图 5-15　馈线安装

3. 天线放大器的安装

天线放大器的安装放在天线杆距离振子 1.5～2m 为宜。若距离振子太近，则容易产生回授，太远电缆损耗电平会增大，信噪比变坏。

4. 分支器的安装

（1）安装时，打开盒盖，将电缆线接在“入”“分”相应的端子上，和分支器连接的同轴电缆外壳的穿孔中（敲落相应的孔盖），紧压在压线夹上，屏蔽铜线不得与线芯或接线柱短路。

（2）将屏蔽层向上翻回一小段压线。

5. 前端设备箱的安装

前端箱的安装一般有落地安装和墙上安装。如采用落地安装，应按机柜尺寸先将基础槽钢稳装好，然后将机柜稳装在基础槽钢上，并用螺栓加防松垫圈固定。按设计要求，将放大器、混合器、频道交换器等组装在机柜内。

（1）机箱的安装。

1）箱盘组装好后，将盘芯装进箱内固定，连接由天线引来的同轴电缆和传输干线。

2）接好 220V 交流电源。

3）首先按系统图将各设备安装在前端箱板芯上，并用同轴电缆和 F 型插头正确连接各设备。

安装调整方法：各频道天线信号接入混合器输入端，调整输入端电位器，使输出电平差在 2dB 左右。

（2）有源分配网络调试。

1）放大器接入电源前，先用万用表检查分支线路有无短路和断路，经检查确认无误后，方可通电调试。网络中，各延长放大器的输入电平和输出电平、各频道信号之间的电平差，如达不到设计要求，需进行调整。

2）输入电平过低或过高，应调整放大器增益。在系统中的输入端送高、中、低三个频道信号进行试验，有交、互调干扰时，调整延长放大器的输入衰减或前端放大器的输出电平。低频道电平过高时，调整斜率控制线路，达到“全倾斜”或“半倾斜”方式。

3）有源（或无源）分配系统调整完毕后，可接入干线射频电视信号进行调试。如果分配系统中含有调频广播信号，则应对较强的调频信号加以衰减，以免干扰电视信号。

6. 用户终端插座安装

管、线、盒的敷设工作已完成，清理导线及盒内杂物，整修或检查盒子是否安装平整、牢固，盒上固定孔是否完好。

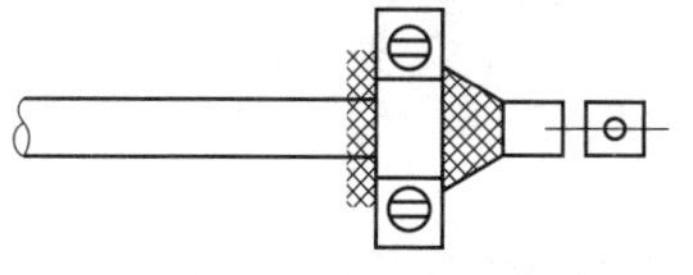
图 5-16　用户终端插座安装示意图

（1）先将盒内电缆预留 100～150mm 的长度。

（2）然后把 25mm 的电缆外绝缘层剥去，再把外线铜网套向回翻卷 10mm，留出 3mm 的绝缘台和 12mm 芯线，将线芯压在端子上，用 Ω 卡压牢铜网套处，如图 5-16 所示。

（3）固定电视插座。一般用户插孔的阻抗为 75Ω，同时可配 CT-75 型插头及 75-5 同轴电缆。

（4）把固定好电缆的面板固定在暗装盒的两个固定孔上，同时调整好面板的平正，再将面板固定牢固。

7. 卫星电视接收系统安装常见问题及处理

卫星电视接收系统安装常见问题及处理见表 5-3。

表 5-3　　卫星电视接收系统安装常见问题及处理

类　别	内　容
无信号	1）前端的电源失效或设备失效。检查电源电压或测量输入信号。 2）天线系统故障。检查短路和开路传输线，插头变换器，天线放大器电源。 3）线路放大器的电源失效。检查输入插头是否开路，再检测电源，测量每只放大器的输出信号和稳压电源，是否工作正常。 4）干线电缆故障。检查首端至各级放大器之间的电缆是否开路或短路，并检查各种连接插头

续表

类　别	内　容
信号微弱、所有信号均有雪花	1）分支器短路或前断设备故障。断开分支器分支信号，若信号电平正常，则可能馈线和引下线短路。 2）天线系统故障。检查天线放大器线路。 3）线路放大器故障。检查放大器的输出信号和稳压电源是否正常。 4）干线故障。检查电缆和线路放大器电平是否过低，是否开路或短路。 5）分支器短路。电缆损坏，放大器中间可能短路
只有一个频道的信号	1）前端设备或天线系统故障。测量这段频道放大器输出。 2）单频道天线自身故障。广播终止，用电视机在前端连接判断
一个或多个频道信号微弱，其余正常	线路、放大器故障或需调节，并检查频率响应曲线
来自 CB 通信站的干扰仅在一个或多个用户出现	由于用户接收机对谐波和寄生参量的接收，应在电视机天线终端接高通滤波器
CB 通信站干扰所有用户	首端有谐波和寄生参量的接收，在前端用可调接收机检查是否落在有干扰电视机的频道上。在天线传输线终端接滤波器或安装高通滤波器，并检查是否开路或短路
在同一频道同时收到两个频道（经常）	来自远地方的跳跃传输。采用抗同频干扰天线来消除
图像失真	信号电平输出偏高。测量线路放大器和用户分支器的信号电平
重影（在所有引入线处）	天线引出线路放大器或干线故障。用便携式电视机检查天线系统质量和图像，或隔离故障电缆部分，并判断是否放大器发生的故障
重影（同一分配器电缆转送到所有引下线处）	1）桥接放大器分配或馈线电缆故障。再桥接输出用电视机检查图像质量，并分析判断故障所在部位。 2）电缆终端故障。断开终端电阻，用电视机检查图像质量，若良好，更换终端电阻。 3）分支外故障。从线路每一端入手，一次用一个电话联系，同时用电视机检查图像质量

六、有线电视室内接线安装

1. 同轴电缆连接

有线电视传输所用导线是同轴电缆（室内布线所用电缆主要是 75-5 型和 75-7 型两种）。

在同等情况下，应选择电缆粗些好，如果同轴电缆太细，屏蔽网过稀，信号的泄漏和衰减就会增大，从而造成信号品质的下降。

（1）F 型插头及其连接方法。

同轴电缆与同轴电缆或同轴电缆与器件的连接通常用 F 型插头（该插头叫工程用调频插头，也称 F 头），如图 5-17 所示。

实际上，这种插头是一个连接紧固螺母。按尺寸区分，有英制和公制两种，它们的口径和螺距不同。英制的口径小，用于卫星电视各种器材；公制的口径大，用于有线电视各种器材。

F 头的连接比较简单，如图 5-18 所示，具体操作如下：① 将电缆外护套、屏蔽网、内绝缘层分别割去一些（外面多割些，内面割少些），露出约 10mm 长的内导体芯线，作为 F 头的插针。② 将屏蔽网翻包在护套外，再把 F 头尾部伸进铝塑复合膜与屏蔽网之间。③ 再用平口钳将金属套箍夹紧（把卡环套在 F 头后面的电缆外护套上并用钳子夹紧），使导线不会松脱。注意不要把屏蔽网顶到护套里面去，一定要把屏蔽网包在 F 头外面。④ 最后剪掉多余的铜心。

图 5-17　卡环式 F 型插头的外形

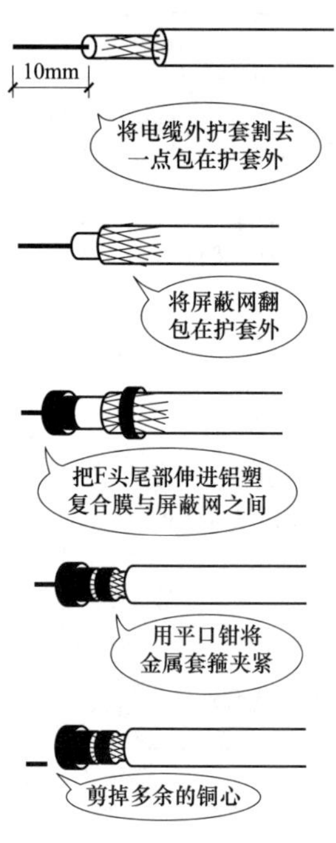

图 5-18　同轴电缆与 F 头的连接

（2）两根同轴电缆的连接。

两根同轴电缆需要连接时，要使用专用的中间接头或直通接头。使用时，把电缆铜心插入接头内，再把 F 头拧紧即可，如图 5-19 所示。

如果将同轴电缆的内导体与内导体绞接、外导体与外导体绞接，如图 5-20 所示。这样做虽然信号可以通过，但破坏了同轴电缆的特性阻抗，会造成电视重影和失真。

图 5-19　两根同轴电缆连接

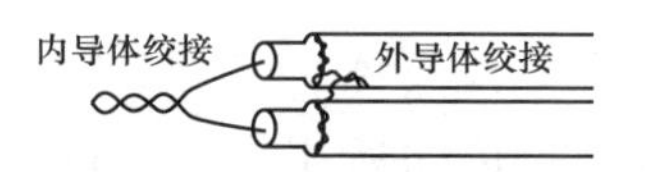

图 5-20　两根同轴电缆的错误连接方法

若同轴电缆连接支线或分支用户连接支线或分支要将同轴电缆与 F 头连接，再将 F 头拧紧在分支器或分配器上。

2. 有线电视室内布线

输入信号一般经过分支器分配信号，到了用户端，则用分配器均匀的分配信号，如

图 5-21 所示。

（1）明线敷设。

明装布线时应尽量采用白色外皮同轴电缆，沿墙地角线走线；布线要求排列整齐，横平竖直，固定可靠，路径安排要尽量短，电缆转弯和分支处应整齐，不得拐死弯，要有一定的弯曲半径。电缆卡之间的间距为 500mm 左右，如图 5-22 所示。

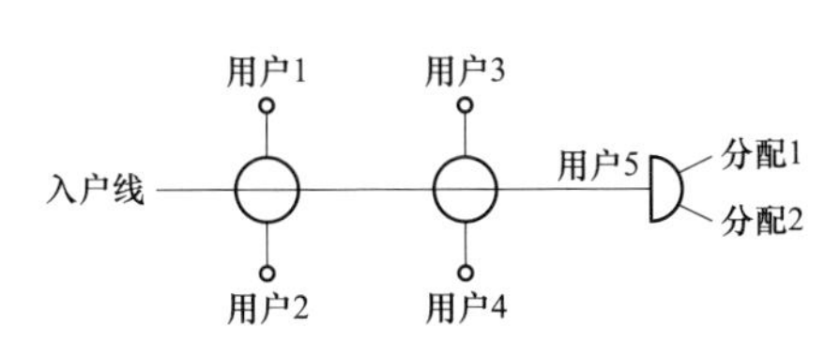

图 5-21　有线电视常用布线电路

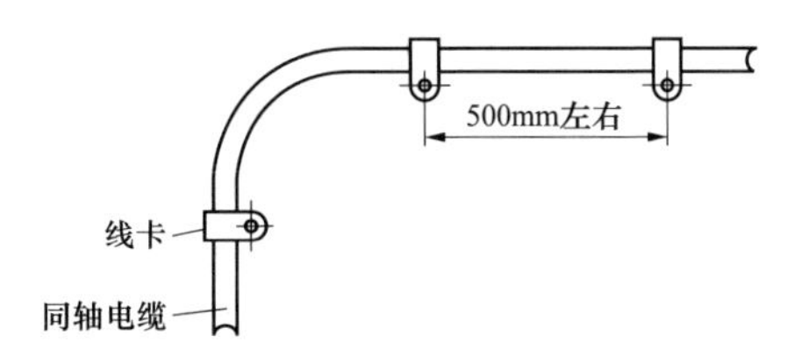

图 5-22　有线电视电缆的明线敷设

应根据电缆的粗细选用线卡（如 75-5 型电缆用 75-5 型线卡，75-7 型电缆用 75-7 型线卡）。固定线卡时，要防止钉尖扎破线芯。当电缆穿过墙或楼板时，需配装保护管，保护管两端在施工后应填堵。

（2）暗线敷设。

暗线敷设是将同轴电缆穿在预埋的线管内，如图 5-23 所示。有线电视的管线设计应符合有关建筑设计标准。不同的房屋建筑其管线设计会不大相同：砖结构建筑的线管是在土建施工时预埋在墙中；大板结构建筑中，线管应预埋后烧注在板墙内。

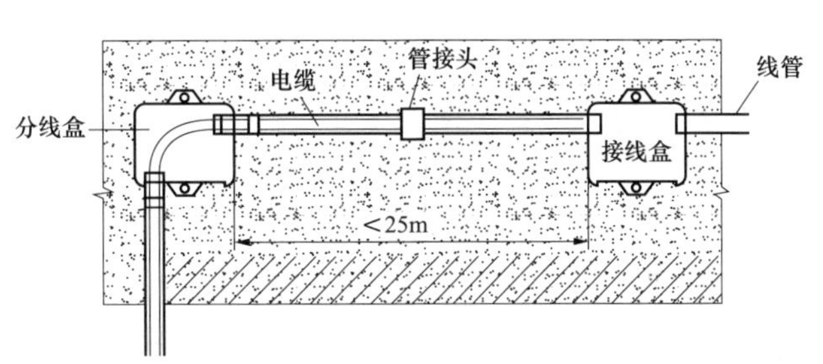

图 5-23　有线电视电缆暗线敷设

（3）室内布线时注意事项。

1）管子、接线盒预埋时，应在管道口、盒子内用废纸等软物堵上，以防土建施工时水泥砂石或杂物进入管内。

2）管内电缆不准有接头，管内电缆截面积总和不宜超过管内截面积的 40%。

3）管内电缆的两端要留有一定的余量，并要求在端口做上标记。

4）强电电路应和有线电视电缆分开走线，通常强电在上，有线电视电缆在下，以避免强电对有线电视信号的干扰。

5）线管宜沿最近的路线敷设，并应减少弯曲；线管较长及转弯多时，在管道中间及拐角处应加装中间分线盒，以便在管内穿电缆。

3. 分配器接线安装

分配器是将一路输入口的信号大体均匀地分成几路传输到各分支中，且几路输出互不影响，其作用就好像多用插座一样。常用的有二分配器、三分配器和四分配器。图中标有“IN”的端口为入口端，标有“OUT”的端口为出口端。

分配器的敷设方式同开关、插座等元器件一样也有明敷和暗敷。暗敷施工时分配器直接固定于前端箱里，明敷施工时分配器与同轴电缆一起固定在楼道的墙上。分配信号时，进线电缆应接在输入端（IN），支线电缆应接在输出端（OUT）。

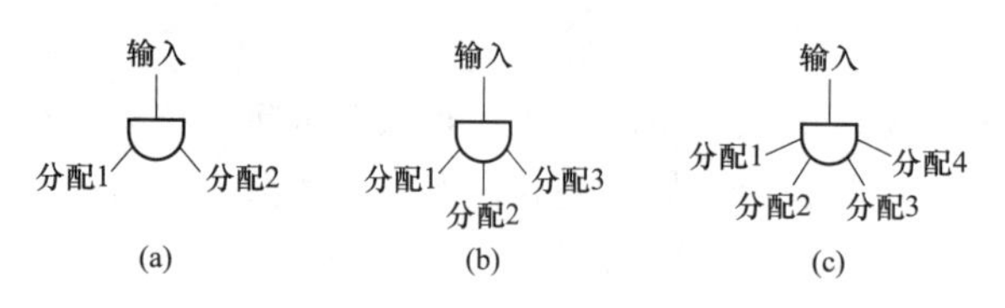

图 5-24　分配器的电路符号

（a）二分配器；（b）三分配器；（c）四分配器

分配器的电路符号如图 5－24 所示。

4. 分支器

分支器也是一种把信号分开的连接器件，它将干线中传输的信号取出一部分送给电视“IN”为输入端，“OUT”为主干输出端，“TAp”为分支输出端（有的分支输出端标的是“BR”）。按支路数的不同，分支器有一分支器、二分支器、三分支器和四分支器等多种。

分支器由一个主路输入端、一个主路输出端以及若干个分支输出端构成。分支器不是把信号分成相等的几路输出，而是从信号中分出一部分能量送到支路上或送给用户，分出的这部分信号比较小，主要输出端输出的信号仍占输入信号的大部分。

分配器与分支器“信号相同分配器，信号悬殊分支器”。

分支器的电路符号如图 5-25 所示，分支器的明装示意如图 5-26 所示。

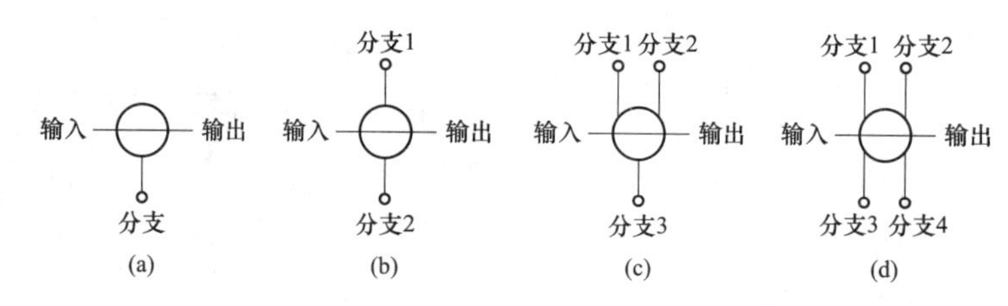

图 5-25　分支器的电路符号

（a）一分支器；（b）二分支器；（c）三分支器；（d）四分支器

5. 用户终端安装

（1）安装要求。

1）明装用户终端盒的要求如下：

① 用户电缆一般从门框上端进入住户，如果门框距电视太远，也可在靠近电视的墙上打孔引入，但电缆穿墙处要加塑料管。

② 入户线要用塑料钉卡钉牢，卡距应小于 0.4m，布线要横平竖直，转弯处要弯曲自然，不得松动、歪斜。安装时注意钉和线卡不要将电缆皮穿破，否则会导致信号短路。

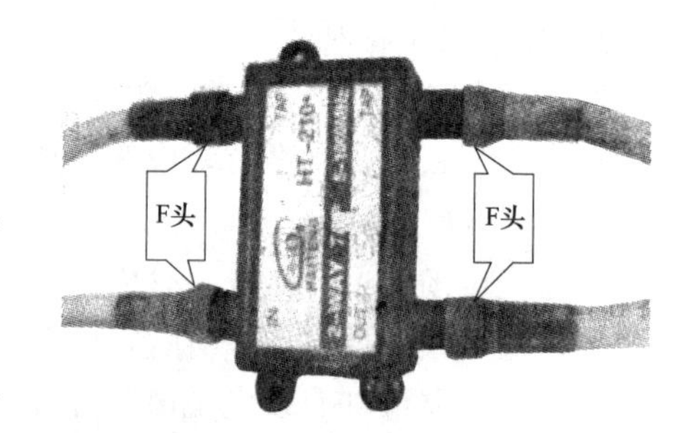

图 5-26　分支器的明装示意

③ 宾馆、饭店一般距地 0.2～0.3m，过高容易碰掉；住宅一般距地 1.2～1.5m。

④ 用户终端盒与同轴电缆连接时不得拐死弯，电缆转弯处应留有弧度，电缆在用户终端盒外面应留有余线，余线固定成 U 形，以方便维修，如图 5-27 所示。

2）暗装用户终端盒的接线要求。暗装用户终端盒应提前预埋同轴电缆和接线盒，预埋同轴电缆要穿塑料管，不要直接埋在墙内。

① 预埋的接线盒要牢固，否则将影响用户终端盒的安装固定。

② 同轴电缆暗敷布线时，中间不能使用接头。

③ 用户终端盒到电视的引线长度短点好，一般不要超过5m。

④ 用户终端盒在室内要尽可能靠近用户线引入端安装，下缘距地面30～150cm，安装要牢固。

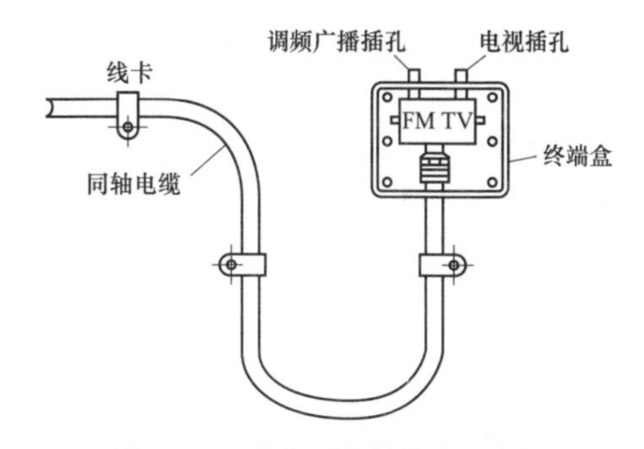

图5-27　明装用户终端盒示意图

（2）安装操作要点。

1）先在墙上打孔塞入塑料胀管。

2）然后用四只木螺钉通过塑料胀管将塑料接线盒固定在墙上。也可用水泥钉直接钉在水泥墙上。

3）剖剥好75Ω同轴电缆的绝缘层，将屏蔽层拧成一条辫子。

4）直接将芯线用螺钉压接在标有“IN”的输入端，并用螺钉将电缆屏蔽辫子压接在接地极上。压接时要压紧，防止与线芯短路。

5）扣上塑料盖板，拧上木螺钉。

6）有的终端用户盒内套装有金属屏蔽盒。应将电缆芯线焊在印制电路板“IN”输入端，然后将电缆屏蔽辫子焊在印制电路板的接地极上，并与屏蔽盒的外壳焊连。最后扣上金属盖板，将塑料面板用螺钉固定在底盒上即可。

6. 用户终端盒与电视的连接

在有线电视系统中，用75Ω插头线可实现用户终端盒与电视的连接。

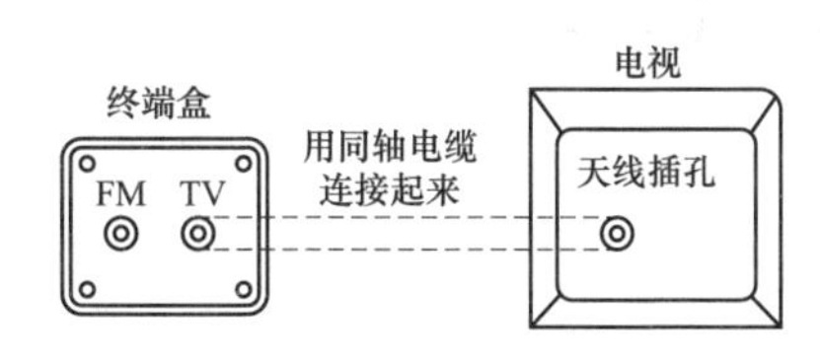

图5-28　用户终端盒与电视的连接示意

（1）使用时，将75Ω同轴电缆一端插入用户终端盒，另一端插入电视信号输入端即可。

（2）如果终端盒有电视（TV）和调频广播（FM）两个插孔，注意两插孔不要插错，插错会使信号变差或收不到信号，如图5-28所示。

第五节　卫星和有线电视接收系统调试

一、卫星电视接收系统的调试

1. 调试方法

卫星电视接收系统的调试方法可分为以下两个部分。

（1）粗调。粗调是指通过转动天线支撑架上的圆盘和调整天线斜支撑架的角度，使天线的方位角和仰角大致符合计算出来的数值，并将紧固螺母稍微拧紧，使天线保持不动。

（2）细调。天线的细调是指在对信号进行接收的前提下实施。

1）细调前首先要将一台卫星接收机、一台监视器与电缆、电源插板等连接好。

2）将卫星电视接收机预调到要接收的卫星电视节目的频道上，接通电源后，监视器上应出现卫星电视节目的模糊图像。

3）这时，微调天线的方位角和仰角，使图像质量达到最好，图像背景最干净。

4）细调还可以通过使用示波器观察图像信号的波形进行。

5）将卫星接收机输出的图像信号用电缆送入示波器，调整天线的方位角和仰角，微调馈源的位置和角度，使图像信号的行同步信号幅度为最大值，且同步头上的噪波干扰最小为止。

2. 极轴天线的校准

极轴天线的校准步骤主要有以下几步。

（1）校准立柱的垂直度。

（2）天线口面与极轴面的校准。

1）利用多功能罗盘测出磁南北极，再根据当地的磁偏角修正，找出正北方向，通过天线立柱画出南北线。

2）松开立柱外套上的四颗螺钉，将天线口面和极轴线调成直线并对准正南。

（3）确定与调整极轴角。

1）根据当地的纬度，查出极轴角近似等于的纬度，见表 5-4。

表 5-4　　极　轴　角

地区	纬度	极轴角	补偿角	正南仰角
北京	39°92′	40°62′	5°55′	43°83′
南京	32°07′	32°66′	4°59′	52°75′
广州	23°25′	23°77′	3°43′	62°80′

2）调整极轴角。

（4）调整仰角。

1）确定补偿角。

2）进行仰角的计算。

3）调整仰角。

（5）利用仪器对天线进行精调。

1）将仪器置于频谱挡，按天控器按钮，使天线扫描，找到位于正南附近的卫星，此时，在测试仪屏幕上可呈现该卫星水平（或垂直）极化方向上的所有频道信号的频谱线；左右微调天线，使谱线最长。

2）微调极轴角螺杆，使天线上下微动，找到信号最强处，这时谱线最长。

3）按动天控器，使天线向东大幅度摆动，找到东边另一颗卫星，并微调使信号最好。

4）微调极轴角螺杆，观察信号场强变化，如果在仰角抬高时，谱线最长，则说明支座方向偏东，应将支座向西微调；反之，则应向东微调。

5）将天线返回到正南那颗卫星，重复上述②～④ 项，经来回重复数次，逐步逼近，直至天线支座对准正南为止。

二、有线电视系统的调试

1. 系统调试主要步骤

系统工程的各项设施安装完成后，对各部分工作状态进行调试，以使整个系统达到实际要求。其具体步骤如下：

（1）前端部分的调试。

1）检查前端设备所用的电源是否符合设计要求。

2）在各频道天线馈线的输出端测量该频道的电平值是否符合设计要求；如若不符，则应查明原因，加以解决。

3）在前端输出口测量各频道的输出电平，通过调节各专用放大器输入衰耗器，使输出口电平达到设计规定值。

（2）干线放大器、支线放大器输出电平调整。

1）检查被测放大器的供电器所用电源是否符合设计要求。

2）在每个干线放大器的输出端或输出电平测试点，测量其高、低频道的电平值，通过调整干线放大器内的损耗均衡器，使其输出电平达到设计要求。

3）分配器的调整按 1）、2）两条进行。

（3）用户端测量。

1）测量各用户端高、低频道的电平值是否达到设计要求。

2）在一个区域内多数用户的电平值偏离要求时，应重新对分配放大器进行调整，使之达到设计要求。

3）在系统较大，用户数较多时，可只抽测 10%～20% 的用户。

调试过程中应当做好前端设备测试记录、干线放大器测试记录和用户端测试记录。

2. 天线的调试

天线调试的最终目标是使系统用户获得清晰、稳定、色彩鲜艳、基本上觉察不出重影的四级图像。具体操作如下：

（1）粗调。

1）天线调试要一个频道一个频道地进行。先将该频道的接收天线对准该频道电视台的发射天线，天线的输出端用电缆与场强仪输入端相连接，转动天线观察场强仪的电平指示值的变化。

2）将天线停留在电平指示值为最大时的方位上，若在调试过程中场强仪的电平指示值始终低于 57dBμV，检查接收天线又正常时，则应在附近另找一个接收信号的位置，或换一副高增益的天线来代替。

3）将天线在最佳指向位置向左、右慢慢转动 45°，这时，场强仪的电平指示值至少应下降 3dB。若电平没有变化，说明天线连接有问题，应当立即检查并且排除故障。最后将天线固定在最大输出电平的指向上，加以适当固定。

（2）细调。

1）在粗调结束后，断开天线与场强仪的连接，把通向前端的电缆与天线的输出端连接，然后用彩色电视机在前端观察每个频道的图像质量。

2）接收天线除接收由发射天线发来的直射波外，还接收由周围建筑物反射的反射波，因此会造成重影。

3）接收天线由于受到建筑物的阻挡，根本收不到直射波，收到的是多方向的反射波。

4）接收天线与馈线的阻抗不匹配，造成信号在馈线内产生反射。

3. 前端的调试

（1）前端调试的任务就是将前端的输出信号的电平值调整到工程设计的设计值上，前端调试实质上是对各频道信号电平的调整。

（2）根据工程对前段输出信号电平的要求和放大器的增益就能确定输入放大器的最小电平值，考虑到滤波器、混合器的插入损耗就能计算需要天线提供的最小信号电平值。

（3）若天线实际提供的信号电平值小于所需提供的电平值，则需将天线输出的信号经过天线放大器再送入前端，以满足前段对输入信号电平的要求。

（4）在调试过程中，可用彩色电视机监视前端输出信号的图像质量。由于前端输出电平通常在100dBμV以上，因此，不能直接把电视机的输入端与前端输出端相连，中间应增加30～40dB的衰减器。

（5）通过调节频道的衰减器，使各频道在主放大器的输入端插值等于或小于规定值，以减少交调的产生。

（6）前端中若有录像机、卫星电视接收机传输过来的信号，在调试前必须使其处于正常的工作状态，观察它们的信号本身是否存在声、像干扰。对于多频道的信号更要检查是否有交调和互调干扰。

（7）经过调试，前端的输出电平满足施工设计要求，用电视机观察各频道信号的图像质量均能达到四级，则可认为前端调试结束。

4. 干线和分配网络的调试

（1）干线调试的重点是放大器输出的电平值的调整和均衡器的配接是否合适。通常在设计阶段只是估计干线长度，实际上干线的长度肯定会有变化，必须根据实际情况重新选用均衡器和调整放大器的增益，使放大器的输出电平达到工程设计要求，各频道信号电平的差值应满足规定的要求。

（2）调试过程中除用场强仪测试每个放大器的输出端、每个频道的信号电平值外，还应通过彩色电视机收看各频道信号的图像质量和交调情况。

（3）分配系统可在安装完毕后便进行粗调，必须在线路放大器输入端接上一个信号源，通常可用电视信号发生器发送彩条，调节电视信号发生器的射频信号输出电平，使线路放大器的输出电平达到工程设计值，用场强仪测试每根分支电缆的最末端的用户终端盒输出的电平，观察其是否符合设计要求。

（4）调试分配网络，在分配网络中出现问题最多的是电缆接头接触不良。有的将输入、输出端错接而造成分支端输出电平过低，有的是分支器的分支损耗达不到设计的要求。

（5）前端调试完毕后，应使用前端输出的信号进行细调，首先调整线路放大器，使其输出电平达到设计要求。

（6）接着由前向后，沿分支电缆的走向逐点测试分配器、分支器和每个用户端的各频道信号的电平值，检查是否符合设计要求。

5. 系统的统调

系统的统调是在对系统的天线、前端、传输干线和分配网络分别调试完毕的基础上进行

的。系统调试的工作主要有以下几个方面。

（1）寻找重影产生的原因。

1）直射波的串扰。由于场强太强，电波不是经天线、前端进入用户端，而是由电缆、分配器、分支器等部件直接进入电视机。所以反应在电视的屏幕上是左重影，解决的办法是采用金属外壳封装的分配器和分支器来替代原有的用塑料外壳封装的分配器，并且适当提高用户端的电平。

2）系统内部的不匹配。系统内部不匹配造成用户端出现右重影。出现这种重影首先应检查各分配器、分支器和电缆的连接是否良好，特别是电缆的屏蔽线和分支器、分配器的地线接触是否良好，这对于地面频道信号来说尤为重要。

检查系统内所用分配器的分配端是否存在空载，各分支电缆最末一个分支器的主输出端应接 75Ω 负载电阻端。做到系统内部负载均衡。

（2）交调。交调在前端输出的信号中不存在，而是在用户端出现。其现象是在背景较暗的图像上仔细观看电视机屏幕上有一条灰色竖带，其亮度比图像的背景稍亮些且缓慢地向右、向左移动。由于交调是因放大器的非线性造成的，解决的最好办法是降低放大器的输出电平或选用标称最大输出电平比原放大器大的放大器，具体降低哪一个放大器的输出电平或替换哪一个放大器则要视具体情况而定。

（3）其他干扰。各种外来干扰会使图像的质量受到伤害，有时屏幕上出现网纹干扰，一般是由广播电台的高次谐波、汽车发动机的点火装置和热塑机等工业机电设备产生的火花引起的。在该情况下通常采用屏蔽和避开干扰源的方法减少干扰对系统的影响。

◉ **小提示：**

有时在电视机屏幕上出现 1～2 条水平方向的横道向上或向下缓慢移动，若电视机是好的，那么则有可能是系统内的有源部分的支流电源纹波过大。系统在调试结束之后，应试运行一段时间，如发生故障应及时查明原因和排除故障，做好维护工作。

第六节　卫星和有线电视系统验收

一、系统验收的一般规定

（1）系统工程竣工后，应由设计、施工单位向建设单位提出竣工报告，建设单位向系统主管部门申请验收。系统工程验收由系统主管部门，工程的设计、施工、建设单位的代表组成验收小组，按规范规定和竣工图样进行验收。

（2）系统工程验收前，应由施工单位负责提供调试记录。系统工程验收测试必需的仪器、设备由主管单位负责解决，仪器应附有计量合格证。

对有线电视及卫星电视接收系统进行主观评价和客观测试时，应选用标准测试点，并应符合下列规定：

1）系统的输出端口数量小于 1000 时，测试点不得少于 2 个；系统的输出端口数量大于等于 1000 时，每 1000 点应选取（2～3）个测试点；

2）对于基于 HFC 或同轴传输的双向数字电视系统，主观评价的测试点数应符合本条第 1 款规定，客观测试点的数量不应少于系统输出端口数量的 5%，测试点数不应少于 20 个；

3）测试点应至少有一个位于系统中主干线的最后一个分配放大器之后的点。

客观测试应包括下列内容，且检测结果符合设计要求应判定为合格：

1）应测试卫星接收电视系统的接收频段、视频系统指标及音频系统指标；

2）应测量有线电视系统的终端输出电平。

模拟信号的有线电视系统主观评价应符合表5-5规定。

表5-5　　模拟电视主要技术指标

序号	项目名称	测试频道	主观评价标准
1	系统载噪比	系统总频道的10%且不少于5个，不足5个全检，且分布于整个工作频段的高、中、低段	无噪波，即无“雪花干扰”
2	载波互调比	系统总频道的10%且不少于5个，不足5个全检，且分布于整个工作频段的高、中、低段	图像中无垂直、倾斜或水平条纹
3	交扰调制比	系统总频道的10%且不少于5个，不足5个全检，且分布于整个工作频段的高、中、低段	图像中无移动、垂直或斜图案，即无“窜台”
4	回波值	系统总频道的10%且不少于5个，不足5个全检，且分布于整个工作频段的高、中、低段	图像中无沿水平方向分布在右边一条或多条轮廓线，即无“重影”
5	色/亮度时延差	系统总频道的10%且不少于5个，不足5个全检，且分布于整个工作频段的高、中、低段	图像中色、亮信息对齐，即无“彩色鬼影”
6	载波交流声	系统总频道的10%且不少于5个，不足5个全检，且分布于整个工作频率的高、中、低段	图像中无上下移动的水平条纹，即无“滚道”现象
7	伴音和调频广播的声音	系统总频道的10%且不少于5个，不足5个全检，且分布于整个工作频段的高、中、低段	无背景噪声，如丝丝声、哼声、蜂鸣声和串音等

二、图像质量的主观评分标准及评价相关要求

（1）图像质量主观评价评分应符合表5-6的规定。

表5-6　　图像质量主观评价评分

图像质量主观评价	评分值（等级）
图像质量极佳，十分满意	5分（优）
图像质量好，比较满意	4分（良）
图像质量一般，尚可接受	3分（中）
图像质量差，勉强能看	2分（差）
图像质量低劣，无法看清	1分（劣）

（2）评价项目可包括图像清晰度、亮度、对比度、色彩还原性、图像色彩及色饱和度等内容。

（3）评价人员数量不宜少于5个，各评价人员应独立评分，并应取算术平均值为评价结果。

（4）评价项目的得分值不低于4分的应判定为合格。

对于基于 HFC 或同轴传输的双向数字电视系统下行指标的测试，检测结果符合设计要求的应判定为合格。

对于基于 HFC 或同轴传输的双向数字电视系统上行指标的测量，检测结果符合设计要求的应判定为合格。

数字信号的有线电视系统主观评价的项目和要求应符合表 5-7 的规定。且测试时应选择源图像和源声音均较好的节目频道。

表 5-7　　数字信号的有线电视系统主观评价的项目和要求

项目	技术要求	备注
图像质量	图像清晰，色彩鲜艳，无马赛克或图像停顿	符合本规范第 11.0.4 条第 2 款要求
声音质量	对白清晰；音质无明显失真； 不应出现明显的噪声和杂音	—
唇音同步	无明显的图像滞后或超前于声音的现象	—
节目频道切换	节目频道切换时不能出现严重的马赛克或长时间黑屏现象； 节目切换平均等待时间应小于 2.5s，最大不应超过 3.5s	包括加密频道和不在同一射频频点的节目频道
字幕	清晰、可识别	—

验收文件除应符合本规范第 3.4.4 条的规定外，尚应包括用户分配电平图。

三、系统质量的客观测试

（1）在不同类别系统的每一个标准测点上的客观必测项目见表 5-8。

（2）在主观评价中，确认不合格的项目，可以增加表 5-8 规定以外的测试项目，并以客观测试结果为准。

（3）系统质量的客观测试参数要求和测试方法要符合关于电视和声音信号的电缆分配系统的规定。

表 5-8　　客观必测项目

项目	类别	项目	类别
图像和调频载波电平	A、B、C、D	频道内频响	A
载噪比	A、B、C	色/亮度时延差	A
载波互调比	A、B、C	微分增益	A
交扰调制比	A、B	微分相位	A
载波交流声比	A、B		

四、系统工程的施工质量要点

（1）施工质量检查要点。施工质量检查要点见表 5-9。

（2）系统工程的施工质量应取得验收组成员的认可，才可确定为合格。

（3）与土建工程同步施工的系统中隐蔽工程的施工质量可由建设单位、施工单位进行验收，验收记录作为施工质量验收的依据。

表 5-9　　施工质量检查要点

检查项目		检查要点
接收天线	天线	① 振子排列、安装方向正确。 ② 各固定部位牢固。 ③ 各间距合乎要求
	天线放大器	① 牢固安装在竖杆上。 ② 防水措施有效
	馈线	① 穿金属管保护安装。 ② 电缆与各部件的接收点正确、牢固、防水
	竖杆（架）及拉线	① 强度够。 ② 拉线方向正确、拉力均匀
避雷针及接地		① 避雷针安装高度合适。 ② 接地线合乎施工要求。 ③ 各部位电气连接良好。 ④ 接地电阻≤4Ω
前端		① 设备及部件安装地点恰当。 ② 连接正确、美观、整齐。 ③ 进、出电缆符合设计要求，有标记
传输设备		① 按设计安装。 ② 各连接点正确、牢固、防水。 ③ 空余端正确处理，外壳接地
用户设备		① 布线整齐、美观、牢固。 ② 输出口用户盒安装位置正确、安装平整。 ③ 用户接地盒、避雷器按要求安装
电缆及接插件		① 电缆走向、布线和敷设合理、美观。 ② 电缆弯曲、扭转、盘接不过分。 ③ 电缆离地面高度及与其他管线间距离要求合适。 ④ 架设、敷设的安装物件选用合适。 ⑤ 接插部件牢固、防水、防蚀
供电器、电源线		符合设计要求、施工要求

五、系统工程的验收内容

工程验收是施工方向业主移交的正式手续，也是业主对工程的认可。系统工程验收主要有以下内容。

（1）基础资料：接收频道、自播频道与信号场强；系统输出口数量，干线传输距离；信号质量（干扰、反射、阻挡等）；系统调试记录。

（2）系统图，包括：前端及接收天线；传输及分配网络系统；用户分配电平图。

（3）布线图，包括：前端、传输、分配各部件和标准试点的位置；干线、支线路由图；天线位置及安装图；标准层平面图，管线位置，系统输出口位置；在土建工程时施工部分的施工记录。

（4）客观测试记录。

（5）施工质量与安全检查记录。

（6）设备、器材明细表。

（7）主观评价。主观评价时应对广播分区逐个进行检测和试听，并应符合下列规定：

1）语言清晰度主观评价评分应符合表 5-10 的规定。

表 5-10　　语言清晰度主观评价评分

主　观　评　价	评分值（等级）
语言清晰度极佳，十分满意	5 分（优）
语言清晰度好，比较满意	4 分（良）
语言清晰度一般，尚可接受	3 分（中）
语言清晰度差，勉强能听	2 分（差）
语言清晰度低劣，无法接受	1 分（劣）

2）评价人员应独立评价打分，评价结果应取所有评价人员打分的算术平均值。

3）评价结果不低于 4 分的应判定为合格。

第七节　某建筑卫星接收及有线电视系统安装指导书

一、材料要求

应根据不同的接收频道、场强、接收环境以及设施规模来选择天线，以满足要求，并有产品合格证。电视接收天线材料要求如下：

（1）各种铁件都应全部采用镀锌处理。不能镀锌的应进行防腐处理。

（2）用户盒明装采用塑料盒，暗装有塑料盒和铁盒，并应有合格证。

（3）天线应采用屏蔽较好的聚氯乙烯外护套的同轴电缆，并应有产品合格证。

（4）分配器、天线放大器、混合器、分支器、干线放大器、分支放大器、线路放大器、频道转换器、机箱、机柜等使用前应进行检查，并应有产品合格证。

（5）其他材料：焊条、防水弯头、焊锡、焊剂、接插件、绝缘子等。

二、主要机具

（1）手电钻、冲击钻、克丝钳、一字螺钉旋具、十字螺钉旋具、电工刀、尖嘴钳、扁口钳。

（2）水平尺、线坠、大绳、高凳、工具袋等。

三、作业条件

（1）随土建结构砌墙时，预埋管和用户盒、箱已完成。

（2）土建内部装修油漆浆活全部施工完。

（3）同轴电缆已敷设完工。

四、操作工艺

1. 天线安装

选择好天线的位置、高度、方向；天线基座应随土建结构施工作好；天线竖杆与拉线的安装；对天线本身认真的检查和测试，然后组装在横担上，各部件组装好安装在预定的位置并固定好，并作好接地。天线与照明线及高压线间的距离应符合表 5-11 要求。

表 5-11　　天线与架空线间距

电压	架空电线种类	与电视天线的距离/mm
低压架空线	裸线	1 以上
	低压绝缘电线或多芯电缆	0.6 以上
	高压绝缘电线或低压电源	0.3 以上
高压架空线	裸线	0.2 以上
	高压绝缘线	0.8 以上
	高压电源	0.4 以上

（1）前端设备和机房设备的安装。

1）作业条件：机房内土建装修完成，基础槽钢做完；暗装的箱体、管路已安装好。

2）操作工艺：先安装机房设备，再作机箱安装，作好接地。

（2）传输分配部分安装。

1）干线放大器及延长放大器安装。

2）分配器与分支器安装用户终端安装。

电缆的明敷设与暗敷设。同轴电缆的架设及高度规定见表 5-12；埋设电缆深度见表 5-13。

表 5-12　　同轴电缆的架设及高度规定

地面的情况	必要的架设高度/m
公路上	5.5 以上
一般横过公路	5.5 以上
在其他公路上	4.5 以上
城市街道	3.0～4.5
横跨铁路	6.0 以上
横跨河流	满足最大船只通行高度

表 5-13　　电缆埋设深度

埋设场所	埋设深度/m	要　求
交通频繁地段	1.2	穿钢管敷设在电缆沟
交通量少地段	0.60	穿硬乙烯管
人行道	0.60	穿硬乙烯管
无垂直负荷段	0.60	直埋

2. 系统统调验收

（1）调整天线系统。

（2）前端设备调试。

（3）调试干线系统。

（4）调试分配系统。

五、质量标准

1. 保证项目

（1）有线电视器件、盒、箱电缆、馈线等安装应牢固可靠。

（2）防雷接地电阻应小于4Ω，设备金属外壳及器件屏蔽接地线截面应符合有关要求。接地端连接导体应牢固可靠。

（3）电视接收天线的增益G应尽可能高，频带特性好，方向性敏锐、能够抑制干扰、消除重影，并保持合适的色度、良好的图像和伴音。

检验方法：观察检查或使用仪器设备进行测试检验。

2. 基本项目

（1）有线电视的组装、竖杆，各种器件、设备的安装，盒、箱的安装应符合设计要求，布局。

（2）合理，排列整齐，导线连接正确，压接牢固。

（3）防雷接地线的截面和焊接倍数应符合规范要求。

（4）各用户电视机应能显示合适的色度、良好的图像和伴音，并能对本地区的频道有选择性。

检验方法：观察检查或使用仪器设备进行测试检验。

六、成品保护

（1）安装有线电视及其组件时，不得损坏建筑物，并注意保持墙面的整洁。

（2）设置在吊顶内的容机箱、盒在安装部件时，不应损坏龙骨和吊顶。

（3）修补浆活时，不得把器件表面弄脏，并防止水进入部件内。

（4）使用高凳或搬运物件时，不得碰撞墙面和门窗等。

七、应注意的质量问题

1. 无信号

（1）前端的电源失效或设备失效。检查电源电压或测量输入信号。

（2）天线系统故障。检查短路和开路传输线，插头变换器，天线放大器电源。

（3）线路放大器的电源失效。检查输入插头是否开路，再检测电源，从头测量每只放大器的输出信号和稳压电源是否工作正常。

（4）干线电缆故障，检查首端至各级放大器之间的电缆是否开路或短路，并检查各种连接插头。

2. 信号微弱、所有信号均有雪花

（1）分支器短路或前断设备故障，断开分支器分支信号，若信号电平正常，则可能是馈线和引下线短路。

（2）天线系统故障，检查天线放大器线路。

（3）线路放大器故障，检查每只放大器的输出信号和稳压电源是否正常。

（4）干线故障，检查电缆和线路放大器电平是否过低，是否开路或短路。

（5）分支器短路，电缆损坏，放大器中间可能短路。

3. 只有一个频道的信号

（1）前断设备或天线系统故障，测量这段频道放大器输出。

（2）单频道天线自身故障，广播终止，用电视机在前断连接判断。

（3）一个或多个频道信号微弱，其余正常。线路、放大器故障或需调节，并检查频率响应曲线。

（4）重影（在所有引入线处）：天线引出线路放大器或干线故障，用便携式电视机检查天线系统质量和图像，或隔离故障电缆部分，并判断是否是放大器发生的故障。

4. 重影（同一分配器电缆转送到所有引下线处）

（1）桥接放大器、分配或馈线电缆故障，再桥接输出用电视机检查图像质量，并分析判断故障所在部位。

（2）电缆终端故障，断开终端电阻，用电视机检查图像质量，若良好更换终端电阻。

（3）分支外故障，从线路每一端入手，一次用一个电话联系，同时用电视机检查图像质量。

5. 图像失真

信号电平输出偏高。测量线路放大器和用户分支器的信号电平。

（1）CB 通信站干扰所有用户：首端有谐波和寄生参量的接受，再前断用可调接收机检查是否落在有干扰电视机的频道上。在天线传输线终端接滤波器或安装高通滤波器，并检查是否开路或短路。

（2）来自 CB 通信站的干扰仅在一个或多个用户出现。由于用户接收机对谐波和寄生参量的接收，应在电视机天线终端接高通滤波器。

（3）在同一频道同时收到两个频道（经常），来自远地方的跳跃传输，采用抗同频干扰天线来消除。

第六章　扩声音响系统施工

第一节　扩声音响系统组成

扩声音响的对象为公共场所，在走廊电梯门厅、电梯轿厢、入口大厅、商场、餐厅、酒吧、宴会厅、天台花园等处装设组合式声柱或分散式扬声器箱。平时播放背景音乐（自动回带循环播放），当发生灾害时，则兼作事故广播，用它来指挥疏散。故公众音响系统的设计应与消防报警系统互相配合，实行分区控制。

现代建筑的音响系统通常主要有以下几种形式：扩声系统、公共广播、客房广播、会议室音响，各种厅、堂音响，家庭音响，同声翻译与会议系统等。

一、厅堂扩声系统

1. 系统组成

扩声系统又称为专业音响系统，按用途可分为语言扩声系统和音乐扩声系统两种。语言扩声系统主要用于业务广播系统、背景音乐系统、紧急广播系统、客房音响系统。音乐扩声系统主要用来播放音乐、歌曲和文艺节目等内容，以欣赏和享受为目的，因此对声压级、传声增益、频响特性、声场不均匀度、噪声、失真度和音响效果等方面比语言扩声系统有更高的要求。它主要采用双声道立体声形式，有的还采用多声道和环绕立体声形式，多以低阻抗的方式与扬声器配接。

如图 6-1 所示，扩声系统应该由以下几部分组成：把声信号转变为电信号的传声器，放大电信号并对信号加工处理的电子设备、传输线，把电功率信号转变为声信号的扬声器和听众区的声学环境。

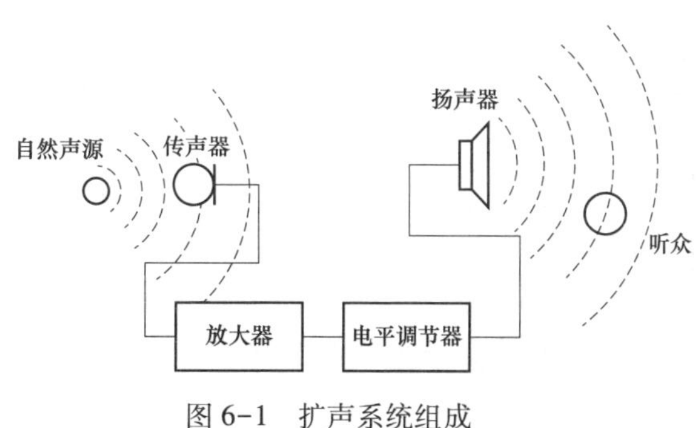

图 6-1　扩声系统组成

一般认为扩声系统包括传声器、扩音机、扬声器和它们之间的连接线。

扩声系统可以按照它的工作环境、声源性质、工作原理、用途、声能分配方式和扩声设备的结构来分类，见表 6-1。

表 6-1　扩声系统分类

类　别	内　容
按工作环境分类	按工作环境可分为室外扩声系统和室内扩声系统两类： 1）室外扩声系统。室外扩声系统的特点是：反射声小，有回声干扰，扩声区域大，条件复杂，干扰声强，音质受气候条件影响等。 2）室内扩声系统。室内扩声系统的特点是：对音质要求高，有混响干扰，扩声质量受建筑声学条件影响较大
按声源性质分类	按声源性质可将扩声系统分为以下三类： 1）语言扩声系统。 2）音乐扩声系统。 3）语言和音乐兼用的扩声系统
按工作原理分类	按工作原理可将扩声系统分为以下三类： 1）单通道系统。 2）双通道立体声系统。 3）多通道扩声系统
按扬声器布置方式分类	按扬声器布置方式可将扩声系统分为以下三类： 1）集中布置方式。 2）分散布置方式。 3）混合布置方式

2. 主要设备

扩声设备是指把声频信号进行高保真放大和加工处理的各种电子设备。扩声设备的种类很多，但它们的基本原理完全相同，比较完整的高质量扩声设备的低频系统方式如图 6-2 所示，它可以保证放大、电平调节、监听、监察，并进行必要的交换转接等工作。

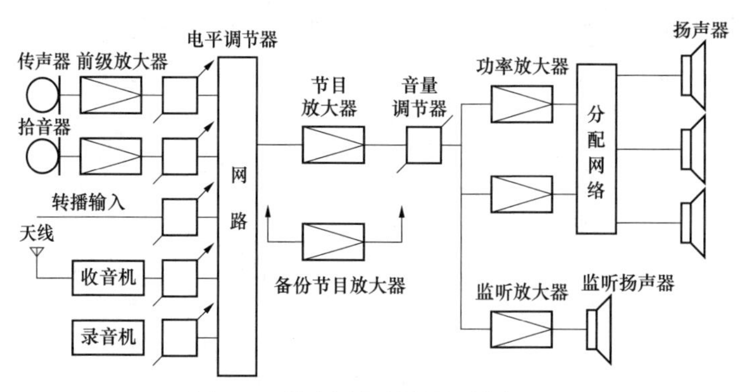

图 6-2　扩声设备的低频系统框图

3. 扬声器（音箱）

（1）扬声器是将扩音机输出的电能转换为声能的器件，按其结构形式不同，可分为电动式纸盆扬声器、电动式高音号筒扬声器和舌簧式扬声器。

（2）按声音频率不同，可分为低频、中频和高频扬声器。

（3）电动式纸盆扬声器音质最好、规格品种多，但效率低，适用于室内对音质要求较高的音乐扩声系统。

（4）若将不同频率的扬声器组合成音柱或音箱式组合扬声器，则用于厅堂的语言或音乐放音都能得到满意的效果。

（5）号筒扬声器的容量大、效率高，但音质较差，仅适用于要求不高的语言扩声系统，且由于它具有适应露天安装的外壳，因此多用于室外的扩声。

4. 线间变压器（音频变压器）

（1）线间变压器的作用是变换电压和阻抗。变压器的接线头用阻抗值标明的称为定阻式变压器，用电压标明的称为定压式变压器。

（2）选用变压器时，应注意其标称功率是在给定变比的情况下能传输的功率，选择时要使变压器的功率稍大于要传输的功率。

（3）功率选得太大时，变压器体积大、成本高，会造成浪费；功率选得太小，则损耗加大，严重时，变压器会因过分发热而烧坏。

（4）线间变压器的效率一般选为 75%～80%。

5. 功率放大器（功放）

功放的作用是把来自前置放大器或调音台的音频信号进行功率放大，以足够的功率推动音箱发声。

功放按其与扬声器配接的方式分为定压式和定阻式两种。

（1）定阻式功放。对于传输距离较近的系统，可以采用定阻式功放（也可以采用定压式）传输。定阻式功放以固定阻抗的方式输出音频信号，要求负载按规定的阻抗与功放配接才能获得功放的额定功率。

（2）定压式功放。对于远距离传输音频信号，为了减小在传输线上的能量损耗，应该采用定压式功放以高电压的形式进行传输。定压式功放的输出电压一般为 90V、120V 和 240V，当传输距离较远时，要采用 240V。如果需带动多只扬声器，则扬声器的功率总和不得超过功放的额定功率。

6. 扩声系统指标

（1）语言清晰度。语言清晰度是指对扩声系统播出的语言能听清的程度，一般应大于 80%。

（2）传输频率特性。传输频率特性是指厅堂内各测点处稳态声压的平均值相对于扩声系统传声器处声压或扩声设备输入端电压的幅频响应。

（3）传声增益 G。传声增益是指扩声系统达到最高可用增益时，厅堂内各测点处稳态声压级平均值与扩声系统传声器处声压级的差值。最高可用增益，是指扩声系统中由于扬声器输出的声能的一部分反馈到传声器而引起啸叫（反馈自激）的临界状态的增益减去 6dB 的值。通常，扩声系统的传声增益最高只能达到-2dB 左右，在要求不太高的情况下，一般只要大于-10dB 即可。

（4）最大声压级 $L_{p,max}$。声波在大气中传播时因振动而形成变化压强，总压强与大气原始压强之差称为声压，用 p 表示，单位为 Pa。人耳的感知声压范围在 1kHz 时为 2×10^{-5}～20Pa，其下限 2×10^{-5}Pa 称为可闻阈，上限 20Pa 称为痛阈。超过痛阈时，人耳将产生明显痛感。为便于实际应用，声压常以声压级来表示，其定义为

$$L_p = 20\lg \frac{p}{p_0}$$

式中 L_p——声压级（dB）；

p——声压（Pa）；

p_0——参考基准声压，$p_0 = 2\times10^{-5}$Pa。

最大声压级是指厅堂内空场稳态时的最大声压级，一般要求为 80～110dB。

（5）系统失真。系统失真是指扩声系统由输入声信号到输出声信号全过程中产生的非线性畸变，一般要求为 5%～15%。

（6）总噪声。总噪声是指扩声系统达到最高可用增益但无有用声信号输入时，厅内各测点处噪声声压的平均值，一般要求为 35～50dB。

（7）声场不均匀度。声场不均匀度是指有扩声时厅堂内各测点得到的稳态声压级的极大值和极小值的差值，一般要求不大于 10dB。

二、广播音响系统

（1）扩声系统。

1）面向歌舞厅、宴会厅、卡拉 OK 厅的音响系统。这种系统应用于综合性的多用途群众娱乐场所。音响设备要有足够的功率，较高档次的还要求有很好的重放效果，应配置专业音响器材，设计时要注意供电线路与各种灯具的调光器分开。对于歌舞厅、卡拉 OK 厅，还要配置相应的视频图像系统。

2）面向体育馆、剧场、礼堂为代表的厅堂扩声系统。这种扩声系统是应用最广泛的系统，它是一种专业性较强的厅堂扩声系统。室内扩声系统往往有综合性多用途的要求，可供会场语言扩声使用，还可用于文艺演出，对音质的要求很高，且受建筑声学条件的影响较大。

（2）公共广播系统。

1）公共广播系统。面向公众区的公共广播系统主要用于语言广播，这种系统平时进行背景音乐广播，当出现灾害或紧急情况时可切换成紧急广播。

公共广播系统的特点是服务区域面积大、空间宽旷，声音传播以直达声为主。但如果扬声器的布局不合理，因声波多次反射而形成超过 50ms 以上的延时时，会引起双重声或多重声，甚至会出现回声，从而影响声音的清晰度和声像的定位。

2）面向宾馆客房的广播音响系统。这种系统由客房音响广播和紧急广播组成，正常情况时向客房提供音乐广播，包含收音机的调幅（AM）、调频（FM）广播波段和宾馆自播的背景音乐等多个可供自由选择的波段，每个广播均由床头柜扬声器播放。在紧急广播时，客房广播被强行中断，只有紧急广播的内容强行切换到床头扬声器，使所有客人均能听到紧急广播。

3）会议系统。会议系统包括会议讨论系统、表决系统和同声传译系统。这类系统一般也设置由公共广播提供的背景音乐和紧急广播两用系统。因有其特殊性，常在会议室和报告厅单独设置会议广播系统。

对要求较高的国际会议厅，还需另行设计同声传译系统、会议表决系统及大屏幕投影电视。

会议系统广泛用于会议中心、宾馆、集团公司、学术报告厅等场所。

三、主要设备

（1）信号放大和处理设备。信号的放大是指电压放大和功率放大，其次是信号的选择处理，即通过选择开关选择所需要的节目源信号。

（2）传输线路。对于厅堂扩声系统，由于功率放大器与扬声器的距离不远，一般采用低阻抗式大电流的直接馈送方式。对于公共广播系统，由于服务区域广、距离长，为了减少传输线路引起的损耗，往往采用高压传输方式。

（3）扬声器系统。扬声器是能将电信号转换成声信号并辐射到空气中去的电声换能器，在弱电工程的广播系统中有着广泛的应用。

（4）节目源设备。节目源设备有 AM/FM 调谐器、电唱机、激光唱机和录音机等，还包括传声器、电视伴音（包括影碟机、录像机和卫星电视的伴音）、电子乐器等。

四、会议系统

会议系统形式包括会议讨论系统、表决系统、同声传译系统和电视电话会议系统，要求音、视频（图像）系统同步，全部采用电脑控制和储存会议资料。

会议系统的突出特点之一是能快速、有效地向会议参加者分配资料，并可以满足所有的要求。

会议系统可以支持多种显示媒体，从简单的 LCD 个人屏幕到会场广播的电视设备。

（1）发言设备。发言设备是一个专用名词，指会议代表通过它来参与会议的讨论和发言。根据所用的机型不同，会议代表可以得到以下功能的某些部分或全部：听、说、请求发言登记，接收屏幕显示资料，通过内部通信系统与其他代表交谈，参加电子表决。

同声传译系统是指接收原发言语种的同时，翻译成其他语种后播出新的语种语音信息。最基本的发言设备有带开关的传声器、扬声器、投票按键和 LED 状态显示器。更高级的型号还装备了 LCD 屏幕、语种通道选择器、软触键和代表身份认证卡读出器。

会议主席用的发言机还有传声器优先系统，主席用此功能可以使正在进行的代表发言暂时静止。

（2）台面式与嵌入式。发言机可以摆放在台面上，也可以装嵌到桌面、座椅后背或扶手内。

除了发言机，系统内也可以使用其他形式的传声器，如软管支架式、颈挂式、手执式传声器等，使没有坐席的会议参加者，如客座发言人也能发言。台面式适合移动性大或要求比较灵活、经常产生变化的系统。

如果是形式比较固定的系统，则采用嵌入式更适宜。还有配套的辅助设备供应用户选用，如传声器架、安装辅件，移动式还有系统设备的运输箱和接口板等。

（3）资料分配设备。主席机、译员台和部分代表机上装备了具有两行显示的 LCD 屏，用于显示代表资料、表决时间、公用或个人资料、传声器的状态、多语种的使用说明。

LCD 技术是袖珍彩色液晶电视的核心技术，用这种电视向指定的会议参加者个别提供资料显示是非常理想的。

（4）中央控制设备。中央控制器（CCU）是管理系统的心脏。

中央控制器可以独立操作，实现自动会议控制；也可以由机务员通过个人电脑操纵，实现更复杂的管理。所有型号的 CCU 都有控制多达 240 台发言设备的功能，受控设备包括代表机、主席机、译员台和音频接口设备。

如果需要增加系统的受控容量，可以增接副 CCU，每加一台 CCU，系统的发言设备受控量将增加 240 台。

所有 CCU 都可以为最多 60 台的发言设备提供电源。如果需要为更多的设计供电，可以接上附加电源。

第二节　扩声音响系统安装

一、扩声音响系统设备的选择

（1）有线广播设备应根据用户的性质、系统功能的要求选择。

（2）有线广播的功率放大器（以下简称功放）设备宜选用定电压输出，当功放设备容量小或广播范围较小时，也可根据情况选用定阻抗输出。

（3）大型有线广播系统宜采用微机控制管理的广播系统设备。

（4）功放设备的容量一般按下述公式计算

$$P = K_1 K_2 \sum P_0$$

式中　P——功放设备输出总电功率，W；

P_0——$K_i P_i$，每分路同时广播时最大电功率；

P_i——第 i 支路的用户设备额定容量；

K_i——第 i 分路的同时需要系数；服务性广播，客房节目每套 K 取 0.2～0.4，背景音乐系统 K 取 0.5～0.6，业务性广播，K 取 0.7～0.8，火灾应急广播，K 取 1.0（同时广播范围应符合“火灾自动报警及联动控制系统”的有关规定）；

K_1——线路衰耗补偿系数；线路衰耗 1dB 时取 1.26，线路衰耗 2dB 时取 1.58；

K_2——老化系数，一般取 1.2～1.4。

二、扩声音响系统线路敷设

（1）音频信号输入的馈电。图 6-3（a）为不平衡输出至不平衡输入，采用单芯屏蔽电缆；图 6-3（b）为不平衡输出至平衡输入，采用单芯屏蔽电缆；图 6-3（c）为不平衡输出平衡输入，采用双芯屏蔽电缆，应用较多；图 6-3（d）为平衡输出至平衡输入，采用单芯屏蔽电缆；图 6-3（e）为平衡输出至不平衡输入，采用双芯屏蔽电缆，比上述图（a）～（d）用得更多；图 6-3（f）为平衡输出至平衡输入，采用双芯屏蔽电缆。

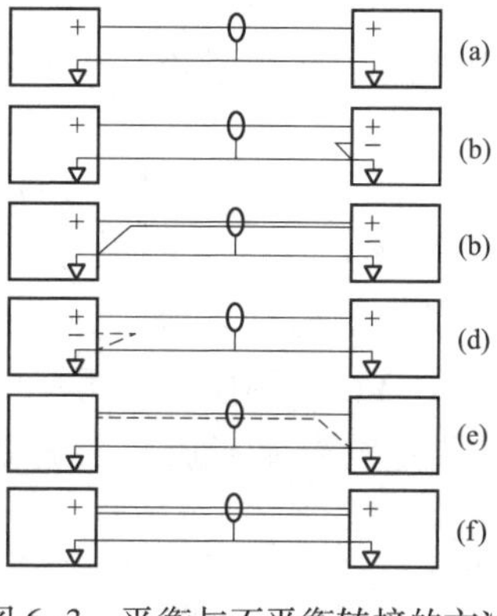

图 6-3　平衡与不平衡转接的方法

长距离连接的传声器线（超过 50m）必须采用低阻抗（200Ω）平衡传送的连接方法。最好采用有色标的四芯屏蔽线，对角线对并且穿钢管敷设。调音台及全部周边设备

之间的连接均需采用单芯（不平衡）或双芯（平衡）屏蔽软线连接。

（2）功率输出的馈电。

厅堂、舞厅和其他室内扩声系统均采用低阻抗（8Ω，有时也用4Ω或16Ω）输出。一般采用截面积为2～6mm^2的软发烧线穿管敷设。发烧线的截面积决定于传输功率的大小和扬声器的阻尼特性要求。通常要求馈线的总直流电阻（双向计算长度）应小于扬声器阻抗的1/50～1/100。室外扩声由于场地大，扬声器箱的馈电线路长，为减少线路损耗通常不采用低阻抗连接，而使用高阻抗定电压传输（70V或100V）音频功率。从功放输出端至最远端扬声器负载的线路损耗一般应小于0.5dB。宾馆客房多套节目的广播线应以每套节目敷设一对馈线，而不能共用一根公共地线，以避免节目信号间的干扰。

（3）供电线路。扩声系统的供电电源与其他用电设备相比，用电量不大，但最怕被干扰。

为尽量避免灯光、空调、水泵、电梯等用电设备的干扰，建议使用变压比为1∶1的隔离变压器，此变压器的二次侧任何一端都不与一次侧的地线相连。总用电量小于10kVA时可使用220V单相电源供电。

用电量超过10kVA时，功率放大器应使用三相电源，然后在三相电源中再分成三路220V供电，在三路用电分配上应尽量保持三相平衡。

为避免干扰和引入交流噪声，扩声系统应设有专门的接地地线，不与防雷接地或供电接地共用地线。

三、扩声音响系统的布置方式

1. 扬声器的布置方式

（1）混合布置方式。在集中式供声的剧场中，靠近舞台前几排的观众感到声音来自头顶，方向感较差，为此须在台口前或舞台两侧布置若干只小功率扬声器，以改善声像定位问题。

较大型的剧场中，由于场地大，特别是有较深眺台遮挡的观众区及楼厅下面较深的后排观众区，收听不到直达声。

影响音质效果，此时在适当的位置应补装一些补声扬声器。

图6-4是混合式扬声器的布置图。

（2）集中布置方式。在舞台台口“镜框”的上方或左右两侧设置指向性较强的扬声器组合，使扬声器组合中的各扬声器的主轴线分别指向观众区的中部和后部。这种布置方式的优点是声能集中、直达声强、清晰度高、观众的方向感好、声像较一致，如图6-5所示。

集中式布置方式多用于多功能厅、2000人以下的会场和体育场的比赛场地。扬声器设置在舞台或主席台的周围，并尽可能集中，大多数情况下扬声器装在自然源的上方，两侧相辅助。

这种布置可以使视听效果一致，避免声反馈的影响。扬声器（或扬声器系统）至最远听众的距离应不大于临界距离的3倍。

（3）分散布置方式。在面积很大、顶棚又较低的礼堂、会场用集中方式无法使声场分布均匀时，可采用小功率高密度的分散布置在天花板上，如图6-6所示。

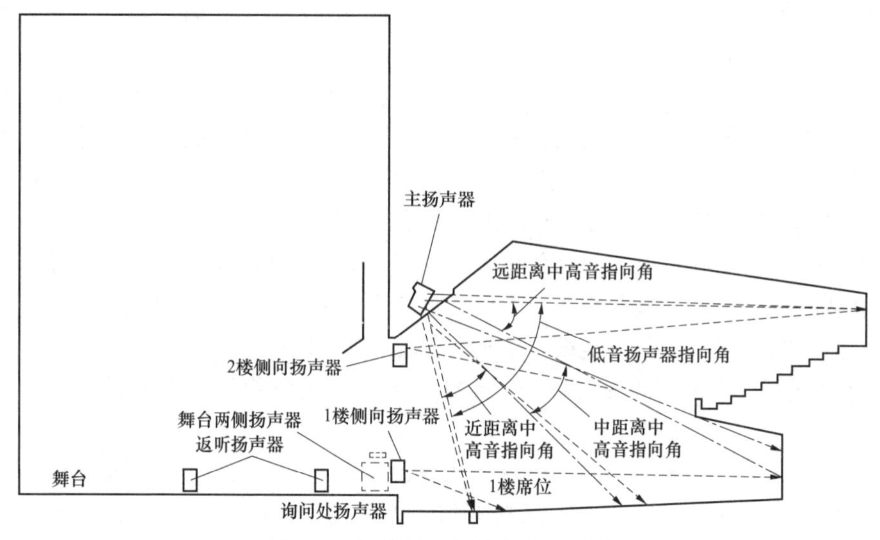

图 6-4　厅堂扬声器的布置示意图

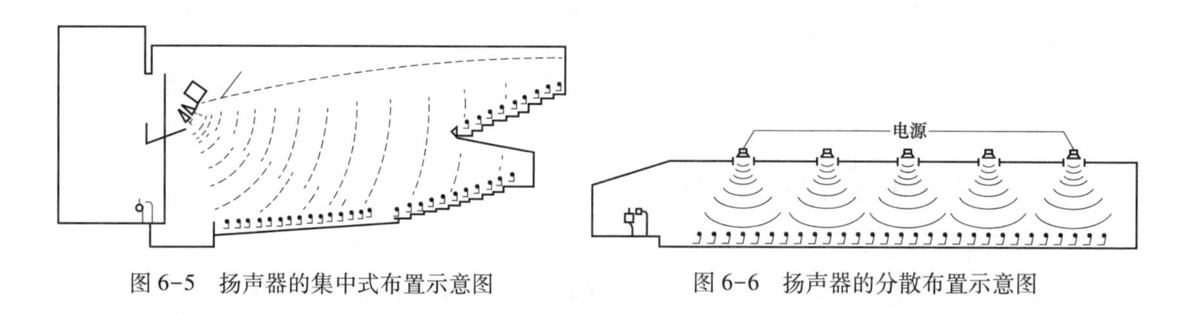

图 6-5　扬声器的集中式布置示意图

图 6-6　扬声器的分散布置示意图

这种方式可使声场分布非常均匀，观众听到的是距离自己最近扬声器发出的声音，因此方向感差，各扬声器声源之间的干扰也是不可避免的。

注意：扬声器箱的指向特性与频率密切相关。

1）频率越高，指向特性越高，一般在 250～300Hz 以下已无明显指向特性，1.5kHz 以上指向性比较明显起来。频率越高，声波束越窄。

2）扬声器箱可以放置在地上、舞台上或吊挂在墙上（或空间），但离地面高度和墙壁距离不同，由于地面和墙壁对低频的反射不同，会使低频的声压级不同，在歌舞厅中布置扬声器时应特别注意此问题。

3）当厅堂的长宽高的尺寸比例符合标准时，把扬声器倾斜，使其声轴的延长线接触到厅内中间数排座位的后半部（大约是长度的 2/3 处），可得到良好的效果。两侧扬声器的相对位置应偏转到使它们的声轴相交在观众场的中线上。

2. 同声传译系统布置方式

同声传译系统可以选择由原语种直接翻译的工作方式，或可选择二次转译方式，以利于小语种的翻译。

每个译员台都有一个发言原语种的输出，还有一个输出，可以选择别的语种。图 6-7 所示为同声传译系统。

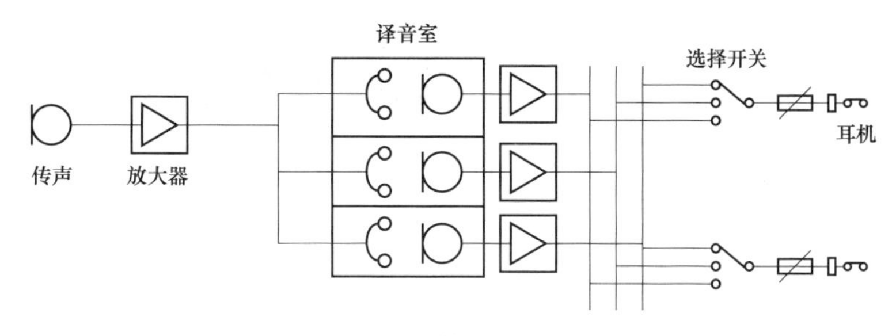

图 6-7　同声传译系统原理图

3. 红外同声传译系统的布置方式

有线或无线的语种分配会议系统的语种分配系统有不同的工作方式可供选择。

语种分配可由会议系统的电缆线路实现，用通道选择器或带有通道选择功能的代表机听不同的语种。也可以选用无线的红外系统实现语种分配，用红外发射机将各种语言送到会场的各部位，而用带有耳机或内置扬声器的个人红外接收器收听，如图 6-8 所示。

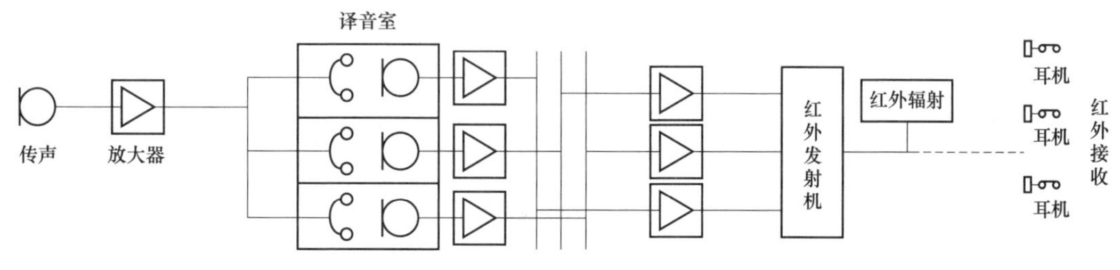

图 6-8　红外同声传译系统原理图

四、扩声音响系统布置图

有线广播系统主要由节目源、功放设备、监听设备、分路广播控制设备、用户设备及广播线路等组成。节目源包括激光唱机、磁带录放机、调幅调频收音机及传声器等设备；功放设备包括前级增音器及功率放大器等设备；用户设备包括音箱、声柱、客房床头控制柜、控制开关及音量控制器等设备。

公共广播音响系统布置如图 6-9 所示。

五、扩声音响系统设备的设置规定

1. 功放设备规定

（1）柜前净距应不小于 1.5m。

（2）柜侧与墙、柜背与墙的净距应不小于 0.8m。

（3）柜侧需要维护时，柜间距离应不小于 1.0m。

（4）在地震区，应对设备采取抗震加固措施。

（5）采用电子管的功放设备单列布置时，柜间距离应不小于 0.5m。

2. 传声器

传声器的类别应根据使用性质确定，其灵敏度、频率特性和阻抗等均应与前级设备的要求相匹配。

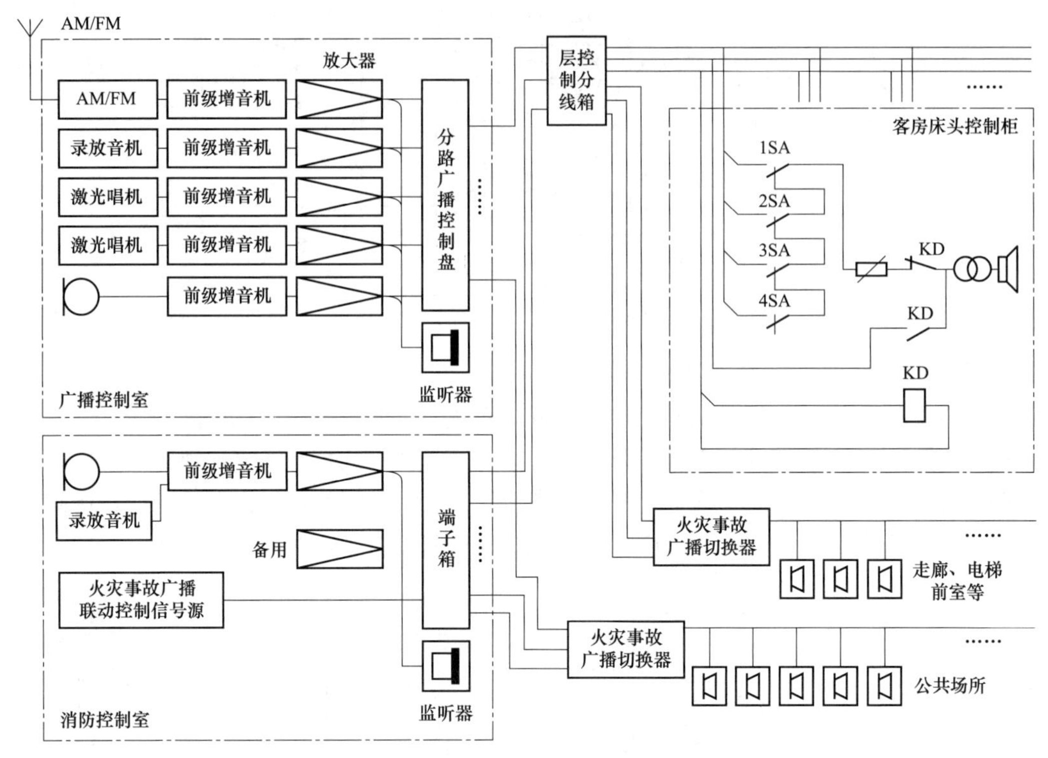

图 6-9　某公共广播音响系统布置示意图

3. 民用建筑扬声器

民用建筑选用的扬声器除满足灵敏度、频响、指向性等特性及播放效果的要求外，还宜符合下列规定。

（1）在建筑装饰和室内净高允许的情况下，对大空间的场所宜采用声柱（或组合音箱）。

（2）走廊、门厅及公共场所的背景音乐、业务广播等扬声器箱宜采用 3～5W。

（3）办公室、生活间、客房等可采用 1～2W 的扬声器箱。

（4）扬声器扩声面积及扬声器的功率配置见表 6-2、表 6-3。

表 6-2　单只扬声器扩声面积参考表

型　　号	规格/W	名　　称	扩声面积/m^2	备　　注
ZTY-1	3	天花板扬声器	40～70	吊顶安装
ZTY-2	5	天花板扬声器	60～110	较高吊顶安装
ZQY	3	球形扬声器	30～60	吊顶、无吊顶安装
	5	球形扬声器	50～100	特殊装饰效果的场合
ZYX-1A	3	音箱	40～70	壁装
ZYX-1	5	音箱	60～110	壁装
ZSZ-1	30	草地扬声器	80～120	室外座装
ZMZ-1	20	草地扬声器	60～100	室外座装

注：1. 采用定压传输时，按本表选择扬声器规格和数量。

2. 扬声器安装高度 3m 以内；扬声器型号仅供参考。

表 6-3　　扩声面积与扬声器功率配置

扩声面积/m^2	扬声器功率/W	功放标称功率/W	供电容量/（V·A）
500	35～40	≥40	≥120
1000	70～80	≥80	≥240
2000	120～150	≥150	≥450
5000	250～350	≥350	≥1050
10 000	500～700	≥700	≥2100

注：功率放大器的选择一般遵循的原则是对一般广播而言，功率放大器的额定功率大于或等于扬声器总功率。电容量在设计上通常取功率放大器额定功率总和的 3 倍，以保证系统可靠工作。

（5）在噪声高、潮湿的场所设置扬声器箱时，应采用号筒扬声器。扬声器的声压级应比环境噪声大 10～15dB。

（6）室外扬声器应采用防水防尘型，其防护等级应满足所设置位置的环境要求。

4. 用于背景音乐的扬声器

用于背景音乐的扬声器（或箱）设置应符合下列规定：

（1）扬声器（或箱）的中心间距应根据空间净高、声场及均匀度要求、扬声器的指向性等因素确定。要求较高的场所，声场不均匀度不宜大于 6dB。

（2）扬声器箱在吊顶安装时，应根据场所的性质来确定其间距。

1）门厅、电梯厅、休息厅内扬声器箱间距可采用下式估算

$$L=(2\sim2.5)H$$

式中　L——扬声器箱安装间距，m；

H——扬声器箱安装高度，m。

2）走道内扬声器箱间距可采用下式估算

$$L=(3\sim3.5)H$$

3）会议厅、多功能厅、餐厅内扬声器箱间距可采用下式估算

$$L=2(H-1.3)\tan\frac{\theta}{2}$$

式中　θ——扬声器的辐射角度，一般要求辐射角度大于或等于 90°。

（3）根据公共活动场所的噪声情况，扬声器（或箱）的输出，宜就地设置音量调节装置；当某场所可能兼作多种用途时，该场所的背景音乐扬声器的分路宜安装控制开关。

（4）与火灾应急广播系统合用的背景音乐扬声器（或箱），在现场不得装设音量调节或控制开关。

5. 扬声器箱安装高度规定

（1）建筑物内在有吊顶的场所，扬声器箱可采用顶棚安装方式。扬声器箱根据需要明装时，安装高度（扬声器箱底边距地面）不宜低于 2. 2m，一般为 2. 5m。

（2）在室外，扬声器箱可安装在地面上，也可安装在电杆上或墙上。当扬声器箱安装在电杆上或墙上时，安装高度一般为 4～5m。

（3）在较高的场所（如餐厅）扬声器箱明装时，安装高度（扬声器箱底边距地面）一般为 3～4m。

六、扩声音响系统控制室的设置

1. 一般规定

（1）设置有塔钟自动报时扩音系统的建筑物，广播控制室宜设在楼房顶层。

（2）广播控制室的技术用房应根据工程的实际需要确定，一般宜符合下列规定。

1）一般广播系统只设置控制室，当录、播音质量要求高或有噪声干扰时，应增设录、播室。

2）大型广播系统宜设置机房、录播室、办公室和仓库等附属用房。

（3）广播机房的面积要满足系统规模要求，即能放下所有的机柜、控制台或一个工作台。机柜离墙距离要求：柜前不小于 1.5m，柜后、柜侧不小于 0.8m。机房面积不小于 $10m^2$。

（4）录播室与机房间应设置观察窗和联络信号。

（5）航空港、铁路旅客站、港口码头等公用建筑，广播控制室宜靠近调度室。

（6）宾馆、酒店、旅馆类建筑，服务性广播宜与电视播放合并设置控制室。

（7）办公类建筑，广播控制室宜靠近主管业务部门，当消防值班室与其合用时，应符合“火灾自动报警及联动控制系统”的有关规定。

（8）广播控制室的设置可参照控制室部分。

2. 广播音响系统控制室的平面布置

当扩音机容量为 500W 以下，录播室、机房合并在一起时，约需一间 $10\sim20m^2$ 的房间，当扩音机容量为 500W 以上时，约需两间 $10\sim20m^2$ 的房间作机房和录播室。广播控制室设备平面布置如图 6-10 所示。

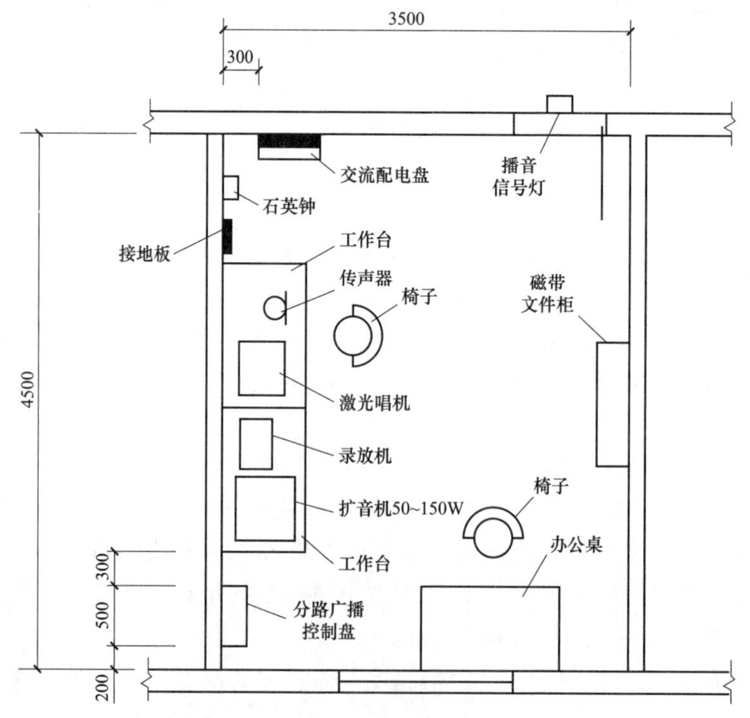

图 6-10 广播控制室设备平面布置图（单位：mm）

七、广播音响系统的电源与接地

1. 广播音响系统的交流电源

（1）有一路交流电源供电的工程，宜由照明配电箱专路供电。小容量的广播站可由电源插座直接供电；当功放设备容量在 250W 及以上时，应在广播控制室设电源配电箱。

（2）当业务性广播系统、服务性广播系统和火灾应急广播系统合并为一套系统时，有线广播的交流电源应符合“火灾自动报警及联动控制系统”的有关规定。

（3）广播音响系统的交流电源负荷等级宜按该工程的最高负荷等级要求供电。

（4）有二路交流电源供电的工程，宜由二路电源在广播控制室互投供电。

（5）交流电源电压偏移值一般不宜大于±10%。当电压偏移不能满足设备要求时，应在该设备的附近设自动稳压装置。

（6）广播机房内应备有配电箱，单独为广播系统供电，供电容量应为额定输出功率的 3 倍，若系统具有火灾应急广播，应采用消防电源供电。

2. 广播音响系统接地

广播控制室应设置保护接地和工作接地，一般按下列原则处理：

（1）单独设置专用接地装置，接地电阻应不大于 4Ω。

（2）接至共同接地网，接地电阻应不大于 1Ω。

（3）工作接地应构成系统一点接地。

（4）广播机房内应留有系统地线、接地端子盒、端子排。

第三节　扩声音响系统的检测与验收

广播音响工程施工完毕后，应由相关检测部门对其进行验收，验收标准依据相关的广播音响系统规范标准进行验收，并出具相应的合格检测报告。

广播音响系统的主要检验验收内容如下：

（1）施工单位在系统安装调试完成后，应对系统进行自检。自检时，要求对检测项目逐项进行检测。

（2）系统完成检测后，应根据系统的特点和要求，进行合理周期内连续不中断的试运行。

（3）任何一个扬声器所输出的最大音量在距扬声器方圆 1m 的位置不超过 90dB，但也不能低于 10dB，至少要高于外界杂音的音量。

（4）当扬声器线路短路时，自动切断与功率放大器连线的功能，同时在控制台产生报警信号，表明电路发生故障。

（5）专门设定用于封闭式讲话环境的传声器，具有自动消除杂音的功能，其响应频率是一致的，从 100～10 000Hz。

（6）扬声器的轴线不应对准主席台或其他有传声器的地方，对主席台上空附近的扬声器宜单独控制，以减少声反馈。

（7）扬声器距最远听众的距离应不大于临界距离的 3 倍。

（8）扬声器、线路放大器、预先放大器和调频器等所有设备，都是采用模块化结构形式。

（9）扬声器距任意一只传声器的距离宜大于临界距离。

（10）广播系统的交流电源电压偏移值一般不宜大于10%。当不能满足要求时，应装设自动稳压装置。

（11）当声像要求一致时，扬声器布置位置应与声源的视觉位置一致。

（12）广播系统工作接地如为单独装设的专用接地装置时，其接地电阻应不大于4Ω；当广播系统接地与建筑物防雷接地、通信接地、工频交流供电系统接地共用一组接地网时，广播系统接地应以专用线与其可靠连接，接地网接地电阻应不大于1Ω，广播系统工作接地应为一点接地。

（13）广播用交流电源容量通常可按终期广播设备交流耗电量的1.5～2倍计算。

（14）有完整的工程技术文件和工程实施及质量控制记录。

（15）实物检查验收。对材料、设备、部件、工具、器具等的检查验收按进场批次及隐蔽工程、安装质量等工序、进度要求进行。验收采用现场观察、核对施工图、抽查测试等方法。抽检应按国家有关规定的产品抽样检验方案执行。

（16）资料检查验收包括材料、设备、部件、工具、软件等的中文产品合格证（含质量合格证明文件、规格、型号等），根据建设方要求提供的性能检测报告，使用维护说明书，软件产品检测报告，著作权登记证等；进口产品应提供原产地证明和商检证明，以及进场复验报告、施工过程重要工序的自检报告和交接检验记录、抽样检验报告、鉴证检测报告、隐蔽工程验收记录等。

（17）公共广播与紧急广播系统检测应符合下列要求：

1）系统音频线的敷设、接地形式、安装质量及输入输出不平衡度应符合设计要求，设备之间阻抗应匹配合理。

2）最高输出电平、输出信噪比、声压级和频宽的技术指标应符合设计要求。

3）满足设计功能。

4）通过对响度、音色和音质的主观评价，评定系统的音响效果。

5）放声系统应分布合理，符合设计要求。

6）具有紧急广播功能的功率放大器应采用冗余配置，并在主机故障时，按设计要求能自动启用备用机。

7）紧急广播与公共广播共用设备时，消防广播应具有最高优先权。紧急事件发生时，能强制切换为紧急广播。

8）火灾应急广播在环境噪声大于60dB的场所设置火灾警报装置时，其警报器的声压级应高于背景噪声15dB以上。

9）布线系统工程验收应符合现行GB 50339—2013《智能建筑工程施工质量验收规范》中的规定。

10）广播音乐系统应重点检测系统的连通性和音响效果，并保证在紧急事故情况下，切换为紧急事故广播运行模式。

11）公共广播分区控制的，分区的划分不得与消防分区产生矛盾。

第七章　防盗报警系统施工

第一节　防盗报警系统组成

一、防盗报警系统基本组成

防盗报警系统的基本组成如图 7-1 所示。

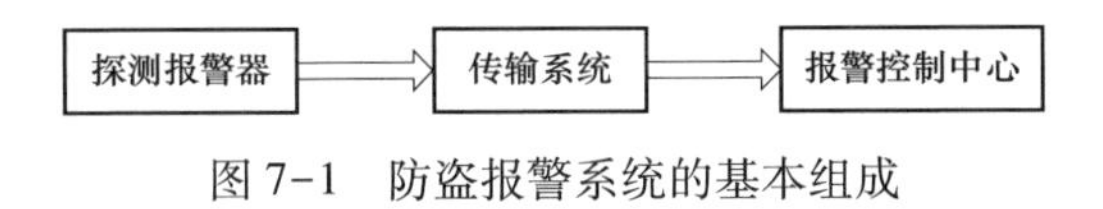

图 7-1　防盗报警系统的基本组成

1. 探测报警器

探测报警器是负责探测受保护区域现场的任何入侵活动。探测报警器由传感器和前置信号处理电路两部分组成。可以根据不同的防范场所来选用不同的探测报警器。

2. 入侵探测报警器的种类

（1）按探测原理不同或应用的传感器不同来分，有① 雷达式微波探测报警器。② 微波墙式探测报警器。③ 主动式红外探测报警器。④ 被动式红外探测报警器。⑤ 开关式探测报警器。⑥ 超声波探测报警器。⑦ 声控探测报警器。⑧ 振动探测报警器。⑨ 玻璃破碎探测报警器。⑩ 电场感应式探测报警器。⑪ 电容变化探测报警器。⑫ 视频探测报警器。⑬ 微波—被动红外双技术探测报警器。⑭ 超声波—被动红外双技术探测报警器。

（2）按警戒范围来分，有点型探测报警器、线型探测报警器、面型探测报警器和空间型探测报警器。其中，点型探测报警器的警戒范围是一个点，线型探测报警器的警戒范围是一条线，面型探测报警器的警戒范围是一个面，空间型探测报警器的警戒范围是一个空间，见表 7-1。

表 7-1　　按探测报警器的警戒范围分类

警戒范围	探测器种类
点型	开关式探测器（压力垫、门磁开关、微动开关式等）
线型	主动式红外探测器、激光式探测器、光纤式周界探测器
面型	振动探测器、声控—振动型双技术玻璃破碎探测器、电视报警器
空间型	雷达式微波探测器、微波墙式探测器、被动红外探测器、超声波探测器、声控探测器、视频探测器、微波—被动红外双技术探测器、超声波—被动红外双技术探测器、声控型单技术玻璃破碎探测器、次声波—玻璃破碎高频声响双技术玻璃破碎探测器、泄漏电缆探测器、振动电缆探测器、电场感应式探测器、电容变化式探测器

（3）按用途或使用的场所不同来分，有户内型入侵探测报警器、户外型入侵探测报警器、周界入侵探测报警器、重点物体防盗探测报警器。

（4）按工作方式来分，有主动式探测报警器和被动式探测报警器。

1）主动式探测报警器。主动式探测器在担任警戒期间要向所防范的现场不断发出某种形式的能量，如红外线、超声波、微波等能量。

2）被动式探测报警器。被动式探测器在担任警戒任务期间本身不需要向所防范的现场发出任何形式的能量，而是直接探测来自被探测目标自身发出的某种形式的能量，如红外线、振动等能量。

3. 探测报警器的特点（表 7-2）

表 7-2　　探测报警器的功能和特点

类　别	功能和特点
微波移动探测器（雷达式微波探测器）	1）微波移动探测器（雷达式微波探测器）又称为多普勒式微波探测器或雷达式微波探测器，是利用频率为 300～300 000MHz（通常为 10 000MHz）的电磁波对运动目标产生的多普勒效应构成的微波探测器。 2）在探测器设置为最大探测距离时所达到的探测范围边界应大于等于生产厂家在技术条件中给出的数值，然而大于的部分应不超出给定值的 25%。 3）当参考目标从探测范围边界向探测器移动 3m 或达到最初距离的 30%时（两者取其小值），探测器应产生报警状态。移动距离小于 0.2m，应不产生报警状态。 4）产生报警状态后，引起报警的参考目标停止移动后，探测器应在 10s 之内恢复到正常的非报警状态（警戒状态）。 5）探测器应能探测到参考目标向探测器的间歇移动（以探测器可探测到的速度移动，移动的时间不小于 1s，停顿的时间不大于 5s）。间歇移动 5m 或最大探测距离的 50%时（两者取其小值），探测器应产生报警状态。 6）探测器应能探测到参考目标以 0.3～3m/s 之间的任何速度向探测器的移动。 7）在恒定的环境条件下，探测器在 7 天的正常工作期间，其探测距离的变化不应大于 10%。 8）探测器应有防拆保护，当探测器外壳被打开到能接近任何调节器或机械定位装置时，应产生报警状态。 9）若传感器和它的处理器不在同一壳体内，连接它们的电缆应被看作探测器的一部分，应对其进行电气监测。若任何导线发生开路、短路或并接任何负载而使报警信息或防拆报警信号不能被处理器接收到时，处理器应在 10s 内产生报警状态
超声波多普勒探测器	超声波探测器的工作方式与微波探测器类似，只是使用的不是微波而是超声波。因此，多普勒式超声波探测器也是利用多普勒效应，超声波发射器发射 25～40kHz 的超声波充满室内空间，超声波接收机接收从墙壁、顶棚、地板以及室内其他物体反射回来的超声波能量，并不断与发射波的频率加以比较。 1）当室内没有移动物体时，反射波与发射波的频率相同，不报警。 2）当入侵者在探测区内移动时，超声波反射波会产生大约±100Hz 的多普勒频移，接收机检测出发射波与反射波之间的频率差异后，即发出报警信号

续表

类　　别	功能和特点
红外入侵探测器	红外探测器是利用红外线的辐射和接收技术制成的报警装置。根据其工作原理又可分为主动式和被动式两种类型。 （1）主动式红外探测器主动式红外探测器主要是由收、发两部分装置组成。发射装置向装在几米甚至几百米远的接收装置辐射一束红外线，当被遮断时，接收装置即发出报警信号，因此，它也是阻挡式探测器，或称对射式探测器。 （2）被动式红外探测器。 1）工作原理。被动式红外报警器不向空间辐射能量，而是依靠接收人体发出的红外辐射来进行报警的。被动式红外报警器在结构上可分为红外探测器（红外探头）和报警控制部分。红外探测器目前用得最多的是热释电探测器，作为人体红外辐射转变为电量的传感器。 目前视场探测模式常设计成多种方式，如有多线明暗间距探测模式，又可划分上、中、下三个层次，即所谓广角形，也有呈狭长形（长廊形）的，如图 7-2 所示。 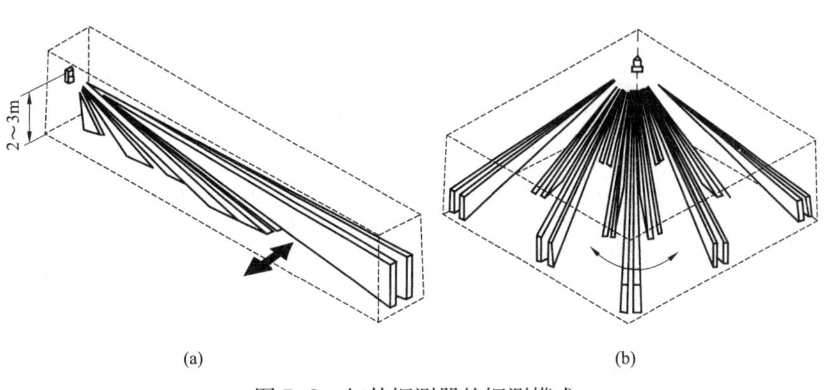 图 7-2　红外探测器的探测模式 （a）IR71M（4×2）；（b）IR73M（11×2） 在探测区域内，人体透过衣饰的红外辐射能量被探测器的透镜接受，并聚焦于热释电传感器上。图 7-2 中所形成的视场既不连续，也不交叠，且都相隔一个盲区。当人体（入侵者）在这一监视范围中运动时，顺次地进入某一视场又走出这一视场，热释电传感器对运动的人体时而看到，时而又看不到，于是人体的红外辐射不断地改变热释电体的温度，使它输出一个又一个相应的信号，这就形成报警信号。传感器输出信号的频率大约为 0.1～10Hz，这一频率范围由探测器中的菲涅尔透镜、人体运动速度和热释电传感器本身的特性决定。 2）主要特点：① 被动式红外探测器属于空间控制型探测器。由于其本身不向外界辐射任何能量，因此就隐蔽性而言更优于主动式红外探测器。另外，其功耗可以做得极低，普通的电池就可以维持长时间的工作。② 由于红外线的穿透性能较差，在监控区域内不应有障碍物，否则会造成探测“盲区”。③ 为了防止误报警，不应将被动式红外探测器探头对准任何温度会快速改变的物体，特别是发热体，以防止由于热气流的流动而引起误报警

续表

类　别	功能和特点
微波和被动红外复合入侵探测器	微波—被动红外报警器是把微波和被动红外两种探测技术结合在一起，同时对人体的移动和体温进行探测并相互鉴证之后才发出报警。由于两种探测器的误报基本上互相抑制，而两者同时发生误报的概率极小，所以误报率大大下降。例如，微波—被动红外双技术报警器的误报率可以达到单技术报警器误报率的1/421；并且通过采用温度补偿措施，弥补了单技术被动红外探测器灵敏度随温度变化的缺点，使双技术探测器的灵敏度不受环境温度的影响，故使其能够被广泛地应用。双技术探测器的缺点是价格比单技术探测器昂贵，安装时将两种探测器的灵敏度都调至最佳状态较为困难
玻璃破碎入侵探测器	玻璃破碎探测器是专门用来探测玻璃破碎功能的一种探测器。当入侵者打碎玻璃试图作案时，即可发出报警信号。 玻璃破碎入侵探测器的工作原理声控型单技术玻璃破碎探测器的工作原理与前述的声控探测器相似，利用驻极体传声器来作为接收声音信号的声电传感器，由于它可将防范区内所有频率的音频信号（20～20 000Hz）都经过声—电转换而变成为电信号，因此，为了使探测器对玻璃破碎的声响具有鉴别的能力，就必须要加一个带通放大器，以便用它来取出玻璃破碎时发出的高频声音信号频率。 经过分析与实验表明：在玻璃破碎时发出的响亮而刺耳的声响中，包含的主要声音信号的频率是处于10～15kHz的高频段范围之内。而周围环境的噪声一般很少能达到这么高的频率，因此，将带通放大器的带宽选在10～15kHz之间，就可将玻璃破碎时产生的高频声音信号取出，从而触发报警，但对人的走路、说话、雷雨声等却具有较强的抑制作用，从而可以降低误报率。 经过实验分析表明：当敲击门、窗等处的玻璃（此时玻璃还未破碎）时，会产生一个超低频的弹性振动波，这时的机械振动波就属于次声波的范围，而当玻璃破碎时，才会发出高频的声音。 次声波—玻璃破碎高频声响双技术玻璃破碎探测器就是将次声波探测技术与玻璃破碎高频声响探测技术这样两种不同频率范围的探测技术组合在一起。只有同时探测到敲击玻璃和玻璃破碎时发生的高频声音信号和引起的次声波信号时，才可触发报警。实际上，是将弹性波检测技术（用于检测敲击玻璃窗时所产生的超低频次声波振动）与音频识别技术（用于探测玻璃破碎时发出的高频声响）两种技术融为一体来探测玻璃的破碎。通常设计成当探测器探测到超低频的次声波后才开始进行音频识别，如果在一个特定的时间内探测到玻璃的破碎音，则探测器才会发出报警信号。由于采用两种技术对玻璃破碎进行探测，可以大大地减少误报。与前一种双技术玻璃破碎探测器相比，尤其可以避免由于外界干扰因素产生的窗、墙壁振动所引起的误报
磁开关入侵探测器	1）磁开关入侵探测器（又称门磁开关）是由带金属触点的两块簧片封装在充有惰性气体的玻璃管（称干簧管）和一块磁铁组成，如图7-3所示。当磁铁靠近干簧管时，管中带金属触点的两块簧片在磁场作用下被吸合，*a*、*b*接通；磁铁远离干簧管达一定距离时干簧管附近磁场消失或减弱，簧片靠自身弹性作用恢复到原位置，*a*、*b*断开。 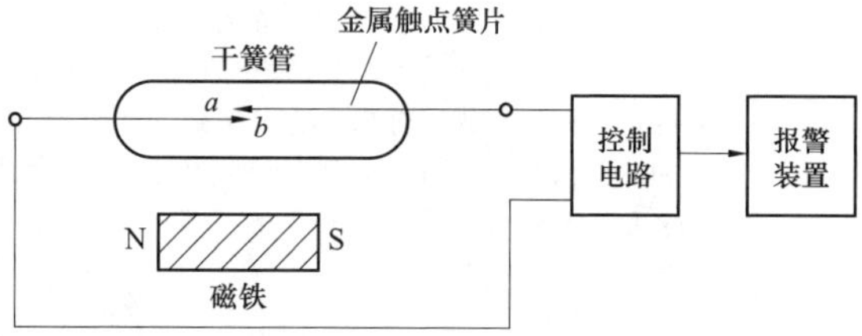 金属触点簧片　干簧管　*a*　*b*　控制电路　报警装置　N　S　磁铁 图7-3　磁控开关报警器示意图

续表

<table>
<tr><th>类　别</th><th>功能和特点</th></tr>
<tr><td>磁开关入侵探测器</td><td>2）使用时，通常是把磁铁安装在被防范物体的活动部位，如图 7-4 所示。干簧管装在固定部位。磁铁与干簧管的位置需保持适当距离，以保证门、窗关闭磁铁与簧管接近时，在磁场作用下，干簧管触点闭合，形成通路。当门、窗打开时，磁铁与干簧管远离，干簧管附近磁场消失，其触点断开，控制器产生断路报警信号。磁控开关在门、窗的安装情况，如图 7-5 所示。
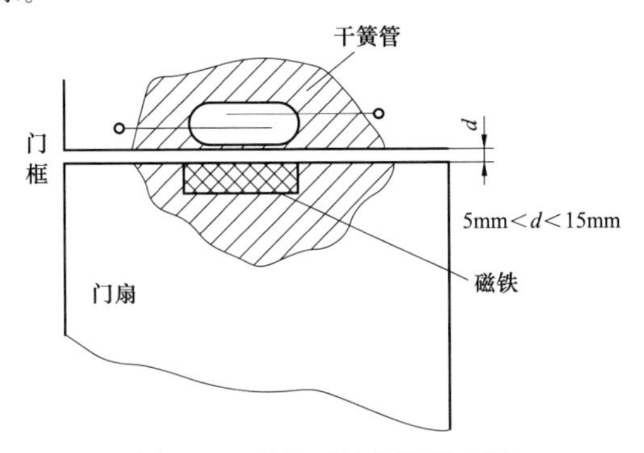

图 7-4　磁控开关安装示意图
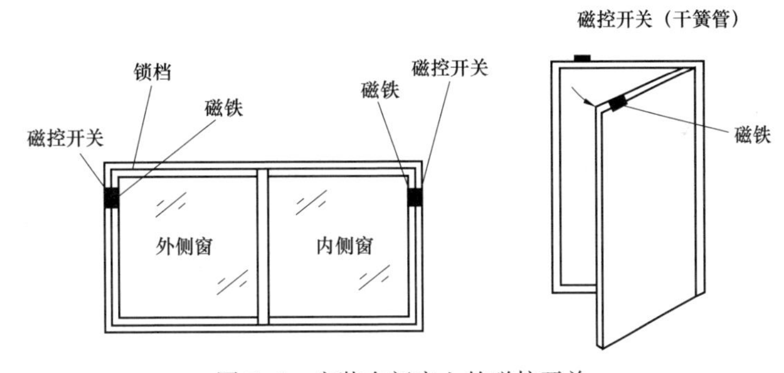

图 7-5　安装在门窗上的磁控开关
3）干簧管与磁铁之间的距离应按所选购产品的要求予以正确安装，像有些磁控开关通常控制距离只有 1～1.5cm 左右，而国外生产的某些磁控开关控制距离可达几厘米，显然，控制距离越大对安装准确度的要求就越低。因此，应注意选用其触点的释放、吸合自如，且控制距离又较大的磁控开关。同时，也要注意选择正确的安装场所和部位，像古代建筑物的大门，不仅缝隙大，而且会随风晃动，就不适宜安装这种磁控开关。在卷帘门上使用的磁控开关的控制距离至少应大于 4cm 以上。
4）磁控开关的产品大致分为明装式和暗装式两种，应根据防范部位的特点和防范要求加以选择。安装方式可选择螺钉固定、双面胶粘贴固定或紧配合安装式及其他隐藏式安装方式。通常人员流动性较大的场合最好采用暗装。即把开关嵌装入门、窗框的木头里，引出线也要加以伪装，以免遭犯罪分子破坏。
5）磁控开关也可以多个串联使用，将其安装在多处门、窗上，无论任何一处门、窗被入侵者打开，控制电路均可发出报警信号。该方法可以扩大防范范围，如图 7-6 所示。</td></tr>
</table>

续表

类　别	功能和特点
磁开关入侵探测器	干簧管 控制电路 报警装置 磁铁 图 7-6　磁控开关的串联使用 6）磁控开关由于结构简单，价格低廉，抗腐蚀性好，触点寿命长，体积小，动作快，吸合功率小，因而被经常采用
振动入侵探测器	振动探测器是在警戒区内能对入侵者引起的机械振动（冲击）发出报警的一种探测装置。它是以探测入侵者的走动或进行各种破坏活动时所产生的振动信号作为报警的依据。如入侵者在进行凿墙、钻洞、破坏门窗、撬保险柜等破坏活动时，都会引起这些物体的振动。以这些振动信号来触发报警的探测器就称为振动探测器。 振动探测器的基本工作原理：振动传感器是振动探测器的核心组成部件，它可以将因各种原因所引起的振动信号转变为模拟电信号，此电信号再经适当的信号处理电路进行加工处理后，转换为可以为报警控制器接收的电信号（如开关电压信号）。当引起的振动信号超过一定的强度时，即可触发报警。当然，对于某些结构简单的机械式振动探测器可以不设信号处理这部分电路，振动传感器本身就可直接向报警控制器输出开关电压信号。 引起振动产生的原因是多种多样的，其中主要有爆炸、凿洞、电钻钻孔、敲击、切割以及锯东西等多种方式，各种方式产生的振动波形是不一样的，即产生的振动频率、振动周期、振动幅度三者均不相同。不同的振动传感器因其结构和工作原理不同，所能探测的振动形式也各有所长。因此，应根据防范现场最可能产生的振动形式来选择合适的振动探测器。 电动式振动传感器是目前最常用的振动入侵探测器。它主要是由一块条形永久磁铁和一个绕有线圈的圆形筒组成。永久磁铁的两端用弹簧固定在传感器的外壳上，套在永久磁铁外围的圆筒上绕有一层较密的细铜丝线圈，这样，线圈中就存在着由永久磁铁产生的磁通。将这种探测器固定在墙壁、顶棚板、地表层或周界的钢丝网上，当外壳受到振动时，就会使永久磁铁和线圈之间产生相对运动。由于线圈中的磁通不断地发生变化，根据电磁感应定律，在线圈两端就会产生感应电动势，此电动势的大小与线圈中磁通的变化率成正比。将线圈与报警电路相连，当感应电动势的幅度大小与持续时间满足报警要求时，即可发出报警信号

4. 信号传输系统

信号传输系统负责将探测器所探测到的信息传送到报警控制中心。有如下两种传送方式：

（1）有线传输。有线传输是利用双绞线、电话线、电力线、电缆或光缆等有线介质传输信息。

（2）无线传输。无线传输是将探测到的信号经过处理后，用无线电波进行传输，需要发射和接收装置。

5. 报警控制中心

报警控制中心由信号处理器和报警装置等设备组成，负责处理从各保护区域送来的现场探测信息，若有情况，控制器就控制报警装置，以声、光形式报警，并可在屏幕上显示。

对于较复杂的报警系统，还要求对报警信号进行复核，以检验报警的准确性。报警控制中心通常设置在保安人员工作的地方，还要与公安部门进行联网。当出现报警信号后，保安人员应迅速出动，赶往报警地点，抓获入侵者。同时，还要与其他系统联动，形成统一、协调的安全防范体系。

二、防盗报警系统的模式

防盗报警系统根据信号传输方式的不同分为四种基本模式：分线制系统模式、总线制系统模式、无线制系统模式、公共网络模式。

1. 分线制系统模式

探测器、紧急报警装置通过多芯电缆与报警控制主机之间采用一对一专线相连，如图 7-7 所示。

分线制防盗报警系统模式二如图 7-8 所示。探测器的数量小于报警主机的容量，系统可根据区域联动开启相关区域的照明和声光报警器，备用电源切换时间应满足报警控制主机的供电要求。有源探测器宜采用不少于四芯的 RVV 线，无源探测器宜采用两芯线。

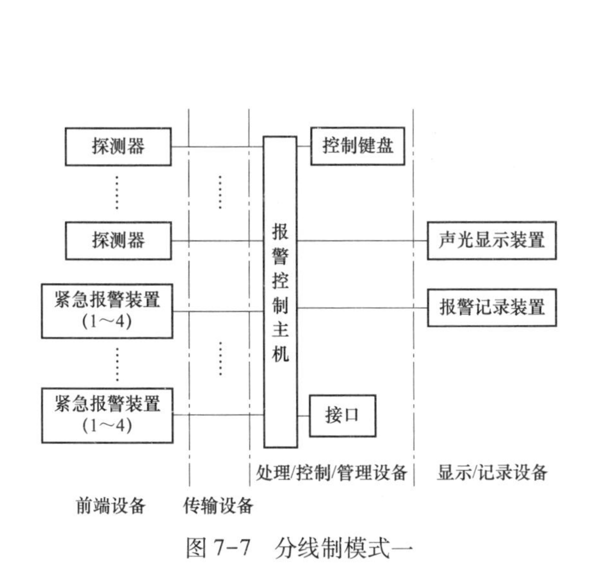

图 7-7　分线制模式一

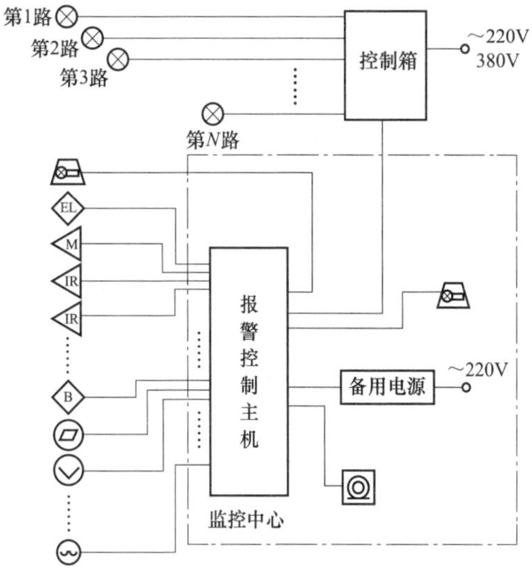

图 7-8　分线制模式二

分线制防盗报警系统模式三如图 7-9 所示，备用电源切换时间应满足周界报警控制器的供电要求，前端设备的选择、选型应由工程设计确定。

2. 总线制系统模式

总线制防盗报警系统模式如图 7-10 所示。总线制控制系统是将探测器、紧急报警装置通过其相应的编址模块，与报警控制器主机之间采用报警总线（专线）相连。与分线制防盗报警系统相同，它也是由前端设备、传输设备、处理/控制/管理设备和显示/记录设备四部分组成，两者不同之处是其传输设备通过编址模块使传输线路变成了总线制，极大地减少了传输导线的数量。

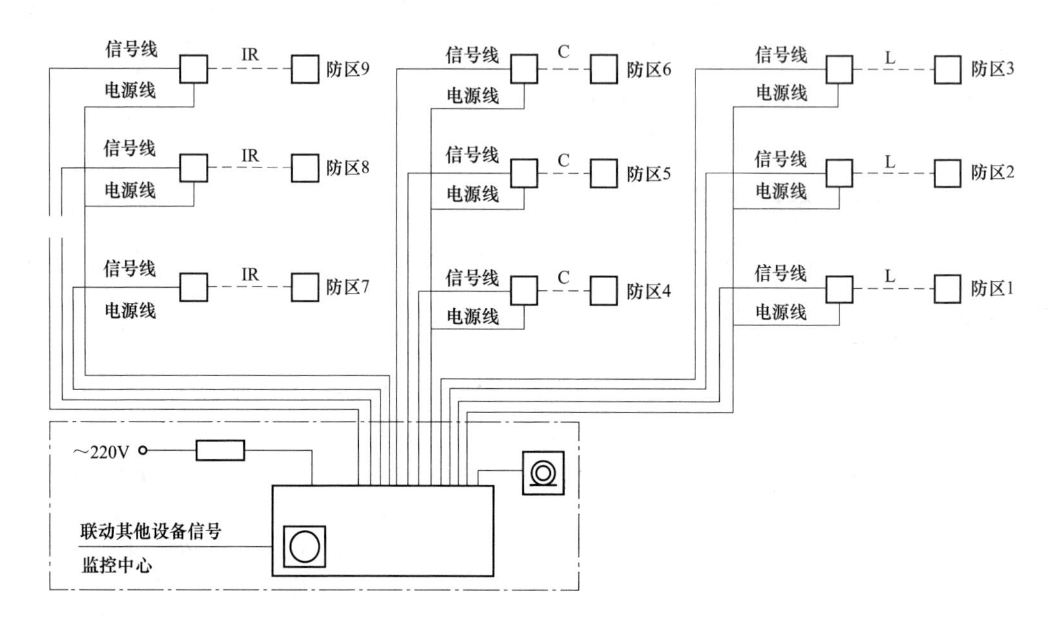

图 7-9　分线制模式三

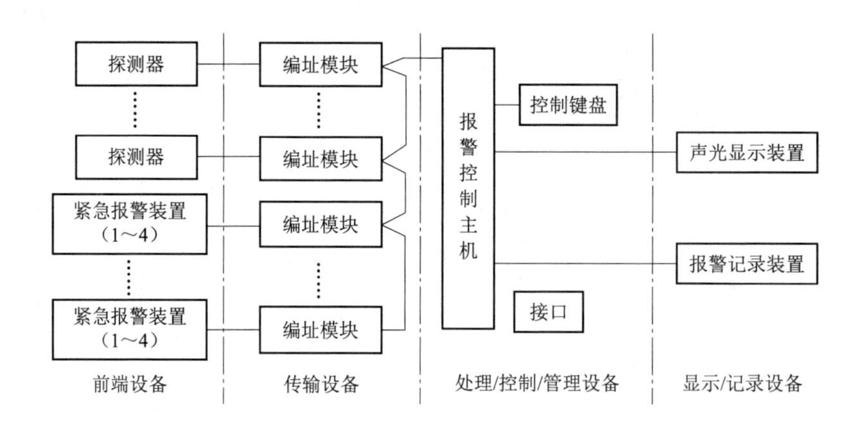

图 7-10　总线制模式

总线制防盗报警系统示例如图 7-11 所示。

3. 无线制系统模式

探测器、紧急报警装置通过其相应的无线设备与报警控制主机连通，其中一个防区内的紧急报警装置不得大于 4 个（图 7-12）。

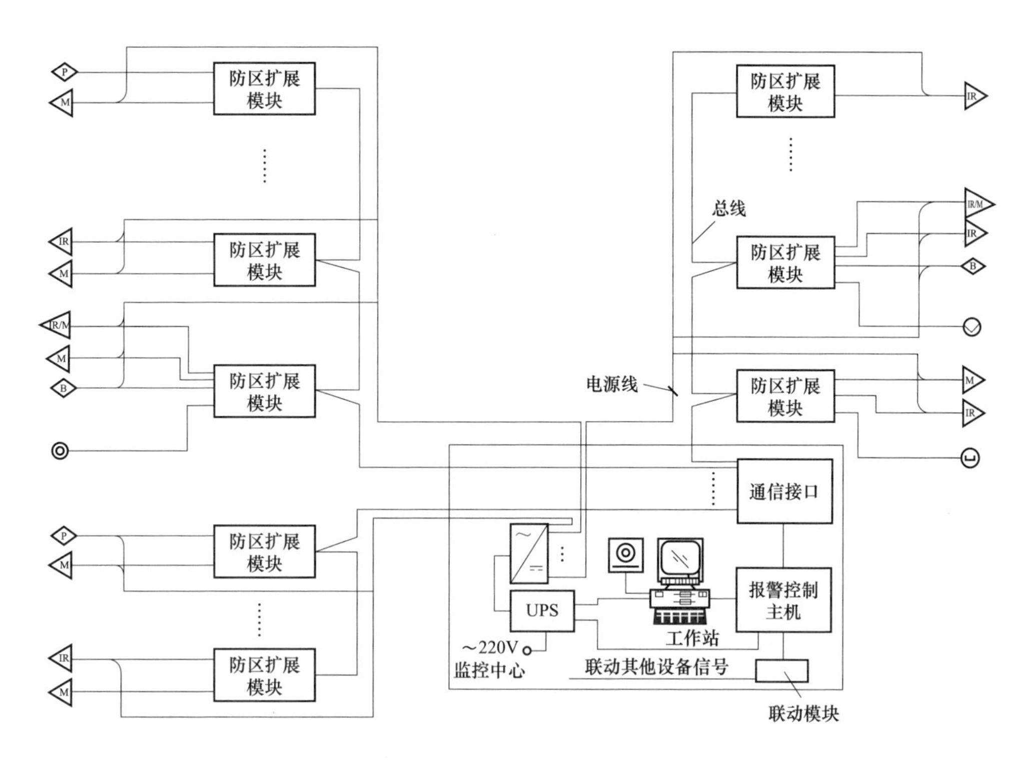

图 7-11 总线制防盗报警系统示意图

注：总线的长度不宜超过 1200m，护区扩展模块是将多个编址模块集中设置。

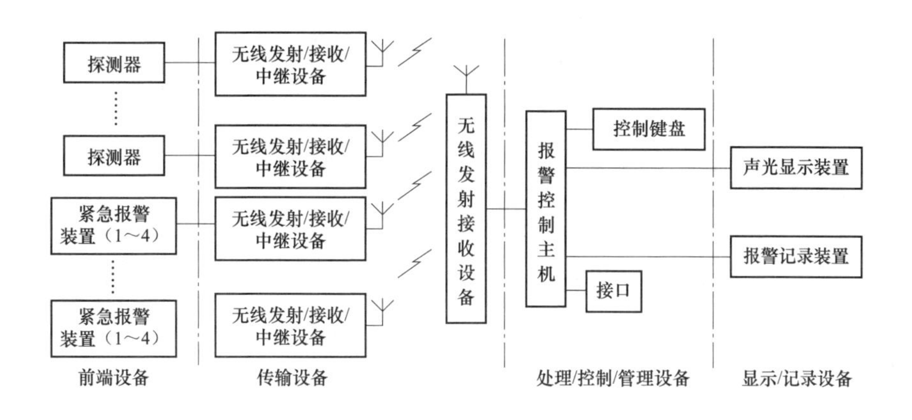

图 7-12 无线制模式

4. 公共网络模式

探测器、紧急报警装置通过现场报警控制设备和/或网络传输接入设备与报警控制主机之间采用公共网络相连。公共网络可以是有线网络，也可以是有线—无线—有线网络（图 7-13）。

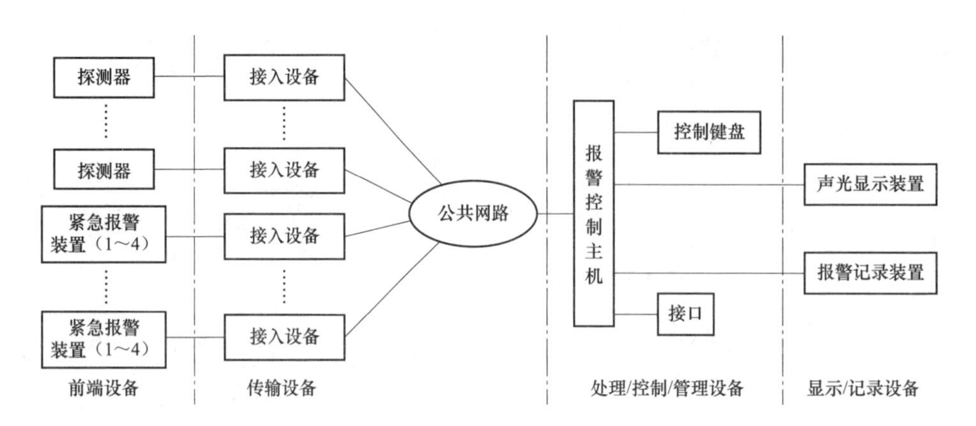

图 7-13　公共网络模式

注：以上四种模式可以单独使用，也可以组合使用；可单级使用，也可多级使用。

第二节　防盗报警系统图识读

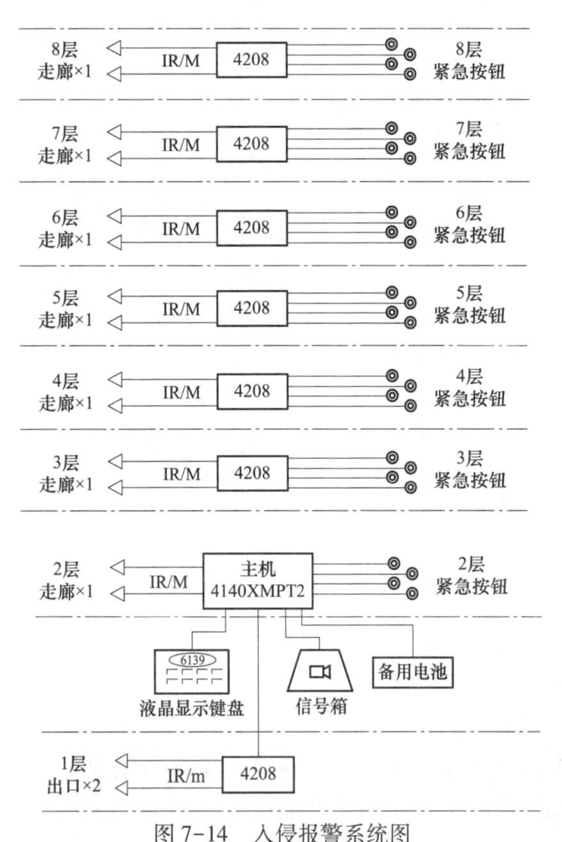

图 7-14　入侵报警系统图

图 7-14 为某大楼入侵报警系统图。

在图 7-14 中，IR/M 探测器（被动红外/微波双技术探测器），共 20 点。其中，在一层两个出入口内侧左右各有一个，在两个出入口共有 4 个，在二层到八层走廊两头各装有一个，共 14 个。

从图 7-14 上可看出在二层到八层中，每层各装有 4 个紧急按钮。

从图上还可以看出此入侵报警系统图的配线为总线制，施工中敷线注意隐蔽。

从此图上还可看出此系统扩展器“4208”，为总线制 8 区扩展器（提供 8 个地址），每层 1 个。其中，1 层的“4208”为 4 区扩展器，3～8 层的“4208”为 6 区扩展器。

此系统的主机 4140XMPT2 为（美）ADEMCO 大型多功能主机。该主机有 9 个基本接线防区，总线式结构，扩充防区十分方便，并具有多重密码、布防时间设定、自动拨号以及“黑匣子”记录功能。

第三节　防盗报警系统施工基本要求

一、安全防范系统的设防区域及部位设置要求

（1）周界。包括建筑物、建筑群外层周界、楼外广场、建筑物周边外墙、建筑物地面层、建筑物顶层等。

（2）公共区域。包括会客厅、商务中心、购物中心、会议厅、酒吧、咖啡厅、功能转换层、避难层、停车库（场）等。

（3）重要部位。包括工作室、重要厨房，财务出纳室、集中收款处、建筑设备监控中心，信息机房、重要物品仓库、监控中心、管理中心等。

（4）出入口。包括建筑物、建筑群周界出入口、建筑物地面层出入口、办公室门、建筑物内和楼群间通道出入口、安全出口、疏散出口、停车场出入口等。

（5）通道。包括周界内的主要通道，门厅（大堂）、楼内各楼层内部通道、各楼层电梯厅门、自动扶梯口等。

二、防盗报警器材要求

防盗报警器材通常分类见表 7-3。

表 7-3　　防盗报警器材种类

按传感器种类	开关报警器、振动报警器、超声波报警器、次声报警器、主动与被动红外报警器、微波报警器、激光报警器、视频运动报警器、多种技术复合报警器等
按警戒区域	点控制型报警器、面控制报警器、线控制型报警器，也可分为户内和户外型报警器
按传输方式	本机报警系统、有线报警器和无线报警器

（1）选型首先要对各种类型防盗报警器的技术指标有所了解，不同种类的防盗报警器都有其特有的技术性能指标。

（2）大致能对报警器的质量、效率及经济性诸方面做出一定评价的一般报警器比较通用的技术性能指标如下：探测率及误报率，警戒范围、报警传递方式和最大传输距离、工作时间、探测灵敏度、功耗、工作电压、工作电流和环境温度。

（3）防盗报警系统可简可繁，因功能不同系统的价格、设计与安装相差很大。防盗器材最重要的部分是探测器，其灵敏度与稳定性决定系统是否能及时报警却又不发生误报。有的只能用于室内环境在一般条件下使用，有的能在室外严酷条件下工作，要根据防范要求、工作环境，选择不同类型、不同级别的入侵探测器。

三、探测器要求

（1）应有出厂产品合格证，安装前确定设备型号、规格是否与图样相符。

（2）设备进场前由施工单位或建设单位委托鉴定单位对其设备性能进行检测，并出具检测报告。

（3）设备外观检查应完好无损，无起泡、腐蚀、缺口、毛刺、涂层脱落现象。

（4）确定设备是否具有防拆保护，当探测器壳体被打开到足以触及其中的任何控制部件或机械固定的调节器时，应产生报警状态。

（5）安装前确认安装位置是否满足安装要求。

四、无线报警系统设置要求

（1）无线报警的发射装置，应具有防拆报警功能和防止人为破坏的实体保护壳体。

（2）以无线报警组网方式为主的安防系统，应有自检和使用信道监视及报警功能。

（3）安全技术防范系统中，当不宜采用有线传输方式或需要以多种手册进行报警时，可采用无线传输方式。

第四节　防盗报警系统施工准备

一、大、中型系统设备造型与布置

1. 控制设备的选型

（1）宜设置“黑匣子”，用以记录系统开机、关机、报警、故障等多种信息，且值班人员无权更改。

（2）应显示直观、操作简便。

（3）有足够的数据输入、输出接口，其中主要包括报警信息接口、视频接口以及音频接口，并留有扩充的余地。

（4）接入公共电话网的报警控制台应满足有关部门入网技术要求。

（5）具备防破坏、自检以及联网功能。

（6）应具有系统工作状态实时记录、查询、打印功能。

（7）应能对现场进行声音（或图像）复核。

（8）控制台应能自动接收用户终端设备发来的所有信息。

（9）控制台应符合相关技术性能要求。

（10）通常采用报警控制台（结构有台式和柜式）。

采用微处理技术时，应在计算机屏幕上实时显示，并发出声、光报警信号。

2. 控制室的布置

（1）宜采用防静电活动地板，其架空高度应大于 0.25m，并根据机柜、控制台等设备的相应位置，留进线槽和进线孔。

（2）引入控制台的电缆或电线的位置应保证配线整齐，避免交叉。

（3）控制台的主电源引入线宜直接与电源连接，应尽量避免用电源插头。

（4）应设置同处警力量联络和向上级部门报警的专线电话，通信手段应不少于两种。

（5）控制室应安装防盗门、防盗窗和防盗锁，设置紧急报警装置。

（6）室内应设卫生间和专用空调设备。

（7）控制室内的电缆敷设宜采用地槽。槽高、槽宽应满足敷设电缆的需要和电缆弯曲半径的要求。

（8）显示器的屏幕应避开阳光直射。

（9）控制台后面板距墙应不小于0.8m，两侧距墙应不小于0.8m，正面操作距离应不小于1.5m。

（10）控制室应为设置控制台的专用房间，室内应无高温、高湿及腐蚀气体，且环境清洁，空气清新。

二、小型系统设备

1. 控制设备的选型

（1）具有防破坏功能。

（2）接入公共电话网的报警控制器应满足有关部门入网技术要求。

（3）具有本地报警功能，本地报警喇叭声强级应大于80dB。

（4）设有操作员密码，可对操作员密码进行编程，密码组合应不小于10 000。

（5）应具有可编程和联网功能。

（6）控制器应符合《防盗报警控制器通用技术条件》（GB 12663—2001）中有关要求。

（7）报警控制器的常见结构主要有台式、柜式和壁挂式三种。小型系统的控制器多采用壁挂式。

2. 值班室的布置

（1）控制器应设置在值班室，室内应无高温、高湿及腐蚀气体，且环境清洁，空气清新。

（2）值班室应安装防盗门、防盗窗、防盗锁、设置紧急报警装置以及同处警力量联络和向上级部门报警的通信设施。

（3）控制器的主电源引入线宜直接与电源连接，应尽量避免用电源插头。

（4）引入控制器的电缆或电线的位置应保证配线整齐，避免交叉。

（5）控制器的操作、显示面板应避开阳光直射。

（6）壁挂式控制器在墙上的安装位置：其底边距地面的高度应不小于1.5m。当靠门安装时，靠近其门轴的侧面距离应不小于0.5m，正面操作距离应不小于1.2m。

三、报警探测器的选用

报警探测器的选用主要应考虑以下几个方面：

（1）室外使用主动红外入侵探测器时，其最大射束距离应是制造厂商规定的探测距离的6倍以上。

（2）多雾地区、环境脏乱及风沙较大地区的室外不宜使用主动红外报警探测器。

（3）探测器的探测距离较实际警戒距离应留出20%以上的余量。

（4）室外使用时应选用双光束或四光束主动红外报警探测器。

（5）遇有折墙，且距离又较近时，可选用反射器件，从而减少探测器的使用数量。

（6）在空旷地带或围墙、屋顶上使用主动红外报警探测器时，应选用具有避雷功能的设备。

（7）主动红外报警探测器由于受雾影响严重，室外使用时均应选择具有自动增益功能的设备。

（8）根据防范现场的最低温度、最高温度，选择工作温度与之相匹配的主动红外报警探测器。

四、防盗报警系统的施工

1. 防盗报警工程施工应具备的条件

防盗报警工程施工应具备的条件主要有设计文件、仪器设备、施工场地、管道、施工器材以及隐蔽工程的要求等。施工单位应对这些要求认真准备，提高施工安装效率，避免在审核、安装以及随工验收等工作中出现不必要的返工。

2. 施工现场准备

对施工现场进行检查，符合下列要求后，方可进场、施工。

（1）允许同电线杆架设的杆路及自立电线杆杆路的情况必须要了解清楚，符合施工要求。

（2）敷设管道电缆和直埋电缆的路由状况必须要了解清楚，并已对各管道标出路由标志。

（3）当施工现场有影响施工的各种障碍物时，应提前清除。

（4）使用道路及占用道路（包括横跨道路）情况符合施工要求。

（5）施工对象已基本具备进场条件。施工区域内建筑物的现场情况和预留管道、预留孔洞、地槽以及预埋件等应符合设计要求。

第五节　防盗报警系统的缆线敷设

一、电缆的敷设

（1）管线两固定点之间的距离不得超过 1.5m。下列部位应设置固定点：① 管线接头处；② 距接线盒 0.2m 处；③ 管线拐角处。

（2）电缆端做好标志和编号。

（3）明装管线的颜色、走向和安装位置应与室内布局协调。

（4）在垂直布线与水平布线的交叉处要加装分线盒，以保证接线的牢固和外观整洁。

（5）在地沟或顶棚板内敷设的电缆，必须穿管（视具体情况选用金属管或塑料管）。

（6）电缆应从所接设备下部穿出，并且应留出一定余量。

（7）电缆穿管前应将管内积水、杂物清除干净，穿线时涂抹黄油或滑石粉。进入管口的电缆应保持平直，管内电缆不能有接头和扭结。穿好后应做防潮、防腐处理。

（8）敷设电缆时应尽量避开恶劣环境，如高温热源、化学腐蚀区和煤气管线等。

（9）电源电缆与信号电缆应分开敷设。

（10）根据设计图样要求选配电缆，尽量避免电缆的接续。必须接续时应采用焊接方式或采用专用接插件。

（11）远离高压线或大电流电缆，不易避开时应各自穿配金属管，以防干扰。

二、光缆的敷设

（1）光缆的弯曲半径应不小于光缆外径的20倍。光缆可用牵引机牵引，端头应做好技术处理。牵引力应加于加强芯上，大小应不超过150N。牵引速度宜为10m/min；一次牵引长度不宜超过1km。

（2）根据施工图样选配光缆长度，配盘时应使接头避开河沟、交通要道和其他障碍物。

（3）敷设光缆前，应检查光纤有无断点、压痕等损伤。

（4）光缆接续应由受过专门训练的人员操作，接续时应用光功率计或其他仪器进行监视，使接续损耗最小。接续后应做接续保护，并安装好光缆接头护套。

（5）光缆端头应用塑料胶带包扎，盘成圈置于光缆预留盒中，预留盒应固定在电杆上。地下光缆引上电杆，必须穿入金属管。

（6）光缆敷设完毕时，需测量通道的总损耗，并用光时域反射计观察光纤通道全程波导衰减特性曲线。

（7）光缆的接续点和终端应做永久性标志。

（8）光缆敷设一段后，应检查光缆有无损伤，并对光缆敷设损耗进行抽测，确认无损伤时，再进行接续。

（9）光缆接头的预留长度应不小于8m。

第六节　防盗报警系统报警控制器的安装

一、控制器开箱检查

控制器到达现场后，应及时做下列验收检查：

（1）按装箱清单检查清点，规格、型号应符合设计要求，附件、备件应齐全。

（2）产品的技术文件齐全。

（3）报警控制器的铭牌中，必须标有国家检验单位签发的“防爆合格证”号。

（4）包装和密封应良好。

（5）按规范要求做外观检查。

（6）控制器安装所使用的基础、预埋件、预留孔（洞）等应符合设计。

二、防爆电气设备接线盒

防爆电气设备接线盒内部接线紧固后，裸露带电部分之间及与金属外壳之间的漏电距离和电气间隙，应不小于表7-4的规定。

表7-4　　带电部分之间与金属外壳之间的漏电距离和电气间隙

电压等级/V		漏电距离/m				电气间隙/ms
直流	交流	绝缘材料抗漏电强度级别				
		Ⅰ	Ⅱ	Ⅲ	Ⅳ	
48以下	60以下	6/3	6/3	6/3	6/3	6/3

续表

电压等级/V		漏电距离/m				电气间隙/ms
		绝缘材料抗漏电强度级别				
直流	交流	Ⅰ	Ⅱ	Ⅲ	Ⅳ	
115 以下	127～133	6/5	6/5	10/5	14/5	6/5
830 以下	220～230	6/6	8/8	12/8	不许使用	8/6
460 以下	300～400	8/6	10/10	14/10		10/6
—	660～690	14	20	28		14
	3000～3800	50	70	90		36
	6000～6900	90	125	160		60
	10 000～11 000	125	160	200		100

注：1. 分母为电流不大于 5A，预定容量不大于 250W 的电气设备的漏电距离和电气间隙值。

2. Ⅰ级为上釉的陶瓷、云母、玻璃。Ⅱ级为三聚氰胺石棉耐弧塑料，硅有机石棉耐弧塑料。Ⅲ级为聚四氯乙烯塑料、三聚氰胺玻璃纤维塑料；表面用耐弧漆处理的玻璃布板。Ⅳ级为酞醛塑料、层压制品。

三、防爆电气设备多余的进线口

防爆电气设备多余的进线口的弹性密封垫和金属垫片应齐全，并应将压紧螺母拧紧使进线口密封。

四、防爆电气设备耐温极限

防爆电气设备在额定工作状态下，外壳表面的允许最高温度（防爆安全型包括设备内部），应不超过表 7-5 的规定。

表 7-5　　防爆电气设备在额定工作状态下外壳表面的允许最高温度

组别	a	b	c	d	e
温度/℃	360	240	160	110	80

五、隔爆型插销的检查和安装

（1）应垂直安装，偏斜不大于 5°。

（2）安装场所应无腐蚀性介质。

（3）插头插入后开关才能闭合，开关在分断位置时插头才能插入或拔脱。

（4）插头插入时，接地或接零触头先接通；拔脱时主触头先分断。

（5）施工中的安全技术措施应符合国家现行有关安全技术标准及产品技术文件的规定。

六、报警控制器安装

控制器在墙上安装时，其底边距地（楼）面高度应不小于 1.5m；落地安装时，其底边宜高出地（楼）面 0.2～0.3m。正面应有足够的活动空间。报警控制器必须安装牢固、端正。安装在松质墙上时，应采取加固措施。

七、引入报警控制器的电缆或导线的要求

引入报警控制器的电缆或导线应符合以下几点要求：

（1）配线应排列整齐，不准交叉，并应固定牢固。

（2）引线端部均应编号，所编序号应与图样一致，且字迹清晰不易褪色。

（3）端子板的每个接线端，接线不得超过两根。

（4）电缆芯和导线留有不小于 20cm 的余量。

（5）导线应绑扎成束。

（6）导线引入线管时，在进线管处应用机械润滑油封堵管口。

八、报警控制器应牢固接地

报警控制器应牢固接地，接地电阻值应小于 4Ω（采用联合接地装置时，接地电阻值应小于 1Ω）。接地应有明显标志。

第七节　各种探测报警器的安装要点

一、振动入侵探测器

1. 适用范围

振动探测器基本上属于面控制型探测器。它可以用于室内，也可以用于室外的周界报警。优点是在人为设置的防护屏障没有遭到破坏之前，就可以做到早期报警。

振动探测器在室内应用明敷、暗敷均可；通常安装于可能入侵的墙壁、顶棚板、地面或保险柜上。安装于墙体时，距地面高度 2～2.4m 为宜。传感器垂直于墙面。其在室外应用时，通常埋入地下，深度在 10cm 左右，不宜埋入土质松软地带。

2. 安装要点

（1）振动式探测器安装在墙壁或顶棚板等处时，与这些物体必须固定牢固，否则将不易感受到振动。用于探测地面振动时，应将传感器周围的泥土压实，否则振动波也不易传到传感器，探测灵敏度会下降。在室外使用电动式振动探测器，特别是泥土地，在雨季、冬季时，探测器灵敏度均明显下降，使用者应采取其他报警措施。

（2）振动探测器的安装位置应远离振动源。在室外应用时，埋入地下的振动探测器应与其他埋入地中物体保持适当的距离；否则，这些物体因遇风吹引起的晃动而导致地表层的振动也会引起误报。因此，振动传感器与这些物体之间一般应保持 1～3m 以上的距离。

（3）电动式振动探测器主要用于室外掩埋式周界报警系统中。其探测灵敏度比压电晶体振动探测器的探测灵敏度要高。电动式振动探测器磁铁和线圈之间易磨损，通常相隔半年要检查一次，在潮湿处使用时检查的时间间隔还要缩短。

二、玻璃破碎入侵探测器

玻璃破碎探测器的安装位置是装在镶嵌着玻璃的硬墙上或顶棚上，如图 7-15 所示的 A、

B、C 等。探测器与被防范玻璃之间的距离应不超过探测器的探测距离，并且应注意：探测器与被防范的玻璃之间，不要放置障碍物，以免影响声波的传播；也不可安装在振动过强的环境中。

1. 适用范围

玻璃破碎探测器适用于一切需要警戒玻璃防碎的场所；除保护一般的门、窗玻璃外，对大面积的玻璃橱窗、展柜、商亭等均能进行有效的控制。

2. 安装要点

（1）安装时应将声电传感器正对着警戒的主要方向。传感器部分可适当加以隐蔽，但在其正面不应有遮挡物。也就是说，探测器对防护玻璃面必须有清晰的视线，以免影响声波的传播，降低探测的灵敏度。

（2）安装时应尽量靠近所要保护的玻璃，尽可能地远离噪声干扰源，以减少误报警。

实际应用中，探测器的灵敏度应调整到一个合适的值，通常是以能探测到距探测器最远的被保护玻璃即可，灵敏度过高或过低，就可能会产生误报或漏报。

（3）不同种类的玻璃破碎探测器，根据其工作原理的不同，有的需要安装在窗框旁边（通常应距离窗框 5cm 左右），有的可以安装在靠近玻璃附近的墙壁或顶棚上，但要求玻璃与墙壁或顶棚之间的夹角不得大于 90°，以免降低其探测力。

（4）次声波—玻璃破碎高频声响双鉴式玻璃破碎探测器安装方式比较简易，可以安装在室内任何地方，只需满足探测器的探测范围半径要求即可。其安装位置如图 7-15 所示的 A 点，最远距离为 9m。

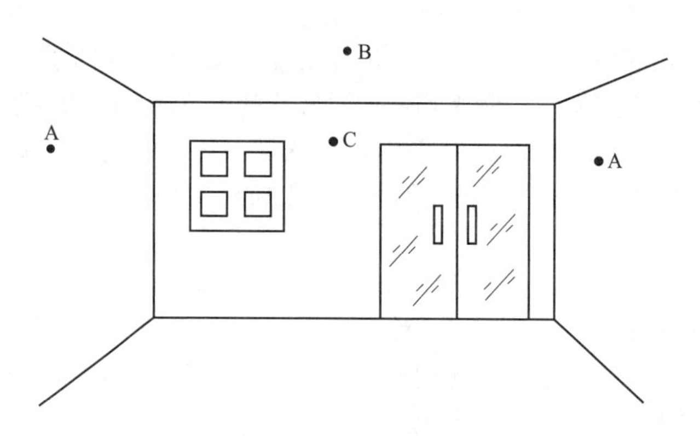

图 7-15　玻璃破碎探测器安装示意图

（5）也可以采用一个玻璃破碎探测器来保护多面玻璃窗。这时可将玻璃破碎探测器安装在房间的顶棚板上，并应与几个被保护玻璃窗之间保持大致相同的探测距离，以使探测灵敏度均衡。

（6）探测器不要装在通风口或换气扇的前面，也不要靠近门铃，以确保工作的可靠性。

（7）窗帘、百叶窗或其他遮盖物会部分吸收玻璃破碎时发出的能量，特别是厚重的窗帘将严重阻挡声音的传播。在这种情况下，探测器应安装在窗帘背面的门窗框架上或门窗的上方；同时为确保探测效果，应在安装后进行现场调试。

（8）目前生产的探测器，有的还把玻璃破碎探测器与磁控开关或被动红外探测器组合

在一起，做成复合型的双鉴器。这样可以对玻璃破碎探测和入侵者闯入室内作案进行更进一步的鉴证。

三、红外入侵探测器

（1）探测器安装方位应严禁阳光直射接收机透镜。

（2）周界需由两组以上收发射机构成时，宜选用不同的脉冲调制红外发射频率，以防止交叉干扰。

（3）正确选用探测器的环境适应性能，室内用探测器严禁用于室外。

（4）室外应用要注意隐蔽安装。

（5）主动红外探测器不宜应用于气候恶劣，特别是经常有浓雾、毛毛细雨的地域，以及环境脏乱或动物经常出没的场所。

（6）室外用探测器的最远警戒距离，应按其最大射束距离的1/6计算。

（7）红外光路中不能有阻挡物。

四、被动式红外探测器

（1）探测器对横向切割（即垂直于）探测区方向的人体运动最敏感，故布置时应尽量利用这个特性达到最佳效果。如图7-16所示中*A*点布置的效果好；*B*点正对大门，其效果差。

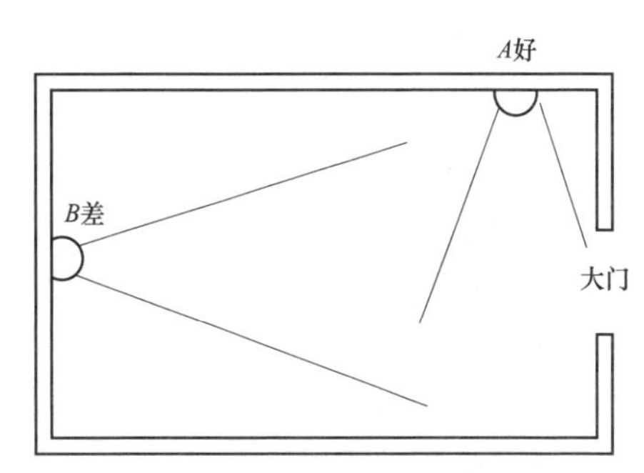

图7-16　被动式红外探测器的布置之一

（2）布置时应注意探测器的探测范围和水平视角。如图7-17所示，可以安装在顶棚上（也是横向切割方式），也可以安装在墙面或墙角，但要注意探测器的窗口（菲涅耳透镜）与警戒面的相对角度，防止“死角”。

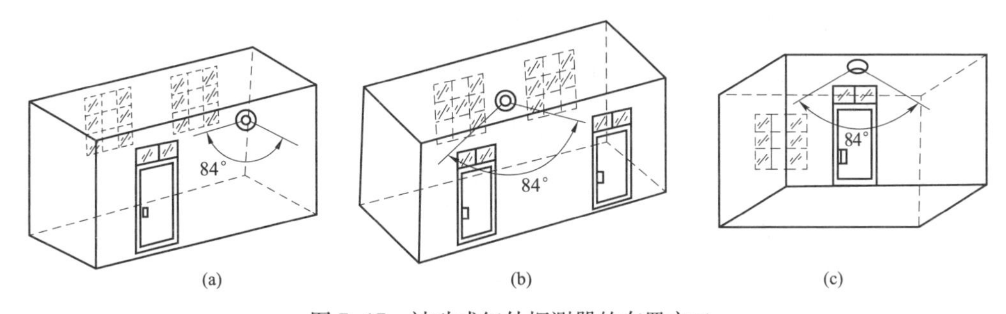

图7-17　被动式红外探测器的布置之二

（a）安装在墙角可监视窗户；（b）安装在墙面监视门窗；（c）安装在房顶监视门

全方位（360°视场）被动红外探测器安装在室内顶棚上的部位及其配管装法如图7-18所示。

（3）选择安装墙面或墙角时，安装高度在2～4m之间，通常为2～2.5m。

（4）探测器不要对准强光源和受阳光直射的门窗。

（5）探测器不要对准加热器、空调出风口管道。警戒区内最好不要有空调或热源，若无法避免热源，则应与热源保持至少1.5m以上的间隔距离。

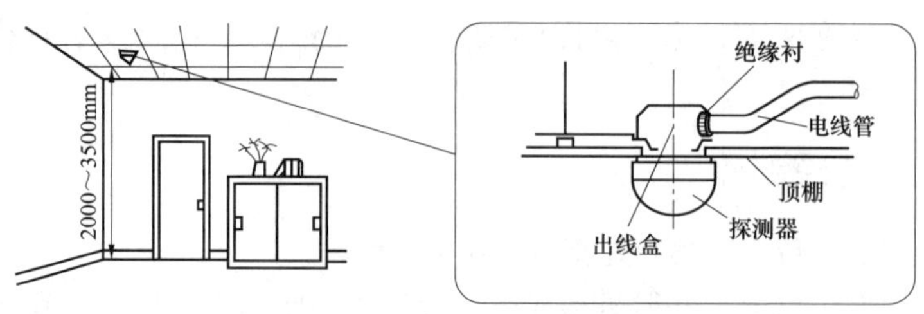

图 7-18　被动式红外探测器的安装

（6）警戒区内注意不要有高大的遮挡物遮挡和电风扇叶片的干扰，也不要安装在强电处。

五、微波和被动红外复合入侵探测器

（1）吸顶式微波—被动红外探测器，通常安装在重点防范部位上方附近的顶棚上，应水平安装。

（2）楼道式微波—被动红外探测器，视场面对楼道（通道）走向，安装位置以能有效封锁楼道（或通道）为准，距地面高度 2.2m 左右。

（3）安装时探测器通常要指向室内，避免直射朝向室外的窗户。若无法躲避，则应仔细调整好探测器的指向和视场。

（4）壁挂式微波—被动红外探测器，安装高度距地面 2.2m 左右，视场与可能入侵方向应成 45°角为宜（若受条件所限，应首先考虑被动红外单元的灵敏度）。探测器与墙壁的倾角视防护区域覆盖要求确定。

布置和安装双技术探测器时，要求在警戒范围内两种探测器的灵敏度尽可能保持均衡。微波探测器通常对沿轴向移动的物体最敏感，而被动红外探测器则对横向切割探测区的人体最敏感，因此为使这两种探测传感器都处于较敏感状态，在安装微波—被动红外双技术探测器时，应使探测器轴线与保护对象的方向成 45°夹角为好。当然，最佳夹角还与视场图形结构有关，故实际安装时应参阅产品说明书而定。

（5）应避开能引起两种探测技术同时产生误报的环境因素。

（6）防范区内不应有障碍物。

六、微波移动探测器

（1）微波对非金属物质的穿透性既有好的一面，也有坏的一面。好的一面是可以用一个微波探测器监控几个房间，同时还可外加修饰物进行伪装，便于隐蔽安装。坏的一面是，如果安装调整不当，墙外行走的人或马路上行驶的车辆以及窗外树木晃动等都可能造成误报警。解决方法主要是：微波探测器应严禁对着被保护房间的外墙、外窗安装，同时，在安装时应调整好微波探测器的控制范围和其指向性。通常是将报警探测器悬挂在高处（距地面 1.5～2m），探头稍向下俯视，使其指向地面，并把探测器的探测覆盖区限定在所要保护的区域之内。这样可使其因穿透性能造成的不良影响减至最小。

（2）在监控区域内不应有过大、过厚的物体，特别是金属物体，否则在这些物体的后面会产生探测的盲区。

（3）微波探测器不应对准日光灯、水银灯等气体放电灯光源。日光灯直接产生的 100Hz 的调制信号会引起误报，尤其是发生故障的闪烁日光灯更易引起干扰。这是因为，在闪烁灯

内的电离气体更易成为微波的运动反射体而造成误报警。

（4）微波移动探测器对警戒区域内活动目标的探测是有一定范围的。其警戒范围为一个立体防范空间，其控制范围比较大，可以覆盖 60°～95°的水平辐射角，控制面积可达几十至几百平方米。

（5）当在同一室内需要安装两台以上的微波探测器时，它们之间的微波发射频率应当有所差异（通常相差 25MHz 左右），而且不要相对放置，以防止交叉干扰，产生误报警。

（6）微波探测器的探头应不对准可能会活动的物体和部位。否则，这些物体都可能会成为移动目标而引起误报。

（7）微波探测器应不对着大型金属物体或具有金属镀层的物体，否则这些物体可能会将微波辐射能反射到外墙或外窗的人行道或马路上。当有行人和车辆经过时，经它们反射回的微波信号又可能通过这些金属物体再次反射给探头，从而引起误报。

（8）雷达式微波探测器属于室内应用型探测器。在室外环境中应用时，无法保证其探测的可靠性。

第八节　防盗报警系统检测及验收

一、防盗报警系统检测

（1）系统探测器的盲区检测及防破坏功能检测包括防止拆卸报警器/断开、短路信号线和剪断电源等情况报警。

（2）防盗报警系统控制功能及通信功能检查内容见表 7-6。

表 7-6　　防盗报警系统控制功能及通信功能检查内容

项　目	功　能		测试结果
报警管理	设防		
	撤防		
	优先报警功能		
	系统自检、巡检功能		
	延时报警功能		
	报警信息查询		
	预案处理		
	手/自动出发报警功能		
报警信息处理	报警打印		
	报警储存		
	报警显示	声音报警显示	
		光报警显示	
		电子地图显示	
		报警区域号显示	

续表

项　目	功　能	测试结果
报警信息处理	报警时间	≤4s
	报警接通率	>98%
	监听、对讲功能	
	报警确认时间系统	
	统计功能、报表打印	
防盗报警系统联动功能	相关电视监控画面自动调入	
	出入口门禁系统关闭相关入口	

（3）防盗报警系统与电视监控系统、出入口门禁管理系统相关安全防范系统的联动功能的检测。

二、防盗报警工程验收的条件

（1）根据防盗报警工程设计文件和合同技术文件，防盗报警相关设备已全部安装调试完毕。

（2）工程经试运行达到设计、使用要求并为建设单位认可，出具系统试运行报告。建设单位根据试运行记录写出系统试运行报告。其内容包括：试运行起止日期；试运行过程是否正常；故障（含误报警、漏报警）产生的日期、次数、原因和排除状况；系统功能是否符合设计要求以及综合评述等。

（3）现场敷线和设备安装已经通过施工质量检查和设备功能检查，并已提交建设、监理、施工及相关单位签字的检查验收报告。

（4）防盗报警工程进行了系统检测，检测结论为合格。工程正式验收前，由建设单位（监理单位）组织设计、施工单位根据设计任务书或工程合同提出的设计、使用要求对工程进行初验，要求初验合格并写出工程初验报告。初验报告的内容主要有：系统试运行概述；对照设计任务书要求，对系统功能、效果进行检查的主观评价；对照正式设计文件对安装设备的数量、型号进行核对的结果；对隐蔽工程随工验收单的复核结果等。工程检验合格并出具工程检验报告。工程正式验收前，应按规范的规定进行系统功能检验和性能检验。实施工程检验的检验机构应符合规范的规定，工程检验后由检验机构出具检验报告。检验报告应准确、公正、完整、规范，并注重量化。

（5）已进行了系统管理人员和操作人员的培训，并有培训记录，系统管理人员和操作人员已可以独立工作（设计、施工单位必须对有关人员进行操作技术培训，使系统主要使用人员能独立操作。培训内容应征得建设单位同意，并提供系统及其相关设备操作和日常维护的说明、方法等技术资料）。

（6）系统安装调试、试运行后的正常连续投运时间大于3个月。

三、防盗报警系统验收文件内容

（1）设计任务书。

（2）工程合同。

（3）工程初步设计论证意见（并附方案评审小组或评审委员会名单）及设计、施工单位与建设单位共同签署的设计整改落实意见。

（4）技术防范系统建设方案的审批报告。

（5）工程初验、检验和竣工报告。

（6）系统使用说明书（含操作和日常维护说明）。

（7）系统试运行报告。

（8）工程检测记录，包括隐蔽工程检测记录、施工质量检查记录、设备功能检查记录和系统检测报告等。

（9）正式设计文件与相关图样资料（系统原理图、平面布防图、器材配置表、线槽管道布线图、监控中心布局图、器材设备清单以及系统选用的主要设备、器材的检验报告或认证证书等）。

（10）工程设计说明书，包括系统选型论证，系统监控方案和规模容量说明，系统功能说明和性能指标等。

（11）工程竣工图样，包括系统结构图、各子系统监控原理图、施工平面图、设备电气端子接线图、中央控制室设备布置图、接线图和设备清单等。

（12）工程竣工核算（按工程合同和被批准的正式设计文件，由设计、施工单位对工程费用概预算执行情况做出说明）报告。

（13）系统的产品说明书、操作手册和维护手册。

（14）其他文件，包括工程合同、系统设备出厂检测报告、设备开箱验收记录、系统试运行记录、相关工程质量事故报告、工程设计变更单和工程决算书等。

四、防盗报警系统的竣工验收内容

（1）工程设备安装验收（包括现场前端设备和监控中心的终端设备）。

（2）管线敷设验收。

（3）隐蔽工程验收。

注意，监控中心的检查与验收要对照正式设计文件和工程检验报告，复查监控中心的设计是否符合规范的相关要求；检查其通信联络手段（宜不少于两种）的有效性、实时性；检查其是否具有自身防范（如防盗门、门禁、探测器和紧急报警按钮等）和防火等安全措施。

五、防盗报警系统验收要求

1. 验收要求

防盗报警系统的验收应符合下列要求：

（1）对于已建成区域性安全防范报警网络的地区，检查系统直接或间接联网的条件。

（2）抽测紧急报警响应时间。

（3）当有联动要求时，抽查其对应的灯光、摄像机、录像机等联动功能。

（4）抽查系统布防、撤防、旁路和报警显示功能，应符合设计要求。

（5）对照正式设计文件和工程检验报告、系统试运行报告，复核系统的报警功能和误、漏报警情况，应符合 GA/T 368—2001《入侵报警系统技术要求》的规定。对入侵探测器的安装位置、角度、探测范围作步行测试和防拆保护的抽查，抽查室外周界报警探测装置形成的警戒范围，应无盲区。

2. 工程质量要求

（1）根据系统的设计方案、合同规定和施工图样来检查系统工程的实际情况。

（2）防盗报警系统检查内容见表 7-7。

表 7-7　防盗报警系统检查内容

项　目	内　容	抽查百分数/%
探测器	安装设置位置； 安装质量及外观； 环境影响，易引起误报的干扰情况； 安装质量与紧固情况； 通电测验； 探测器灵敏度调整	100
报警控制器	安装位置； 接线引入电缆； 接地线情况； 通电检测； 控制机热备份情况	100
电源	电源品质； 电源自动切换情况	100

（3）建设单位对隐蔽工程进行随工验收，凡经过检验合格的办理验收签证，在进行竣工验收时，可不再进行检验。

第九节　某医院防盗报警系统安装方案

一、设计依据

（1）智能建筑设计标准；

（2）建筑智能化系统工程设计管理暂行规定；

（3）安全防范工程程序与要求；

（4）现行 GB 50314—2015《智能建筑设计标准》

（5）中华人民共和国公共安全行业标准 GA/T 74—2000《安全防范系统通用图形符号》。

（6）GA/T 70—2014《安全防范工程建设与维护保养费用预算编制办法》。

（7）GA/T 368—2001《入侵报警系统技术要求》。

（8）GB 12663—2001《防盗报警控制器通用技术条件》。

二、项目简介

近年来一些不法分子把罪恶的手伸到了医院，严重危害了医院和病人的生命财产安全，他们实行扒、窃、抢、破坏等卑劣手段扰乱医院工作秩序、窃取他人钱财、破坏社会治安。

医院是特殊的社会性行业，具有开放性是一个相对复杂的环境；内部机构繁多，门诊部、住院部、制药制剂车间、蒸馏发酵车间，药房、药库、电力设备室、锅炉房、车库及车辆调度、各级各类科室、检查室、管理室、医院管理机构办公室等，具有复杂性、综合性、安全性。

PTK-7464 医院总线制联网报警系统针对该医院的实际情况进行了合理而科学的设计，可以在该医院建立一个快速的、经济实用的智能联网报警系统，既安全又美观。该系统建成后，呈现在指挥中心的是一个高雅带有液晶显示中心接警机，通过 232 接口和电脑连接，正前方的墙面上挂着医院的平面图，当出现警情时，在一秒钟之内电子地图上会显示出××栋楼××号病房被盗的警情；医院任何一条线，任何一个终端（红外、紧急按钮、门磁等防区），任何一个电源开路、短路 、停电尽显中心，每个科室的任何布防、撤防、密码三次输错尽报中心，而不用花任何通信费用，其高可靠性和闭环（上行报警下行巡检）结构更是电话拨号和无线报警所不能比拟的，PTK-7464 医院总线制联网报警系统可以实时监控医院的安全情况。该系统可将医院的安全信息全部数字化，是现代智能医院必备的一套完善的智能报警系统。

三、医院防盗报警系统结构及功能特点

1. 需求分析

（1）系统中心设置于公安科内，门诊楼和住院楼作为该系统的前端检测点，不设分中心。

（2）两个楼栋之间的通信总线由住院楼 2 层的楼栋弱电桥架直接送到门诊楼 2 层的配电间。

（3）由于楼栋、分布的复杂，通信总线不易实现单一的串行连接模式，应采用星、串结合的模式，所以选用总线扩展 8 防区模块的解决方案，如图 7-19 所示。

（4）在住院楼 1 层弱电间，配备一个 6 端口的总线集线器，分别为 1、2、6、16（含 7、13 层）层提供四条总线，其中 2 层总线直接送达门诊楼 2 层电气间；在门诊楼 2 层电气间，配备一个 4 端口总线集线器，再分出三条总线分别送 1、2、6 层楼。

（5）住院楼 1 层有部分探测器划为公共防区点，直接接入监控室的报警主机的防区端口；其余全部由 8 防区总线扩展防区接入。

（6）由于上下班时间难以一致，撤、布防难以统一进行，所以采用划分成若干独立防区和少量公共防区相结合的模式。有独立防区的分布情况见表 7-8。

（7）独立防区，需配备可撤、布防的控制键盘；公共防区点工作状态，由报警主机进行设置控制。

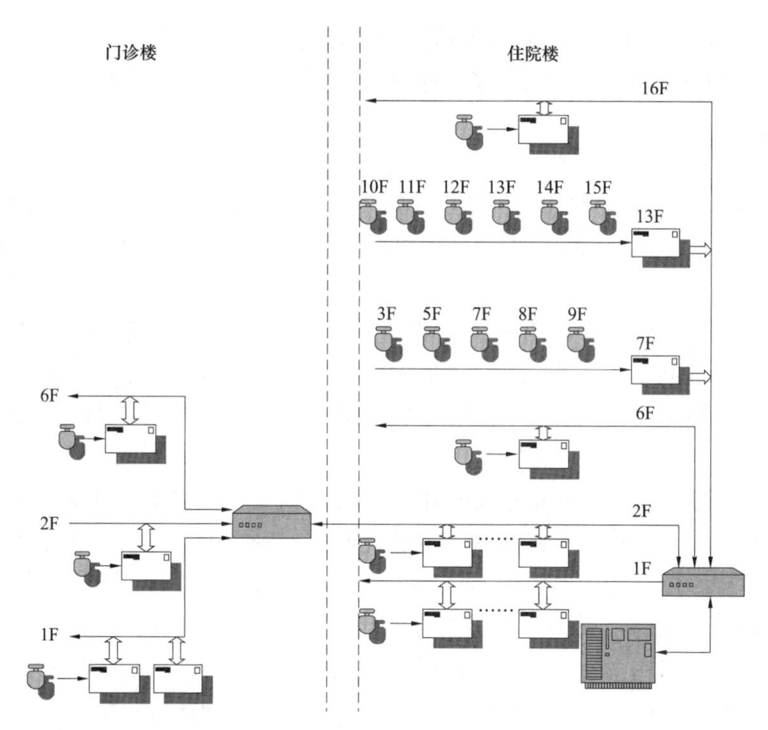

图 7-19　报警系统总线连接示意图

表 7-8　独　立　分　区

楼　　栋	门诊楼			住　院　楼					
楼层	1F	2F	6F	1F	2F	3/5/F	6F	7～15F	16F
独立防区数	2	1	1	3	3	0	1	0	1
公共防区点数	0	0	0	5	0	2	0	9	0

（8）3、5、7、8、9 层共用一个扩展防区模块，模块安装于 7 层；10～15 层共用一个扩展防区模块，模块安装于 13 层。

（9）所有紧急按钮防区全部设置为 24h 监控防区模式。

（10）住院楼报警设备分布点（参考）见表 7-9。

表 7-9　　住院楼报警设备分布点

<table>
<tr><th>楼层</th><th>位　　置</th><th>双鉴
探测器</th><th>紧急
按钮</th><th>玻璃破碎
探测器</th><th>独立防区
键盘</th><th>防区扩展
模块</th><th>六端口总
线集线器</th></tr>
<tr><td rowspan="8">一层</td><td>值班室</td><td></td><td>1</td><td></td><td rowspan="3">1</td><td rowspan="3">1</td><td rowspan="8">1</td></tr>
<tr><td>出入院处、办公室</td><td>1</td><td>2</td><td>1</td></tr>
<tr><td>库房</td><td>1</td><td></td><td></td></tr>
<tr><td>食品超市</td><td>2</td><td>1</td><td>2</td><td>1</td><td>1</td></tr>
<tr><td>鲜花书刊</td><td>1</td><td>1</td><td>1</td><td>1</td><td rowspan="2">1</td></tr>
<tr><td>东侧办公室 4 间</td><td></td><td>4</td><td></td><td></td></tr>
<tr><td>东侧办公室 4 间</td><td>4</td><td></td><td></td><td rowspan="2"></td><td rowspan="2"></td></tr>
<tr><td>西侧办公室 1 间</td><td>1</td><td></td><td></td></tr>
</table>

续表

<table>
<tr><th>楼层</th><th>位 置</th><th>双鉴
探测器</th><th>紧急
按钮</th><th>玻璃破碎
探测器</th><th>独立防区
键盘</th><th>防区扩展
模块</th><th>六端口总
线集线器</th></tr>
<tr><td rowspan="9">二层</td><td>智能间</td><td>2</td><td>1</td><td></td><td rowspan="2">1</td><td rowspan="2">1</td><td rowspan="9"></td></tr>
<tr><td>机房办公室</td><td>1</td><td>1</td><td></td></tr>
<tr><td>中心药房</td><td>2</td><td>1</td><td>1</td><td rowspan="3">1</td><td rowspan="3">1</td></tr>
<tr><td>药房办公室</td><td></td><td>1</td><td></td></tr>
<tr><td>二级库</td><td>1</td><td></td><td></td></tr>
<tr><td>供应科办公室</td><td>1</td><td>1</td><td></td><td rowspan="4">1</td><td rowspan="4">1</td></tr>
<tr><td>器械仓库</td><td>1</td><td></td><td></td></tr>
<tr><td>敷料仓库</td><td>1</td><td></td><td></td></tr>
<tr><td>一次性药品库房</td><td>1</td><td></td><td></td></tr>
<tr><td>三层</td><td>学术活动中心</td><td>1</td><td></td><td></td><td rowspan="2"></td><td rowspan="2"></td><td rowspan="2"></td></tr>
<tr><td>五层</td><td>学术活动中心</td><td>1</td><td></td><td></td></tr>
<tr><td rowspan="8">六层</td><td>器械存放室</td><td>1</td><td></td><td></td><td rowspan="8">1</td><td rowspan="8">1</td><td rowspan="8"></td></tr>
<tr><td>库房</td><td>1</td><td></td><td></td></tr>
<tr><td>标本</td><td>1</td><td></td><td></td></tr>
<tr><td>护士站</td><td></td><td>1</td><td></td></tr>
<tr><td>药品</td><td>1</td><td></td><td></td></tr>
<tr><td>仪器</td><td>1</td><td></td><td></td></tr>
<tr><td>主任办公室</td><td></td><td>1</td><td></td></tr>
<tr><td>会议室</td><td>1</td><td></td><td></td></tr>
<tr><td>七层</td><td>学术活动中心</td><td>1</td><td></td><td></td><td rowspan="3"></td><td rowspan="3">1</td><td rowspan="3"></td></tr>
<tr><td>八层</td><td>学术活动中心</td><td>1</td><td></td><td></td></tr>
<tr><td>九层</td><td>学术活动中心</td><td>1</td><td></td><td></td></tr>
<tr><td>十层</td><td>学术活动中心</td><td>1</td><td></td><td></td><td rowspan="6"></td><td rowspan="6">1</td><td rowspan="6"></td></tr>
<tr><td>十一层</td><td>学术活动中心</td><td>1</td><td></td><td></td></tr>
<tr><td>十二层</td><td>学术活动中心</td><td>1</td><td></td><td></td></tr>
<tr><td>十三层</td><td>学术活动中心</td><td>1</td><td></td><td></td></tr>
<tr><td>十四层</td><td>学术活动中心</td><td>1</td><td></td><td></td></tr>
<tr><td>十五层</td><td>学术活动中心</td><td>1</td><td></td><td></td></tr>
<tr><td rowspan="5">十六层</td><td>会议室 2 间</td><td>2</td><td></td><td></td><td rowspan="5">1</td><td rowspan="5">1</td><td rowspan="5"></td></tr>
<tr><td>图书库</td><td>2</td><td></td><td></td></tr>
<tr><td>期刊阅览室</td><td>1</td><td></td><td></td></tr>
<tr><td>病案统计办公室</td><td></td><td>1</td><td></td></tr>
<tr><td>病案库</td><td>2</td><td></td><td></td></tr>
<tr><td>合计</td><td></td><td>44</td><td>17</td><td>5</td><td>8</td><td>10</td><td>1</td></tr>
</table>

（11）门诊楼报警设备分布点见表 7-10。

表 7-10　　门诊楼报警设备分布点

<table>
<tr><th>楼层</th><th>位置</th><th>双鉴探测器</th><th>紧急按钮</th><th>玻璃破碎探测器</th><th>防区独立键盘</th><th>防区扩展模块</th><th>六端口总线集线器</th></tr>
<tr><td rowspan="7">一层</td><td>值班</td><td></td><td>1</td><td></td><td rowspan="3">1</td><td rowspan="3">1</td><td rowspan="7"></td></tr>
<tr><td>收费</td><td>1</td><td>2</td><td>1</td></tr>
<tr><td>挂号</td><td>1</td><td>1</td><td>1</td></tr>
<tr><td>西药房</td><td>2</td><td>1</td><td>2</td><td rowspan="4">1</td><td rowspan="4">1</td></tr>
<tr><td>办公室</td><td></td><td>1</td><td></td></tr>
<tr><td>值班室</td><td></td><td>1</td><td></td></tr>
<tr><td>二级库</td><td>1</td><td></td><td></td></tr>
<tr><td rowspan="3">二层</td><td>二级库</td><td>1</td><td></td><td></td><td rowspan="3">1</td><td rowspan="3">1</td><td rowspan="3">1</td></tr>
<tr><td>中药房</td><td>1</td><td>1</td><td>1</td></tr>
<tr><td>更衣、办公</td><td></td><td>1</td><td></td></tr>
<tr><td rowspan="4">六层</td><td>库房</td><td>1</td><td></td><td></td><td rowspan="4">1</td><td rowspan="4">1</td><td rowspan="4"></td></tr>
<tr><td>卫材仓库</td><td>2</td><td></td><td></td></tr>
<tr><td>文柜室</td><td>1</td><td></td><td></td></tr>
<tr><td>办公室</td><td></td><td>1</td><td></td></tr>
<tr><td></td><td></td><td></td><td></td><td></td><td></td><td></td><td></td></tr>
<tr><td>合计</td><td></td><td>11</td><td>10</td><td>5</td><td>4</td><td>4</td><td>1</td></tr>
</table>

2. 系统的可靠性

（1）广泛性。将医院的科室报警系统与病房报警系统融为一体，要求医院内每个病房都能得到保护。

（2）实用性。要求每个科室的防范系统能在实际可能发生受侵害的情况下及时报警。并要求操作简便，环节少，易学。

（3）系统性。要求每个科室的防范系统在案情发生时，除能自身报警外，必须及时传到保卫部门，并同时上报当地公安报警中心。

（4）可靠性。要求系统所设计的结构合理，产品经久耐用，系统可靠。

（5）可行性。要求系统投资或造价能控制在医院科室能承受的范围之内。

由此可见，总线制住宅医院联网报警系统是较为先进、实用的系统，是目前普遍采用的方案。

3. 主要特点

（1）快速。从发现警情到报警中心收到警讯全过程不超过 1s。

（2）准确。报警全过程通过计算机控制，不需人工操作，有效避免了疏忽大意和误操作。

（3）容量大。主控计算机容量大，可储存大量住户资料，因而能够向联网用户提供多

种报警服务，并可建立医院居民档案。

（4）双工传输、自检。中心可以通过控制台随时检测各用户报警器性能，解除误报警。

（5）防破坏性能。系统任何一根线路发生断路、短路即可报警。

（6）防断电性能。当医院停电或住户电路遭破坏时，后备电源可支持系统继续工作（不少于24h）；如后备电源不工作了，中心在1s立即报出那一路停电。

（7）抗干扰。系统通过了邮电部各项指标（雷击、电磁辐射等试验）。无线传输采用软件判码，防止不同用户之间的操作误报，抗干扰强。

（8）多种布防方式。系统具有“在家布防”和“外出布防”设置，并上传中心计算机。

（9）紧急按钮可随时传送到指挥中心。

（10）系统以积木结构设计为主，具有良好的开放性，每户可有多路警情（盗情、劫情、红外、煤气、阳台、门磁）传输到中心。

（11）系统采用创新的总线制布线，结构科学合理，系统的可靠性及稳定性更高，可使施工更方便快捷。

（12）系统属全开放式结构，预留接口支持室内报警系统自动撤防、门厅灯等联动需要。

（13）采用高性能开关电源集中供电，有效防止雷击、短路、断路、超负荷运作，并带有大容量蓄电池浮充功能，有过充、过放保护。

（14）有线无线兼容。

4. 系统结构图及组成部分

该系统主要由医院总线控制报警通信管理系统组成。医院报警系统使用PTK大型报警主机PTK-7464，利用分布安装于每层楼的8防区报警模块与各个科室连接起来，给每个科室分配一个到二个防区连接紧急按钮和双鉴红外探测器，一个PTK-7432可以给4～8个房间共同使用，最后通过一根总线汇总到医院公安科，起到集中监控的目的。而在医院保安中心，还可使用计算机及专用软件进行监控，更加直观。

每台PTK-7464接警主机可通过两芯总线连接64个设备，该设备可以是单防区模块、8防区模块，也可以是8防区报警主机，所以系统最多可以扩展到500个防区。

管理中心是PTK-7464中央接警主机接收总线信号，再通过串行接口把防区的状态信息传送到PC。由软件完成所有事件的监控和管理，并可连接32路继电器模块进行联动处理。具有以下功能：

（1）接收显示周界报警信息。

（2）可接收科室的布/撤防及不同防区的报警信息。

（3）管理所有用户资料。

（4）实时监控系统线路安全状态。

（5）查询历史报警事件。

（6）多媒体工作方式，当收到报警信号时，可用语音提示警情。

（7）提供二次开发接口及联动输出口。

四、设备选型

1. 总线报警设备选型

（1）监控中心报警主机（PTK-7464）。

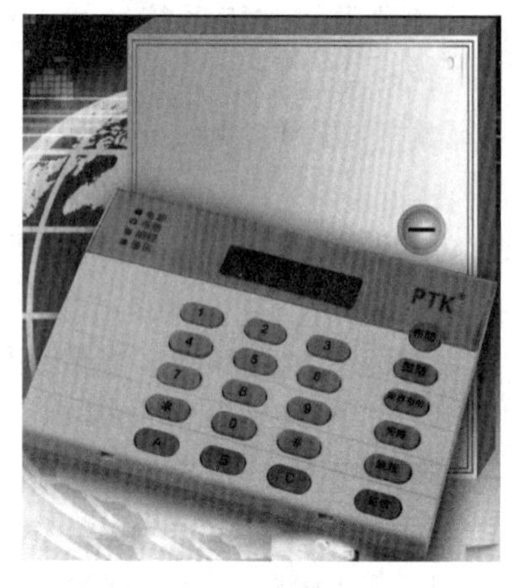

图 7-20　监控中心报警主机

图 7-20 是 PTK-7464 报警主机，既可单独使用，也可以连接到省电力指挥中心联网系统的报警系统中，适用于电力无人站的独立用户，自带 8 个有线防区，并可通过总线扩展到 64 个防区，支持总线、电话网、局域网三种通信联网方式。

1）系统工作方式。当发生警情时，首先触发探测器部分，或出现紧急情况而按动求救按钮，报警控制主机接收到并确认为警情后，马上通过总线网络上传到省监控中心的中央接警机，监控中心在收到报警信号后，向报警控制主机回传应答信号，确认握手无误后即进行处理。电子计算机进行一系列的处理后，调用数据库里的资料并向显示终端、打印机等设备输出，同时在大屏幕上显示警情的性质、发案地点、时间、电力无人站现场平面图等全部资料。在处理警情中，监控中心根据附近地区保安员力量分布情况调动警力，快速有效打击犯罪活动，保护人民群众的生命财产安全。

2）主要功能：

① 最多可接 64 个防区。自身带有 8 个有线，通过通信接口可以外接最多 64 个报警模块或者 PTK 系列总线通信主机，每个输入设备最多可接 8 个的防区。

② 所有防区以分区的形式管理，最多有 65 个分区。自身带有的 8 个防区，为第 64 分区；外接的接警设备（报警模块或主机）从第 00 分区开始，按照地址码的顺序，每一个设备为 1 个独立分区。每个键盘可以拥有其中的 1 个或多个分区，各键盘分别对自己的所管辖的所有分区独立同时进行布防、撤防等操作；主键盘可以对单个分区、防区独立进行布防、撤防操作。

③ 可最多接入 8 个键盘，独立操作，汉字界面。其中 1 个主键盘、7 个从键盘，通过主键盘编程可以让任意键盘跟随所有报警并显示报警信息。

④ 挂在通信总线上的设备都可以带有 1～64 个输出，其中报警模块最多带有 1 个输出，32 路指示灯最多可带 8 块指示灯板 256 路输出。每个防区可以联动最多 3 个输出，联动包括：防区报警联动、防区布撤防联动、防区异常联动。可以达到电子地图、DVR 报警输入、就地报警等功能。

⑤ 有 3 个密码权限，包括管理、编程、操作。

⑥ 可实现与中心计算机连接。

⑦ 可通过电话线与报警中心通过 Contact ID 协议连接，并可电话通知用户。

⑧ 通过键盘密码、遥控器、中心计算机、电话进行撤/布防。

⑨ 通过管理密码或者对主键盘（键盘地址位 0，挂接在键盘总线上）的撤布防，同时对所有键盘进行撤布防。

⑩ 通过主键盘对单个分区、防区进行布撤防。

⑪ 通过主键盘对联动设备单个或全部进行操作。

⑫ 通过计算机进行编程和配置。

⑬ 输入电源：AC16. 5V。

⑭ 主机板耗电静态：300mA。

⑮ 报警状态：850mA。

⑯ 输出电源：DC13. 8V。

⑰ 报警输出口：DC14V800mA。

⑱ 外观尺寸：264mm×217mm×46mm。

⑲ 键盘端口总线总长度不得大于 1200m。

⑳ 通信端口总线总长度每个接口不得大于 1200m，两个接口最多可达 2400m。

（2）八防区总线接入报警模块（PTK-7532，图 7-21）。

1）PTK-7532 八防区扩展模块是具有总线通信功能的报警设备，可与 PTK-7416，PTK-7432，PTK-7464，PTK-7500 等多种报警主机配合使用。

2）PTK-7532：接入 8 个常开 NO 或常闭 NC 有线防区。

3）采用总线通信方式，可与 PTK-7416，PTK-7432，PTK-7464，PTK-7500 等报警主机配合使用，具有警号输出接口。

（3）防盗报警专用 UPS 开关稳压后备电源（PTK-450）。

1）普泰克全自动不间断直流稳压电源是专为普泰克牌总线制报警系统设计的高可靠性的直流稳压电源，主要用于普泰克牌总线制报警系统的各个设备及各种防区探测器中需要直流 12V 供电的地方，其输出电压为 0～24V 可调节，最大输出电流分别为 5A。在接 7AH/12V 的后备电池，负载电流为 0. 5A 时，交流断电后可以提供最少 12h 的后备工作时间（具体时间与负载电流和后备电池的容量有关）。

2）输出电压稳定，耐雷击电压高。

3）噪声低，纹波系数低，负载调整率低。

4）输出电压过热保护，短路保护，反向放电保护。

5）后备电池过放电保护、反接保护和自动充放电保护。

6）免维护型电源，方便用户使用。

（4）模拟电子地图联动输出模块（PTK-32C，图 7-22）。

图 7-21　报警模块

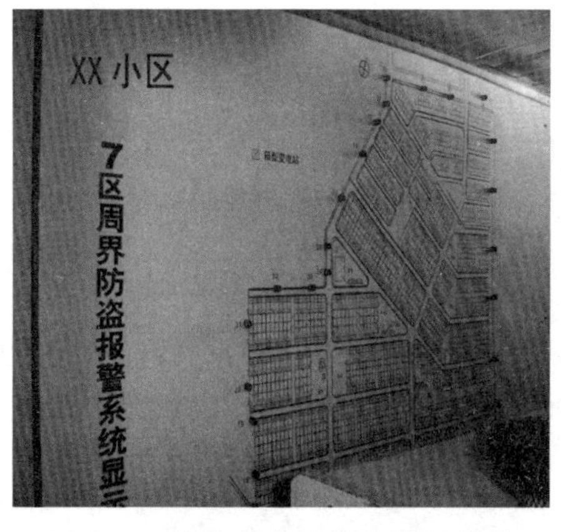

图 7-22　模拟电子地图联动输出模块

1）32 路继电器输出接口、32 路 LED 指示灯。

2）直接输出接口、用于联动医院模拟电子地图。

2. 红外探测器（可选）

（1）壁挂双元红外探测器（PA-476，图 7-23）。

图 7-23　壁挂双元红外探测器

普及型室内挂壁被动红外线移动探测器，尤其适合医院防盗使用，外形时尚精致，线条流畅，适合任何装饰环境。使用自动脉冲数调节，二级调整；抗射频干扰金属护罩；自动温度补偿，Lodif 段式 Fresnel 镜片，可选用各种功能镜片，高密度，面贴片设计，阻燃外壳。

壁挂双元红外探测器的技术规格如下：

传感器：低噪声高灵敏度双元矩形红外。

处理器：二级自动脉冲，自动温度补偿。

起动时间：通电 60s。

检测速度：0.2～7m/s。

灵敏度：二级可调。

工作温度：-10～50℃

电源输入：DC9～16V，候命 18mA，警报 20mA。

镜片：第二代 Fresnel 镜片。

抗白光：抗白光干扰。

保护范围：12m，110°。

金属护罩：抗射频干扰。

区域：9+5+5+3=22。

安装高度：1.1～3.1m 可调。

警报指示：绿色 LED 亮保持 3s（可关闭）。

警报输出：常闭，DC28V 0.15A。

防拆开关：常闭，盖被拆除开路，0.15A，DC28V。

工作湿度：95%。

重量：80g。

尺寸：66mm×93mm×52mm（宽×高×深）。

（2）吸顶红外探测器（PA-465，图 7-24）。

适合天花安装，二级自动脉冲数调节，自动温度补偿阻燃外壳。

图 7-24　吸顶红外探测器

吸顶红外探测器的技术规格如下：

传感器：低噪声高灵敏度双元矩形红外。

处理器：二级自动脉冲数调节，自动温度补偿。

起动时间：通电 60s。

检测速度：0.2～7m/s。

灵敏度：二级可调。

工作温度：-10～50℃。

电源输入：DC9～16V，18mA。

镜片：Fresnel 立体镜片。

保护范围：7.5m×6m（安装高度 2.4m）

金属护罩：抗射频干扰。

区域：（12+12+12+12+6+1）= 55。

安装高度：2.2～4.5m。

警报显示：红色 LED 亮保持 3s（可关闭）。

警报输出：常闭，DC28V，0.15A 防拆开关常闭，盖被拆除开路，0.15A，DC28V。

工作湿度：95%，重量 75g，尺寸 ϕ108×35mm。

（3）幕帘双元红外探测器（PA-461，图 7-25）。

探测器的监测范围为一整个房间（与窗户多少无关）。同时它的灵敏度连续可调，保证可以根据环境情况设定一个最佳工作点——防误报而不减灵敏度。适合门、窗、阳台及天花保护之红外探头垂直或水平感应，高灵敏度，阻燃外壳。

图 7-25　幕帘双元红外探测器

PA-461 的技术规格如下：

传感器：低噪声高灵敏度双元矩形红外。

检测速度：0.2～7m/s。

工作温度：-10～50℃。

电源输入：DC10～16V，12.5mA。

镜片：Fresnel 垂直保护镜片。

保护范围：距离 6m。

垂直：3.6m。

安装高度：最高 3.6m。

安装位置：挂壁或吸顶。

抗射频干扰：>20V/m～1000MHz。

警报显示：红色 LED 亮。

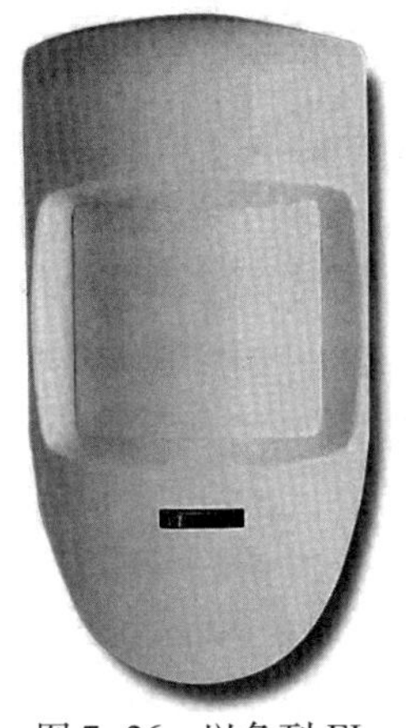

图 7-26　以色列 EL 双源红外探测器

警报时间：3s。

警报输出：常闭，DC24V，0.1A。

防拆开关：常闭，盖被拆除开路，0.1A，DC24V

尺寸：28mm×70mm×25mm（宽×高×深）。

（4）以色列 EL 双源红外探测器（EL-55）。以色列 EL 双源红外探测器 EL-55 如图 7-26 所示，采用新颖的流线型设计，保护范围为 14m×14m，有出色的抗干扰能力，可以达到 30V/m 从 30MHz～1000MHz。完全被保护和密封的光学镜头，防蚊虫干扰。带有简易安装锁，便于施工。可以自动间隔脉冲计数，ESD、抗电击和手机干扰能力，低电流消耗（<10mA 待机，17mA 报警），可选脉冲计数（1，2 或 3），并可配有各种镜片（幕帘、防宠物、长距离）。

1）EL-55（S）标准型。

适合环境：防护较整洁的环境。

最佳安装位置和方式：2.3m 高，刻度为“0”（刻度调到“-10”的时候距离最短），壁挂带支架安装，离窗 30cm。

2）EL-55（C）幕帘型。

适合环境：防护卧室和客厅，防止家里有人时候的非法闯入。

不适合环境：气流较大的厨房、厕所窗边，室内紧靠窗帘之处。

最佳安装位置和方式：2.1m 高，壁挂，离窗帘 20～30cm，较长探测距离时需贴窄菲涅耳镜片。

（5）以色列 EL 幕帘式双源红外探测器（ARROW C，图 7-27）

1）9m 探测范围，纯幕帘监测。

2）可吸顶、壁挂安装。

3）自动温度补偿，脉冲计数可调。

4）强力抗 RFI/EMI 干扰。

5）尺寸：9cm×5cm×4cm。

6）适合环境：防护卧室和客厅　安装高度为 2.2～2.6m。

7）不适合环境：室内紧靠窗帘之处。

8）最佳安装位置和方式：窗框处，窗帘和窗户之间，吸顶安装或壁挂安装。

（6）以色列 EL 防宠物红外探测器（EL-5000，图 7-28）。

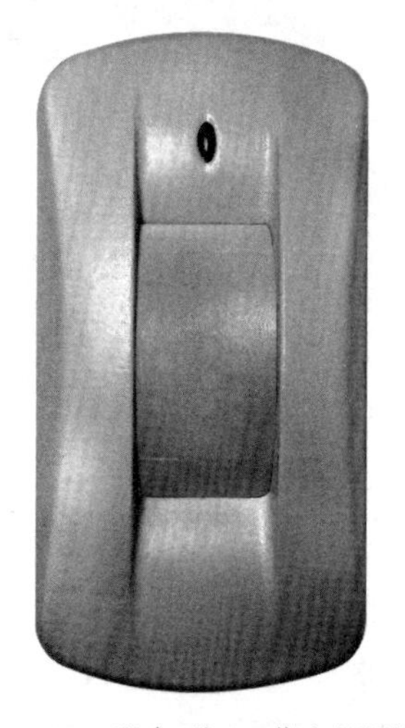

图 7-27　以色列 EL 幕帘探测器

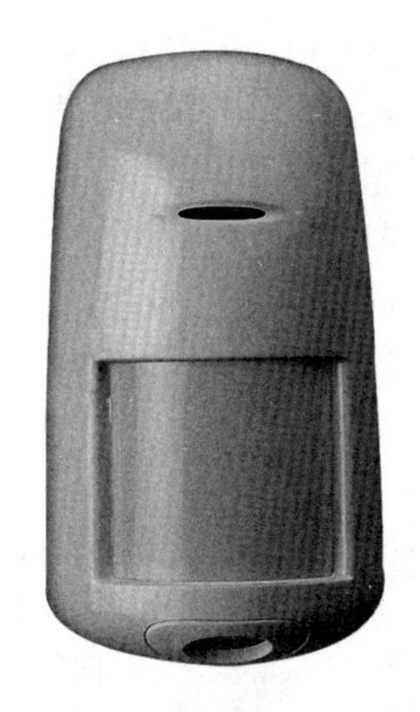

图 7-28　以色列 EL 防宠物红外探测器

1）抗 10kg 以下宠物/抗 12kg 以下宠物。

2）10.7m×10.7m 范围。

3）全区域探测，共 44 段 88 个区。

4）简易安装系统。

5）热敏抗干扰保护。

6）微处理器分析宠物信号。

7）抗 RFI/EMI 干扰、抗 ESD 和电击保护。

8）自检测电路。

9）自动温度补偿。

10）自动间隔脉冲计数。

11）适合环境：适合科室和标准办公室的安装使用。

12）不适合环境：防护距离需 9～10m 以上的区域。

13）最佳安装位置和方式：2m 高，刻度为-4，壁挂。2.1m 高，刻度为-5；2.4m 高，刻度为-6。2.1m 和 2.4m 高壁挂或贴墙安装。

3. 监控中心及公共设备选型（图 7-29）

（1）监控中心接警机及接警软件。监控中心是 PTK 系统的核心部分，由中央接警站、计算机、打印机、不间断电源和中心操作平台等组成。监控中心通过中央接警站，适时处理来自 PTK 系统的报警控制主机传来的报警信号，并经计算机调集数据库信息，将案发时间、地点、警情类别、户主姓名、电话、工作单位和现场平面图在电子地图上显现出来，打印机则都能同时打印。为了确保能及时正确处理报警信息，保证设备长时间不间断运行。监控中心，采用了多线制与设备备份工作相结合的方式，使用总线传输报警信号，并同时开通多台设备，以保证在同一时点发生两起以上警情同时报警，也能将信号无遗漏地显示与处理。

（2）技术参数：

1）符合 GB 12663—2001《防盗报警控制器通用技术条件》。

① 系统主要技术指标 ▲符合国家公安部、邮电部、无委会各项技术指标。

② 系统容量：8 万户（可扩充）。

③ 响应时间：不大于 20s（市话网络符合国际标准）。

④ 并行处理信息数：30 户。

⑤ 系统误报率：≤1%。

⑥ 系统漏报率：≤1.8%（网络站设备造成的）。

⑦ 平均无故障时间：50 000h 最高至 80 000h（单件）。

⑧ 工作温度工作：-20～+60℃。

⑨ 储存温度：-40～+70℃。

图 7-29　监控中心

⑩ 工作电压：交流 187～242V。

⑪ 防护等级：三级。

2）其他指标已通过公安部标准，见 GA2—1991。

① 适用于中小型报警联网中心。

② 运行于 Microsoft Windows 2000 操作系统（推荐 SP4）。

③ 每张卡最多可支持 1000 用户。

④ 兼容目前流行的各种通信协议，如 CSFK、Ademco Contact ID、Ademco 4+2 express 等。

⑤ 采用微软公司的 Access 数据库产品作为中心用户资料和报警信息记录的数据库平台，具有操作速度快，运行稳定的特点。

⑥ 实时自动分类显示报警信息，操作简单直观。

⑦ 支持 6 位 16 进制的用户账号，用户资料管理功能强大。

⑧ 安全性高，系统管理员可以按照多种分级自定义权限。

⑨ 强大的统计报表功能，综合条件查询和打印需要的数据报表非常方便，如用户资料、事件报告、系统日志和出警单等。

⑩ 多级地图功能，用户可自行绘制防区图，自由设置不同的报警热点图标，自由设置是否跟随报警信息弹出下一级用户地图。

4. 软件主要特点

（1）超强的系统安全性：具有分级别、不同权限的操作。

（2）详尽的日志管理：记录对系统软件的所有使用、编辑的完整信息记录。

（3）特殊的来电显示功能：有利于查获恶意或无意阻塞接警中心通信的行为，锁定通信失败、信息不全、资料变化的用户。

（4）直观的通信监控：通过软件界面，可以实时直接监控计算机同接警卡是否通信正常。

（5）用户信息迅捷锁定：简易浏览用户信息，无须繁杂操作。

（6）支持多协议：兼容 DS、DSC、ADEMECO 等系列数码接收取接收机。（VER60）

（7）支持同时多串口通信：可以同时兼容多台接收机报警。（VER60）

（8）强大的管理功能：可以对全部维修、处警等记录进行动态管理。

（9）丰富的查询功能：支持模糊逻辑查询，可以灵活、快速定位需求信息。

（10）支持多种文本（Word、Excel、文本）输出，方便对资料的备份、编辑。

（11）超强的系统兼容性：可以根据实际需求，自定义不同的报警编码方案，最大限度满足前端不同的报警主机的要求。

（12）多级电子地图功能：并可以针对地域、用户、防区报警点进行准确热点显示，可以对报警点实现直观准确定位。

（13）报警转发功能：可以实现多中心信息共享、分中心管理等。

（14）专业化设计的应用界面：可以定制显示，内容全面，美观简洁，显示直观。

（15）警情分区提示显示：报警内容可以分类分区域独立显示，特殊的新到信息提醒指示功能，方便接处警。

（16）显示内容灵活：可以根据实际需求，任意自定义显示内容，量身定制。

（17）超强、稳定的数据库管理：自动、手工对数据进行恢复及对数据库的优化管理。

（18）升级方便：利用专用的资料导入工具，方便原有 VICOM 报警中心的升级，无须庞大资料录入工作，提高效率。

五、系统接线示意图

系统接线示意如图 7-30 所示。

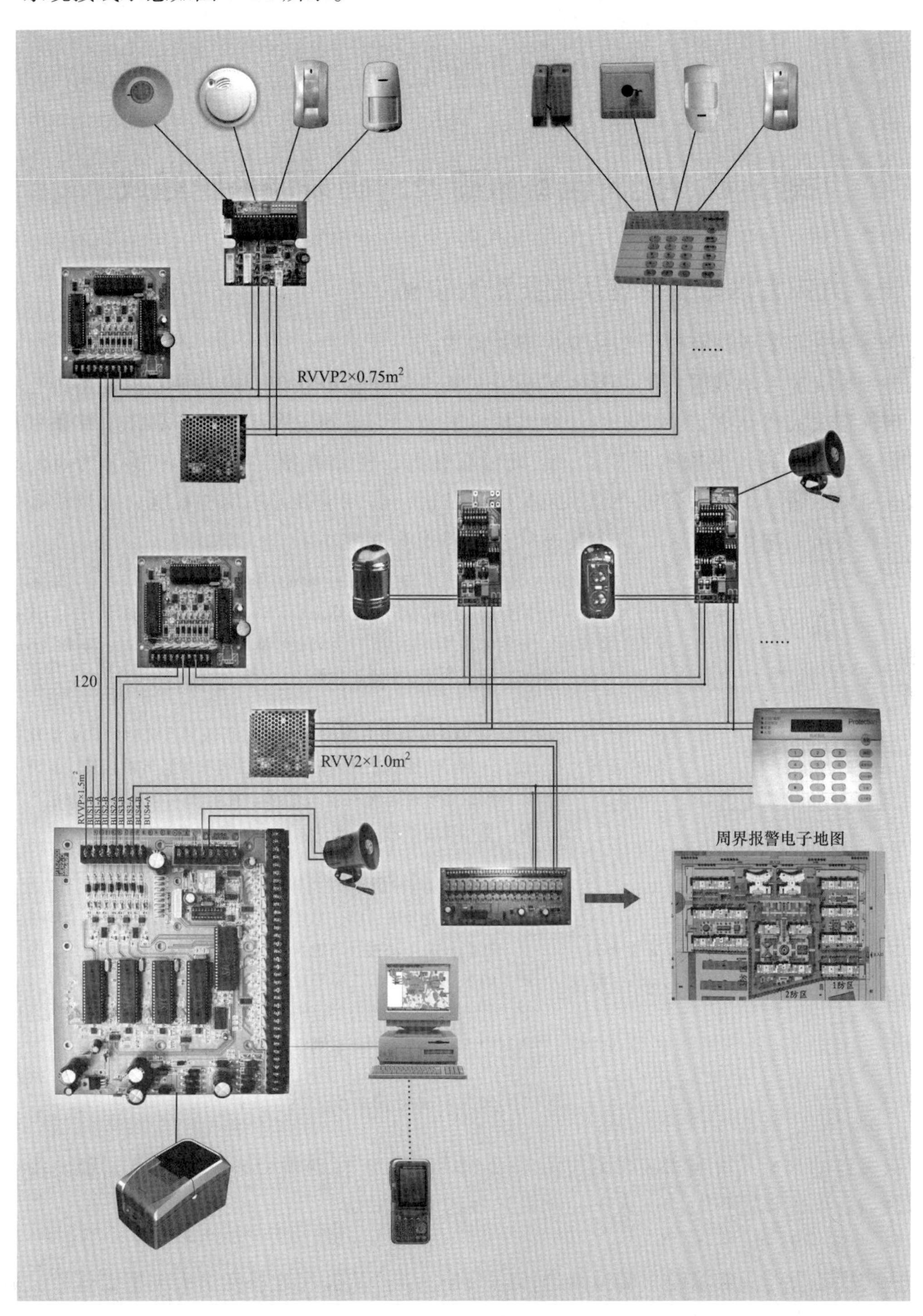

图 7-30　系统接线示意图

第八章　火灾自动报警及消防联动系统施工

第一节　火灾自动报警及消防联动系统组成

一、火灾自动报警系统及主要配套设备

火灾自动报警系统有传统型和现代型两种方式。

传统型火灾自动报警系统包括区域报警系统、集中报警系统、控制中心报警系统三种方式。现代型火灾自动报警系统是以计算机技术的应用为基础发展起来的，具体能够识别探测器位置（地址编码）及探测器类型、系统可靠性高、使用方便、维修成本低等特点。现代型火灾自动报警系统主要有可寻址开关量报警系统、模拟量报警系统和智能火灾自动报警系统等几种类型。现代型火灾自动报警系统方式如图 8-1 所示。

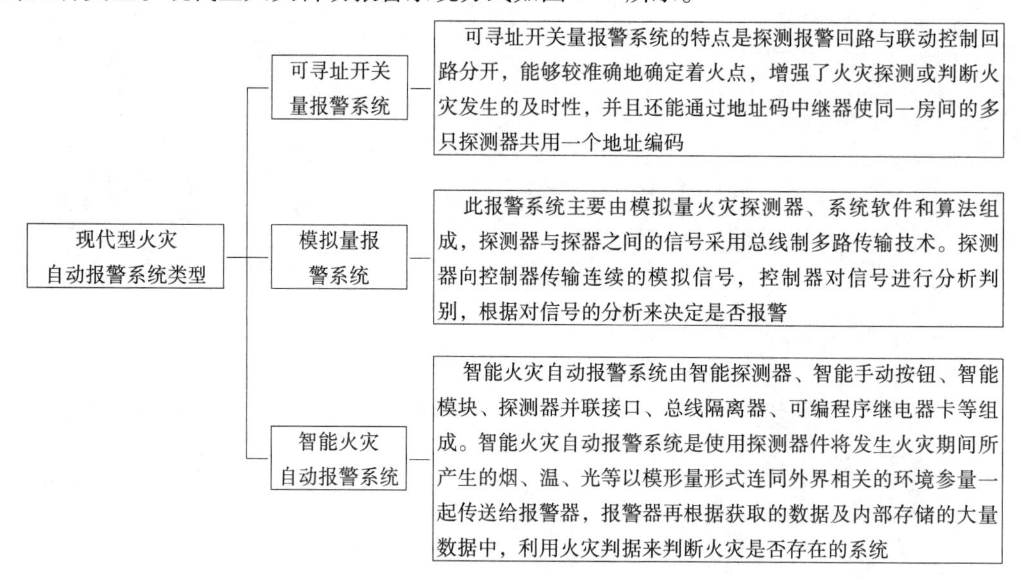

图 8-1　现代型火灾自动报警系统类型

火灾自动报警系统实物接线图如图 8-2 所示。火灾自动报警系统的主要配套设备有火灾探测器、火灾报警控制器、火灾显示盘以及联动控制器。

1. 火灾探测器

火灾探测器是火灾自动报警系统的传感部分，能产生并在现场发出火灾报警信号，或向控制和指示设备发出现场火灾状态信号。火灾的探测就是以捕捉物质燃烧过程中产生的各种信号为依据，来实现早期发现的。

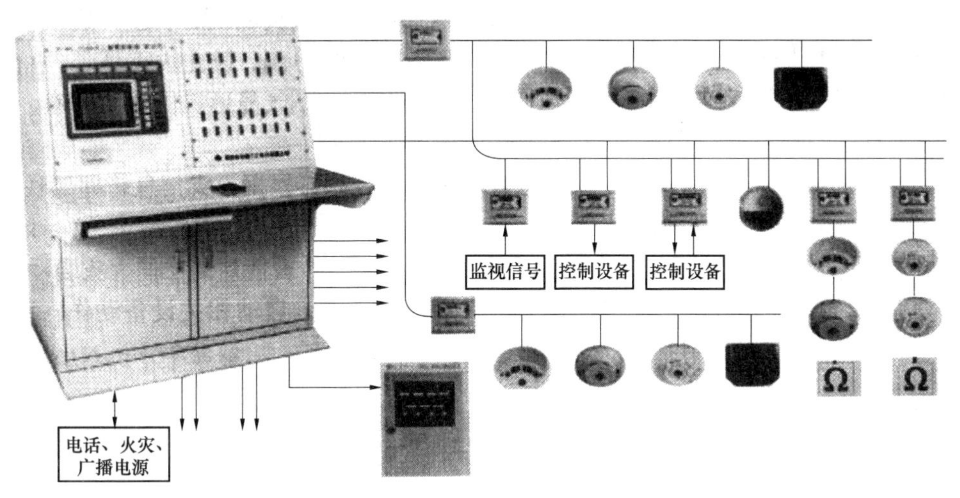

图 8-2　火灾自动报警系统实物接线图

火灾探测器按其探测火灾不同的理化现象而分为四大类：感烟探测器、感温探测器、感光探测器和可燃性气体探测器。

（1）感烟火灾探测器。对燃烧或热解产生的固体或液体微粒予以响应，可以探测物质初期燃烧所产生的气溶胶（直径为 0.01～0.1μm 的微粒）或烟粒子浓度。因感烟火灾探测器对火灾前期及早期报警很有效，应用最广泛。常用的感烟火灾探测器有离子感烟探测器、光电感烟探测器及红外光束线型感烟探测器。

（2）感温式探测器。在发生火灾时，对空气温度参数响应的火灾探测器称为感温式探测器。按其动作原理可分为定温式、差温式和差定温式三种。感温式探测器外形如图 8-3 所示。

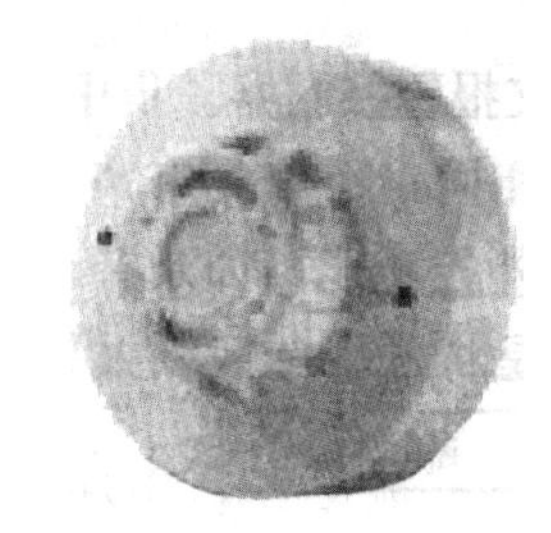
图 8-3　感温式探测器外形

（3）感光火灾探测器。感光火灾探测器又称火焰探测器，可对火焰辐射出的紫外、红外、可见光予以响应。这种探测器对快速发生的火灾或爆炸能够及时响应。紫外火焰探测器是应用紫外光敏管来探测由火灾引起的紫外光辐射，多用于油品或电力装置火灾检测。红外火焰探测器是利用红外光敏元件来探测低温产生的红外辐射，由于自然界中物体高于绝对零度都会产生红外辐射，用红外火焰探测器探测火灾时，一般还要考虑火焰间歇性形成的闪烁形象，以区别于背景红外辐射。

（4）可燃气体火灾探测器。可燃气体火灾探测器是一种能对空气中可燃气体浓度进行检测并发出报警信号的火灾探测器。

2. 火灾报警控制器

火灾报警控制器是建筑消防系统的核心部分。火灾报警控制器是整个系统的心脏，它是具有分析、判断、记录和显示火灾情况的智能化设备。

火灾报警控制器不断向探测器（探头）发出巡测信号，监视被控区域的烟雾浓度、温度等，探测器将代表烟雾浓度、温度等的电信号反馈给报警控制器，报警控制器将这些反馈回来的信号与其内存中存储的各区域正常整定值进行比较分析，判断是否有火灾发生。

当确认出现火灾时，报警控制器首先发出声光报警，提示值守人员。在控制器中，还将显示探测出的烟雾浓度、温度等值及火灾区域或楼层房号的地址编码，并把这些值以及火灾发生的时间等记录下来。同时向火灾现场以及相邻楼层发出声光报警信号。

火灾报警控制器大体上可以分成总线制区域火灾报警控制器、集中火灾报警控制器两类。

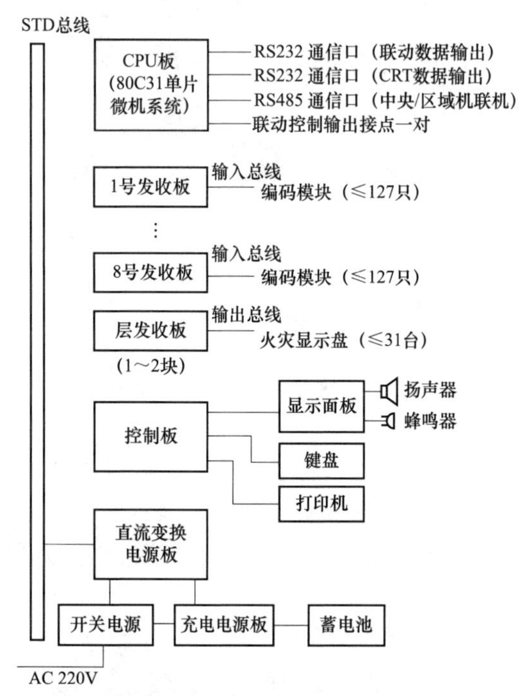

图 8-4　1501 系列报警控制器原理接线图

（1）1501 系列火灾报警控制器。图 8-4 所示为 1501 系列火灾报警控制器原理接线图。

本系列控制器为二总线通用型火灾报警控制器，采用 80C31 单片机 CMOS 电路组成自动报警系统，其特点是：监控电流小、可现场编程，使用方便。

本系列控制器的功能有：

1）能直接接收来自火灾探测器的火灾报警信号。

① 左四位 LED 显示第一报警地址（层房号），右四位 LED 显示后续报警地址（房屋号），多点报警时，右四位交替显示报警地址。

② 预警灯亮，发预警音。

③ 打印机自动打印预警地址及时间。

④ 预警 30s 延时时，确认为火警，发火警音。可消声（但消声指示灯不亮）。

⑤ 打印机自动打印火警地址及时间。

⑥ 可通过输出回路上的火灾显示盘，重复显示火警发生部位。

2）能发出探测点的断线故障信号。

① 故障灯亮。

② 右四位 LED 显示故障地址（房屋号）。

③ 蜂鸣器发出故障音，可消声，同时消声指示灯亮。

④ 打印机自动打印故障发生的地址及时间。

⑤ 故障期间，非故障探测点有火警信号输入时，仍能报警。

⑥ 有本机自检功能：右四位 LED 能显示故障类别和发生部位。

⑦ 键盘操作功能有：

可对探测点的编码地址与对应的层房号现场编程。

可对探测点的编码地址与对应的火灾显示盘的灯序号现场编程。

可进行系统复位，重复进入正常监控状态操作。

可调看报警地址（编码地址）和时间：断线故障地址（编码地址）：调整日期和时间。

可进行打印机自检：查看内部软件时钟；对各回路探测点运行状态进行单步检查和声、光显示自检。

可对发生故障的探测点封闭以及被封闭探测点修复后释放的操作。

（2）中央/区域火灾报警系统。如果一台 1501 火灾报警器的容量不能满足工程需要时，可采用中央/区域机联机通信的方式，组成中央/区域机火灾报警系统，报警点容量可达（1016×8）个点。中央/区域火灾报警系统的控制系统如图 8-5 所示。

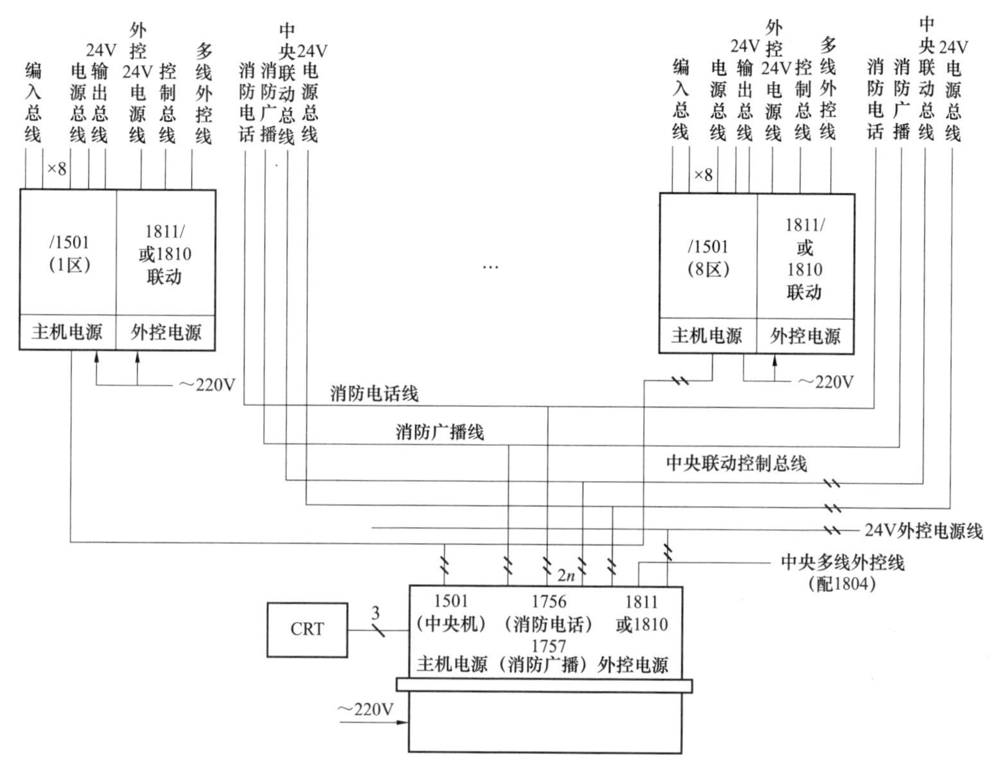

图 8-5　中央/区域火灾报警联动系统

图 8-5 所示类型的中央/区域火灾报警联动系统的技术数据及功能如下：

1）一台 JB-JG（JT）-DF1501 中央机通过 RS485 通信接口可连接 8 台 1501 区域机。

2）中央机只能与区域机通信，但没有输入总线和输出总线，不能直接连接探测器编码模块和火灾显示盘。

3）中央机可通过 RS232 通信接口（Ⅰ）与联动控制器连接通信，通过 RS232 通信接口（Ⅱ）与 CRT 微机彩显系统连接。

4）中央机柜（台）式机机箱内可配装 HJ-1756 消防电话，HJ-1757 消防广播和外控电源（即 HJ-1752 集中供电电源）。

5）区域机柜（台）机箱内自备主机电源。

3. 火灾显示盘

通常，火灾显示盘设置在每个楼层或消防分区内，用以显示本区域内各探测点的报警和故障情况。在火灾发生时，指示人员疏散方向、火灾所处位置、范围等。

这里以 JB-BL-32/64 火灾显示盘为例介绍某显示原理及控制接线图。JB-BL-32/64 火灾显示盘是（重复显示屏）是 1501 系列火灾报警控制器的配套产品，图 8-6 为其外形，图 8-7 为其显示原理图。

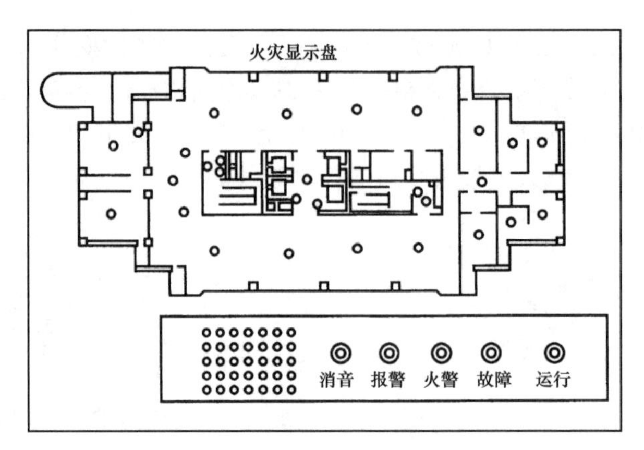

图 8-6 JD-BL-64 火灾显示盘

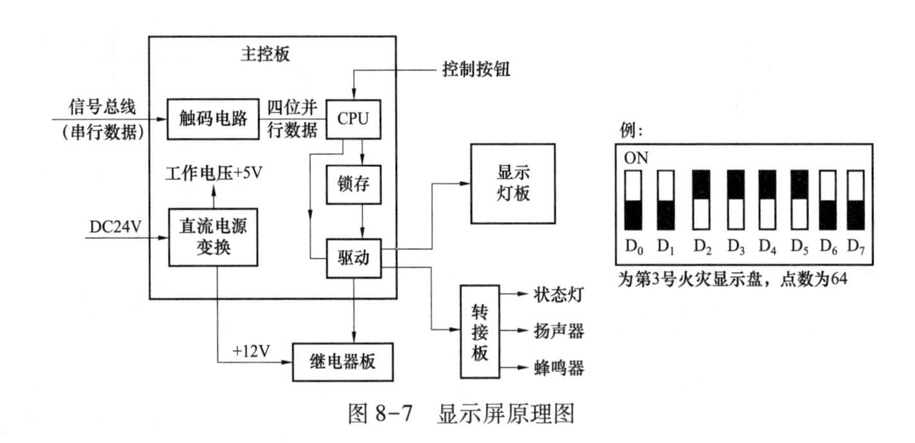

图 8-7 显示屏原理图

火灾显示盘的技术参数为：

（1）容量：表格式有 32 点、64 点；模拟图式≤96 点。

（2）工作电压：DC24V（由报警控制器主机电源供给）。

（3）监控电流≤10mA；报警（故障）显示状态工作电流≤250mA。

（4）外形尺寸：32 点：540mm×360mm×80mm；64 点：600mm×400mm×80mm；模拟图式：600mm×400mm×80mm；颜色：乳白色箱形，黑色面膜。重量：8.0kg（32 点）、9.0kg（64 点）。

（5）总线长度≤1500m。

（6）使用环境：温度-10～50℃；相对湿度≤95%（40℃±2℃）。

如图 8-7 所示，此型号火灾显示盘的机号、点数设置：前 5 位（D_0～D_4）设置机号，后 3 位决定点数。即前 5 位按二进制拔码计数（ON 方向为 0，反向为 2^{n-1}）。机号最大容量 $2^n-1=31$，即 1501 一对输出总线上能识别 31 台火灾显示盘；后 3 位见表 8-1。

表 8-1　　火灾显示盘点数设置

6 位	7 位	8 位	总数
OFF	OFF	OFF	32
ON	OFF	OFF	64
ON	ON	OFF	96

4. 联动控制器

联动控制器是基于微机的消防联动设备总线控制器。其经逻辑处理后自动（或经手动，或经确认）通过总线控制联动控制模块发出命令去动作相关的联动设备。联动设备动作后，其回答信号再经总线返回总线联动控制器，显示设备工作状态。

通常，1811 可编程联动控制器与 1501 系列火灾报警控制器配合，可联动控制各种外控消防设备，其控制点有两类：128 只总线控制模块，用于控制屋外控设备；16 组多线制输出，用控制中央外控设备。

（1）工作原理。此联动装置是以控制模块取代远程控制器，取消返回信号总线，实现真正的总线制（控制，返回集中在一对总线上）；增加 16 组多线制可编程输出；增加二次编程逻辑，把被控制对象的起停状态也称为特殊的报警数据处理，其原理如图 8-8 所示。

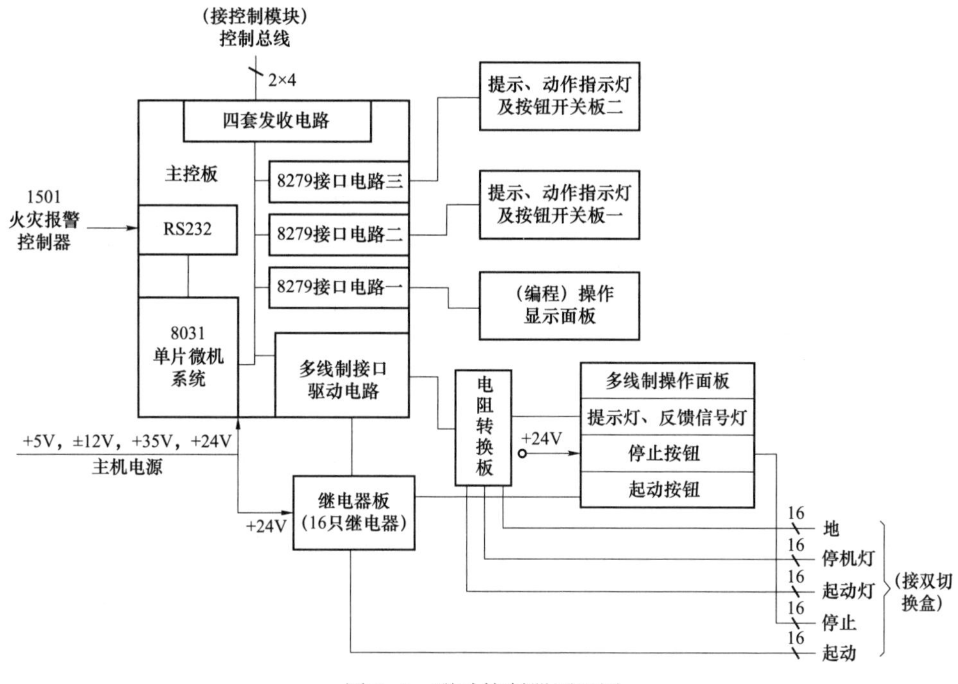

图 8-8　联动控制器原理图

（2）技术数据。

1）容量：1811/64：配接 64 只控制模块，16 只双切换盒；1811/128：配接 128 只控制模块，16 只双切换盒。

2）工作电压：由主机电源供所需工作电压+5V、±12V、+35V、+24V。

3）主机电源供电方式：交流电源（主机）：$AC220V^{+10\%}_{-15\%}$，50Hz±1Hz；直流备电：（全密封蓄电池）DC24V，20A·h。

4）监控功率：≤20W。

5）使用环境：温度：-10℃～50℃；相对湿度≤95%（40℃±2℃）。

（3）系统配线。图 8-9 为 HJ-1811 联动控制器的系统配线图。

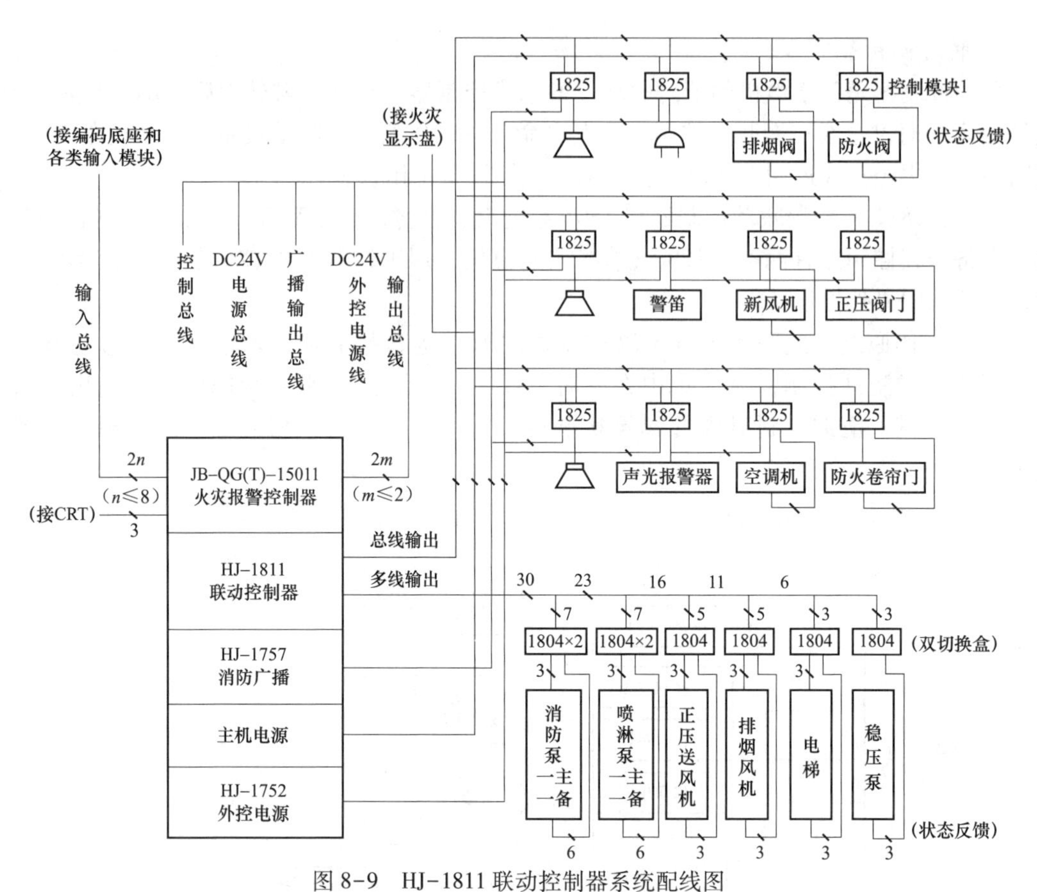

图 8-9　HJ-1811 联动控制器系统配线图

（4）接线。图 8-10 和图 8-11 为 HJ-1811 联动控制器的接线图。

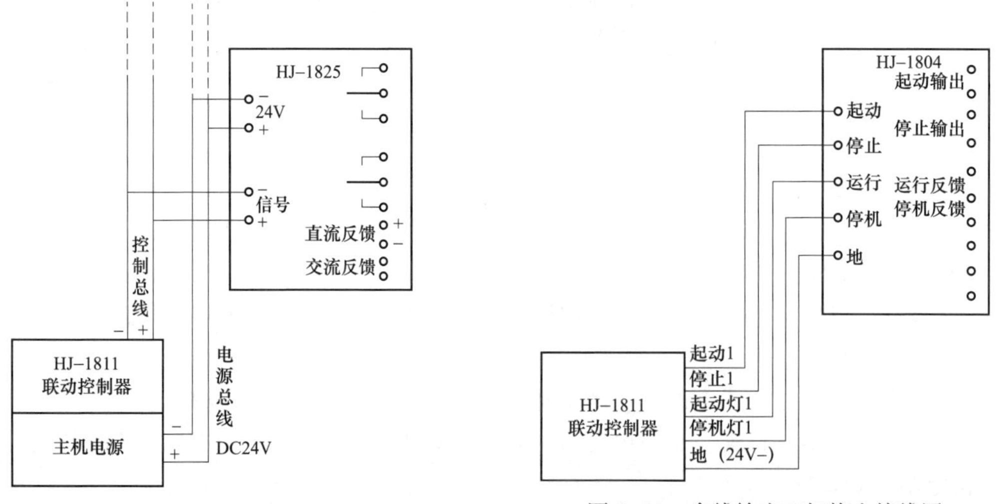

图 8-10　总线输出控制模块接线图

图 8-11　多线输出双切换盒接线图

（5）HJ-1811 联动控制器的功能。

1）可通过 RS232 通信接口接收来自 1501 火灾报警控制器的报警点数据，再根据已编

入的控制逻辑数据，对报警点数据进行分析，对外控消防设备实施总线输出与多线输出两类控制方式。

2）有自动/手动控制转换功能。

3）现场可编程功能。

4）系统检查、系统测试与面板测试功能。

5）当控制回路有开路、短路或断线时，能显示声、光故障信号（声信号可消音）数码管等故障信息。

二、消防联动控制系统及其主要配套设备

消防联动控制是在对火灾确认后向消防设备、非消防设备发出控制信号的处理单元。作为消防控制系统的关键部分，它的可靠性尤为重要。其控制方式一般分两种，即集中控制方式和分散与集中相结合方式。消防联动控制设备有消防水泵、防排烟设施、防火卷帘、防火门、喷淋水泵、正压送风、气体自动灭火、电梯、非消防电源切除等。

1. 灭火设备联动控制

（1）水流指示器及水力报警器。

1）水流指示器。水流指示器一般装在配水干管上，作为分区报警，它靠管内的压力水流动的推力推动水流指示器的桨片，带动操作杆使内部延时电路接通，2～3s 后使微型继电器动作，输出电信号供报警及控制用。图 8-12 为水流指示器的外部接线图。

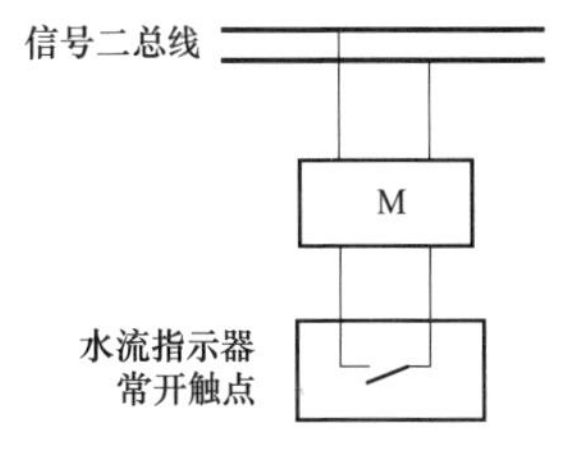

图 8-12　水流指示器的外部接线图

2）水力报警器。水力报警器包括水力警铃和压力开关。其中，水力警铃装在湿式报警阀的延迟器后，当系统侧排水口放水后，利用水力驱动警铃，使之发出报警声。它也可用于干式、干湿两用式、雨淋及预作用自动喷水灭火系统中；压力开关是装在延迟器上部的水—电转换器，其功能是将管网水压力信号转变成电信号，以实现自动报警及起动消火栓泵的功能。

（2）消火栓按钮及手动报警按钮。

1）消火栓按钮。消火栓按钮是消火栓灭火系统中的主要报警元件。按钮内部有一组常开触点、一组常闭触点及一只指示灯，按钮表面为薄玻璃或半硬塑料片。火灾时打碎按钮表面玻璃或用力压下塑料面，按钮即可动作。

消火栓按钮在电气控制线路中的连接形式有串联、并联及通过模块与总线相连三种，如图 8-13 所示。

图 8-13（a）中消火栓按钮的常开触头在正常监控时均为闭合状态。中间继电器 KA1 正常时通电，当任一消火栓按钮动作时，KA1 线圈失电，中间继电器 KA2 线圈得电，其常开触点闭合，起动消火栓泵，所有消火栓按钮上的指示灯燃亮。

图 8-13（b）为消火栓按钮并联电路，图中消火栓按钮的常闭触点在正常监控时是断开的，中间继电器 KA 不得电，火灾发生时，当任一消火栓按钮动作时，KA 即通电，起动消火栓泵，当消火栓泵运行时，其运行接触器常开触点 KM1（或 KM2）闭合，有消火栓按钮上的指示灯燃亮，显示消火栓泵已起动。

图 8-13（c）为大型工程建筑项目中所用的控制电路方式。这种系统接线简单、灵活

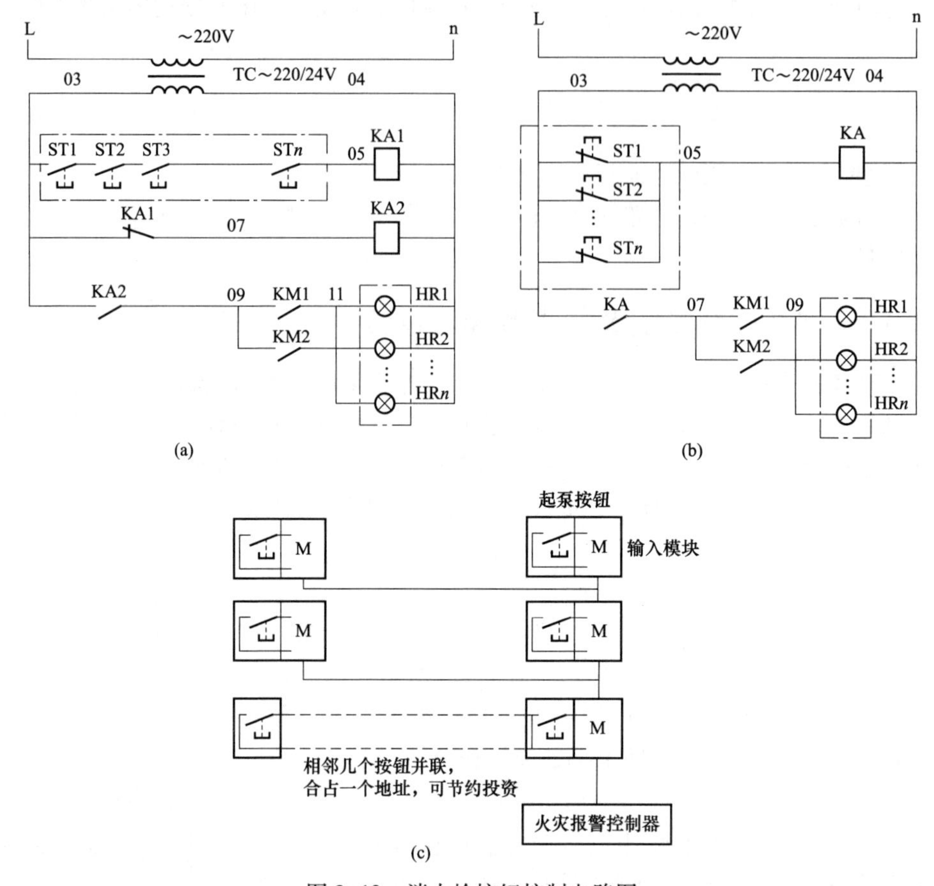

图 8-13　消火栓按钮控制电路图

（a）串联；（b）并联；（c）经输入模块与总线相连

（输入模块的确认灯可作为间接的消火栓泵起动反馈信号）。但火灾报警控制器一定要保证常年正常运行且常置于自动联锁状态，否则会影响起泵。

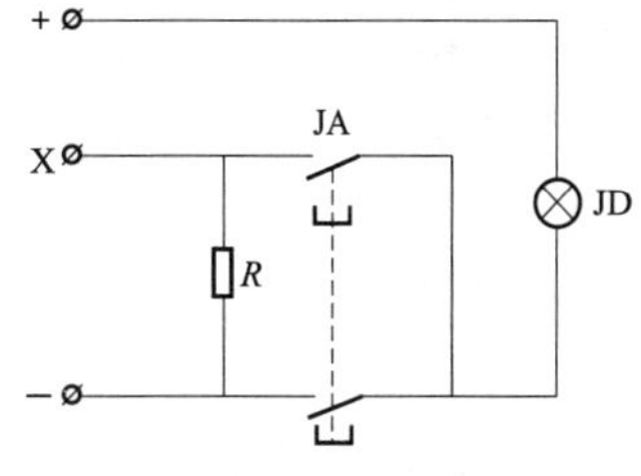

图 8-14　手动报警按钮接线电路图

2）手动报警按钮。它是与自动报警控制器相连，用手动方式产生火灾报警信号，启动火灾自动报警系统的器件，其接线电路图如图 8-14 所示。

（3）消防泵、喷淋泵及增压泵的控制。

消防泵、喷淋泵分别为消火栓系统及水喷淋系统的主要供水设备。增压泵是为防止充水管网泄漏等原因导致水压下降而设的增压装置。消防泵、喷淋泵在火灾报警后自动或手动起动，增压泵则在管网水压下降到一定位时由压力继电器自动起动及停止。

1）消火栓用消防泵。当城市公用管网的水压或流量不够时，应设置消火栓用消防泵。每个消火栓箱都配有消火栓报警按钮。当发现并确认火灾后，手动按下消火栓报警开关，向消防控制室发出报警信号，并起动消防泵。此时，所有消火栓按钮的起泵显示灯全部点亮，显示消防已经起动。

图 8-15 为消火栓消防泵控制原理电路图。

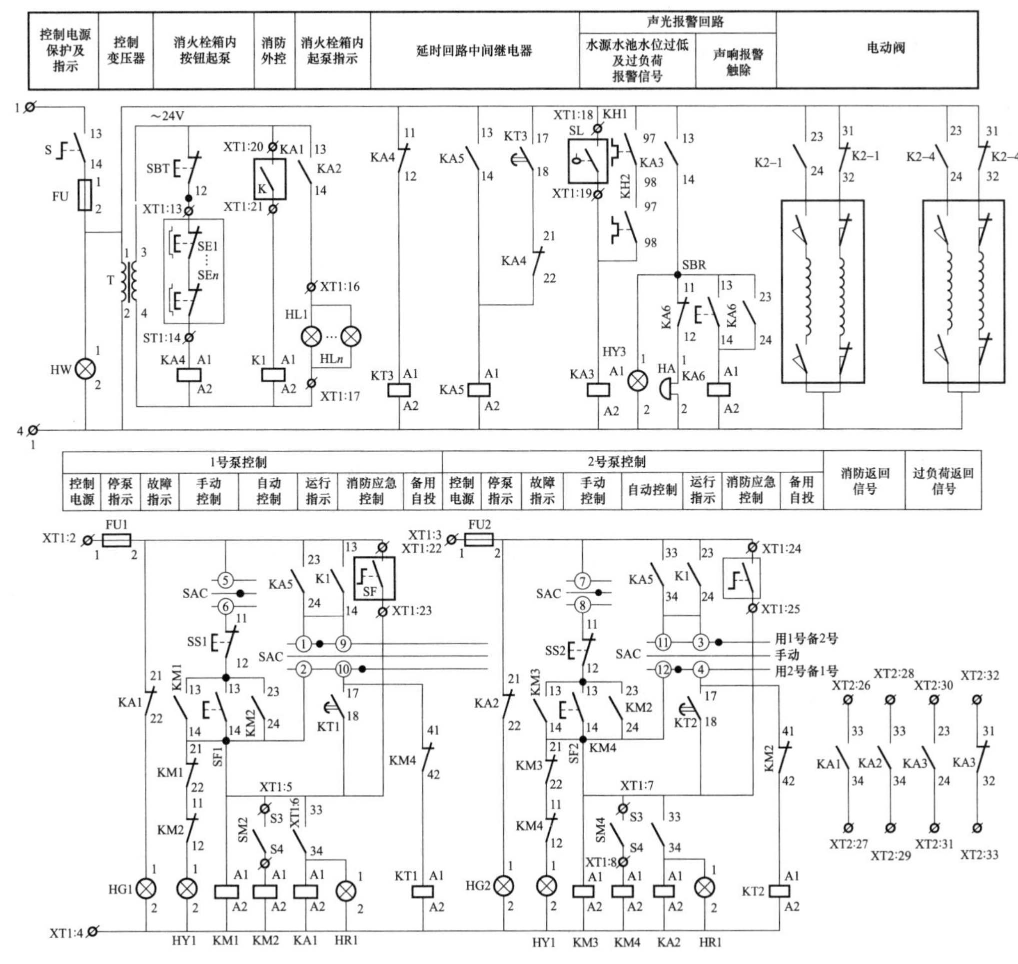

图 8-15　消火栓消防泵控制原理电路图

图 8-15 中，SE1、…、SEn 为设在消火栓箱内的消防泵专用控制按钮，按钮上带有水泵运行指示灯。

火灾发生时，击碎火栓箱内消防专用按钮的玻璃，使该按钮的常开触点复位到断开位置，中间继电器 KA4 的线圈断电，常闭触点闭合，中间继电器 KT3 的线圈通电，经延时后，延时闭合的常开触点闭合，使中间继电器 KA5 的线圈通电吸合，并自动保持。

同时，若选择开关 SAC 置于 1 号泵工作，2 号泵备用的位置时，1 号泵的接触器 KM1 线圈通电，KM1 常开触点闭合，1 号泵经软起动器起动后，软起动器上的 S3、S4 端点闭合，KM2 线圈通电，旁路常开触点 KM2 闭合，1 号泵运行，如果 1 号泵发生故障，接触器 KM1、KM2 跳闸，时间继电器 KT2 线圈通电，KT2 常开触点延时闭合，接触器 KM3 线圈通电吸合，作为备用的 2 号泵起动。

当选择开关 SAC 置于 2 号泵工作，1 号泵备用的位置时，2 号泵先工作，1 号泵备用，其动作过程与选择 1 号泵工作类似。

当 1 号泵、2 号泵均发生过负荷时，热继电器 KH1、KH2 闭合，中间继电器 KA3 通电，发出声、光报警信号。如果水源水池无水时，安装在水源水池内的液位计 SL 接通，使中间

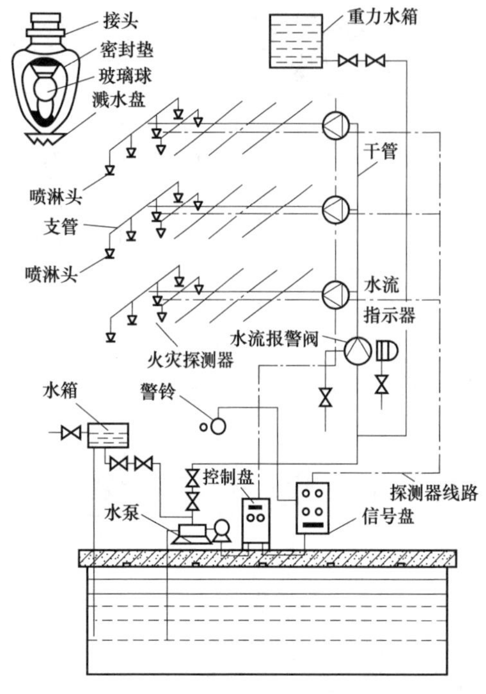

图 8-16　湿式自动喷水消防泵工作原理图

继电器 KA3 通电吸合，其常开触点闭合，发出声、光报警信号。可通过复位按钮 SBR 关闭警铃。

2）自动喷淋用消防泵。图 8-16 为湿式自动喷水消防泵工作原理图。自动喷淋用消防泵工作原理如下：当火灾发生时，随着火灾部位温度的升高，自动喷淋系统喷头上的玻璃球破碎（或易熔合金喷头上的易熔合金片脱落），而喷头开起喷水，水管内的水流推动水流指示器的桨片，使其电触点闭合，接触电路，输出电信号至消防控制室。与此同时，设在主干水管上的报警水阀被水流冲开，向洒水喷头供水，经过报警阀流入延迟器，经延迟后，再流入压力开关使压力继电器动作接通，喷淋用消防泵起动。而压力继电器动作的同时，起动水力警铃，发出报警信号。

3）自动喷淋消防泵控制原理图。自动喷淋用消防泵一般设计为两台泵，一用一备。互为备用，当工作泵故障时，备用泵自动延时投入运行。图 8-17 为自动喷淋消防泵控制原理电路图。

图 8-17 的消防泵控制原理电路中，没有水泵工作状态选择开关 SAC，可使两台泵分别处于 1 号泵用 2 号泵备、2 号泵用 1 号泵备或两台泵均为手动的工作状态。

发生火灾时，喷淋系统的喷淋头自动喷水，设在主立管或水平干管的水流继电器 SP 接通，时间继电器 KT3 圈通电，共延时常开触点经延时后闭合，中间继电器 KA4 通电吸合，时间继电器 KT4 通电。

这时，若选开关 SAC 置于 1 号泵用 2 号泵备的位置，则 1 号泵的接触器 KM1 通电吸合，经软起动器，1 号泵起动，当 1 号泵起动后达到稳定状态，软起动器上的 S3、S4 触点闭合，旁路接触器 KM2 通电，1 号泵正常运行，向系统供水。若此时 1 号泵发生故障，接触器 KM2 跳闸，使 2 号泵控制回路中的时间继电器 KT2 通电，经延时吸合，使接触器 KM3 通电吸合，2 号泵作为备用泵起动向自动喷淋系统供水。根据消防规范的规定，火灾时喷淋泵起动后运转时间为 1h，即 1h 后自动停泵。因此，时间继电器 KT4 延时时间整定为 1h，当 KT4 通电 1h 后吸合，其延时常闭触点打开，中间继电器 KA4 断电释放，使正在运行的喷淋泵控制回路断电，水泵自动停止运行。

通常，在两台泵的自动控制回路中，动合触点 K 的引出线接在消防控制模块上，由消防控制室集中控制水泵的起停。起动按钮 SF 引出线为水泵硬接线，引至消防控制室，作为消防应急控制。

2. 防火门及防火卷帘的控制

防火门及防火卷帘都是防火分隔物，有隔火、阻火、防止火热蔓延的作用。在消防工程应用中，防火门及防火卷帘的动作通常都是与火灾监控系统联锁的。

控制电源保护及指示	延时起泵	运行1h后停泵	声光报警回路		控制变压器	消防外控	消防返回信号	过负荷返回信号
			水源水池水位过低及过负荷报警信号	声响报警解除				

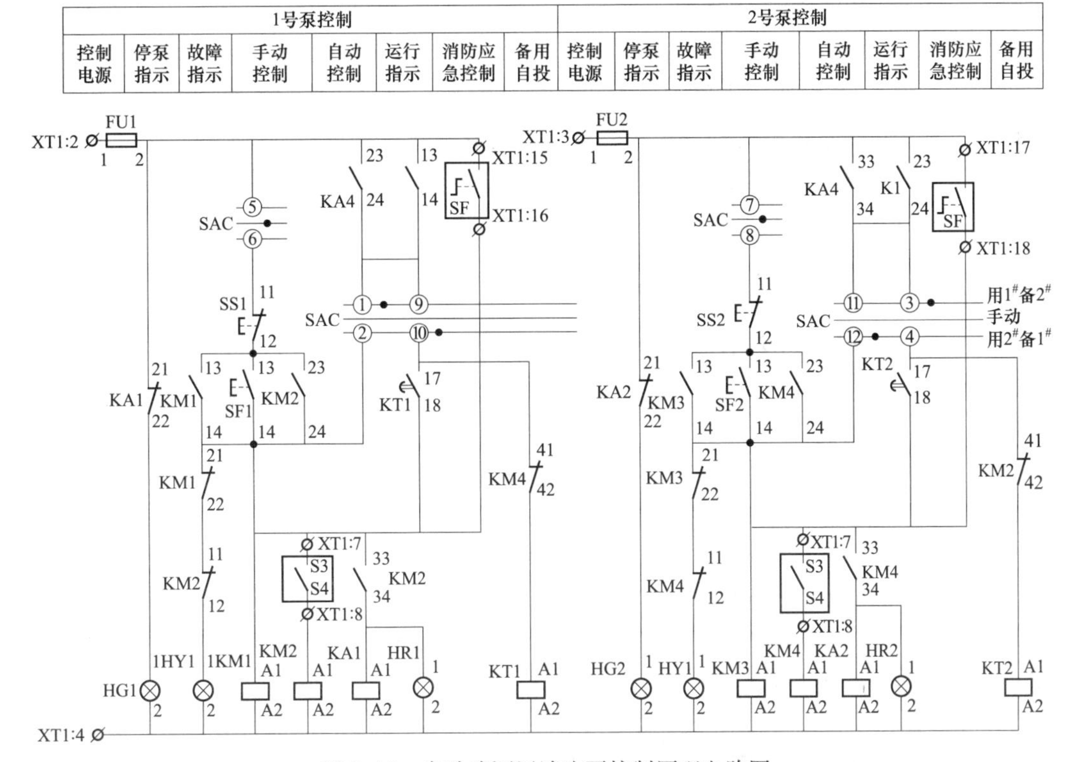

图 8-17　自动喷洒用消防泵控制原理电路图

通常，防火门的控制可用手动控制或电动控制（即现场感烟、感温火灾探测器控制，或由消防控制中心控制）。当采用电动控制时，需要在防火门上配有相应的闭门器及释放开关。

（1）防火门的工作方式。

防火门有两种工作方式：

1）平时通电、火灾时断电关闭方式。即防火门释放开关平时通电吸合，使防火门处于开启状态，火灾时通过联动装置自动控制加手动控制切断电源，装在防火门上的闭门器使之关闭。

2）平时不通电、火灾时通电关闭方式。即通常将电磁铁、油压泵和弹簧制成一个整体装置，平时不通电，防火门被固定销扣住呈现开启状态，火灾时受联锁信号控制，电磁铁通电将销子拔出，防火门靠油压泵的压力或弹簧力作用而慢慢关闭。

防火门的外形结构如图 8-18 所示。

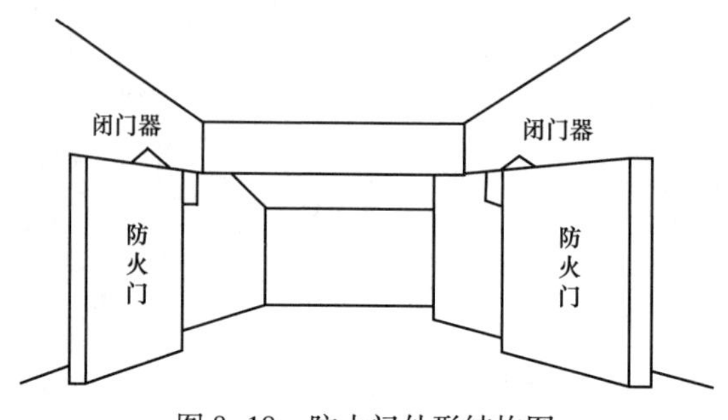

图 8-18　防火门外形结构图

（2）防火卷帘门控制工作原理。

防火卷帘门是设置在建筑物中防火分区通道口处的可形成门帘或防火分隔的消防设备。

图 8-19 为防火卷帘控制电路图。下面结合图 8-19，来分析防火卷帘的控制工作原理。

通常，不工作时卷帘卷起，并锁住。发生火灾时，分两步下放：

第一步：当火灾初期产生烟雾时，来自消防中心的联动信号（感烟探测器报警所致）使触点 1KA（在消防中心控制器上的继电器因感烟报警而动作）闭合，中间继电器 KA1 线圈通电动作，同时联动：

① 信号灯 HL 亮，发出报警信号。

② 电警笛 HA 响，并发出声报警信息。

③ KA1 11～12 号触头闭合，给消防中心一个卷帘起动的信号（即 KA1 11～12 号触头与消防中心信号灯相接）。

④ 将开关 QS1 的常开触头短接，全部电路通以直流电。

⑤ 电磁铁 YA 线圈通电，打开锁头，为卷帘门下降作准备。

⑥ 中间继电器 KA5 线圈通电，同时将接触器 KM2 线圈接通，KM2 触头动作，门电机反转卷帘下降，当卷帘下降到距地 1.2～1.8m 定点时，位置开关 SQ2 受碰撞而动作，使 KA5 线圈失电，KM2 线圈失电，门电动机停，卷帘停止下放（现场中常称中停），从而隔断火灾初期的烟雾，方便人员逃生和灾火。

第二步：

① 如果火势逐渐增大、湿度上升时，消防中心的联动信号接点 2KA（安全消防中心控制器上，且与感温探测器联动）闭合，中间继电器 KA2 线圈通电，触头动作，时间继电器 KT 线圈通电。经延时（30s）后触点闭合，使 KA5 线圈通电，KM2 又重新通电，门电机又反转，卷帘继续下放。

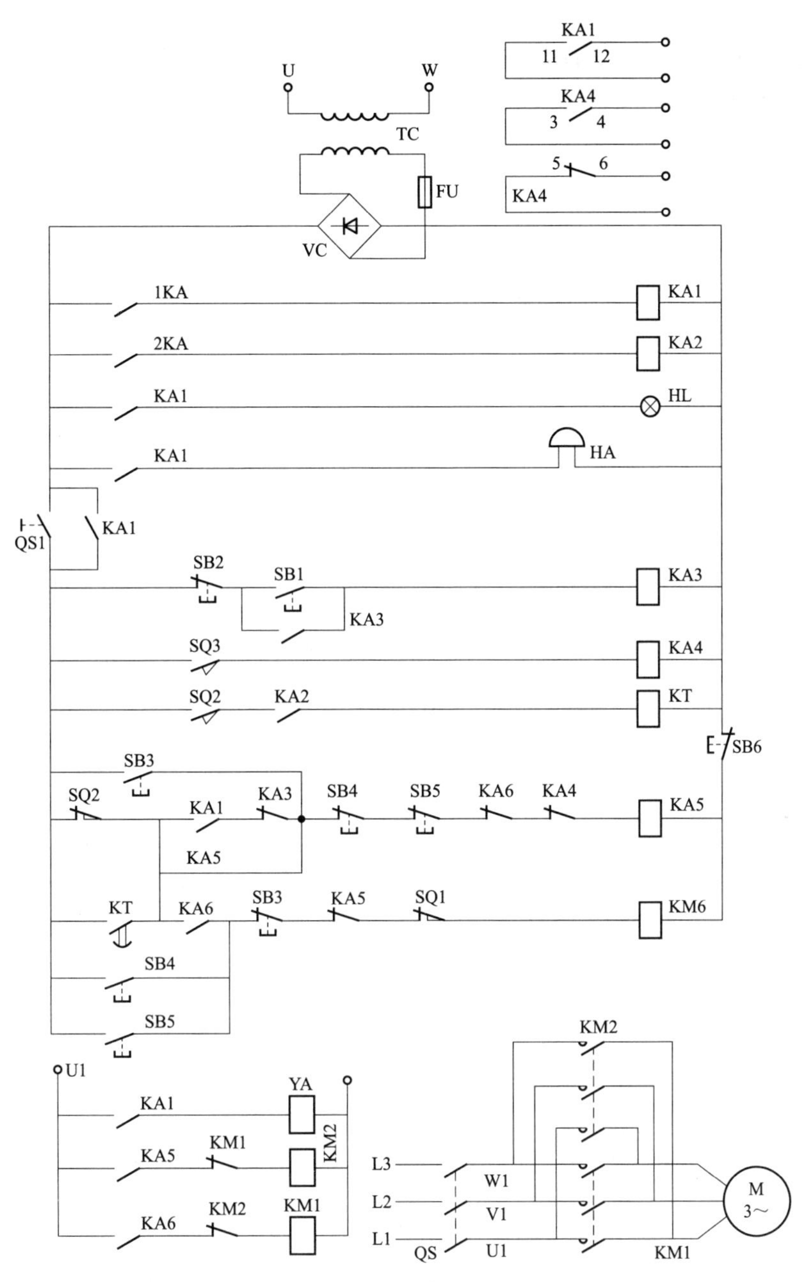

图 8-19　防火卷帘控制电路图

② 当卷帘落地时，碰撞位置开关 SQ3 使其触点动作，中间继电器 KA4 线圈通电，常闭触点断开，使 KA5 失电释放，又使 KM2 线圈失电，门电动机停止。同进 KA4 3-2 号、KA4 5-6 号触头将卷帘门完全关闭信号（或称落地信号）反馈给消防中心。

当火被扑灭后，按下消防中心的帘卷起按钮 SB4 或现场就地卷起按钮 SB5，均可使中间继电器 KA6 线圈通电，使接触器 KM1 线圈通电，门电动机正转，卷帘上升，当上升到顶端时，碰撞位置开关 SQ1 使之动作，使 KA6 失电释放，KM1 失电，门电动机停止，上升结束。

3. 消防排烟设备控制

防烟设备的作用是防止烟气侵入疏散通道，而排烟设备的作用是消除烟气大量积累并防止烟气扩散到疏散通道。图 8-20 为防排烟系统控制图。

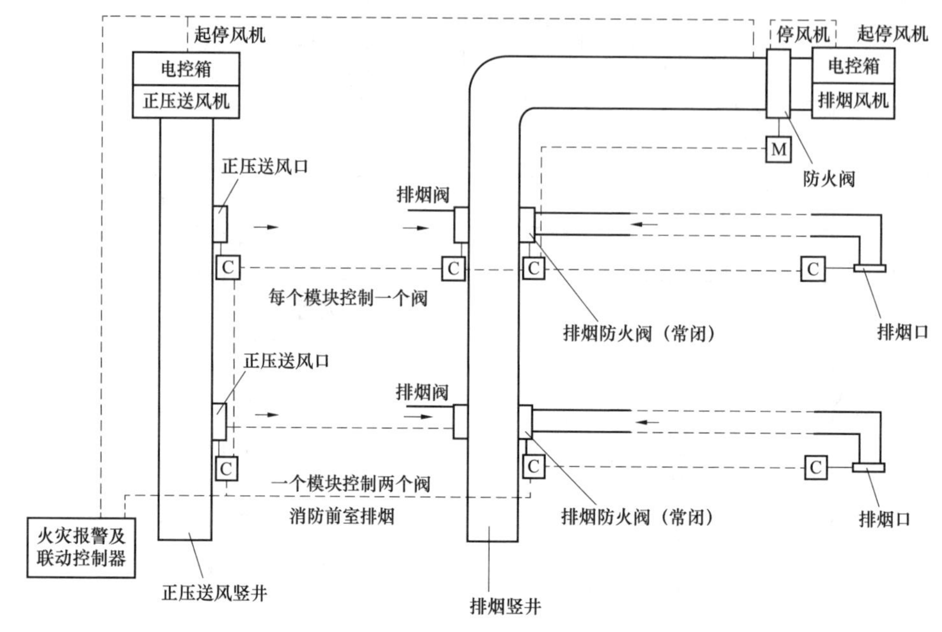

图 8-20　防排烟系统控制图

在排烟系统中，风机的控制应按防排烟系统的组成进行设计，其控制系统通常可由消防控制室、排烟口及就地控制等装置组成。就地控制是将转换开关打到手动位置，通过按钮起动或停止排烟风机，用以检修。

排烟风机可由消防联动模块控制或就地控制。

联动模拟控制时，通过联锁触点起动排烟风机。当排烟风道内温度超过 280℃时，防火阀自动关闭，通过联锁接点，使排烟风机自动停止。

第二节　火灾自动报警及消防联动控制系统识图

如图 8-21～图 8-22 为某楼层火灾自动报警及联动控制系统图及控制平面图。

从图 8-21 上可看出，此火灾报警及消防联动控制系统由两部分构成。其中，火灾报警控制器是一种可现场编程序的二总线制通用报警控制器，既可用作区域报警控制器，又可用作集中报警控制器。该控制器最多有 8 对输入总线，每对输入总线可带探测器和节点型信号 127 个。最多有两对输出总线，每对输出总线可带 32 台火灾显示盘。

图中的火灾报警器是通过串行通信方式将报警信号送入联动控制器，以实现对建筑物内消防设备的自动、手动控制。

此系统通过另一行串行通信接口与计算机连机，实现对建筑的平面图、着火部位等的彩色图形显示。每层设置一台重复显示屏，可作为区域报警控制器，显示屏可进行自检，内装有 4 个输出中间继电器，每个继电器有输出触点 4 对，可控制消防联动设备。

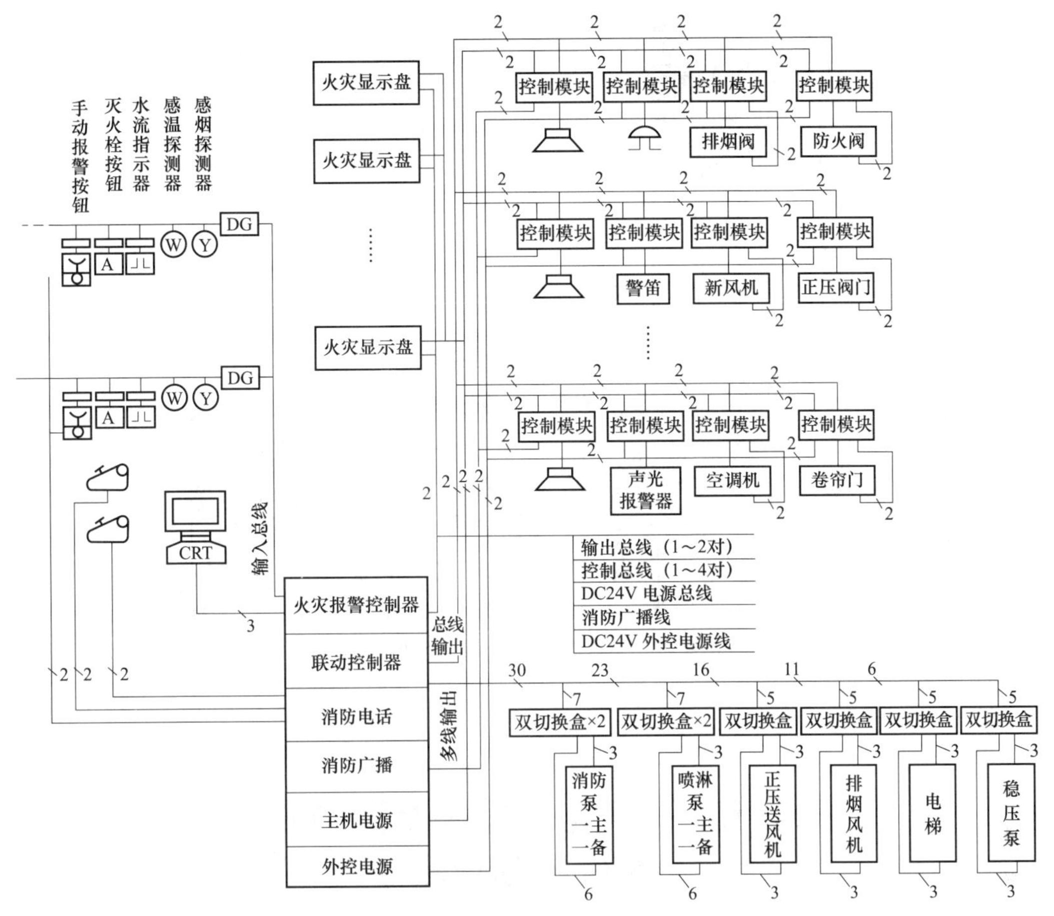

图 8-21　某楼层火灾自动报警及消防联动控制系统图

图 8-21 中的联动控制系统中一对（最多 4 对）输出控制总线（即二总线控制），可控制 32 台火灾显示盘（或远程控制器）内的继电器来达到每层消防联动设备的控制。二总线可接 256 个信号模块；设有 128 个手动开关，用于手动控制重复显示屏（或远程控制箱）内的继电器。

此系统中的中央外控设备有喷淋泵、消防泵、电梯及排烟、送风机等，可以利用联动控制器内 16 对控制触点，去控制机器内的中间继电器，用于手动和自动控制上述集中设备（如消防泵、排烟、风机等）。

从图 8-21 上可以看出，系统的消防电话连接二线直线电话，电话设置于手动报警按钮旁，只需将手提式电话机的插头插入电话插孔即可向总机（消防中心）通话。消防电话的分机可向总机报警，总机也可呼机分机进行通话。

此系统的消防广播装置由联动控制器实施着火层及其上、下层的紧急广播的联动控制。当有背景音乐（与火灾事故广播兼用）的场所火警时，由联动控制器通过其执行件实现强制切换到火灾事故广播的状态。

从图 8-22 的平面图上可以很清楚地看出，此系统的火灾探测器、火灾显示盘、警铃、喇叭、非消防电源箱、水流指示器、排烟、送风、消火栓按钮的位置。

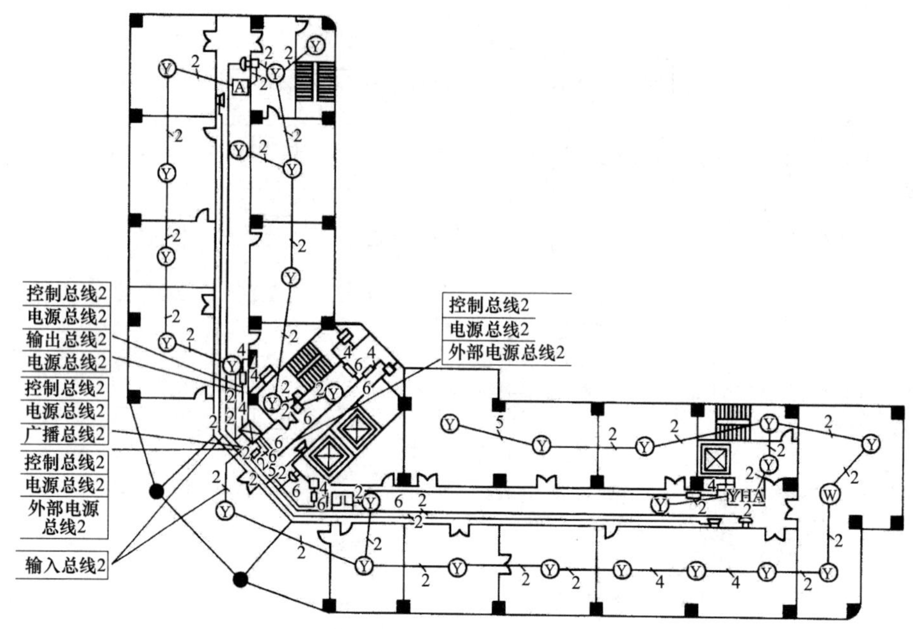

图 8-22　某楼层火灾自动报警及消防联动控制系统平面图

第三节　火灾自动报警及消防联动系统控制原理

火灾自动报警消防联动控制系统是智能建筑必须设置的系统之一。火灾自动报警及联动控制是一项综合性消防技术，是现代电子工程和计算机技术在消防中的应用，也是消防系统的重要组成部分和新兴技术学科。

火灾自动报警及消防联动控制系统原理：通过布置在现场的火灾探测器自动监测火灾发生时产生的烟雾或火光、热气等火灾信号，联动有关消防设备，实现监测报警、控制灭火的自动化。

火灾自动报警及联动控制的主要内容是：火灾参数的检测系统，火灾信息的处理与自动报警系统，消防设备联动与协调控制系统，消防系统的计算机管理等。

在这个系统中，火灾报警控制器是火灾报警系统的心脏，是分析、判断、记录和显示火灾的部件，它通过火灾探测器（感烟、感温）不断向监视现场发出巡测信号，监视现场的烟雾浓度、温度等。探测器将烟雾浓度或温度转换成电信号，反馈给报警控制器，报警控制器收到的电信号与控制器内存储的整定值进行比较，判断确认是否火灾。当确认发生火灾，在控制器上发出声光报警，现场发出火灾报警，显示火灾区域或楼层房号的地址编码，并打印报警时间、地址。同时，通过消防广播向火灾现场发出火灾报警信号，指示疏散路线，在火灾区域相邻的楼层或区域通过消防广播、火灾显示盘显示火灾区域，指示人员朝安全的区域避难。火灾自动报警及消防控制系统框图如图 8-23 所示。

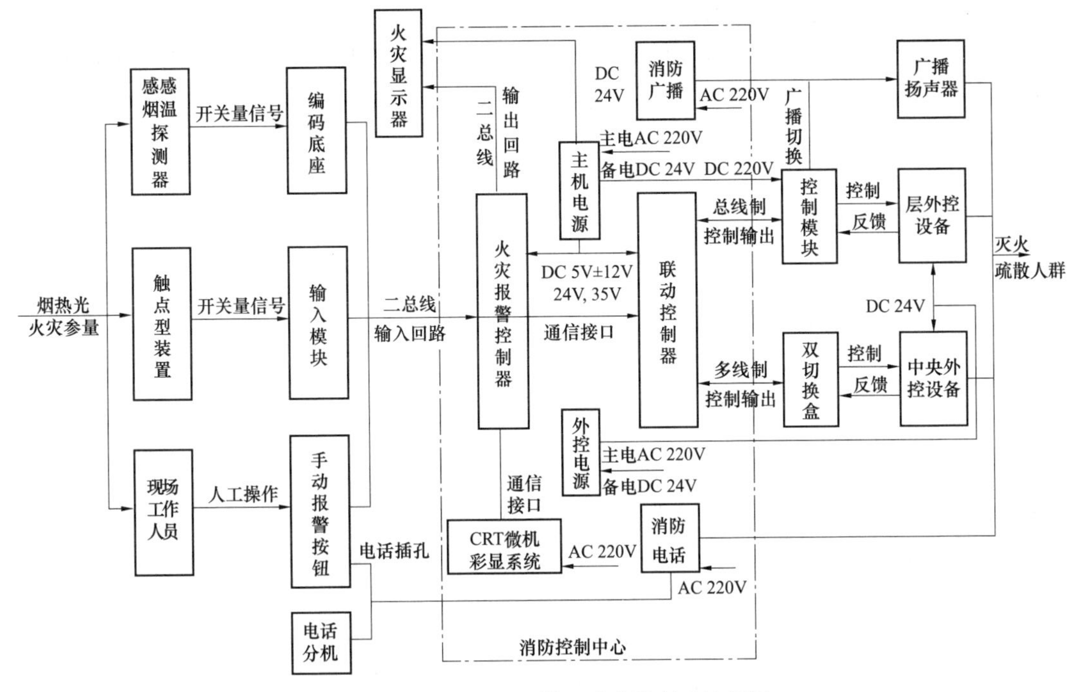

图 8-23　火灾自动报警及消防控制系统框图

第四节　火灾自动报警及消防联动系统施工基本要求

一、材料要求

（1）施工前应对采用的系统组件、管件及其他设备、材料进行现场检查，并应符合下列要求：系统组件、管件及其他设备、材料应符合设计要求和国家现行有关标准的规定，并应具有出厂合格证。其中，消防设备必须具有国家主管机关签发的合格证。

（2）各类火灾探测器、离子式探测器、光电式探测器、线性感烟探测器、感温式火灾探测器等设备的材质、规格、型号应符合设计及规范的规定。

（3）设备及材料表面应光滑、完整，无脱落、夹渣、裂纹、气泡、折叠等缺陷。

（4）所用设备、材料应有产品合格证及相关技术文件。

（5）探测器、各类缆线、管材、联动装置等设备均应在进场前，对其各项进行功能检测，并出具检测报告。

二、设备要求

1. 探测器

（1）对火灾形成特征不可预料的场所，可根据模拟试验的结果选择探测器。

（2）对使用、产生或集聚可燃气体或可燃液态蒸汽的场所，应选择可燃气体探测器。

（3）对火灾发生迅速，可产生大量的热、烟和火焰辐射的场所，可选择感温探测器、感烟探测器、火焰探测器或其组合。

（4）对火灾发展迅速，有强烈的火焰辐射和少量的烟、热的场所，应选择火焰探测器。

（5）对火灾初期有阴燃阶段，产生大量的烟和少量的热，很少或没有火焰辐射的场所，应选择感烟探测器。

（6）对大空间或有特殊要求的场所，宜选用红外光束感烟探测器。

2. 对火灾自动报警设备要求

（1）区域报警系统，宜用于二级保护对象。

（2）集中报警系统，宜用于一级和二级保护对象。

（3）控制中心报警系统，宜用于特级和一级保护对象。

三、线管敷设及布线要求

1. 电线管敷设

（1）消防控制、通信和报警线路采用暗敷设时，应穿管并应敷设在不燃烧体结构内且保护层厚度应不小于30mm。明敷时（包括吊顶内），应穿金属管或封闭式金属线槽，并应在金属管或金属线槽上采取防火保护措施。

（2）火灾自动报警系统的传输线路应采用穿金属管、封闭式线槽，并应采取防火保护措施。

（3）穿线钢管采用低压流体输送用 $\phi20$ 的镀锌钢管，明敷设的钢管应采用螺纹连接的形式，暗配穿线钢管采用套管连接。

（4）管路之间不得采用倒扣连接。在穿线管与感温、感烟探头、手动报警按钮等设备连接时应采用金属蛇皮管。金属蛇皮管应无裂纹、孔洞、机械损伤、变形等缺陷；安装时应符合下列要求：在不同的使用环境条件下，应采用相应材质的挠性金属蛇皮管。弯曲半径应不小于管外径的5倍。接线盒上多余的孔，应采用丝堵堵塞严密。

（5）管路超过下列长度时，应在便于接线处安装接线盒：

1）管子长度每超过20m，有2个弯曲时。

2）管子长度每超过30m，有1个弯曲时。

3）管子长度每超过12m，有3个弯曲时。

4）管子长度每超过45m，无弯曲时。

5）管子入盒时，盒外侧应套锁母，内侧应装护口，在吊顶内敷设时，盒的内外侧均应套锁母。在吊顶内敷设各类管路，宜采用单独的卡具吊装。

2. 管内穿线及电缆敷设

（1）当采用阻燃或耐火电缆时，敷设在电缆井、电缆沟内可不采取防火保护措施。当采用矿物质绝缘类不燃性电缆时，可直接明敷。

（2）管内穿线应在建筑抹灰及地面工程结束后进行，在穿线前，应将管内的积水及杂物清除干净。不同系统、不同电压等级、不同电流类别的线路，不应穿在同一管内。导线在管内不应有接头或扭结。导线的接头，应在接线盒内焊接或端子连接。火灾自动报警系统导线敷设前，应对每回路的导线用500V的兆欧表测量绝缘电阻，其对地绝缘电阻值应不小于20MΩ。

（3）火灾自动报警系统用电缆竖井，宜与电力、照明用的低压电缆竖井分别设置。如受条件限制必须合用时，两种电缆应分别设置在竖井两侧。

（4）电缆设备处采用金属软管连接，金属软管安装完毕后需用卡子固定牢靠。

（5）选择不同颜色的导线区分导线的用途，但同一工程中相同线别的绝缘导线颜色应一致。

（6）导线或电缆在管内不准有接头，管内导线的总截面应不超过管子截面的40%。

（7）配合吊顶施工的部分，在吊顶封闭之前，电缆或导线应敷设完毕。

（8）合股导线在接线时要压接端子或挂锡，导线连接采用压接管进行连接并且压接管型号要与导线规格配套。

3. 传输

（1）火灾探测器的传输线路，宜选择不同颜色的绝缘导线或电缆。正极“+”线应为红色，负极“-”线应为蓝色。同一工程中，相同用途的导线颜色应一致，接线端子应有标号。

（2）火灾自动报警系统的传输网络应不与其他系统的传输网络合用。

四、火灾自动报警及消防联动系统接线及接地

（1）消防联动控制设备的接线要求主要有以下几点：

1）消防控制设备的外接导线，当采用金属软管作套管时，其长度不宜大于1m，并应采用管卡固定，其固定点间距应不大于0.5m。金属软管与消防控制设备的接线盒应采用锁母固定，并应根据配管规定接地。外接导线端部应有明显标志。

2）消防控制设备盘（柜）内不同电压等级、不同电流类别的端子应分开，并有明显标志。

（2）报警控制器的配线要求主要有以下几点：

1）导线应绑扎成束，导线引入线穿线后应在进线处封堵。

2）端子板的每个接线端，接线不得超过两根。

3）电缆芯和导线应留有不小于20cm的余量。

4）配线应整齐，避免交叉，并应固定牢靠。

5）电缆芯线和所配导线的端部均应标明编号，并与图样一致，字迹清晰不易褪色。

（3）报警控制器的电源与接地要求主要有以下几点：

1）控制器的接地应牢固并有明显标志，工作接地线与保护接地线必须分开。

2）控制器的主电源引入线应直接与消防电源连接，严禁使用电源插头。主电源应有明显标志。

第五节　火灾自动报警及消防联动系统布线与配管

一、火灾自动报警及消防联动布线要求

1. 布线一般要求

（1）火灾报警系统和消防设备的传输线应采用铜心绝缘导线或铜心电缆，推荐采用NH氧化镁防火电缆、耐火电缆或ZR阻燃型电线电缆等产品。这些缆线的电压等级应不低于交流250V，芯线的最小截面通常应符合表8-2的要求。

表 8-2　　火灾自动报警系统用导线最小截面

类　　别	芯线最小截面/mm^2	备　　注
穿管敷设的绝缘导线	1.00	
线槽内敷设的绝缘导线	0.75	
多芯电缆	0.50	
由探测器到区域报警器	0.75	多股铜心耐热线
由区域报警器到集中报警器	1.00	单股铜心线
水流指示器控制线	1.00	
湿式报警阀及信号阀	1.00	
排烟防火电源线	1.50	控制线>1.00mm^2
电动卷帘门电源线	2.50	控制线>1.50mm^2
消火栓控制按钮线	1.50	

（2）系统布线采取必要的防火耐热措施，有较强的抵御火灾能力，即使在火灾十分严重的情况下，仍能保证消防系统安全可靠地工作。

防火配线是指由于火灾影响室内温度高达 840℃时，仍能使线路在 30min 内可靠供电。耐热配线是指由于火灾影响室内温度高达 380℃时，仍能使线路在 15min 内可靠供电。无论是防火配线还是耐热配线，都必须采取合适的措施。

1）在电缆井内敷设有非延燃性绝缘和护套的导线、电缆时，可不穿管保护，对消防电气线路所经过的建筑物基础、顶棚、墙壁、地板等处均应采用阻燃性能良好的建筑材料和建筑装饰材料。

2）电缆井、管道井、排烟道、排气道以及垃圾道等竖向管道，其内壁应为耐火极限不低于 1h 的非燃烧体，并且内壁上的检查门应采用丙级防火门。

3）用于消防控制、消防通信、火灾报警，以及用于消防设备的传输线路，均应采取穿管保护。

4）金属管、PVC（聚氯乙烯）硬质或半硬质塑料管和封闭式线槽等都得到了广泛应用。

然而，传输线路穿管敷设或暗敷于非延燃的建筑结构内时，其保护层厚度应不小于 30mm。当必须采取明敷时，应在线管外采用硅酸钙筒（壁厚 25mm）或用石棉、玻璃纤维隔热筒（壁厚 25mm）加以保护。

（3）为满足防火耐热要求，对金属管端头接线应保留一定余量；配管中途接线盒应不埋设在易于燃烧部位，且盒盖应加套石棉布等耐热材料。

2. 布线注意要点

以上均为建筑消防系统布线的防火耐热措施，除此之外，消防系统室内布线还应遵照有关消防法规规定。消防系统室内布线还应做到以下几点：

（1）建筑物内如只有一个电缆井（无强电与弱电井之分），则消防系统弱电部分线路与强电部分线路应分别设置于同一竖井的两侧。

（2）火灾探测器的传输线路应选择不同颜色的绝缘导线，同一工程中相同线别的绝缘导线颜色要一致，接线端子要设不同标号。

（3）建筑物内不同防火分区的横向敷设的消防系统传输线路，如采用穿管敷设，不应

穿于同一根管内。

（4）绝缘导线或电缆穿管敷设时，所占总面积应不超过管内截面积的 40%，穿于线槽的绝缘导线或电缆总面积应不大于线槽截面积的 60%。

（5）不同系统、不同电压、不同电流类别的线路应不穿于同一根管内或线槽内的同一槽孔内。

消防系统的防火耐热布线如图 8–24 所示。

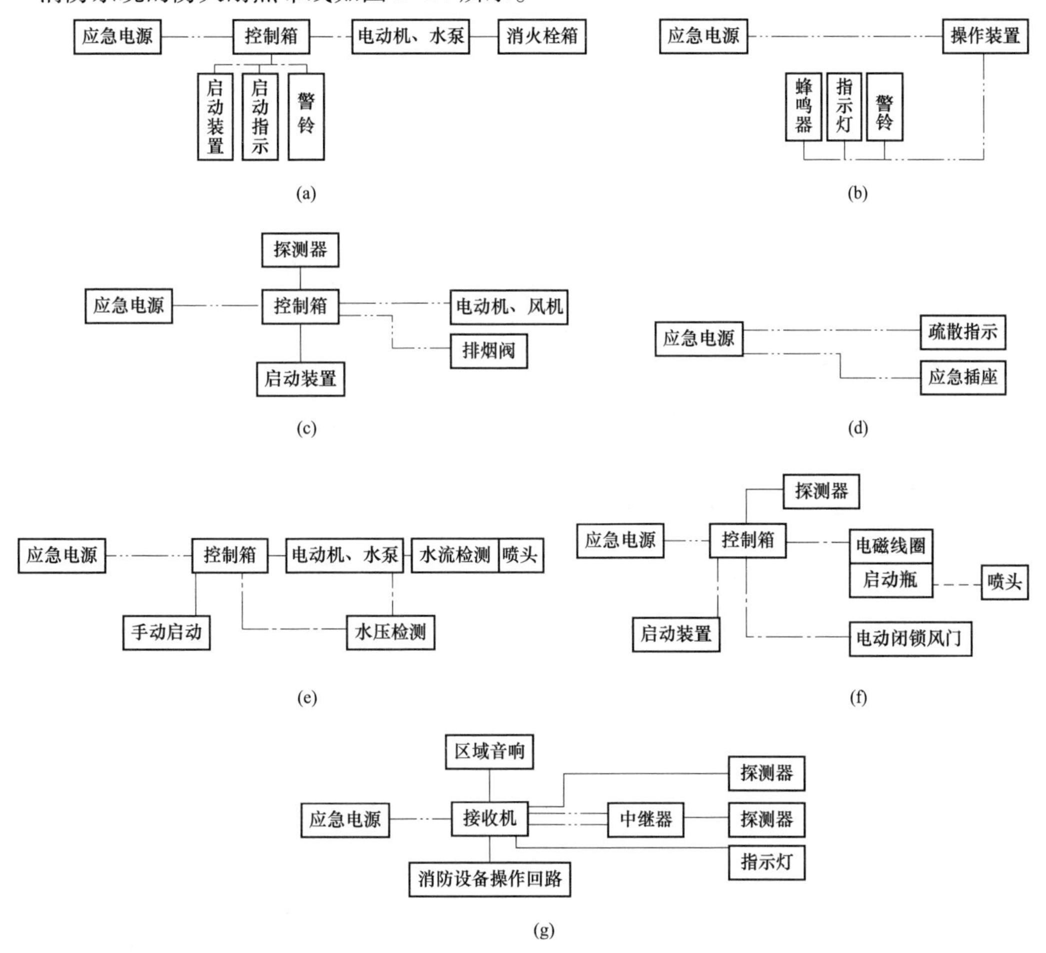

图 8–24　建筑消防系统防火耐热布线示意图

（a）消火栓灭火系统；（b）声、光报警装置；（c）防排烟系统；
（d）疏散诱导及应急插座装置；（e）自动水喷淋灭火系统；
（f）自动气全喷洒灭火系统；（g）火灾自动报警系统

注：—··为防火线；—·-为耐热线；——为一般线。

二、火灾自动报警及消防联动系统的配线

1. 联动系统控制线

总线联动系统选用 RVS 双色双绞线，多线联动系统选用 RVV 电缆线，其余用 BVR 或 BV 线。

2. 通信总线

通信总线是指主机与从机之间的连接总线，或者主机—从机到显示器之间的连接总线。通信总线采用双色多绞多股塑料屏蔽导线，型号为 RVVP-2×1.5mm^2，距离短（<500m）时可用 2×1.0mm^2。

3. 电源电线

电源电线是指主机或从机对编址控制模块和显示器提供的 DC24V 电源线。电源电线采用双色多股塑料软线，型号为 RVS-2×1.5mm^2。

4. 回路总线

回路总线是指主机到各编址单元之间的联动总线。导线规格为 RVS-2×1.5m^2 双色双绞多股塑料软线。要求回路电阻小于 40Ω，是指从机器到最远编址单元的环线电阻值（两根导线）。

三、火灾自动报警及消防联动系统管线的安装要点

（1）布线使用的非金属管材、线槽及其附件应采用不燃或非延燃性材料制成。

（2）消防电梯配电线路应采用耐火电缆或氧化镁防火电缆。

（3）建筑物各楼层带双电源切换的配电箱至防火卷帘的电源应采用耐火电缆。

（4）火灾应急照明线路、消防广播通信应采用穿金属管保护电线，并暗敷于不燃结构内，且保护层厚度不小于 30mm，或采用耐火型电缆明敷于吊顶内。

（5）管线经过建筑物的变形缝（包括沉降缝、伸缩缝、抗震缝等）处，应采用以下措施：

① 连接缆线及跨接地线均应呈悬垂状且有余量。

② 工作接地线应采用铜心绝缘导线或电缆，不得利用镀锌扁铁或金属软管。

③ 一个接线盒，两端应开长孔（孔直径大于保护管外径 2 倍以上），变形缝的另一侧管线通过此孔伸入接线盒处。

④ 管线经过建筑物的变形缝处，宜用两个接线盒分别设置在变形缝两侧。

（6）消火栓泵、喷淋泵电动机配电线路宜选用穿金属管并埋设在非燃烧体结构内的电线，或选用耐火电缆敷设在耐火型电缆桥架，或选用氧化镁防火型电缆。

（7）火灾自动报警系统报警线路应采用穿金属管、阻燃型硬制塑料管或封闭式线槽保护。消防控制、通信和警报线路在暗敷时宜采用阻燃型电线穿保护管敷设在不燃结构层内（保护层厚度 3cm）。控制线路与报警线路合用明敷时应穿金属管并喷涂防火涂料，其线采用氧化镁防火电缆。总线制系统的布线，宜采用电缆敷设在耐火电缆桥架内，有条件的可选用铜皮防火电缆。

四、火灾自动报警及消防联动系统安装注意事项

管线安装时，还应注意如下几点：

（1）不同系统、不同电压、不同电流类别的线路，应穿于不同的管内或线槽的不同槽孔内。

（2）同一工程中相同线别的绝缘导线颜色应一致，导线的接头应在接线盒内焊接，或用端子连接，接线端子应有标号。

（3）存在下列情况时，应在便于接线处装设接线盒。

1）管子长度每超过20m，有两个弯曲时。

2）管子长度每超过30m，有一个弯曲时。

3）管子长度每超过45m，无弯曲时。

4）管子长度每超过12m，有三个弯曲时。

（4）敷设在多尘和潮湿场所管路的管口和管子连接处，均应做密封处理。

（5）管子入盒时，盒外侧应套锁母，内侧应装护口。在吊顶内敷设时，盒的内外侧均应套锁母。

（6）线槽的直线段应每隔1.0～1.5m设置吊点或支点，在线槽接头处、距接线盒0.2m处及线槽走向改变或转角处亦应设吊点或支点，吊装线槽的吊杆直径应大于6mm。

第六节　火灾探测器的安装

一、火灾探测器的安装位置定位

（1）探测器至墙壁、梁边的水平距离，应不小于0.5m，如图8-25所示。

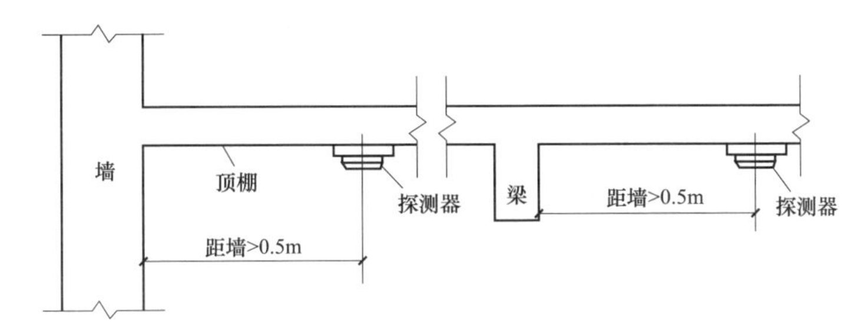

图8-25　探测器至墙梁、梁边的水平距离

（2）探测器周围0.5m内，不应有遮挡物。

（3）探测器应靠近回风口安装，探测器至空调送风口边的水平距离，应不小于1.5m，如图8-26所示。

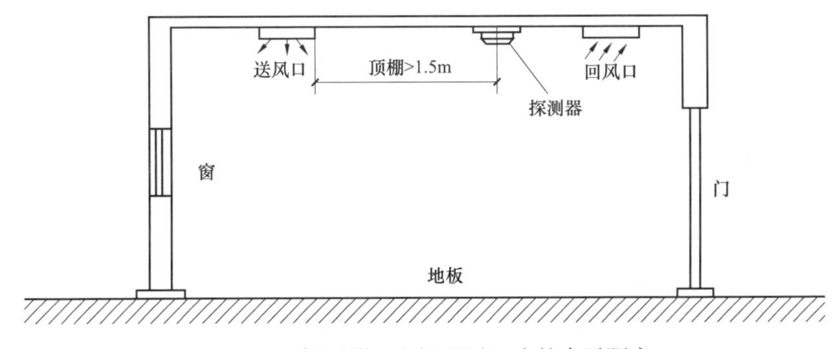

图8-26　探测器至空调送风口边的水平距离

（4）在宽度小于3m的内走道顶棚上设置探测器时，应居中布置。两只感温探测器间的安装间距，应不超过10m；两只感烟探测器间的安装间距，应不超过15m。探测器距端墙的距离，应不大于探测器安装间距的一半，如图8-27所示。

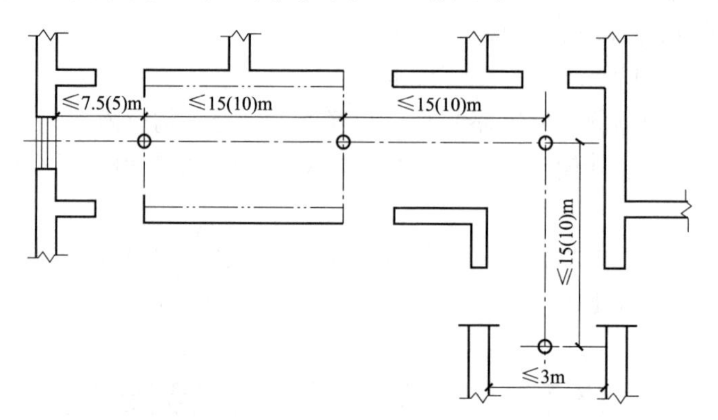

图8-27　探测器在走道顶棚上安装示意图

二、探测器安装间距的确定

火灾探测器的安装间距如图8-28所示，假定由点划线把房间分为相等的小矩形作为一只探测器的保护面积，通常把探测器安装在保护面积的中心位置。其探测器安装间距 a、b 计算公式如下

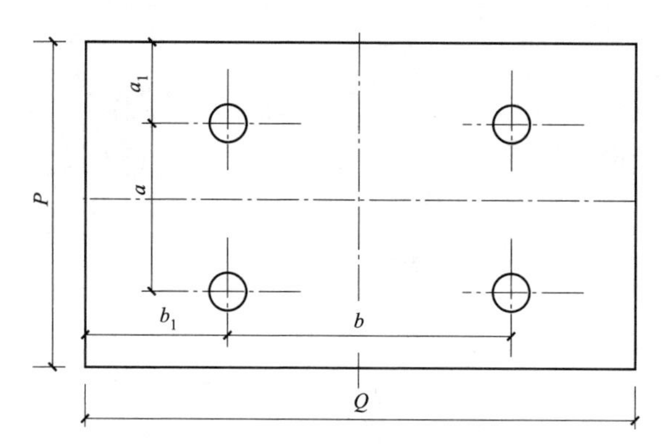

图8-28　火灾探测器安装间距

$$a=P/2,\ b=Q/2$$

式中　P、Q——房间的宽度和长度。

如果使用多只探测器的矩形房间，则探测器的安装间距应按下式计算如下

$$a=P/n_1,\ b=Q/n_2$$

式中　n_1——每列探测器的数目；

n_2——每行探测器的数目。

探测器与相邻墙壁之间的水平距离应按下面公式计算

$$a_1=[P-(n_1-1)a]/2$$

$$b_1=[P-(n_2-1)b]/2$$

在确定火灾探测器的安装距离时，还应注意以下几个问题：

（1）所计算的 a、b 应不超过感烟、感温探测器的安装间距极限曲线 $D_1 \sim D_{11}$（含 D_9'）所规定的范围，同时还要满足以下关系

$$ab \leqslant AK$$

式中　A——一只探测器的保护面积，m^2；

　　K——修正系数。

（2）探测器至墙壁水平距离 a_1、b_1 均应不小于 0.5m。

（3）对于使用多只探测器的狭长房间，如宽度小于 3m 的内通道走廊等处，在顶棚设置探测器时，为了装饰美观，宜居中心线布置。可按最大保护半径 R 的 2 倍作为探测器的安装间距，取 R 为房间两端的探测器距端墙的水平距离。

（4）一般来说，感温探测器的安装间距应不超过 10m，感烟探测器的安装间距应不超过 15m，且探测器至端墙的水平距离应不大于探测器安装间距的一半。

三、火灾探测器的固定

（1）火灾探测器的明装底座有的可以直接安装在建筑物室内装饰吊顶的顶板上，如图 8-29 所示。需要与专用盒配套安装或用 86 系列灯位盒安装的探测器，盒体要与土建工程配合，预埋施工，底座外露于建筑物表面，如图 8-30 所示。使用防水盒安装的探测器，如图 8-31 所示。

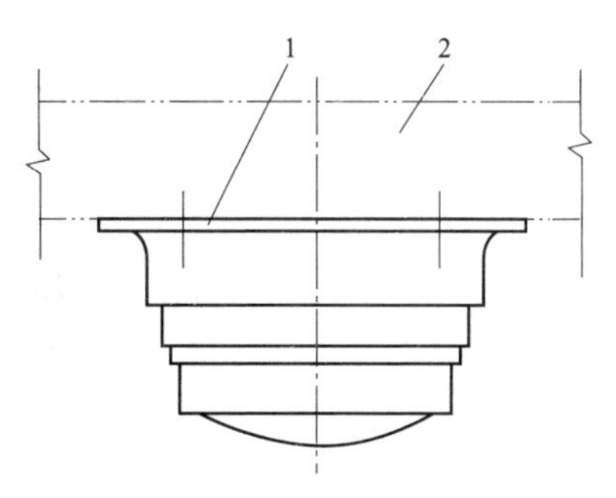

图 8-29　探测器在吊顶顶板上的安装

1—探测器；2—吊顶顶板

（2）探测器若安装在有爆炸危险的场所，应使用防爆底座，做法如图 8-32 所示。编码型底座的安装如图 8-33 所示，它带有探测器锁紧装置，可防止探测器脱落。

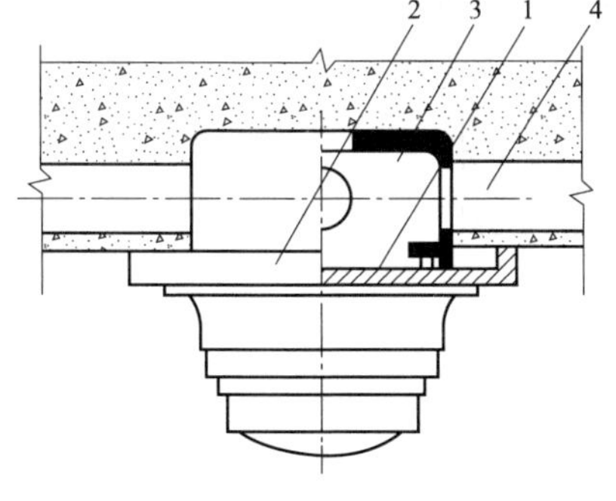

图 8-30　探测器用预埋盒安装

1—探测器；2—底座；3—预埋盒；4—配管

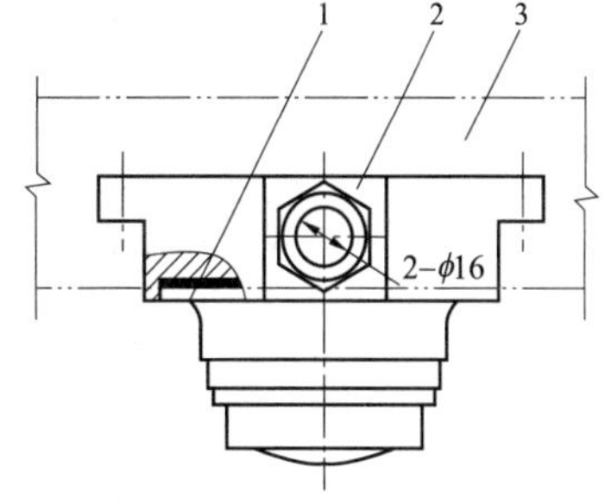

图 8-31　探测器用 FS 型防水盒安装

1—探测器；2—防水盒；

3—吊顶或天花板

（3）探测器或底座上的报警确认灯应面向主要入口方向，以便于观察。顶埋暗装盒时，应将配管一并埋入，用钢管时应将管路连接成一个导电通路。

（4）在吊顶内安装探测器，专用盒、灯位盒应安装在顶板上面，根据探测器的安装位置，先在顶板上钻个小孔，再根据孔的位置，将灯位盒与配管连接好，配至小孔位置，将保护管固定在吊顶的龙骨上或吊顶内的支、吊架上。灯位盒应紧贴在顶板上面，然后对顶板上

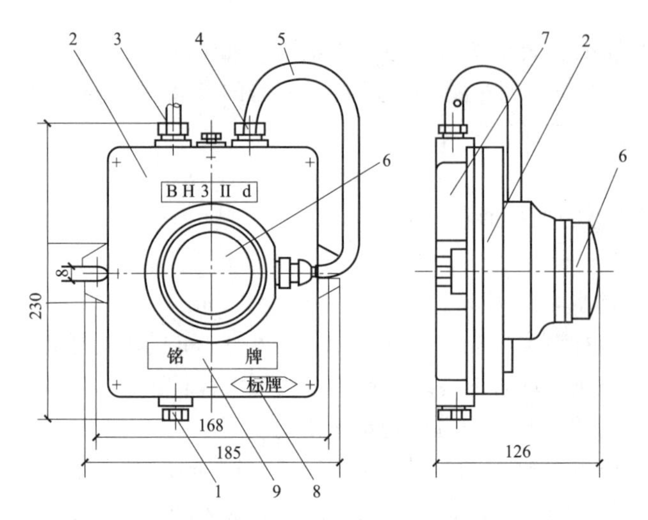

图 8-32　用 BHJW-1 型防爆底座安装感温式探测器

1—备用接线封口螺母；2—壳盖；3—用户自备线路电缆；4—探测器安全火花电路外接电缆封口螺母；5—安全火花电路外接电缆；6—二线制感温探测器；7—壳体；8—断电后方可启盖标牌；9—铭牌

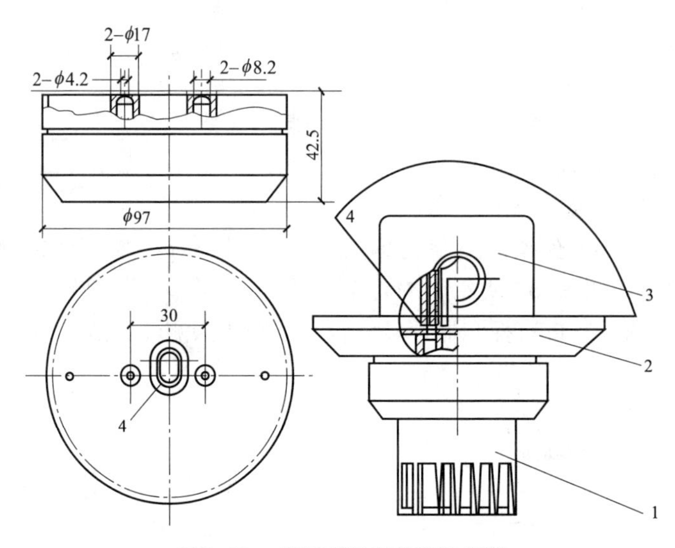

图 8-33　编码型底座外形及安装

1—探测器；2—装饰圈；3—接线盒；4—穿线孔

的小孔扩大，扩大面积应不大于盒口面积。

（5）由于火灾探测器的型号、规格、种类繁多，其安装方式各不相同，因此，在施工图下发后，应仔细阅读图样和产品使用说明，了解产品的技术性能，做到正确安装，达到合理使用的目的。

四、火灾探测器的接线

火灾探测器的接线其实就是探测器底座的接线。

（1）安装探测器底座时，应先将预留在盒内的导线剥出芯线 10～15mm（注意保留线号）。

（2）将剥好的芯线连接在探测器底座各对应的接线端子上，需要焊接连接时，导线剥

头应焊接焊片，通过焊片接于探测器底座的接线端子上。

（3）不同规格型号的探测器其接线方法也有所不同，一定要参照产品说明书进行接线。接线完毕后，将底座用配套的螺栓固定在预埋盒上，并安装好防潮罩。按设计图样检查无误后再拧上。

（4）当房顶坡度 $\theta>15°$ 时，探测器应在人字坡屋顶下最高处安装，如图 8-34 所示。

（5）当房顶坡度 $\theta\leqslant45°$ 时，探测器可以直接安装在屋顶板面上，如图 8-35 所示。

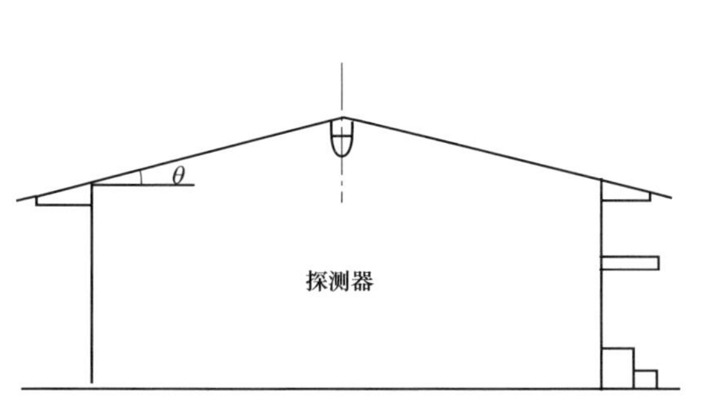

图 8-34　$\theta>15°$ 探测器安装要求

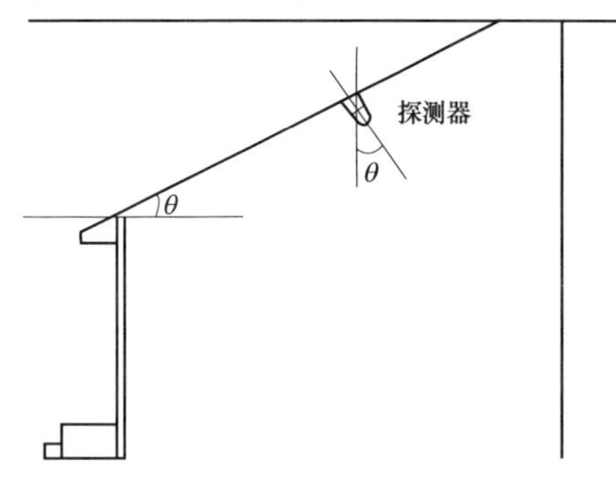

图 8-35　$\theta\leqslant45°$ 探测器安装要求

（6）锯齿形屋顶，当 $\theta>15°$ 时，应在每个锯齿屋脊下安装一排探测器，如图 8-36 所示。

（7）当房顶坡度 $\theta>45°$ 时，探测器应加支架，水平安装，如图 8-37 所示。

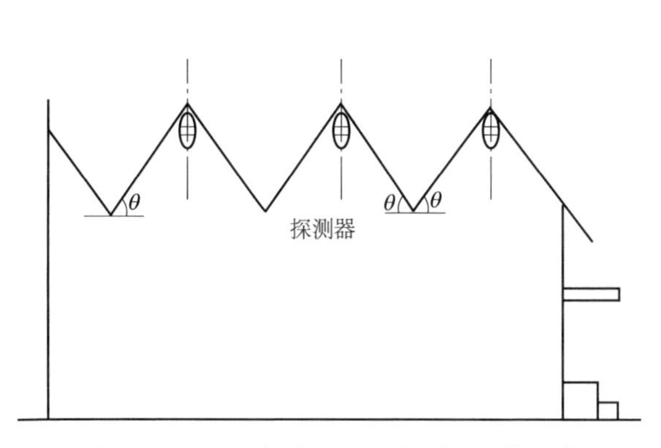

图 8-36　$\theta>15°$ 锯齿形屋顶探测器安装要求

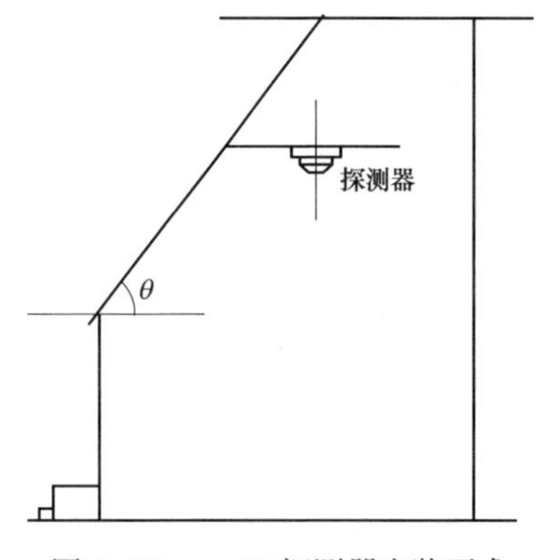

图 8-37　$\theta>45°$ 探测器安装要求

（8）探测器确认灯，应面向便于人员观测的主要入口方向，如图 8-38 所示。

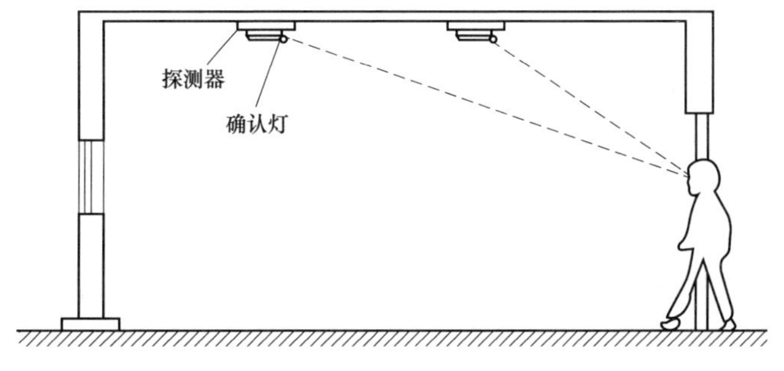

图 8-38　探测器确认灯安装方向要求

（9）在电梯井、管道井、升降井处，可以只在井道上方的机房顶棚上安装一只探测器。在楼梯间、斜坡式走道处，可按垂直距离每 15m 高处安装一只探测器，如图 8-39 所示。

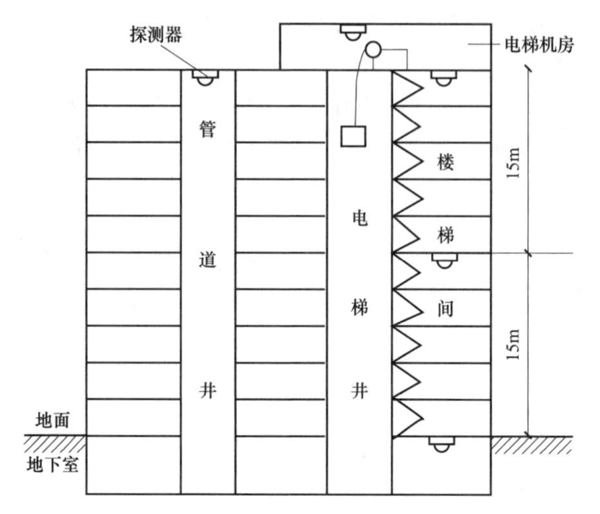

图 8-39　管井道、楼梯间、电梯井等处探测器安装要求

（10）在无吊顶的大型桁架结构仓库，应采用管架将探测器悬挂安装，下垂高度应按实际需要选取。当使用感烟探测器时，应该加装集烟罩。

（11）当房间被书架、设备等物品隔断时，如果分隔物顶部至顶棚或梁的距离小于房间净高的 5%，则每个被分割部分至少安装一只探测器。

1. 手动报警按钮的布线

手动报警按钮接线端子如图 8-40 及图 8-41 所示。

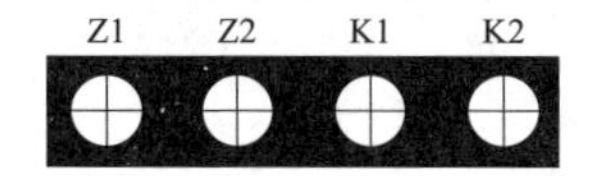

图 8-40　手动报警按钮（不带插孔）接线端子

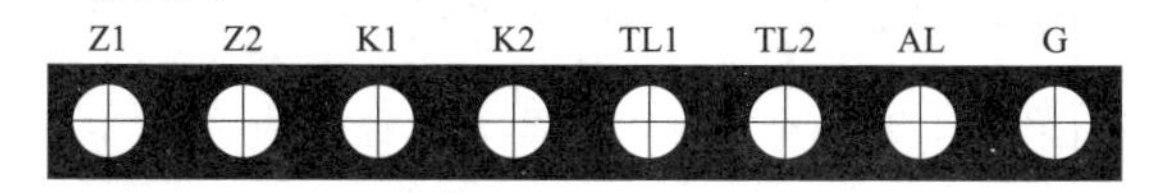

图 8-41　手动报警按钮（带消防电话插孔）接线端子

手动报警按钮各端子的意义见表 8-3。

表 8-3　　手动报警按钮各端子的意义

端子名称	端子的作用	布线要求
Z1、Z2	无极性信号二总线端子	布线时 Z1、Z2 采用 RVS 双绞线，导线截面≥1.0mm^2
	与控制器信号二总线连接的端子	布线时 Z1、Z2 采用 RVS 双绞线，截面积≥1.0mm^2
K1、K2	无源常开输出端子	—
	DC24V 进线端子及控制线输出端子，用于提供直流 24V 开关信号	—
AL、G	与总线制编码电话插孔连接的报警请求线端子	报警请求线 AL、G 采用 BV 线，截面积≥1.0mm^2
TL1、TL2	与总线制编码电话插孔或多线制电话主机连接音频接线端子	消防电话线 TLl、TL2 上采用 RVVP 屏蔽线，截面积≥1.00mm^2

2. 手动报警按钮的安装

报警区域内每个防火分区，应至少设置 1 个手动火灾报警按钮。从 1 个防火分区内的任何位置到最邻近的 1 个手动火灾报警按钮的距离，应不大于 30m。手动火灾报警按钮宜设置在公共活动场所的出入口，如大厅、过厅、餐厅、多功能厅等主要公共场所的出入口，各楼层的电梯间、电梯前室、主要通道等。

（1）手动火灾报警按钮应设置在明显的和便于操作的部位。当安装在墙上时，其底边距地（楼）面高度宜为 1. 3～1. 5m，且应有明显的标志。

（2）安装时，有的还应有预埋接线盒，手动报警按钮应安装牢固，且不得倾斜。

（3）为了便于调试、维修，手动报警按钮外接导线，应留有 10cm 以上的余量，且在其端部应有明显标志。

（4）手动报警按钮底盒背面和底部各有一个敲落孔，可明装也可暗装，明装时可将底盒装在预埋盒上。

（5）暗装时可将底盒装进埋入墙内的预埋盒里，如图 8-42 所示。

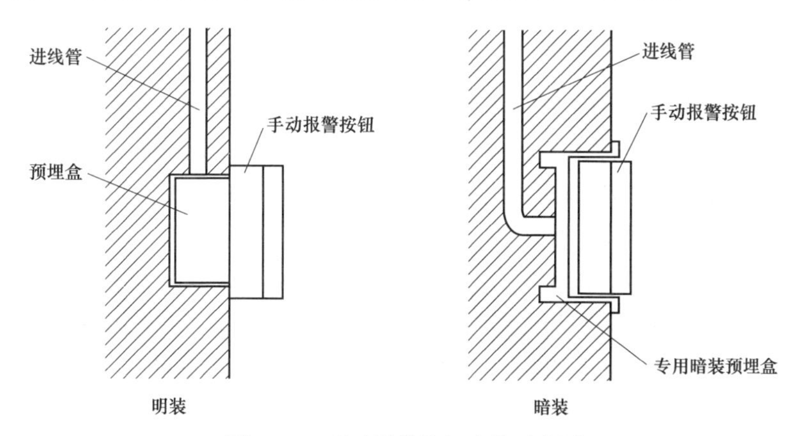

图 8-42　手动报警按钮安装示意图

五、火灾自动报警控制器的安装

1. 火灾报警控制器的安装要求

（1）屋顶、楼板施工完毕，不得有渗漏。

（2）结束室内地面工作；预埋件及预留孔符合设计要求，预埋件应牢固。

（3）门窗安装完毕。

（4）进行装饰工作时有可能损坏已安装设备或设备安装后不能再进行施工的装饰工作全部结束。

（5）控制器在墙上安装时，其底边距地（楼）面高度应不小于 1. 5m，落地安装时，其底边宜高出地坪 0. 1～0. 2m。区域报警控制器安装在墙上时，靠近其门轴的侧面距墙应不小于 0. 5m；正面操作距离应不小于 1. 2m。集中报警控制器需从后面检修时，其后面距墙应不小于 1m；当其一侧靠墙安装时，另一侧距墙应不小于 1m。正面操作距离，当设备单列布置时应不小于 1. 5m，双列布置时应不小于 2m；在值班人员经常工作的一面，控制盘距墙应不小于 3m。

（6）控制器应安装牢固，不得倾斜；安装在轻质墙上时，应采取加固措施。

（7）引入控制器的电缆或导线，应符合下列要求：

1）电缆芯线和所配导线的端部，均应标明编号，并与图样一致，字迹清晰，不易褪色；

2）端子板的每个接线端，接线不得超过两根，电缆芯和导线应留有不小于 20cm 的余量；

3）导线应绑扎成束，导线引入线穿线后，在进线管处应封堵；

4）与控制器的端子板连接应使控制器的显示操作规则、有序；

5）配线应整齐，避免交叉，并应固定牢靠。

（8）控制器的接地应牢固，并有明显标志。

（9）控制器的主电源引入线，应直接与消防电源连接，严禁使用电源插头，主电源应有明显标志。

2. 火灾报警控制器的安装方式

火灾报警控制器可分为台式、壁挂式和柜式三种类型。国产台式报警器型号为 JB-QT、壁挂式为 JB-QB；柜式为 JB-QG。“JB”为报警控制器代号，“T”“B”“G”分别为台、壁、柜代号。

（1）柜式区域报警器。柜式区域报警器外形尺寸如图 8-43 所示。

柜式区域报警器的长 L 约为 500mm，宽 W 约为 400mm，高 H 约为 1900mm，孔距 L_1 为 300～320mm，W_1 为 320～370mm，孔径 d 为 12～13mm。柜式区域报警器安装在预制好的电缆沟槽上，底脚孔用螺钉紧固，然后按接线图接线。

柜式区域报警器较壁挂式的容量大，接线方式与壁挂式基本相同，只是信号线数、总检线数相应增多。柜式区域报警器用在每层探测部位多、楼层高、需要联动消防设备的场所。

（2）壁挂式区域报警器。壁挂式区域报警器通常悬挂在墙壁上的，它的后箱板开有安装孔。报警器的安装尺寸如图 8-44 所示。

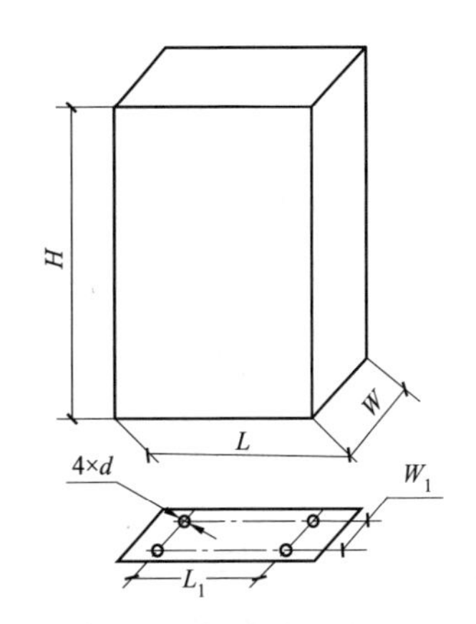

图 8-43　柜式区域报警器外形尺寸图

L—长度；W—宽度；H—高度；

W_1、L_1—孔距；d—孔径

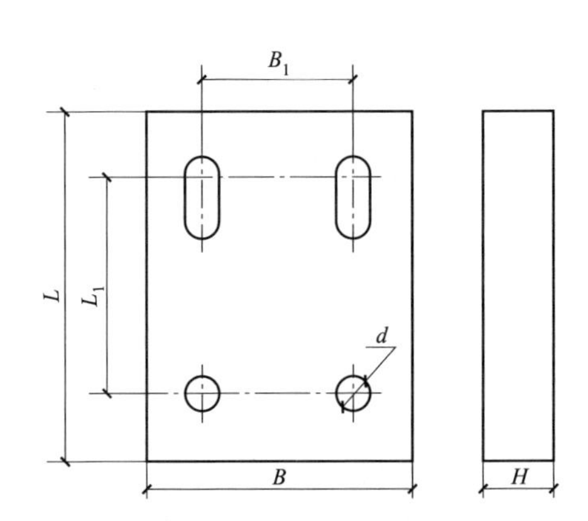

图 8-44　壁挂式区域报警器的安装尺寸

L—长度；B—宽度；H—高度

B_1、L_1—孔距；d—孔径

土建施工时，应在安装壁挂式区域报警器的墙壁上预先埋好固定铁件（带有安装螺孔），并预埋好穿线钢管、接线盒等。一般进线孔在报警器上方，所以接线盒位置应在报警

器上方，靠近报警器的地方。安装报警器时，应先将电缆导线穿好，再将报警器放置在正确的位置，用螺钉紧固，然后按接线要求进行接线。

（3）台式。台式报警器放在工作台上，长度 L 和宽度 W 为 300～500mm。容量（带探测器部位数）越大，外形尺寸越大。

放置台式控制器的工作台有两种规格：一种长 1.2m，一种长 1.8m，两边有 3cm 的侧板，当一个基本台不够用时，可将若干个基本台拼装起来使用。台式报警器的安装方法如图 8-45 所示。

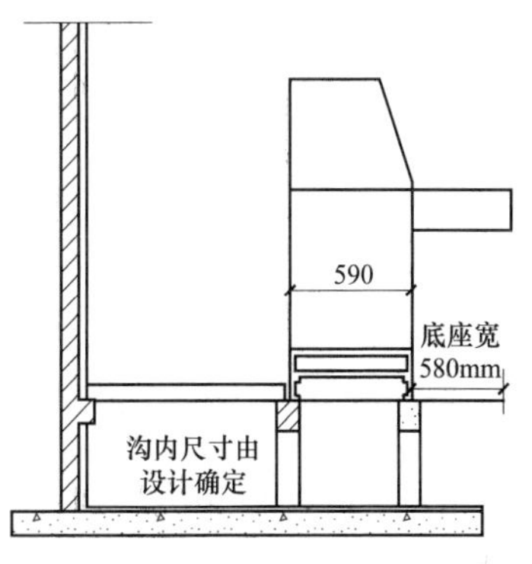

图 8-45　台式报警器的安装方法

一般壁挂式报警器箱长度 L 为 500～800mm，宽度 B 为 400～600mm，孔距 B_1 为 300～400mm，孔径 d 为 10～12mm，具体安装尺寸详见产品的使用说明书。

3. 火灾报警控制器的接线

对于不同厂家生产的不同型号的火灾报警控制器其线制各异，如三线制、四线制、两线制、全总线制及二总线制等。传统的有两线制和现代的全总线制、二总线制三种。

（1）两线制。两线制接线，其配线较多，自动化程度较低，大多在小系统中应用，目前已很少使用。两线制接线如图 8-46 所示。

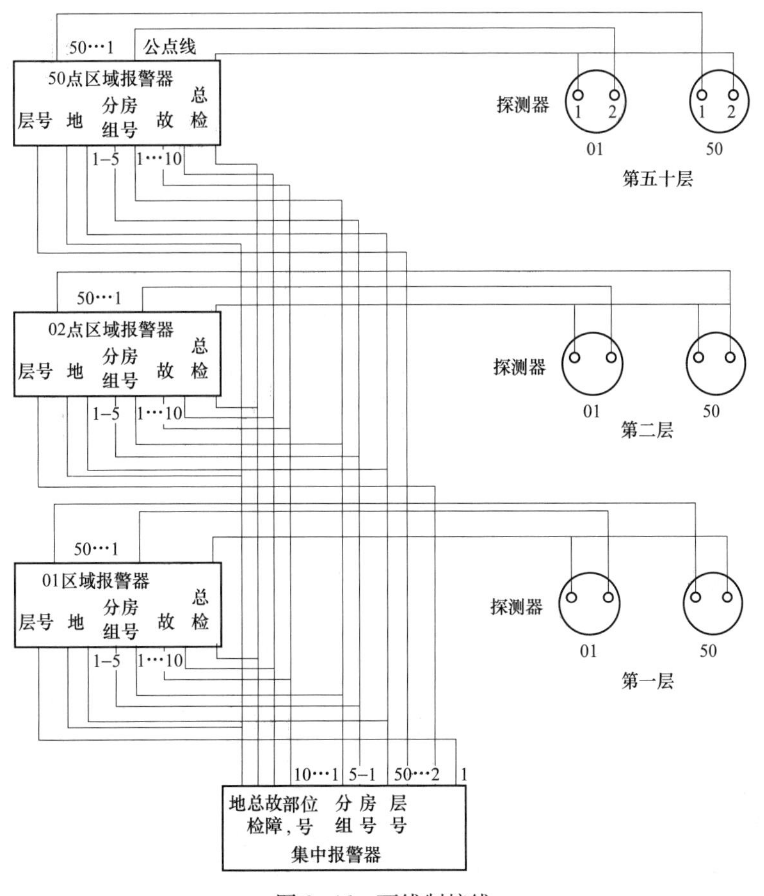

图 8-46　两线制接线

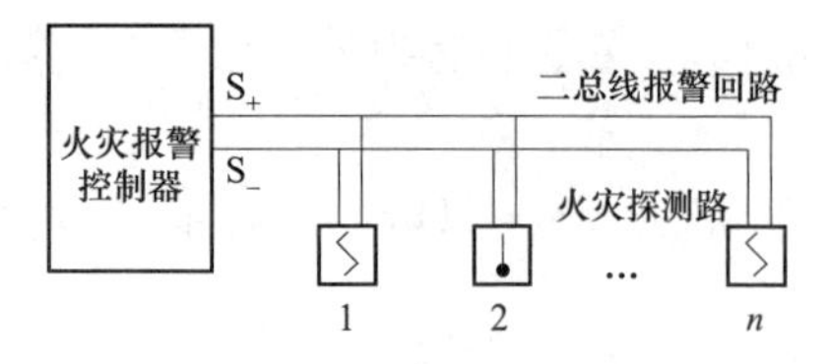

图 8-47　二总线制连接方式

（2）二总线制。二总线制（共 2 根导线）其系统接线示意如图 8-47 所示。其中 S_- 为公共地线；S_+ 同时完成供电、选址、自检、报警等多种功能的信号传输。其优点是接线简单、用线量较少，现已广泛采用，特别是目前逐步应用的智能型火灾报警系统更是建立在二总线制的运行机制上。

（3）全总线制。

1）全总线制接线方式在系统中显示出其明显的优势，接线非常简单。

2）区域报警器输入线为 5 根，即 P、S、T、G 及 V 线，即电源线、信号线、巡检控制线、回路地线及 DC24V 线。区域报警器输出线数等于集中报警器接出的六条总线，即 P_0、S_0、T_0、G_0、C_0、D_0，C_0 为同步线，D_0 为数据线。之所以称为四全总线（或称总线），是因为该系统中所使用的探测器、手动报警按钮等设备均采用 P、S、T、G 4 根出线引至区域报警器上，如图 8-48 所示。

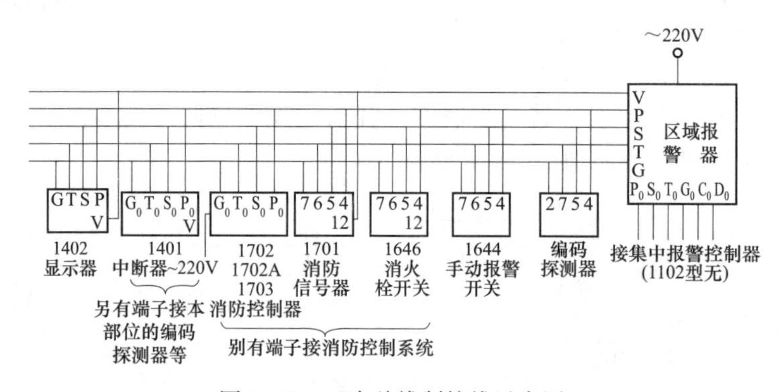

图 8-48　四全总线制接线示意图

第七节　消防联动控制系统安装

一、火灾应急广播的设置

火灾应急广播主要用来通知人员疏散及发布灭火指令。

1. 火灾应急广播的控制方式

利用消防广播具有切换功能的联动模块，可将现场的扬声器接入消防控制器的总线上，由正常广播和消防广播送来的音频广播信号，分别通过此联动模块的无源常闭触头和无源常开触头接在扬声器上。火灾发生时，联动模块根据消防控制室发出的信号，无源常闭触头打开，切除正常广播，无源常开触头闭合，接入消防广播，实现消防强切功能。一个广播区域可由一个联动模块控制，如图 8-49 所示。

（1）独立的火灾应急广播。这种系统配置专用的扩音机、分路控制盘、音频传输网络及扬声器。当发生火灾时，由值班人员发出控制指令，接通扩音机电源，并按消防程序启动相应楼层的火灾事故广播分路。系统方框原理如图 8-50 所示。

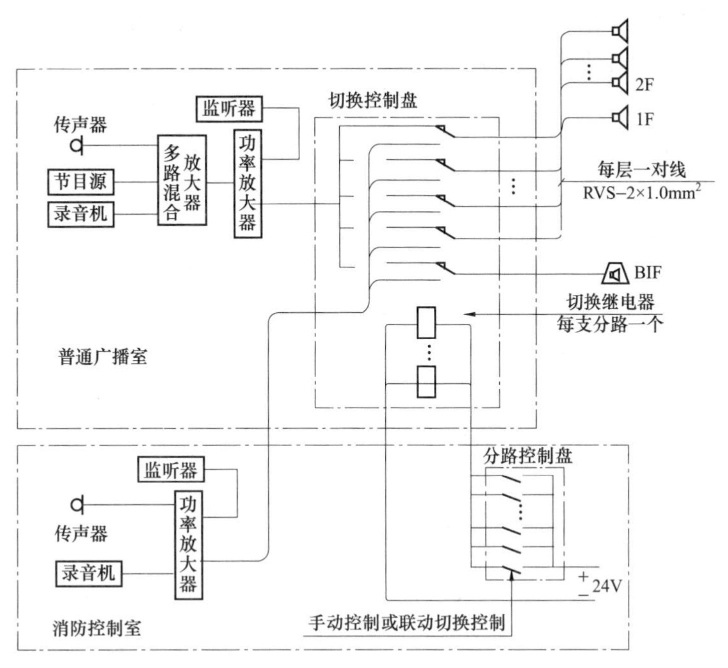

图 8-49　火灾应急广播系统

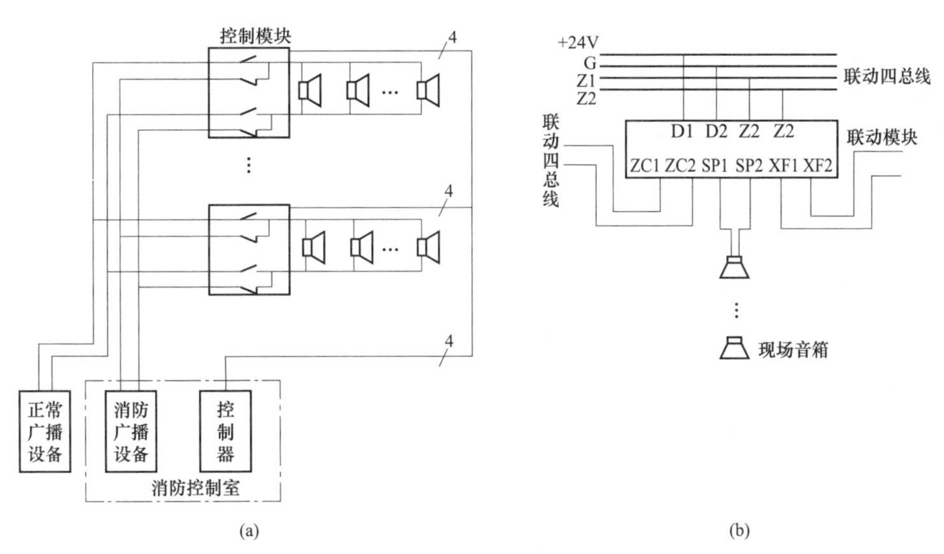

图 8-50　总线制消防应急广播系统示意图

（a）控制原理方框图；（b）模块接线示意图

Z1，Z2—信号二总线连接端子；D1，D2—电源二总线连接端子；

ZC1，ZC2—正常广播线输入端子；XF1，XF2—消防广播线输入端子；

SP1，SP2—与扬声器连接的输出端子

（2）火灾应急广播与广播音响系统合用。在该系统中，广播室内应设置一套火灾应急广播专用的扩音机及分路控制盘，但音频传输网络及扬声器共用。火灾事故广播扩音机的开机及分路控制指令由消防控制中心输出，通过强拆器中的继电器切除广播音响而接通火灾事故广播，将火灾事故广播送人相应的分路，其分路应与消防报警分区相对应。

2. 火灾应急广播的安装要求

（1）火灾事故广播线路应独立敷设，应不和其他线路（包括火警信号、联动控制等线路）同管或同线槽槽孔敷设。

（2）火灾事故广播播放疏散指令的控制程序。

（3）在民用建筑内，扬声器应设置在走道和大厅等公共场所。每个扬声器的额定功率应不小于3W，并且其数量应能确保从一个防火分区内的任何部位到最近一个扬声器的距离不大于25m。走道内最后一个扬声器至走道末端的距离应不大于12.5m。

（4）在环境噪声大于60dB的场所设置的扬声器，在其播放范围内最远点的播放声压级应高于背景噪声15dB。

（5）地下室发生火灾，应先接通地下各层及首层。当首层与2层具有大的共享空间时，也应接通2层。

（6）客房设置专用扬声器时，其额定功率应不小于1W。

（7）首层发生火灾，应先接通本层、2层及地下各层。

（8）2层及2层以上发生火灾，应先接通火灾层及其相邻的上、下层。

（9）火灾应急广播与公共广播（包括背景音乐等）合用时应符合以下要求。

（10）火灾时，应能在消防控制室将火灾疏散层的扬声器和公共广播扩音机强制转入火灾应急广播状态。

（11）消防控制室应能监控用于火灾应急广播时的扩音机的工作状态，并具有遥控开启扩音机和采用传声器广播的功能。

（12）火灾应急广播应设置备用扩音机，其容量应不小于火灾应急广播扬声器最大容量总和的1.5倍。

（13）床头控制柜设有扬声器时，应有强制切换到应急广播的功能。

二、火灾警报装置

未设置火灾应急广播的火灾自动报警系统，应设置火灾警报装置。

火灾警报装置是在火灾时能发出火灾音响及灯光的设备。由电笛（或电铃）与闪光灯组成一体（也有只有音响而无灯光的）。音响的音调与一般音响有区别，通常是变调声（与消防车的音调类似），其控制方式与火灾应急广播相同。

火灾警报装置的设置范围和技术要求如下：

（1）在报警区域内，每个防火分区至少安装一个火灾警报装置。其安装位置，宜设在各楼层走道靠近楼梯出口处。警报装置宜采用手动或自动控制方式。

（2）设置区域报警系统的建筑，应设置火灾警报装置；设置集中报警系统和控制中心报警系统的建筑，宜装设火灾警报装置。

小提示：

为了确保安全，火灾警报装置应在火灾确认后，由消防中心按疏散顺序统一向有关区域发出警报。在环境噪声大于60dB（A）的场所设置火灾警报装置时，其声压级应高于背景噪声15dB（A）。

三、消防控制室的设置

1. 设置要求

（1）消防控制室周围不宜布置电磁场干扰较强及其他影响消防控制设备工作的设备用房，不应将消防控制室设于厕所、锅炉房、浴室、汽车间、变压器室等的隔壁和上、下层相对应的房间。

（2）有条件时宜设置在防灾监控、广播、通信设施等用房附近，并适当考虑长期值班人员房间的朝向。

（3）消防控制室应设置在建筑物的首层（或地下1层），门应向疏散方向开启，且入口处应设置明显的标志，并应设置直通室外的安全出口。

2. 消防控制室的设备布置要点

（1）控制屏（台）的排列长度大于4m时，控制屏（台）两端应设置宽度不小于1m的通道。

（2）在值班人员经常工作的一面，控制屏（台）至墙的距离应不小于3m。

（3）消防控制室内严禁与其无关的电气线路及管路穿过。

（4）消防控制室在确认火灾后，宜向BAS系统及时传输，显示火灾报警信息，且能接收必要的其他信息。

（5）消防控制室的送、回风管在其穿墙处应设防火阀。

（6）火灾自动报警系统应设置带有汉化操作的界面，可利用汉化的CRT显示和中文屏幕菜单直接对消防联动设备进行操作。

（7）集中报警控制器（或火灾通用报警控制器）安装在墙上时，其底边距地高度应为1.3～1.5m；靠近其门轴的侧面距墙应不小于0.5m；正面操作距离应不小于1.2m。

（8）设备面盘前的操作距离：单列布置时应不小于1.5m；双列布置时应不小于2m。

（9）控制屏（台）后的维修距离不宜小于1m。

消防报警控制室设备安装如图8-51所示。

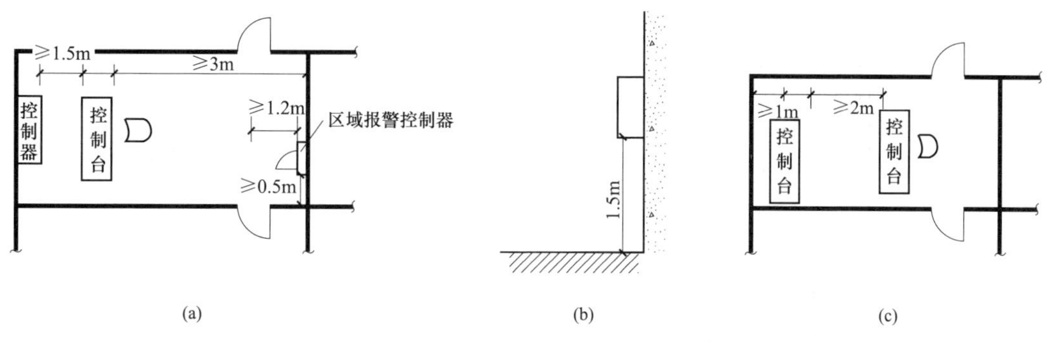

图8-51　消防报警控制室设备安装

（a）布置图；（b）壁挂式侧面图；（c）双列布置图

四、消防专用电话

（1）下列部位应设置消防专用电话分机：

1）灭火控制系统操作装置处或控制室。

2）企业消防站、消防值班室以及总调度室。

3）消防水泵房、备用发电机房、配变电室、主要通风和空调机房、排烟机房、消防电梯机房以及其他与消防联动控制有关的且经常有人值班的机房。

（2）消防控制室应设消防专用电话总机，且宜选择共电式电话总机或对讲通信电话设备。

（3）消防控制室、消防值班室或工厂消防队（站）等处应装设向公安消防部门直接报警的外线电话（城市 119 专用火警电话用户线）。

（4）消防专用电话，应建成独立的消防通信网络系统。

（5）工业建筑中下列部位应设置消防专用电话分机：

1）总变、配电站及车间变、配电所；

2）车间送、排风及空调机房等处；

3）保卫部门总值班室；

4）工厂消防队（站），总调度室；

5）消防泵房、取水泵房（处）以及电梯机房。

（6）设有手动火灾报警按钮、消火栓按钮等处宜设置电话塞孔。电话塞孔在墙上安装时，其底边距地面高度宜为 1.3～1.5m。

（7）特级保护对象的各避难层应每隔 20m 设置一门消防专用电话分机或电话塞孔。

第八节　建筑消防系统接地

（1）消防电子设备凡采用交流供电时，设备金属外壳和金属支架等应做保护接地。接地线应与电气保护接地干线（PE 线）相连接。共用接地和专用接地如图 8-52 和图 8-53 所示。

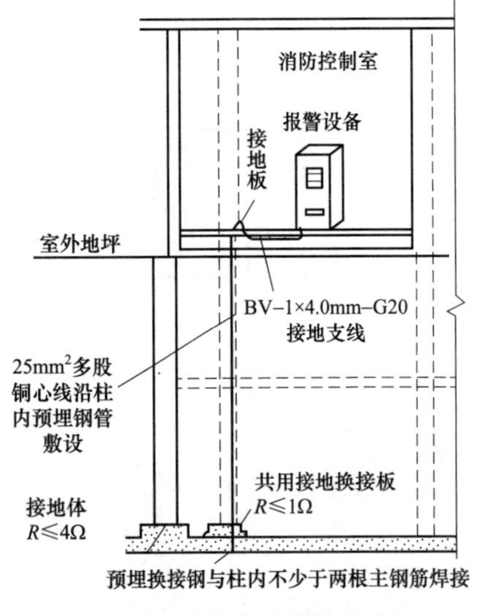

图 8-52　共用接地装置示意图

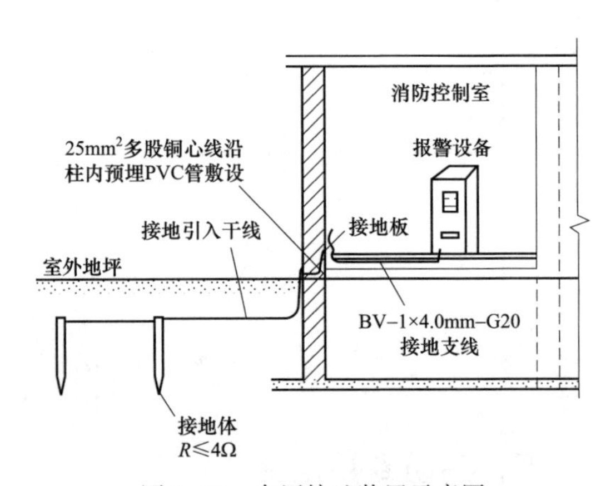

图 8-53　专用接地装置示意图

（2）专用接地干线应采用铜心绝缘导线，其芯线截面积应不小于 $25mm^2$，专用接地干线宜穿硬质型塑料管埋设至接地体。

（3）火灾自动报警系统应在消防控制室设置专用接地板，接地装置的接地电阻应符合以下要求。

1）当采用联合接地时，接地电阻值应不大于 1Ω。

2）当采用专用接地时，接地电阻值应不大于 4Ω。

（4）火灾报警系统应设专用接地干线，由消防控制室引至接地体。

（5）由消防控制室接地板引至各消防电子设备的专用接地线应选用铜心塑料绝缘导线，其芯线截面积应不小于 $4mm^2$。

第九节　火灾自动报警及消防联动系统调试

一、火灾自动报警及消防联动系统调试内容

火灾自动报警系统的调试，应在系统施工结束后进行。调试单位在调试前应编制调试程序，并应按照测试程序工作。火灾自动报警系统的调试项目和调试内容见表 8-4。

表 8-4　火灾自动报警系统的调试项目和调试内容

调试项目	调试内容	检查数量	检验方法
火灾报警控制器调试	调试前应切断火灾报警控制器的所有外部控制连线，并将任一个总线回路的火灾探测器以及该总线回路上的手动火灾报警按钮等部件连接后，方可接通电源	全数检查	观察检查
	按 GB 4717—2005《火灾报警控制器》的有关要求对控制器进行下列功能检查并记录，控制器应满足标准要求。 ① 检查自检功能和操作级别。 ② 使控制器与探测器之间的连线断路和短路，控制器应在 100s 内发出故障信号（短路时发出火灾报警信号除外）。在故障状态下，使任一非故障部位的探测器发出火灾报警信号，控制器应在 1min 内发出火灾报警信号，并应记录火灾报警时间，再使其他探测器发出火灾报警信号，检查控制器的再次报警功能。 ③ 检查消声和复位功能。 ④ 使控制器与备用电源之间的连线断路和短路，控制器应在 100s 内发出故障信号。 ⑤ 检查屏蔽功能。 ⑥ 使总线隔离器保护范围内的任一点短路，检查总线隔离器的隔离保护功能。 ⑦ 使任一总线回路上不少于 10 只的火灾探测器同时处于火灾报警状态，检查控制器的负载功能。 ⑧ 检查主、备电源的自动转换功能，并在备电工作状态下重复第⑦检查。 ⑨ 检查控制器特有的其他功能	全数检查	观察检查、仪表测量

续表

调试项目	调试内容	检查数量	检验方法
火灾报警控制器调试	依次将其他回路与火灾报警控制器相连接，重复下列检查。 ① 使控制器与探测器之间的连线断路和短路，控制器应在。100s内发出故障信号（短路时发出火灾报警信号除外）。在故障状态下，使任一非故障部位的探测器发出火灾报警信号，控制器应在1min内发出火灾报警信号，并应记录火灾报警时间，再使其他探测器发出火灾报警信号，检查控制器的再次报警功能。 ② 使总线隔离器保护范围内的任一点短路，检查总线隔离器的隔离保护功能。 ③ 使任一总线回路上不少于10只的火灾探测器同时处于火灾报警状态，检查控制器的负载功能	全数检查	观察检查、仪表测量
点型感烟、感温火灾探测器调试	采用专用的检测仪器或模拟火灾的方法，检查每只火灾探测器的报警功能，探测器应能发出火灾报警信号	全数检查	观察检查
	对于不可恢复的火灾探测器应采取模拟报警方法逐个检查其报警功能，探测器应能发出火灾报警信号。当有备品时，可抽样检查其报警功能	全数检查	观察检查
线型感温火灾探测器调试	在不可恢复的探测器上模拟火警和故障，探测器应能分别发出火灾报警和故障信号	全数检查	观察检查
	可恢复的探测器可采用专用检测仪器或模拟火灾的办法使其发出火灾报警信号，并在终端盒上模拟故障，探测器应能分别发出火灾报警和故障信号	全数检查	观察检查
红外光束感烟火灾探测器调试	调整探测器的光路调节装置，使探测器处于正常监视状态	全数检查	观察检查
	用减光率为0.9dB的减光片遮挡光路，探测器不应发出火灾报警信号	全数检查	观察检查
	用产品生产企业设定减光率（1.0～10.0dB）的减光片遮挡光路，探测器应发出火灾报警信号	全数检查	观察检查
	用减光率为11.5dB的减光片遮挡光路，探测器应发出故障信号或火灾报警信号	全数检查	观察检查
通过管路采样的吸气式火灾探测器调试	在采样管最末端（最不利处）采样孔加入试验烟，探测器或其控制装置应在120s内发出火灾报警信号	全数检查	观察检查
	根据产品说明书，改变探测器的采样管路气流，使探测器处于故障状态，探测器或其控制装置应在100s内发出故障信号	全数检查	观察检查
点型火焰探测器和图像型火灾探测器调试	采用专用检测仪器和模拟火灾的方法在探测器监视区域内最不利处检查探测器的报警功能，探测器应能正确响应	全数检查	观察检查
手动火灾报警按钮调试	对可恢复的手动火灾报警按钮，施加适当的推力使报警按钮动作，报警按钮应发出火灾报警信号	全数检查	观察检查
	对不可恢复的手动火灾报警按钮应采用模拟动作的方法使报警按钮发出火灾报警信号（当有备用启动零件时，可抽样进行动作试验），报警按钮应发出火灾报警信号	全数检查	观察检查

续表

调试项目	调试内容	检查数量	检验方法
消防联动控制器调试	将消防联动控制器与火灾报警控制器、任一回路的输入/输出模块及该回路模块控制的受控设备相连接，切断所有受控现场设备的控制连线，接通电源	全数检查	观察检查
	按 GB 16806—2006《消防联动控制系统》的有关规定检查消防联动控制系统内各类用电设备的各项控制、接收反馈信号（可模拟现场设备启动信号）和显示功能	全数检查	观察检查
	使消防联动控制器分别处于自动工作和手动工作状态，检查其状态显示，并按 GB 16806—2006《消防联动控制系统》的有关规定进行下列功能检查并记录，控制器应满足相应要求。 ① 自检功能和操作级别。 ② 消防联动控制器与各模块之间的连线断路或短路时，消防联动控制器能在 100s 内发出故障信号。 ③ 消防联动控制器与备用电源之间的连线断路或短路时，消防联动控制器应能在 100s 内发出故障信号。 ④ 检查消声、复位功能。 ⑤ 检查屏蔽功能。 ⑥ 使总线隔离器保护范围内的任一点短路，检查总线隔离器的隔离保护功能。 ⑦ 使至少 50 个输入/输出模块同时处于动作状态（模块总数少于 50 个时，使所有模块动作），检查消防联动控制器的最大负载功能。 ⑧ 检查主、备电源的自动转换功能，并在备电工作状态下重复⑦的检查	全数检查	观察检查
	接通所有启动后可以恢复的受控现场设备	全数检查	观察检查
	使消防联动控制器的工作状态处于自动状态，按 GB 16806—2006《消防联动控制系统》的有关规定和设计的联动逻辑关系进行下列功能检查并记录。 ① 按设计的联动逻辑关系，使相应的火灾探测器发出火灾报警信号，检查消防联动控制器接收火灾报警信号情况、发出联动信号情况、模块动作情况、受控设备的动作情况、受控现场设备动作情况、接收反馈信号（对于启动后不能恢复的受控现场设备，可模拟现场设备启动反馈信号）及各种显示情况。 ② 检查手动插入优先功能	全数检查	观察检查
	使消防联动控制器的工作状态处于手动状态，按 GB 16806—2006《消防联动控制系统》的有关规定和设计的联动逻辑关系依次手动启动相应的受控设备，检查消防联动控制器发出联动信号情况、模块动作情况、受控设备的动作情况、受控现场设备动作情况、接收反馈信号（对于启动后不能恢复的受控现场设备，可模拟现场设备启动反馈信号）及各种显示情况	全数检查	观察检查
	对于直接用火灾探测器作为触发器件的自动灭火控制系统除符合本节有关规定外，尚应按现行国家标准 GB 50116—2013《火灾自动报警系统设计规范》规定进行功能检查	全数检查	观察检查

续表

调试项目	调试内容	检查数量	检验方法
区域显示器（火灾显示盘）调试	将区域显示器（火灾显示盘）与火灾报警控制器相连接，按GB 17429—2011《火灾显示盘》的有关要求检查其下列功能并记录，控制器应满足标准要求。 ① 区域显示器（火灾显示盘）能否在3s内正确接收和显示火灾报警控制器发出的火灾报警信号。 ② 消声、复位功能；操作级别。 ③ 对于非火灾报警控制器供电的区域显示器（火灾显示盘），应检查主、备电源的自动转换功能和故障报警功能	全数检查	观察检查
可燃气体报警控制器调试	切断可燃气体报警控制器的所有外部控制连线，将任一回路与控制器相连接后，接通电源。 控制器应按GB 16808—2008《可燃气体报警控制器》的有关要求进行下列功能试验，并应满足标准要求。 ① 自检功能和操作级别。 ② 控制器与探测器之间的连线断路或短路时，控制器应在100s内发出故障信号。 ③ 在故障状态下，使任一非故障探测器发出报警信号，控制器应在1min内发出报警信号，并应记录报警时间；再使其他探测器发出报警信号，检查控制器的再次报警功能。 ④ 消声和复位功能。 ⑤ 控制器与备用电源之间的连线断路或短路时，控制器应在100s内发出故障信。 ⑥ 高限报警或低、高两段报警功能。 ⑦ 报警设定值的显示功能。 ⑧ 控制器最大负载功能，使至少4只可燃气体探测器同时处于报警状态（探测器总数少于4只时，使所有探测器均处于报警状态）。 ⑨ 主、备电源的自动转换功能，并在备电工作状态下重复⑧的检查	全数检查	观察检查、仪表测量
	依次将其他回路与可燃气体报警控制器相连接重复上一行的检查	全数检查	观察检查、仪表测量
可燃气体探测器调试	依次逐个将可燃气体探测器按产品生产企业提供的调试方法使其正常动作，探测器应发出报警信号	全数检查	观察检查
	对探测器施加达到响应浓度值的可燃气体标准样气，探测器应在30s内响应。撤去可燃气体，探测器应在60s内恢复到正常监视状态	全数检查	观察检查、仪表测量
	对于线型可燃气体探测器除符合相关规定外，还应将发射器发出的光全部遮挡，探测器相应的控制装置应在100s内发出故障信号	全数检查	观察检查、仪表测量

续表

调试项目	调试内容	检查数量	检验方法
消防电话调试	在消防控制室与所有消防电话、电话插孔之间互相呼叫与通话，总机应能显示每部分机或电话插孔的位置，呼叫铃声和通话语音应清晰	全数检查	观察检查
	消防控制室的外线电话与另外一部外线电话模拟报警电话通话，语音应清晰	全数检查	观察检查
	检查群呼、录音等功能，各项功能均应符合要求	全数检查	观察检查
消防应急广播设备调试	以手动方式在消防控制室对所有广播分区进行选区广播，对所有共用扬声器进行强行切换；应急广播应以最大功率输出	全数检查	观察检查
	对扩音机和备用扩音机进行全负荷试验，应急广播的语音应清晰	全数检查	观察检查
	对接入联动系统的消防应急广播设备系统，使其处于自动工作状态，然后按设计的逻辑关系，检查应急广播的工作情况，系统应按设计的逻辑广播	全数检查	观察检查
	使任意一个扬声器断路，其他扬声器的工作状态不应受影响	每一回路抽查一个	观察检查
系统备用电源调试	检查系统中各种控制装置使用的备用电源容量，电源容量应与设计容量相符	全数检查	观察检查
	使各备用电源放电终止，再充电 48h 后断开设备主电源，备用电源至少应保证设备工作 8h，且应满足相应的标准及设计要求	全数检查	观察检查
消防设备应急电源调试	切断应急电源应急输出时直接切断设备的连线，接通应急电源的主电源。 按下述要求检查应急电源的控制功能和转换功能，并观察其输入电压、输出电压、输出电流、主电工作状态、应急工作状态、电池组及各单节电池电压的显示情况，做好记录，显示情况应与产品使用说明书规定相符，并满足要求。 ① 手动启动应急电源输出，应急电源的主电源和备用电源应不能同时输出，且应在 5s 内完成应急转换。 ② 手动停止应急电源的输出，应急电源应恢复到启动前的工作状态。 ③ 断开应急电源的主电源，应急电源应能发出声提示信号，声信号应能手动消除；接通主电源，应急电源应恢复到主电源工作状态。 ④ 给具有联动自动控制功能的应急电源输入联动启动信号，应急电源应在 5s 内转入到应急工作状态，且主电源和备用电源应不能同时输出；输入联动停止信号，应急电源应恢复到主电工作状态。 ⑤ 具有手动和自动控制功能的应急电源处于自动控制状态，然后手动插入操作，应急电源应有手动插入优先功能，且应有自动控制状态和手动控制状态指示	全数检查	观察检查

续表

调试项目	调试内容	检查数量	检验方法
消防设备应急电源调试	断开应急电源的负载，按下述要求检查应急电源的保护功能，并做好记录。 ① 使任一输出回路保护动作，其他回路输出电压应正常。 ② 使配接三相交流负载输出的应急电源的三相负载回路中的任一相停止输出，应急电源应能自动停止该回路的其他两相输出，并应发出声、光故障信号。 ③ 使配接单相交流负载的交流三相输出应急电源输出的任一相停止输出，其他两相应能正常工作，并应发出声、光故障信号	全数检查	观察检查
	将应急电源接上等效于满负载的模拟负载，使其处于应急工作状态，应急工作时间应大于设计应急工作时间的 1.5 倍，且不小于产品标称的应急工作时间	全数检查	观察检查、仪表测量
	使应急电源充电回路与电池之间、电池与电池之间连线断线，应急电源应在 100s 内发出声、光故障信号，声故障信号应能手动消除	全数检查	观察检查
消防控制中心图形显示装置调试	将消防控制中心图形显示装置与火灾报警控制器和消防联动控制器相连，接通电源。 操作显示装置使其显示完整系统区域覆盖模拟图和各层平面图，图中应明确指示出报警区域、主要部位和各消防设备的名称和物理位置，显示界面应为中文界面	全数检查	观察检查
	使火灾报警控制器和消防联动控制器分别发出火灾报警信号和联动控制信号，显示装置应在 3s 内接收，准确显示相应信号的物理位置，并能优先显示火灾报警信号相对应的界面	全数检查	观察检查
	使具有多个报警平面图的显示装置处于多报警平面显示状态，各报警平面应能自动和手动查询，并应有总数显示，且应能手动插入使其立即显示与火警相应的报警平面图	全数检查	观察检查
	使显示装置显示故障或联动平面，输入火灾报警信号，显示装置应能立即转入火灾报警平面的显示	全数检查	观察检查
气体灭火控制器调试	切断气体灭火控制器的所有外部控制连线，接通电源。 给气体灭火控制器输入设定的启动控制信号，控制器应有启动输出，并发出声、光启动信号	全数检查	观察检查
	输入启动设备启动的模拟反馈信号，控制器应在 10s 内接收并显示	全数检查	观察检查
	检查控制器的延时功能，延时时间应在 0～30s 内可调	全数检查	观察检查
	使控制器处于自动控制状态，再手动插入操作，手动插入操作应优先	全数检查	观察检查
	按设计控制逻辑操作控制器，检查是否满足设计的逻辑功能	全数检查	观察检查
	检查控制器向消防联动控制器发送的启动、反馈信号是否正确	全数检查	观察检查

续表

调试项目	调试内容	检查数量	检验方法
防火卷帘控制器调试	防火卷帘控制器应与消防联动控制器、火灾探测器、卷门机连接并通电，防火卷帘控制器应处于正常监视状态； 手动操作防火卷帘控制器的按钮，防火卷帘控制器应能向消防联动控制器发出防火卷帘启、闭和停止的反馈信号	全数检查	观察检查
	用于疏散通道的防火卷帘控制器应具有两步关闭的功能，并应向消防联动控制器发出反馈信号。防火卷帘控制器接收到首次火灾报警信号后，应能控制防火卷帘自动关闭到中位处停止；接收到二次报警信号后，应能控制防火卷帘继续关闭至全闭状态	全数检查	观察检查、仪表测量
	用于分隔防火分区的防火卷帘控制器在接收到防火分区内任一火灾报警信号后，应能控制防火卷帘到全关闭状态，并应向消防联动控制器发出反馈信号	全数检查	观察检查
其他受控部件调试	对系统内其他受控部件的调试应按相应的产品标准进行，在无相应国家标准或行业标准时，宜按产品生产企业提供的调试方法分别进行	全数检查	观察检查
火灾自动报警系统的系统性能调试	将所有经调试合格的各项设备、系统按设计连接组成完整的火灾自动报警系统，按 GB 50116—2013《火灾自动报警系统设计规范》和设计的联动逻辑关系检查系统的各项功能	全数检查	观察检查
	火灾自动报警系统在连续运行 120h 无故障后，按表 8-5 的规定填写调试记录表	全数检查	观察检查

二、火灾自动报警及消防联动控制系统调试记录

火灾自动报警及消防联动系统调试记录见表 8-5。

表 8-5　　火灾自动报警系统调试记录

工程名称		施工单位	
施工执行规范名称及编号		监理单位	
子分部工程名称	调　试		
项　目	调试内容	施工单位检查评定记录	监理单位检查（验收）记录
调试前检查	查验设备规格、型号、数量、备品		
	检查系统施工质量		
	检查系统线路		

续表

项　　目	调试内容	施工单位检查评定记录	监理单位检查（验收）记录
火灾报警控制器	自检功能及操作级别		
	与探测器连线断路、短路，控制器故障信号发出时间		
	故障状态下的再次报警功能		
	火灾报警时间的记录		
	控制器的二次报警功能		
	消声和复位功能		
	与备用电源连线断路、短路，控制器故障信号发出时间		
	屏蔽和隔离功能		
	负载功能		
	主备电源的自动转换功能		
	控制器特有的其他功能		
	连接其他回路时的功能		
点型感烟、感温火灾探测器	检查数量		
	报警数量		
线型感温火灾探测器	故障功能		
	报警数量		
	故障功能		
红外光束感烟火灾探测器	减光率0.9dB的光路遮挡条件，检查数量和未响应数量		
	1.0～10dB的光路遮挡条件，检查数量和响应数量		
	11.5dB的光路遮挡条件，检查数量和响应数量		
吸气式火灾探测器	报警时间		
	故障发出时间		
点型火焰探测器和图像型火灾探测器	报警功能		
	故障功能		
手动火灾报警按钮	检查数量		
	报警数量		
消防联动控制器	自检功能及操作级别		
	与模块连线断路、短路故障信号发出时间		
	与备用电源连线断路、短路故障信号发出时间		
	消声和复位功能		
	屏蔽和隔离功能		
	负载功能		
	主备电源的自动转换功能		

续表

项　目	调试内容	施工单位检查评定记录	监理单位检查（验收）记录
消防联动控制器	自动联动、联动逻辑及手动插入优先功能		
	手动启动功能		
	自动灭火控制系统功能		
区域显示器（火灾显示盘）	接收火灾报警信号的时间		
	消声和复位功能		
	操作级别		
	火灾报警时间的记录		
	控制器的二次报警功能		
	主备电源的自动转换功能和故障报警功能		
可燃气体报警控制器	自检功能及操作级别		
	与探测器连线断路、短路故障信号发出时间		
	故障状态下的再次报警时间及功能		
	消声和复位功能		
	与备用电源连线断路、短路故障信号发出时间		
	高、低限报警功能		
	设定值显示功能		
	负载功能		
	主备电源的自动转换功能		
	连接其他回路时的功能		
可燃气体探测器	探测器响应时间		
	探测器恢复时间		
消防电话	检查数量		
	功能正常、语音清晰的数量		
消防应急广播设备	手动强行切换功能		
	全负荷试验，广播语音清晰的数量		
	联动功能		
	任一扬声器断路条件下其他扬声器工作状态		
系统备用电源	电源容量		
	断开主电源，备用电源工作时间		
消防设备应急电源	控制功能和转换功能		
	显示状态		
	保护功能		
	应急工作时间		
	故障功能		

续表

项　目	调试内容	施工单位检查评定记录	监理单位检查（验收）记录
消防控制中心图形显示装置	显示功能		
	查询功能		
	手动插入及自动切换		
气体灭火控制器	启动及反馈功能		
	延时功能		
	自动及手动控制功能		
	信号发送功能		
防火卷帘控制器	手动控制功能		
	两步关闭功能		
	分隔防火分区功能		
其他受控部件	检查数量		
	合格数量		
系统性能	系统功能		
结论	施工单位项目负责人： （签章） 年　月　日	监理工程师（建设单位项目负责人）： （签章） 年　月　日	

第十节　火灾自动报警及消防联动系统的验收

一、火灾自动报警及消防联动系统验收一般规定

（1）火灾自动报警系统竣工后，建设单位应负责组织施工、设计、监理等单位进行验收。验收不合格不得投入使用。

（2）对系统中下列装置的安装位置、施工质量和功能等进行验收。

1）系统内的其他消防控制装置。

2）火灾警报装置；火灾应急照明和疏散指示控制装置；切断非消防电源的控制装置；电动阀控制装置。

3）消火栓系统、通风空调、防烟排烟及电动防火阀等控制装置。

4）电动防火门控制装置、防火卷帘控制器；消防电梯和非消防电梯的回降控制装置。

5）消防联网通信。

6）消防联动控制系统（含消防联动控制器、气体灭火控制器、消防电气控制装置、消防设备应急电源、消防应急广播设备、消防电话、传输设备、消防控制中心图形显示装置、模块、消防电动装置、消火栓按钮等设备）。

7）火灾报警系统装置（包括各种火灾探测器、手动火灾报警按钮、火灾报警控制器和区域显示器等）。

8）自动灭火系统控制装置（包括自动喷水、气体、干粉、泡沫等固定灭火系统的控制装置）。

（3）火灾自动报警系统工程验收时应按规定要求填写相应的记录。

（4）按 GB 50116—2013《火灾自动报警系统设计规范》设计的各项系统功能进行验收。

（5）系统中各装置的安装位置、施工质量和功能等的验收数量应满足下列要求：

1）各类消防用电设备主、备电源的自动转换装置，应进行 3 次转换试验，每次试验均应正常。

2）火灾报警控制器（含可燃气体报警控制器）和消防联动控制器应按实际安装数量全部进行功能检验。消防联动控制系统中其他各种用电设备、区域显示器应按以下要求进行功能检验。① 实际安装数量在 5 台以下者，全部检验；② 实际安装数量在 6～10 台者，抽验 5 台；③ 实际安装数量超过 10 台者，按实际安装数量 30%～50% 的比例、但不少于 5 台抽验；④ 各装置的安装位置、型号、数量、类别及安装质量应符合设计要求。

3）火灾探测器（含可燃气体探测器）和手动火灾报警按钮，应按下列要求进行模拟火灾响应（可燃气体报警）和故障信号检验。① 实际安装数量在 100 只以下者，抽验 20 只（每个回路都应抽验）；② 实际安装数量超过 1DO 只，每个回路按实际安装数量 10%～20% 的比例进行抽验，但抽验总数应不少于 20 只；③ 被检查的火灾探测器的类别、型号、适用场所、安装高度、保护半径、保护面积和探测器的间距等均应符合设计要求。

4）室内消火栓的功能验收应在出水压力符合现行国家有关建筑设计防火规范的条件下，抽验下列控制功能。① 在消防控制室内操作启、停泵 1～3 次；② 消火栓处操作启泵按钮，按 5%～10% 的比例抽验。

5）自动喷水灭火系统，应在符合 GB 50084—2001《自动喷水灭火系统设计规范（2005 年版）》的条件下，抽验下列控制功能：① 在消防控制室内操作启、停泵 1～3 次；② 水流指示器、信号阀等按实际安装数量的 30%～50% 的比例进行抽验；③ 压力、电动阀、电磁阀等按实际安装数量全部开关进行检验。

6）气体、泡沫、干粉等灭火系统，应在符合国家现行有关系统设计规范的条件下按实际安装数量的 20%～30% 的比例抽验下列控制功能。① 自动、手动启动和紧急切断试验 1～3 次；② 与固定灭火设备联动控制的其他设备动作（包括关闭防火门窗、停止空调风机、关闭防火阀等）试验 1～3 次。

7）电动防火门、防火卷帘，5 樘以下的应全部检验，超过 5 樘的应按实际安装数量的 20% 的比例，但不小于 5 樘，抽验联动控制功能。

8）防烟排烟风机应全部检验，通风空调和防排烟设备的阀门，应按实际安装数量的 10%～20% 的比例，抽验联动功能，并应符合下列要求。

① 报警联动启动、消防控制室直接启停、现场手动启动联动防烟排烟风机 1～3 次。

② 报警联动停、消防控制室远程停通风空调送风 1～3 次。

③ 报警联动开启、消防控制室开启、现场手动开启防排烟阀门 1～3 次。

9）消防电梯应进行 1～2 次手动控制和联动控制功能检验，非消防电梯应进行 1～2 次联动返回首层功能检验，其控制功能、信号均应正常。

10）火灾应急广播设备，应按实际安装数量的 10%～20% 的比例进行下列功能检验。

① 对所有广播分区进行选区广播，对共用扬声器进行强行切换。

② 对扩音机和备用扩音机进行全负荷试验。

③ 检查应急广播的逻辑工作和联动功能。

11）消防专用电话的检验，应符合下列要求。

① 消防控制室与所设的对讲电话分机进行 1～3 次通话试验。

② 电话插孔按实际安装数量的 10%～20% 的比例进行通话试验。

③ 消防控制室的外线电话与另一部外线电话模拟报警电话进行 1～3 次通话试验。

12）火灾应急照明和疏散指示控制装置应进行 1～3 次使系统转入应急状态检验，系统中各消防应急照明灯具均应能转入应急状态。

（6）本节各项检验项目中，当有不合格时，应修复或更换，并进行复验：复验时，对有抽验比例要求的，应加倍检验。

（7）系统工程质量验收评定标准应符合下列要求。

1）系统内的设备及配件规格型号与设计不符、无国家相关证明和检验报告的，系统内的任一控制器和火灾探测器无法发出报警信号，无法实现要求的联动功能的，定为 A 类不合格。

2）验收前施工单位提供的资料不符合下列要求的定为 B 类不合格。

① 竣工验收申请报告、设计变更通知书、竣工图。

② 工程质量事故处理报告。

③ 施工现场质量管理检查记录。

④ 火灾自动报警系统施工过程质量管理检查记录。

⑤ 火灾自动报警系统的检验报告、合格证及相关材料。

3）除 1）、2）款规定的 A、B 类不合格外，其余不合格项均为 C 类不合格。

4）系统验收合格评定为：A=0，B≤2，且 B+C≤检查项的 5% 为合格，否则为不合格。

二、火灾自动报警及消防联动系统的验收项目及内容

火灾自动报警及消防联动系统的验收项目及内容见表 8-6。

表 8-6　火灾自动报警系统的验收项目及内容

验收项目及内容		检查数量	检验方法
按 GB 50303—2015《建筑电气工程施工质量验收规范》的规定和布线要求对系统的布线进行检验		全数检查	尺量、观察检查
按要求验收技术文件		全数检查	观察检查
火灾报警控制器验收	火灾报警控制器的安装应满足规范要求	—	尺量、观察检查
	火灾报警控制器的规格、型号、容量、数量应符合设计要求	—	对照图样观察检查
	火灾报警控制器的功能验收应按其调试的要求进行检查，检查结果应符合 GB 4717—2005《火灾报警控制器》和产品使用说明书的有关要求	—	—

续表

验收项目及内容		检查数量	检验方法
点型火灾探测器验收	点型火灾探测器的安装应满足要求	—	尺量、观察检查
	点型火灾探测器的规格、型号、数量应符合设计要求	—	对照图样观察检查
	点型火灾探测器的功能验收应按其调试的要求进行检查，检查结果应符合要求	—	—
线型感温火灾探测器验收	线型感温火灾探测器的安装应满足规范要求	—	尺量、观察检查
	线型感温火灾探测器的规格、型号、数量应符合设计要求	—	对照图样观察检查
	线型感温火灾探测器的功能验收应按其调试的要求进行检查，检查结果应符合要求	—	—
红外光束感烟火灾探测器	红外光束感烟火灾探测器的安装应满足规范要求	—	尺量、观察检查
	红外光束感烟火灾探测器的规格、型号、数量应符合设计要求	—	对照图样观察检查
	红外光束感烟火灾探测器的功能验收应按其调试的要求进行检查，结果应符合要求	—	—
通过管路采样的吸气式火灾探测器	通过管路采样的吸气式火灾探测器的安装应满足规范要求	—	尺量、观察检查
	通过管路采样的吸气式火灾探测器的规格、型号、数量应符合设计要求	—	对照图样观察检查
	采样孔加入试验烟，空气吸气式火灾探测器在120s内应发出火灾报警信号	—	秒表测量，观察检查
	依据说明书使采样管气路处于故障时，通过管路采样的吸气式火灾探测器在100s内应发出故障信号	—	秒表测量，观察检查
点型火焰探测器和图像型火灾探测器验收	点型火焰探测器和图像型火灾探测器的安装应满足规范要求	—	尺量、观察检查
	点型火焰探测器和图像型火灾探测器的规格、型号、数量应符合设计要求	—	对照图样观察检查
	在探测区域最不利处模拟火灾，探测器应能正确响应	—	观察检查
手动火灾报警按钮验收	手动火灾报警按钮的安装应满足规范要求	—	尺量、观察检查
	手动火灾报警按钮的规格、型号、数量应符合设计要求	—	对照图样观察检查
	施加适当推力或模拟动作时，手动火灾报警按钮应能发出火灾报警信号	—	观察检查

续表

验收项目及内容		检查数量	检验方法
消防联动控制器验收	消防联动控制器的安装应满足规范要求	—	尺量、观察检查
	消防联动控制器的规格、型号、数量应符合设计要求	—	对照图纸观察检查
	消防联动控制器的功能验收应按其调试项逐项检查，结果应符合要求	—	—
	消防联动控制器处于自动状态时，其功能应满足 GB 50116—2013《火灾自动报警系统设计规范》和设计的联动逻辑关系要求	—	按设计的联动逻辑关系，使相应的火灾探测器发出火灾报警信号，检查消防联动控制器接收火灾报警信号情况、发出联动信号情况、模块动作情况、消防电气控制装置的动作情况、现场设备动作情况、接收反馈信号（对于启动后不能恢复的受控现场设备，可模拟现场设备启动反馈信号）及各种显示情况；检查手动插入优先功能
	消防联动控制器处于手动状态时，其功能应满足 GB 50116—2013《火灾自动报警系统设计规范》和设计的联动逻辑关系要求	—	使消防联动控制器的工作状态处于手动状态，按现行国家标准 GB 16806—2006《消防联动控制系统》和设计的联动逻辑关系依次启动相应的受控设备，检查消防联动控制器发出联动信号情况、模块动作情况、消防电气控制装置的动作情况、现场设备动作情况、接收反馈信号（对于启动后不能恢复的受控现场设备，可模拟现场设备启动反馈信号）及各种显示情况
消防电气控制装置验收	消防电气控制装置的安装应满足规范要求	—	尺量、观察检查
	消防电气控制装置的规格、型号、数量应符合设计要求	—	对照图样观察检查
	消防电气控制装置的控制、显示功能应满足 GB 16806—2006《消防联动控制系统》的有关要求	—	依据 GB 16806—2006《消防联动控制系统》的有关要求进行检查
区域显示器（火灾显示盘）验收	区域显示器（火灾显示盘）的安装应满足规范要求	—	尺量、观察检查
	区域显示器（火灾显示盘）的规格、型号、数量应符合设计要求	—	对照图样观察检查
	区域显示器（火灾显示盘）的功能验收应按其调试的要求进行检查，检查结果应符合要求	—	—

续表

验收项目及内容		检查数量	检验方法
可燃气体报警控制器验收	可燃气体报警控制器的安装应满足规范要求	—	尺量、观察检查
	可燃气体报警控制器的规格、型号、容量、数量应符合设计要求	—	对照图样观察检查
	可燃气体报警控制器的功能验收应按其调试的要求进行检查，检查结果应符合要求	—	—
可燃气体探测器验收	可燃气体探测器的安装应满足规范要求	—	尺量、观察检查
	可燃气体探测器的规格、型号、数量应符合设计要求	—	对照图样观察检查
	可燃气体探测器的功能验收应按其调试的要求进行检查，检查结果应符合要求	—	—
消防电话验收	消防电话的安装应满足规范要求	—	尺量、观察检查
	消防电话的规格、型号、数量应符合设计要求	—	对照图样观察检查
	消防电话的功能验收应按其调试的要求进行检查，检查结果应符合要求	—	—
消防应急广播设备验收	消防应急广播设备的安装应满足规范要求	—	尺量、观察检查
	消防应急广播设备的规格、型号、数量应符合设计要求	—	对照图样观察检查
	消防应急广播设备的功能验收应按其调试的要求进行检查，检查结果应符合要求	—	—
系统备用电源验收	系统备用电源的容量应满足相关标准和设计要求	—	尺量、观察检查
	系统备用电源的工作时间应满足相关标准和设计要求	—	充电 48h 后，断开设备主电源，测量持续工作时间
消防设备应急电源验收	消防设备应急电源的安装应满足规范要求	—	尺量、观察检查
	消防设备应急电源的功能验收应按其调试的要求进行检查，检查结果应符合要求	—	—
消防控制中心图形显示装置验收	消防控制中心图形显示装置的规格、型号、数量应符合设计要求	—	对照图样观察检查
	消防控制中心图形显示装置的功能验收应按其调试的要求进行检查，检查结果应符合要求	—	—
气体灭火控制器验收	气体灭火控制器的安装应满足规范要求	—	尺量、观察检查
	气体灭火控制器的规格、型号、数量应符合设计要求	—	对照图样观察检查
	气体灭火控制器的功能验收应按其调试的要求进行检查，检查结果应符合要求	—	—

续表

验收项目及内容		检查数量	检验方法
防火卷帘控制器验收	防火卷帘控制器的安装应满足规范要求	—	尺量、观察检查
	防火卷帘控制器的规格、型号、数量应符合设计要求	—	对照图样观察检查
	防火卷帘控制器的功能验收应按其调试的要求进行检查，检查结果应符合要求	—	—
系统性能验收	系统性能的要求应符合 GB 50116—2013《火灾自动报警系统设计规范》和设计的联动逻辑关系要求	—	依据 GB 50116—2013《火灾自动报警系统设计规范》和设计的联动逻辑关系进行检查
消火栓的控制功能验收	消火栓的控制功能验收应符合 GB 50116—2013《火灾自动报警系统设计规范》和设计的有关要求	—	在消防控制室内操作启、停泵 1～3 次
自动喷水灭火系统的控制功能验收	自动喷水灭火系统的控制功能验收应符合 GB 50116—2013《火灾自动报警系统设计规范》和设计的有关要求	—	在消防控制室内操作启、停泵 1～3 次
泡沫、干粉等灭火系统的控制功能验收	泡沫、干粉等灭火系统的控制功能验收应符合现行国家标准 GB 50116—2013《火灾自动报警系统设计规范》和设计的有关要求	—	自动、手动启动和紧急切断试验 1～3 次；与固定灭火设备联动控制的其他设备动作（包括关闭防火门窗、停止空调风机、关闭防火阀等）试验 1～3 次
电动防火门、防火卷帘、挡烟垂壁的功能验收	电动防火门、防火卷帘、挡烟垂壁的功能验收应符合 GB 50116—2013《火灾自动报警系统设计规范》和设计的有关要求	—	依据 GB 50116—2013《火灾自动报警系统设计规范》和设计的有关要求进行检查
防烟排烟风机、防火阀和防排烟系统阀门的功能验收	防烟排烟风机、防火阀和防排烟系统阀门的功能验收应符合 GB 50116—2013《火灾自动报警系统设计规范》和设计的有关要求	—	报警联动启动、消防控制室直接启停、现场手动启动防烟排烟风机 1～3 次；报警联动停、消防控制室直接停通风空调送风 1～3 次；报警联动开启、消防控制室开启、现场手动开启防排烟阀门 1～3 次
消防电梯的功能验收	消防电梯的功能验收应符合 GB 50116—2013《火灾自动报警系统设计规范》和设计的有关要求	—	消防电梯应进行 1～2 次手动控制和联动控制功能检验，非消防电梯应进行 1～2 次联动返回首层功能检验

注：本节各项检验项目中，当有不合格时，应修复或更换，并进行复验。复验时，对有抽验比例要求的，应加倍检验。

第十一节　某公司火灾自动报警系统安装方案

一、系统安装概况

1. 工程简介

××××火灾自动报警系统项目由罐区、电站、综合办公楼和消警楼组成。

组织设计在质量控制上，实施多级质量控制，并实现全过程、全区域，即时间、空间上全方位的质量控制。

（1）工程概述。

1）工程名称：××××火灾自动报警系统项目；

2）建设单位：××××有限公司；

3）建设地点：惠州市；

4）工程性质：工业；

5）消防设计图：××××火灾自动报警系统项目设计图；

6）设计单位：××××石化工程公司。

（2）编制依据。

根据业主提供的“××××火灾自动报警系统项目”消防施工图、招标文件及其他技术文件：

1）《建筑设备安装分项施工技术操作规程》；

2）《电气安装工程整理检验、评定标准》；

3）《火灾自动报警系统施工及验收规范》；

4）《火灾自动报警系统设计规范》。

（3）《建筑工程施工现场供用电安全规范》工程特点。

1）工程工期短、大面积、边生产边施工，对安全文明生产带来较大困难；

2）××××属防爆区域，对安全施工要求高，进行该项施工作业时务必有切实可靠的质量和安全保证措施。

3）××××地区属暴雨多发地区，在地管开挖施工中应妥善地采取防雨和排水措施。

（4）工程量及设备清单（略）。

2. 施工组织目标

（1）质量目标。

质量方针是：“创一流业绩，开拓市场，建精品工程，回报社会”，以此为宗旨，本公司在此项目上的质量目标是：创优良工程。

（2）工期目标。

总工期：40天。

（3）安全文明施工目标。

创安全文明施工标准工程。

二、安装施工准备

1. 技术准备

熟悉和会审图样，调查和分析研究有关资料，编制施工方案。现场施工人员及参与组织施工的各类管理人员必须认真熟悉已有图样和资料，熟悉设备安装有关技术文件要求，熟悉施工组织设计内容，公司将组织设计与施工单位再次察看现场，组织讨论完善施工方案。

每个具体项目施工时，现场施工技术人员应向班组进行技术交底和明确质量技术要求和安全措施。公司组织施工人员对惠州市大亚湾华德石化有限公司马鞭州首站火灾自动报警系统完善项目消防报警系统管线安装工程的特点，详细编出操作工艺、工法。

在施工前和施工中应按ISO9000标准要求填报以下原始记录，由公司现场项目部质监人员监督检查，并准备好以下记录：开工报告；图样会审记录；技术交底记录；施工日志；不合格通知单；隐蔽工程验收记录；材料复检记录；单位工程质量评定表；工程质量自检记录；调试报告；竣工报告等。

2. 工程管理及组织准备

（1）工程管理（表8-7）。

表8-7　项目主要管理人员配置

序号	拟任职务	姓名	职称
1	项目经理		
2	项目副经理兼技术负责		
3	安全员		
4	资料员		
5	施工工长		

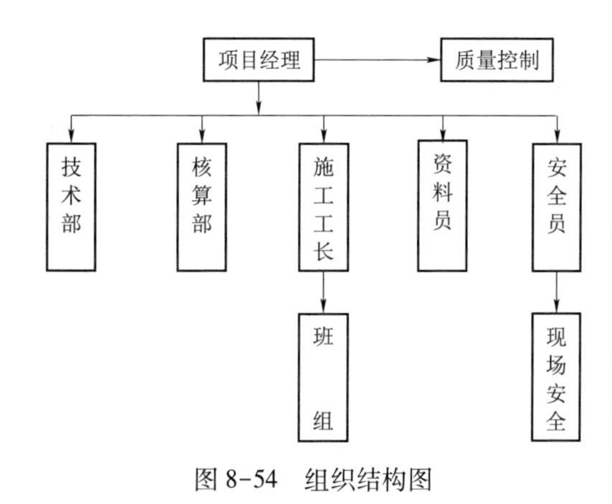

图8-54　组织结构图

（2）组织结构图（图8-54）。

（3）施工管理职责。

在工程施工阶段，公司组成一个专门的项目组，对工作时间、劳动纪律统一管理；工地成员统一着装，佩带工牌，并签订安全责任书。组成及职责如下：

1）项目经理职责：负责整个工程的系统管理，人员调度，技术支援，协调与甲方及其他管理部门的关系，签送工程联系单，组织工作人员编制整个工程的进程计划表，指导现场工程人员施工。工程结束后组织有关人员进行最后的验收。

2）质量管理职责：负责工程施工中各个工种、各个工序的工程质量整体工程的质量管理，监督各部门的质量落实情况；并参与甲方、监理的与本工程有关的隐蔽工程验收工作。

3）施工队长职责：负责工程施工中各个工种、各个工序的工程质量整体工程的质量管理。负责施工现场的施工及施工人员的安排，带领施工人员规范施工，作好施工记录，负责

工程中的具体技术问题的解决，向项目经理及公司汇报施工完成情况，签字负责。

4）资料员：负责施工过程所有技术资料、图样、工作联系函、隐蔽工程记录、质量评定表、监理会议纪要、施工记录内容等相关文件汇总分类。

5）安全员：负责工程施工现场、生活区等临时用电的保护，机电设备安全规范操作等进行定时检查，发现隐患及时改正，督促施工人员安全施工。负责施工过程的安全生产，制定安全治安条例，加强安全培训，确保纪律严明，安全大计。

3. 物资准备

（1）组织材料、构件、机具、设备等资源。

（2）办理订购手续及采买。

（3）安排运输和储备。

（4）做好半成品加工工作。

4. 现场准备

（1）进场原材料检测。

（2）对所进原材料必须要求提供材质合格证明书，并进行批量复检，材料进场后不得混料，不符合设计要求的材料不得使用。

（3）施工机械、机具进场。

5. 工程进度控制表

（1）××××火灾自动报警系统项目我公司计划施工工期为40天，工程开工时间为××月××日，施工进度安排见表8-8。

表8-8　　施工进度安排

内容	时间	前期	1	6	12	18	24	28	32	36	40
设备及主材准备		业主负责									
办公楼区域											
电站区域											
罐区区域											
栈桥区域											
调试区域											

（2）系统设备及主材的供货由业主自行采购后交我公司安装。

三、主要施工方法及施工方案

1. 范围

综合办公楼、电站及罐区的火灾自动报警系统设备的安装。

2. 施工准备

（1）接到施工任务后，首先应对图样进行会审，同时熟悉建筑图及其他专业的有关图样，找到影响施工的设计问题组织设计交底，解决设计施工方面存在的问题，办理好技术变更洽商，确定施工方法和配备相应的劳动力、设备、材料、机具等。同时配备配套的生活、生产临时设施。

（2）主要设备材料：① 一般火灾自动报警系统的主要设备材料选用应符合“消防工程安装的通用要求”的有关内容。② 主要设备（略）。

（3）一般常用的材料：管材、型钢、线槽、电线、电缆、金属软管、防爆接线盒、管箍、根母、护口、管卡子、记号笔、绑带等。

（4）主要机具：套丝机、套丝板、液压煨弯器、手动煨弯器、手电钻、压线钳子、射钉枪、电工工具、工具袋、工具箱、万能表、兆欧表、试铃、对讲电话、步话机、试烟器等机具。

（5）劳动力配备：根据工程工期要求，合理安排施工进度和劳动力计划，做到保工期、保质量、保安全。

（6）编写施工方案和技术交底，组织施工人员根据工程特点进行交底和培训，使每个操作者应熟知技术、质量、安全消防的要求。

（7）应按设计要求，在施工现场配备使用的堆积规范、图册、工艺要求、质量、表格及各种有关文件。

3. 施工工艺

（1）工艺流程。

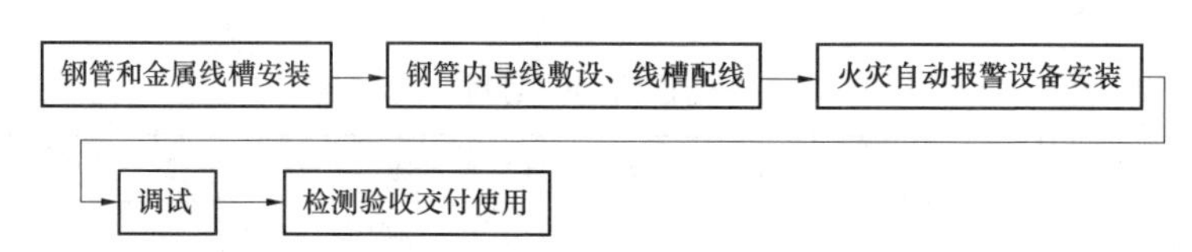

（2）钢管和金属线槽安装主要要求：

1）进场管材、型钢、金属线槽及其附件应有材质证明或合格证，并应检查质量、数量、规格型号是否与设计要求相符合。金属线槽及其附件，应采用经过镀锌处理的定型产品。线槽内外应光滑平整。无棱刺，不应有扭曲翅边等变形现象。

2）配管前应根据设计、厂家提供的各种探测器、手动报警器、防爆声光报警器、防爆手按钮站等设备的型号、规格，选定接线盒，使盒子与所安装的设备配套。

3）电线保护管遇到下列情况之一时，应在便于穿线的位置增设接线盒：① 管路长度超过 30m，无弯曲时；② 管路长度超过 20m，有一个弯曲时；③ 管路长度超过 15m，有二个弯曲时；④ 管路长度超过 8m，有三个弯曲时。

4）电线保护管的弯曲处不应有折皱、凹陷裂缝，且弯扁程度应不大于管外径的 10%。

5）明配管时弯曲半径不宜小于管外径的 6 倍，暗配管时弯曲半径应不小于管外径的 6 倍，当埋于地下或混凝土内时，其弯曲半径应不小于管外径的 10 倍。

6）当管路暗配时，电线保护管宜沿最近的线路敷设并应减少弯曲。埋入非燃烧体的建筑物、构筑物内的电线保护管与建筑物、构筑物墙面的距离应不小于 30mm。金属线槽和钢管明配时，应按设计要求采取防火保护措施。

7）电线保护管不宜穿过设备或建筑、构筑物的基础，当必须穿过时应采取保护措施，

如采用保护管等。

8）水平或垂直敷设的明配电线保护管安装允许偏差 1.5%，全长偏差应不大于管内径的 1/2。

9）敷设在多尘或潮湿场所的电线保护管，管口及其各连接处均应密封处理。

10）管路敷设经过建筑物的变形缝（包括沉降、伸缩缝、抗震缝等）时应采取补偿措施。

11）明配钢管应排列整齐，固定点间距应均匀，钢管卡间的最大距离见表 8-9，管卡与终端、弯头中点、电气器具或盒（箱）边缘的距离宜为 0.15～0.5m。

表 8-9　　钢管管卡间的最大距离（m）

敷设方式	钢管种类	钢管直径			
		15～20	25～32	40～50	65 以上
吊架、支架或沿墙敷设	厚壁钢管	1.5	2.0	2.5	3.5
	薄壁钢管	1.0	1.5	2.0	—

12）吊顶内敷设和管路宜采用单独的卡具吊装或支撑物固定，经装修单位允许，直径 20mm 及以下钢管可固定在吊杆或主龙骨上。

13）暗配管在没有吊顶的情况下，探测器在盒的位置就是安装探头的位置，不能调整，所以要求确定盒的位置应按探测器安装要求定位。

14）明配管使用的接线盒和安装消防设备盒应采用明装式盒。

15）钢管安装敷设进入箱、盒，内外均应有根母锁紧固定，内侧安装护口。

16）箱、线槽和管使用的支持件宜使用预埋螺栓、膨胀螺栓、胀管螺钉、预埋铁件、焊接等方法固定，严禁使用木塞等。使用胀管螺钉、膨胀螺栓固定时，钻孔规格应与胀管相配套。

17）各种金属构件、接线盒、箱安装孔不能使用电、气焊割孔。

18）钢管螺纹连接时管端螺纹长度应不小于管接头长度的 1/2，连接后螺纹宜外露 2～3 扣，螺纹表面应光滑无缺损。

19）镀锌钢管应采用螺纹连接或套管坚固螺钉连接，不应采用熔焊连接，以免破坏镀锌层。

20）配管及线槽安装时应考虑不同系统、不同电压、不同电流类别的线路，应不穿于同一根管内或线槽同槽孔洞。

21）配管和线槽安装时应考虑横向敷设的报警系统的传输线路如采用穿管布线时，不同防火分区的线路不应穿入同一根管内，但探测器报警线路若采用总线投制时不受此限制。

22）在建筑物的顶棚内必须采用金属管、金属线槽布线。

23）钢管敷设与热水管、蒸汽近同侧敷设时应敷设在热水管、蒸汽管的下面。有困难时可敷设在其上面，相互间净距离应不小于下列数值：

① 当管路敷设在热水管下面时 0.20m，上面时为 0.3m；当管路敷设在蒸汽管下面时为 0.5m，上面时为 1m。

② 当不能满足上述要求时应采用隔热措施。对有保温措施的蒸汽管上、下净距可减至 0.2m。

③ 钢管与其他管道如水管平等净距应不小于 0.10m。当与水管同侧敷设时宜敷设在水管上面（不包括可燃气体及易燃液体管道）。当管路交叉时距离不宜小于相应上述情况的平行净距。

24）线槽应敷设在干燥和不易受机械操作的场所。① 线槽敷设宜采用单独卡具吊装或支撑物固定，吊杆的直径应不小于6mm，固定支架间距一般应不大于1～1.5m，在进出接线盒、箱、柜、转角、转弯和弯形缝两端及丁字接头的三端 0.5m 以内，应设置固定支撑点。② 线槽接口应平直、严密，槽盖应齐全、平整、无翘角。③ 固定或连接线槽的螺钉或其他坚固件紧固后其端都应与线槽内表面光滑相接，即螺母放在线槽壁的外侧，紧固时配齐平垫和弹簧垫。④ 线槽的出线口处转角、转弯处应位置正确、光滑、无毛刺。⑤ 线槽敷设应平直整齐，水平和垂直允许偏差为其长度的 2%，且全长允许偏差为 20mm，并列安装时槽盖应便于开启。⑥ 金属线槽的连接处不应在穿过楼板或墙壁等处进行。⑦ 金属管或金属线槽与消防设备采用金属软管和可挠性金属管作跨接时，其长度不宜大于 2m，且应采用卡具固定，具固定点间距应不大于 0.5m，且端头用锁母或卡箍固定，并按规定接地。⑧ 消防设备与管线的工作接地、保护地应按设计和有关规范、文件要求施工。

（3）钢管内绝缘导线敷设和线槽线要求：

1）进场绝缘导线的控制电缆的规格型号、数量、合格证等应符合设计要求，并及时填写进场材料检查记录。

2）火灾自动报警系统传输线路，应采用铜心绝缘线或铜心电缆，其电压等级应不低于交流 250V，最好选用 500V，以提高绝缘和抗干扰能力。

3）为满足导线和电缆的机械强度要求，穿管敷设的绝缘导线，线芯截面最小应不小于 $1mm^2$；线槽内敷设的绝缘导线最小截面应不小于 $0.75mm^2$；多芯电缆线芯最小截面应不小于 $0.5mm^2$。

4）穿管绝缘导线或电缆的总面积应不超过管内截面积的 40%，敷设于封闭式线槽内的绝缘导线或电缆的总面积应不大于线槽的净截面积的 50%。

5）导线在管内或线槽内，不应有接头或扭结。导线的接头应在接线盒内焊接或压接。

6）不同系统、不同电压、不同电流类别的线路不应穿在同一根管内或线槽的同一槽孔内。

7）横向敷设的报警系统传输线路如果采用穿管布线时，不同防火分区的线路不宜穿入同一根管内。采用总线制不受此限制。

8）火灾报警器的传输线路应选择不同颜色的绝缘导线，探测器的“+”线为红色，“-”线应为蓝色，其余线应根据不同用途采用其他颜色区分。但同一工程中相同用途的导线颜色应一致，接线端子应有标号。

9）导线或电缆在接线盒、伸缩缝、消防设备等处应留有足够的余量。

10）在管内或线槽内穿线应在建筑物抹灰及地面工程结束后进行。在穿线前应将管内或线槽内的积水及杂物清除干净，管口带上护口。

11）敷设于垂直管路中的导线，截面积为 $50mm^2$ 以下时，长度每超过 30m 应在接线盒处进行固定。

12）施工时应严格按厂家技术资料要求来敷设线路和接线。

13）导线连接的接头不应增加电阻值，受力导线不应降低原机械强度，亦不能降低原

绝缘强度。

① 塑料导线 $4mm^2$ 以下时一般应使用剥削钳剥削掉导线绝缘层，如有编织的导线应用电工刀剥去外层编织层，并留有约 12mm 的绝缘台，线芯长度随接线方法和要求的机械强度而定。

② LC 安全型压线帽：其操作方法是将导线绝缘层剥去 10～13mm（按帽的型号决定），清除氧化物，按规定选用适当的压线帽，将线芯插入压线帽的压接管内，若填不实，可将线芯折回头（剥长加倍），填满为止。线芯插到底后，导线绝缘层应与压接管的管口平齐，并包在帽壳内，然后用专用接钳压实即可。

③ 多股铜心软线用螺钉压接时，应将软线芯扭紧做成眼圈状，或采用小铜鼻子压接，涮锡涂净后将其压平再用螺钉加垫紧牢固。

14）导线敷设连接完成后，应进行检查，无误后采用 500V、量程为 0～500MΩ 的兆欧表，对导线之间、线对地、线对屏蔽层等进行摇测，其绝缘电阻值应不低 20MΩ。注意不能带着消防设备进行摇测。摇动速度应保持在 120r/min 左右，读数时应采用 1min 后的读数为宜。

（4）火灾自动报警设备安装要求：

1）进厂火灾自动报警设备应根据设计图样的要求，对型号、数量、规格、品格、外观等进行检查，并提供给国家消防电子产品成本，质量监督检测中心有效的检测检验合格的报告，及其他有关安装接线要求的资料，同时与提供设备的单位办理进厂设备检查手续。

2）点型火灾探测器的保护面积和保护半径应符合要求，见表 8-10。

表 8-10　　感烟、感温探测器的保护面积和保护半径

火灾探测器的种类	地面面积 S/m^2	房间高度 h/m	探测器的保护面积 A 和保护半径 R					
			屋顶坡度 θ					
			$\theta\leq15°$		$15<\theta\leq30°$		$\theta>30°$	
			A/m^2	R/m	A/m^2	R/m	A/m^2	R/m
感烟探测器	$S\leq80$	$h\leq12$	80	6.7	80	7.2	80	8.0
	$S>80$	$6<h\leq12$	80	6.7	100	8.0	120	9.9
		$h\leq6$	60	5.8	80	7.2	100	9.0
感温探测器	$S\leq30$	$h\leq8$	30	4.4	30	4.9	30	5.5
	$S>30$	$h\leq8$	20	3.6	30	4.9	40	6.3

3）在顶棚内设置感烟、感温探测器时，梁的高度对探测器安装数量影响。

① 梁突出顶棚高度小于 200mm 的顶棚上设置感烟、感温探测器时，可不考虑对探测器保护面积的影响。

② 当梁突出顶棚的高度在 200～600mm 时，应按表 8-11 来确定梁的影响和一只探测器能保护的梁间区域的个数。

③ 当梁突出顶棚的高度超过 600mm，被梁隔断的每个梁间区域应至少设置一只探测器。

④ 当被梁隔断区域面积超过一只探测器的保护面积时，应视为一个探测区域，计算探

测器的设置数量。

表 8-11　　按梁间区域面积确定一只探测器能够保护的梁间区域的个数

探测器的保护面积 A/m^2		梁隔断的梁间区域面积 S/m^2	一只探测器保护的梁间区域的个数
感温探测器	20	$S>12$	1
		$8<S\leqslant 12$	2
		$6<S\leqslant 8$	3
		$4<S\leqslant 6$	4
		$S\leqslant 4$	5
	30	$S>18$	1
		$12<S\leqslant 18$	2
		$9<S\leqslant 12$	3
		$6<S\leqslant 9$	4
		$S\leqslant 6$	5
感烟探测器	60	$S>36$	1
		$24<S\leqslant 36$	2
		$18<S\leqslant 24$	3
		$12<S\leqslant 18$	4
		$S\leqslant 12$	5
	80	$S>48$	1
		$32<S\leqslant 48$	2
		$24<S\leqslant 32$	3
		$16<S\leqslant 24$	4
		$S\leqslant 16$	5

4）当房屋顶部有热屏障时，感烟探测器下表面至顶棚距离应符合表 8-12 的规定。锯齿型屋顶和坡度大于 15°的人字形屋顶，应在每个屋脊处设置一排探测器，探测器下表面距屋顶最高处的距离应符合表 8-12 的规定。

表 8-12　　感烟探测器下表面距顶棚（或屋顶）的距离

探测器的安装高度 h/m	感烟探测器下表面距顶棚（或屋顶）的距离 d/mm					
	顶棚（或屋顶）坡度 θ					
	$\theta\leqslant 15°$		$15°<\theta\leqslant 30°$		$\theta>30°$	
	最小	最大	最水	最大	最小	最大
$h\leqslant 6$	30	200	200	300	300	500
$6<h\leqslant 8$	70	250	250	400	400	600
$8<h\leqslant 10$	100	300	300	500	500	700
$10<h\leqslant 12$	150	350	350	600	600	800

5）探测器宜水平安装，如必须倾斜安装时，倾斜角应不大于 45°。

6）房间被书架、设备或隔断等分隔，其顶部至顶棚或梁的距离小于房间净高的 5% 时，则每个被隔开的部分应设置探测器。

7）探测器周围 0.5m 内，不应有遮挡物，探测器至墙壁、梁边的水平距离，应不小于 0.5m。

8）探测器至空调送风口边的水平距离应不小于 1.5m，见图 6-8，至多孔送风顶棚孔口的水平距离应不小于 0.5m。（是指在距离探测器中心半径为 0.5m 范围内的孔洞用非燃材料填实，或采取类似的挡风措施）。

9）在宽度小于 3m 的走道顶棚上设置探测器时，宜从中布置。感温探测器的安装间距应不超过 10m，感烟探测器安装间距应不超过 15m，探测器至端墙的距离，应不大于探测器安装间距的一半。

10）在电梯井、升降机设置探测器时其位置宜在井道上方的机房顶棚上。

11）可燃气体探测器应在安装在气体容易泄漏出来，气体容易流经的场所，及容易滞留的场所，安装位置应根据被测气体的密度、安装现场气流方向、温度等各种条件来确定。

12）其他类型的火灾探测器的安装要求，应按设计和厂家提供的技术资料进行安装。

13）探测器的底座应固定可靠，在吊顶上安装时应先把盒子固定在主楷骨上或顶棚上生根作支架，其连接导线必须可靠压接或焊接，当采用焊接时不得使用带腐蚀性的助焊剂，外接导线应有 0.15m 的余量，入端处应有明显标志。

14）探测器确认灯应面向便于人员观察的主要入口方向。

15）探测器底座的穿线孔宜封堵，安装时应采取保护措施（如装上防护罩）。

16）探测器的接线应按设计和厂家要求接线，但“+”线应为红色，“-”线应为蓝色，其余线根据不同用途采用其他颜色区分，但同一工程中相同的导线颜色应一致。

17）探测器的头在即将调试时方可安装，安装前应妥善保管，并应采取防尘、防潮、防腐蚀等措施。

18）手动火灾报警按钮的安装。① 报警区内的每个防火分区应至少设置一只手动报警按钮，从一个防火分区内的任何位置到最近一个手动火灾报警按钮的步行距离应不大于 30m。② 手动火灾报警按钮应安装在明显和便于操作的墙上或操作柱上，距地高度为 1.5m，安装牢固并不应倾斜。③ 手动火灾报警按钮外接导线应留有 0.10m 的余量，且在端部应有明显标志。

19）火灾报警控制器安装。① 火灾报警控制器（以下简称控制器）接收火灾探测器和火灾报警按钮的火灾信号及其他报警信号，发出声、光报警，指示火灾发生的部位，按照预先编制的逻辑，发出控制信号，联动各种灭火控制设备，迅速有效的扑灭火灾。② 为保证设备的功能必须做到精心施工，确保安装质量。火灾报警器一般应设置在消防中心、消防值班室、警卫室及其他规定有人值班的房间或场所。控制器的显示操作面板应避开阳光直射，房间内不无高温、高湿、尘土、腐蚀性气体；不受振动、冲击等影响。

20）其他火灾报警设备和联动设备安装，按有关规范和设计厂家要求进行安装接线。

4. 施工配合及保证措施

在该项工程的施工过程中，为保证工程的进度和质量，我们积极与用户施工管理人员配合，以保证用户的要求自始至终得到贯彻。同时能及时解决施工过程中施工条件不足的问题。

必备的施工条件：

(1) 用户将指派专人负责与我们协调和配合。

(2) 用户将提供现场施工电源、水源和其他必要的施工条件。

(3) 在接到用户将进场施工通知和现场条件具备的情况下，三天内我们进场施工，施工材料进入施工场地。

(4) 施工期间，由于用户的原因或其他原因出现设计方案的更改或使用材料方面的更改的，现场工程主管会积极与用户联系，及时把用户的意见和建议转告项目经理，并及时作出更改方案图和更改说明，待用户签字认可后，我们才进行更改施工。

四、施工质量保证措施

按照 GB/T 19002—ISO9002 质保体系标准建立项目质量管理和质量保证体系，进行质量有效控制，编制质量计划，以加强施工过程中的质量控制。确保工程达到优良标准。

1. 质量方针

坚持质量第一，为用户提供满意的工程。

2. 质量目标——优良

(1) 单位工程一次交验合格率 100%。

(2) 消防工程验收一次合格。

(3) 我们的工程得到用户的认可和赞许。

3. 质量控制标准

(1) 国家消防规范及其他有关专业规范、规章。

(2) 合同文件条款有关工程质量的要求。

(3) 工程设计图样要求。

(4) 甲方认可或采供的产品亦应符合国家规范。

(5) 标书文件明确的技术规范和要求。

4. 质量保证体系和职责

项目经理是该工程项目的总负责人。

(1) 项目经理是工程质量直接责任人，对整个工程项目的工作全权负责。严格按照国家法规、标准进行监督检查，及时报告，纠正违章，杜绝任何偷工减料，粗制滥造行为，并有权对违规行为的责任人做出处罚决定，设安全监督员一名，制止任何违反安全操作规程的行为，制止任何违反操作规程，可能导致质量事故、安全事故的现象。

(2) 由项目经理总负责、经理部各领导成员及公司有关部门和人员分工亲自抓，按 GB/T 19002-ISO9002 质保体系要素进行分解，各负其责，确保质量体系的正常运行和工程施工质量。

(3) 建立以项目经理为首的经理负责制，以技术负责人为主的技术负责制，技术负责人兼任管理者代表负有质量监督管理职能，各管理职能部门制定责任制和各岗位责任制，从而形成有效动作的质量保证体系。

(4) 在施工中运用 TQC 全面质量管理的技术和方法开展 QC 小组活动，以保证和提高工程质量。

(5) 施工前由施工组织、设计、方案或措施编制人员对各工程项目的施工负责人作组织、技术、方法、措施的交底工作，施工负责人应对施工操作人员进行传达和工作交底。施

工中施工操作人员应严格按施工图样、材料、设备的有关技术文件、国家现行工程施工及验收的有关规范、标准及制定的组织、设计、方案或措施进行施工。

（6）施工人员必须佩证上岗，国家规定的持证上岗的工种（如焊工等）必须持有关劳动部门颁发的上岗证方能上岗。

（7）在施工中，严格执行工程质量的自检、互检、专检三检制，自检由施工操作人员进行，互检由施工操作人员相互进行，专检由设置的专职质检员在施工中对施工质量要负责进行随时的监督和检查工作，公司工程监理部随时进行全面检查或专项检查。

（8）各工种的质量检验，由该工种责任工程师全权负责，领导施工班组贯彻施工规范。施工班组长是兼职质检员，保证工序之间的自检和互检制度，上工序发生的质量责任事故，一定要在排除质量故障后，方能进行下工序施工，做到分工合作，各负其责。

（9）建立全员质量保证体系，加强全体员工的质量意识，从自己做起，绝不允许任何人有任何麻痹疏忽而发生质量事故。

（10）设立工程监理组织，对项目经理部执行各项规章、规范以及内部管理制度的情况进行监督管理，随时纠正违章违规行为。

5. 质量保证措施

（1）科学严密的施工方法、技术措施、工艺流程等是确保工程质量的首要条件，我们将以极其严肃认真负责的态度履行这些条件。

（2）科学而又经济的系统配置是减少工程质量事故，减少系统运行质量事故的关键，本着对国家负责，对历史负责的原则态度，我们将实事求是地对设计方案提出合理化建议。

（3）对自动报警系统的调试等关键重要的工程项目应编制具有针对性的施工方案或措施。

（4）施工中发现有设计、设备等方面的问题应及时与监理部（或建设单位）、设计、供货商等有关单位和部门进行联系和协调，进行及时处理，必要时应编制相应的措施和采取必要的技术方法。

（5）原材料质量控制。凡工程设计中的各类管材、线材、型材、管件、电气器材均应符合国家和部颁的技术标准，公司供应部从进货时必须查验材质证明书、化验单、出厂合格证等手续是否齐全，防止伪劣产品入场。

（6）严格进行原材料、设备、器材等进货物质的检验验收工作。进货物质必须具有质检合格证明文件，规格、型号、颜色等与设计相符，随机文件齐全，进货数量与进货单相符。

（7）设备质量控制。凡采取的各类消防设备，器材均需具备生产许可证、国家检验证、厂家出厂合格证，属新产品的，需技术鉴定证书，同时请厂家提供有关备品、备件、保修办法等条件，以便今后的维护管理。

（8）施工过程的质量控制。严格按照现行标准《电气装置工程施工及验收规范》《火灾自动报警系统施工验收规范》和已批准的设计图进行施工。每一阶段施工结束，作详细施工记录，并使之与施工人员经济收入挂钩。

（9）加强职工质量意识和产品意识，使施工人员在施工中自觉严格按照技术文件和施工规范进行施工，并自觉把质量关，同时在施工中自觉地对产品采取隔断、遮盖等保护措施，以保证产品的完好无损。

（10）准时参加现场协调会，解决交叉配合问题和施工中出现的技术及质量等问题。

（11）重视各专业施工特殊性，保证施工质量，对在“三检”中发现的质量问题，应认真及时地进行返工或返修，返工或返修后须进行再检验。返工返修仍不能达到设计或使用要求的必须进行更换或重新安装，绝不允许留下任何影响质量的隐患。

6. 工程质量控制检查验收制度

（1）工程隐蔽验收制度。工程隐蔽之前，经我方质检人员认可后，提请甲方工程师检验认可。未经甲方工程师认可，不得进行隐蔽工作，必须经过甲方工程师检查验收合格签字后方能进行隐蔽施工。

（2）分部位分项工程验收工作一定要有文字记录，并经我方质检人员及甲方工程监理人员签字认可，存档备案。

（3）实行分部位及阶段工程自检及验收制度。各施工班组对所施工工程在提请验收之前，须先自行检验合格，认为合格后提请工程监理部门验收，经认可后才能进行下一工序施工。

（4）实行工程重要部位的复核制度。

（5）全部工程经我公司组织内部验收合格后，整理齐有关竣工资料，提请甲方组织有关部门进行验收。我公司亦可协助甲方组织验收。

7. 安全文明施工保证措施

为使工程保质保量、安全如期完成，杜绝事故，消灭隐患，防患未然，特制定本措施。

严格遵守国家颁发的相关安装标准。

（1）安全保证体系（图 8-55）。

（2）管理网络（图 8-56）。

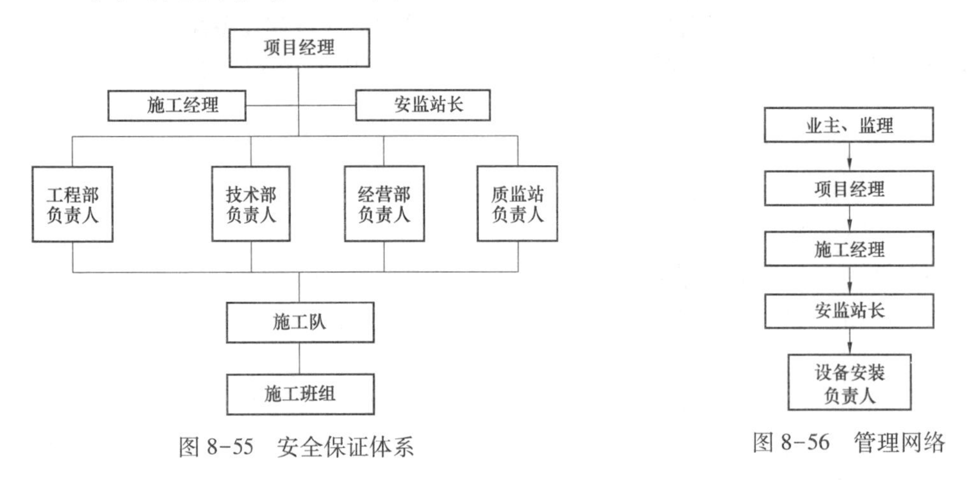

图 8-55　安全保证体系

图 8-56　管理网络

（3）职责范围。

安监站具有监督、检查和 HSE 管理双重职能，负责全项目的 HSE 监督管理及 HSE 计划、安排、总结工作。项目安监站长负责安监站的日常工作。每个作业班组配备一名兼职安全监督人员，以保证施工现场作业点的安全监督能力。

1）项目经理职责。

① 全面负责项目的 HSE 管理工作，合理配置和使用安全资源，保证 HSE 工作在项目的

全面实施，并保证“HSE 管理体系”在项目中的有效运行。

② 建立项目 HSE 管理机构，明确所有人员的职责，通过逐级负责，落实项目全员 HSE 责任。

③ 批准本项目的 HSE 管理方案。

④ 定期参加、组织项目的 HSE 大检查，对存在的 HSE 隐患及时处理和整改，并定期向公司汇报 HSE 的运行情况。

2）施工经理职责。

① 研究工作方案将风险最小化，鼓励危险源辨识和风险控制的兴趣。

② 建立和维护现场文明施工秩序。

③ 按照“谁主管谁负责”的原则，对项目的 HSE 目标在施工生产中的有效运行负主要责任。

④ 及时传达、贯彻、执行上级有关安全生产的指示，坚持生产与安全的“五同时”原则，协助项目经理督促检查项目生产职能部门、安监站职责履行情况。

⑤ 每月组织一次 HSE 大检查，落实事故隐患的整改。

3）安监站长职责。

① 安监站长对执行公司的 HSE 体系文件、业主 HSE 有关要求进行监督管理，定期组织 HSE 会议和检查，定期或不定期对本项目的 HSE 管理目标有效运行工作进行考核、评估，实施奖惩，并汇报 HSE 工作动态。

② 控制和审核 HSE 的实施，负责 HSE 实施情况的月报。

③ 负责现场内涉及 HSE 的事情与业主代表及监理人员联络并提出合理的建议。

④ 组织日常现场检查以保证 HSE 管理目标的实施，必要时采取纠偏手段。

⑤ 建立和维护 HSE 档案，以记录工作中的事故、事件及各种 HSE 活动。

⑥ 组织所有进入本项目的新工人参加业主的“三级”安全教育并对其进行本项目的 HSE 培训。

⑦ 记录并管理 HSE 会议上提出的建议、意见等会议纪要。

4）施工队（班）长 HSE 职责。

① 对其分管范围内的 HSE 工作负责，包括引导员工进行工作危险源辨识，组织落实包括环境、人员、材料、机具设备、作业方法在内的 HSE 资源，对作业过程中的作业人员的行为进行检查。

② 组织员工学习公司的 HSE 管理体系文件及各项安全技术操作规程，教育职工遵章守纪。负责对新工人（包括实习生）进行第三级 HSE 教育。

③ 接受生产任务时要求具备满足 HSE 要求的作业环境；安排生产任务时提供合格的作业环境。

④ 组织班组 HSE 活动，班前安全讲话做到“三交一清”，认真做好工作危险分析计划。周一安全活动认真总结上周安全生产情况，布置本周安全工作，发动班组成员结合实际进行讨论，并督促做好记录。

⑤ 认真做好日常巡回检查，及时发现和纠正违章行为，处理现场出现的各种问题，将班组成员 HSE 行为与每月的生产奖挂钩。

⑥ 一旦发生事故，立即报告，并组织抢救，保护好现场，作好详细记录，参加事故调查、分析，落实防范措施。

⑦ 对班组成员 HSE 职责履行情况进行年度考核。

5）所有员工的 HSE 职责。

① 所有员工必须了解并做到在工作区域内既对自己的安全负责，也对其他人员的安全负责。

② 员工在指定的工作范围内完成指定的工作并严格遵守安全操作规程和工作纪律，不得有侵害人身自由或对安全造成危害的行为。

③ 所有员工在接触有害物或操作设备的情况下必须穿戴适当的人身保护用品。

④ 坚决执行业主的“十禁”“八要”安全规定。

⑤ 进入生产装置区（罐区）等场所严禁使用手提电话。

⑥ 上班前严禁喝酒。施工期间不得进入其他装置区、罐区内，不得使用生产装置（罐区）内的各种设施和设备。

⑦ 施工人员必须取得安全教育合格证，方可作业；监火人员必须经考试合格，方可上岗。

⑧ 凡需在装置内施工的必须经监理工程师的同意，必须按规定办理好一切手续，同时做好防火、防爆、防中毒工作。进入装置的施工人员严禁乱动装置内的设备、管道、阀门、消防器材等。

（4）工作危害分析（JHA）记录表（表 8-13）。

表 8-13　　工作危害分析（JHA）记录表

工作/任务：××××火灾自动报警系统完善项目　　区域/工艺过程：______

评估组长：______组员：______　　日期：2010 年 9 月 1 日

危害或潜在事件	主要后果	现有安全控制措施	L	S	风险度	建议改正/控制措施	责任人及联系电话
高温天气无防暑设施	中暑	调整作业时间	可能性小	比较严重	可容忍		
没有使用安全电压的照明	触电	电工职责	可能性小	严重	可容忍		
电源线的绝缘层破损	触电	电工职责	可能性小	严重	可容忍		
操作人员没有资格	操作失误	检查	可能性小	严重	可容忍		
2 米以上作业未系安全带	伤人	高处作业安全管理规定	可能性小	严重	可容忍		
作业过程无专人监护	高处坠落	作业安全管理制度	可能性小	严重	可容忍		
穿硬底/带钉易滑的鞋作业	高处坠落	起重工职责	可能性小	严重	可容忍		
用绳子捆在腰部代替安全带	高处坠落	高处作业安全管理规定	可能性小	严重	可容忍		
作业处邻近有毒有害气体	中毒	化验分析	可能性小	严重	可容忍		
脚手架不符合规范	高处坠落	脚手架验收	可能性小	严重	可容忍		

续表

危害或潜在事件	主要后果	现有安全控制措施	L	S	风险度	建议改正/控制措施	责任人及联系电话
脚手架没有护栏	高处坠落	脚手架验收	可能性小	严重	可容忍		
脚手架的跳板太疏	高处坠落	脚手架验收	可能性小	严重	可容忍		
脚手架未经验收并挂合格牌	坍塌	脚手架验收	可能性小	严重	可容忍		
脚手架的跳板没有固定	高处坠落、伤人	脚手架验收	可能	严重	中等风险	作业前检查跳板并确认	
垂直分层作业中间没有隔离措施	高处坠落、坠物	高处作业安全管理制度	可能性小	严重	可容忍		
高处掷物	伤人	高处作业安全管理制度	不可能	严重	可容忍		
衣着不灵便	伤人	劳保着装	可能性小	严重	可容忍		
安全带没有高挂低走	伤人	高处作业安全管理制度	可能	严重	中等风险	作业前进行安全交底	
安全带挂在尖锐棱角处	伤人	高处作业安全管理制度	可能	严重	中等风险	作业前进行安全交底	
电动工具使用不当	触电/损坏设备/伤人	工具操作规程	可能性小	严重	可容忍		
电源线直接钩挂在闸刀/插座上	触电	电工操作规程	可能性小	严重	可容忍		
电缆没按规定穿过马路	触电	安全用电管理制度	可能性小	严重	可容忍		
配电箱设置地点积水	触电	电工职责	可能性小	严重	可容忍		
配电箱不关门不上锁	短路触电	电工职责	可能性小	比较严重	可容忍		
电工无配备绝缘工具	触电	电工职责	可能性小	严重	可容忍		
刀开关带负荷拉闸	电弧烧伤	电工职责	可能性小	比较严重	可容忍		
单相三孔插代替三相插座	漏电触电	电工职责	不可能	严重	可容忍		
无证上岗	设备损坏/人员伤亡	上岗作业管理制度	可能性小	严重	可容忍		
票证不齐	设备损坏/人员伤亡	票证管理制度	可能性小	严重	可容忍		

（5）安全文明环境施工制度。

1）严格履行甲方有关安全生产的规定、制定。

2）我方必须根据承担的施工任务的特点，安排身体、工程技术、　安全专业符合要求人员上岗作业，对甲方提供的安全防护设施不能保证安全施工的应及时提出，或拒绝施工。

3）不得违章指挥，或强令工人冒险作业，也不能强迫工人作业时间太长，并且按照规定搞好防寒工作。

4）严格按作休时间进行休息和工作。对现场环境有影响的施工应安排在人少和时间充足的条件下进行。

5）要养成安全、卫生的生活作风，严禁随便不卫生的行为。

6）必须对施工班子进行施工前书面安全技术交底，组织安全活动，学习安全方面专业知识，班组长应坚持班前、班中、班后的质量安全“三检查”，及时清除安全隐患。

7）特种作业人员（如机、电、起重、焊工等）必须经过培训、考核，并经有关部门发给操作许可证方能上岗。

（6）安全文明环境施工措施。

1）进行施工现场的人员，必须戴安全帽，高空作业、临边危险部位施工必须拴安全带，距离地面三米以上作业要设安全网或其他防护设施。

2）各种机械要完好，不准带病运转，不准超负荷使用，机械设备的危险部位要有安全防护装置，并定期检修。

3）架设临时用电线必须符合用电安全距离的规定，线路必须绝缘良好，电动机机要做到一机一闸，遇到临时停电或停工时要拉开关断电。电开关箱要上盖加锁，有严密的防雨措施，严禁用其他金属代替熔断丝。

4）电器设备必须保护接零、重复接地，手持电动工具要设漏电保护器。

5）搭设脚手架、井字架、挑架等，所用材料和搭设方法必须符合安全要求，搭设完毕要经过施工负责人验收合格后方能使用，拆除时，需要设警戒或围栏，由上而下，顺序进行，拆除物料不得往下投掷，拆除的垃圾要及时清除。

6）在建筑工程的电梯口、楼梯口、预留洞口、通道口和施工现场的洞、坑、沟等危险处，要有防护设施或明显的示警标志。

7）施工现场不准许准穿硬底和带钉易滑的鞋靴或拖鞋，禁止攀登脚手架、井、门字架和非乘人垂直运输机械上下。

8）施工现场及工房内禁止携带家属小孩，私自生火做饭和使用电炉等电气设备；严禁乱拉乱接电线，保证安全用电。

（7）应急预案。

根据本工程施工特点及易燃易爆的作业环境，特制定本工程的HSE突发事件应急预案。

1）HSE应急管理组织机构。

总指挥：项目经理。

副总指挥：项目副经理。

成员：施工队长、安监站、质检站。

指挥部设在项目工程部办公室。

2）职责分工。

总指挥：负责向公司总部和业主汇报。

副指挥：负责组织人员撤离及清点。

成员：负责向公司安全处和业主安环部门报告。

负责车辆调度和交通疏导。

负责报警及保卫工作、负责人员救护。

负责各自专业人员的撤离、清点工作。

3）应急预案处理要求。

① 由全体参战人员组成报警网络，负责本岗位的防火安全工作，发生火情立即报警，

同时向项目部报告。报警电话：110。

② 根据施工现场施工区域平面图，制定安全疏散路线。

③ 施工现场发生火灾，立即报告上级领导并组织人员辙离，现场施工调度及安全员协助疏散，撤到安全地带。

④ 其他区域可根据实际情况，由生产负责人与项目部联系做出决定，停工或撤离。

⑤ 高处作业人员事先应选择好撤离安全通道，一旦发生火灾能迅速撤离到安全地带，一时不能撤离的，应选择安全避难场所等待救援。

⑥ 遇有毒气体泄漏时，应辨别风向，向上风口撤离，并采取临时防毒措施。

⑦ 如有人员发生中毒等以外，由项目人员组织车辆进行抢救工作，并将受伤害人员就近送医院救治。

⑧ 撤离到安全地点后由各单位进行人员清点，并将清点结果上报项目部。

⑨ 非抢救人员不得参与抢救工作，确保自身安全。

4）应急措施。

当紧急事件发生时，按以下原则采取应急措施；

① 立即停止一切施工作业。

② 保护人员不受伤害，如有受伤人员立即组织紧急救护、避免二次伤害。

③ 立即向上级领导报告，并马上联系救护车辆。

④ 保护装置、设备、设施不受损失。

⑤ 降低其他财产损失。

5）应急反应。

① 当紧急事件发生时，首先对小规模火灾灭火或封堵有毒有害气体泄漏点，同时向应急指挥部报告。当灾害进一步扩大时报警。

② 设置警戒区，保护现场，组织人员撤离。

③ 得到报警信号后，施工人员立即停止工作，就近关闭电源、火源，沿即定应急撤离路线（有毒有害气体泄漏时应用湿润的毛巾或衣捂住口鼻呼吸），撤离至安全地带。

（8）消防安全措施。

1）当紧急事件发生时，首先对小规模火灾灭火，同时向应急指挥部报告。当灾害进一步扩大时报警。

2）设置警戒区，保护现场，组织人员撤离。

3）得到报警信号后，施工人员立即停止工作，就近关闭电源、火源，沿即定应急撤离路线（有毒有害气体泄漏时应用湿润的毛巾或衣物捂住口鼻呼吸），撤离至安全地带。

（9）环境保护。

1）施工现场设流动垃圾箱。施工废料、垃圾严禁沿途乱扔，必须随时放入垃圾箱内运走。废油必须倒入专用油桶，集中回收。

2）定期对施工现场尘毒、噪声、射线进行监测，控制其在允许范围之内。

（10）施工人员健康保护。

1）施工人员进入施工现场，要按规定劳保着装，以保护员工的生命安全。

2）现场办公室设急救药箱及应急车辆。

3）特殊工种作业连续作业时间不得过长。

五、系统调试

1. 系统调试步骤

（1）火灾自动报警系统调试，应在系统施工结束后进行。

（2）调试前施工人员应向调试人员提交竣工图、设计变更记录、施工记录（包括隐蔽工程验收记录），检验记录（包括绝缘电阻、接地电阻测试记录）、竣工报告。

（3）调试负责人必须由有资格的专业技术人员担任。一般由生产厂工程师或生产厂委托的经过训练的人员担任。

（4）调试前应按下列要求进行检查：

① 按设计要求查验，设备规格、型号、备品、备件等。

② 按火灾自动报警系统施工及验收规范的要求检查系统的施工质量。对属于施工中出现的问题，应会同有关单位协商解决，并有文字记录。

③ 检查检验系统线路的配线、接线、线路电阻、绝缘电阻、接地电阻、终端电阻、线号、接地、线的颜色等是否符合设计和规范要求，发现错线、开路、短路等达不到要求的应及时处理，排除故障。

（5）火灾报警系统应先分别对探测器、消防控制设备等逐个进行单机通电检查试验。单机检查试验合格后进行系统调试。

（6）报警控制器进行通电检查，在通电检查中下述所有功能都必须符合条例 GB 4717—2005《火灾报警控制器》的要求。

① 火灾报警自检功能、消声、复位功能。

② 故障报警功能、火灾优先功能、报警记忆功能。

③ 电源自动转换和备用电源的自动充电功能。

④ 备用电源的欠压和过压报警功能等功能检查。

（7）按设计要求分别用主电源和备用电源供电，逐个逐项检查试验火灾报警系统的各种控制功能和联动功能，其控制功能和联动功能应正常。

（8）检查主电源：火灾自动报警系统的主电源和备用电源，其容量应符合有关国家标准要求，备用电源连续充放电三次应正常，主电源、备用电源转换应正常。

（9）系统控制功能调试正常后对外部探测设备逐个进行试验测试：

① 采用专用的加烟、加温试验器，逐个进行加烟、加温动作响应测试。

② 对每个手动报警按钮及报警接收模块进行动作响应测试。

③ 对每个控制模块进行动作响应测试。

④ 检测报警、控制设备设备地址与主机编程一致性。

⑤ 检测报警设备现场位置与图文中心位置和描述的一致性。

⑥ 应分别对各类探测报警设备逐个试验，动作无误后可投入运行。

（10）设备响应及地址调试正常后，应逐个进行报警设备模拟动作后检测控制设备与联动编程设计要求的一致性。

（11）按系统调试程序进行系统功能自检。系统调试完全正常后，应连续无故障运行 120h，写出调试开通报告，进行验收工作。

2. 系统验收程序

（1）火灾报警系统安装调试完成后，由施工单位、调试单位对工程质量、调试质量、施工资料进行预检，同时进行质量评定，发现质量问题应及时解决处理，直至达到符合设计院和规范要求为止。

（2）预检全部合格后，施工单位、调试单位应请建设单位、设计、监理等单位，对工程进行竣工验收检查，无误后办理竣工验收单。

第九章　建筑设备监控系统施工

第一节　建筑设备监控系统安装基本要求

一、材料、设备要求

1. 材料、设备

（1）镀锌材料。镀锌钢管、镀锌线槽、金属膨胀螺栓、金属软管、接地螺栓。

（2）上述设备材料应根据合同文件及设计要求选型，对设备、材料和软件进行进场检验，并填写进场检验记录。对设备必须附有产品合格证、质检报告、“CCC”认证标识、安装及使用说明书等。如果是进口产品，则需提供原产地证明和商检证明，配套提供的质量合格证明，检测报告及安装、使用、维护说明书的中文文本。设备安装前，应根据使用说明书，进行全部检查，合格后方可安装。

（3）前端部分。主要包括网络控制器、计算机、不间断电源、打印机、控制台。

（4）其他材料。塑料胀管、机螺钉、平垫、弹簧垫圈、接线端子、绝缘胶布、接头等。

（5）传输部分。电线电缆、DDC 控制箱等。

（6）终端部分。主要包括各类传感器、电动阀、电磁阀等执行器。

2. 机具设备

（1）调试仪器。楼宇自控系统专用调试仪器。

（2）测试器具。250V 兆欧表、500V 兆欧表、水平尺、小线。

（3）安装器具。手电钻、冲击钻、对讲机、梯子、电工组合工具。

3. 作业条件

（1）暖通、水系统管道、变配电设备等安装完毕。

（2）接地端子箱安装完毕。

（3）线缆沟、槽、管、箱、盒施工完毕。

（4）电梯安装完毕。

（5）中央控制室内土建装修完毕，温、湿度达到使用要求。

（6）空调机组、冷却塔及各类阀门等安装完毕。

4. 技术准备

（1）施工前应组织施工人员熟悉图样、方案及专业设备安装使用说明书，并进行有针对性的培训及安全、技术交底。

（2）施工图样齐全。

（3）施工方案编制完毕并经审批。

二、质量控制

1. 主控项目

（1）变配电系统功能检测应满足下列要求：建筑设备监控系统应对变配电系统的电气参数和电气设备的工作状态进行监测，检测时，应利用工作站数据读取和现场测量的方法对电压、电流、有功（无功）功率、功率因数、用电量等各项参数的测量和记录进行准确性和真实性检查，显示电力负荷及上述各参数的动态图形能比较准确地反映参数变化情况，并对报警信号进行验证。

（2）空调与通风系统功能检测应满足下列要求：建筑设备监控系统应对空调系统进行温、湿度及新风量自动控制、预定时间表自动启停、节能优化控制等控制功能进行检测，应着重检测系统测控点（温度、相对湿度、压差和压力等）与被控设备（风机、风阀、加湿器及电动阀门等）的控制稳定性、响应时间和控制效果，并检测设备联锁控制和故障报警的正确性。

（3）热源和热交换系统功能检测。建筑设备监控系统应对热源和热交换系统进行系统负荷调节、预定时间表自动启停和节能优化控制，检测时应通过工作站或现场控制器对热源和热交换系统的设备运行状态、故障等的监视、记录与报警进行检测，并检测对设备的控制功能。

（4）给排水系统系统功能检测应满足下列要求：建筑设备监控系统应对给水系统、排水系统和中水系统进行液位、压力等参数检测及水泵运行状态监测、记录、控制和报警进行验证，检测时应通过工作站参数设置或人为改变现场测控点状态，监视设备的运行状态，包括自动调节水泵转速、投运水泵切换及故障状态报警和保护等项是否满足设计要求。

（5）冷冻和冷冻水系统功能检测。建筑设备监控系统应对冷水机组、冷冻冷却水系统进行系统负荷调节、预定时间表自动启停和节能优化控制，检测时应通过工作站对冷水机组、冷冻冷却水系统设备控制和运行参数、状态故障等监视、记录与报警情况进行检查，并检查设备运行的联动情况。

（6）电梯和自动扶梯系统功能检测。建筑设备监控系统应对建筑物内电梯和自动扶梯系统进行监测，检测时应通过工作站对系统的运行状态与故障进行监视，并与电梯和自动扶梯系统的实际工作情况进行核实。

（7）照明系统功能检测应满足下列要求：建筑设备监控系统应对公共照明设备（公共区域、过道、园区和景观）进行监控，应以光照度、时间表等为控制依据，设置程序控制灯组的开关，检测时应检查控制动作的正确性，并手动检查开关状态。

（8）中央管理工作站与操作分站功能检测。

1）对建筑设备监控系统中央管理工作站与操作分站进行功能检测时，应主要检测其监控和管理功能，检测时应以中央管理工作站为主，对操作分站主要检测其监控和管理权限以及数据与中央管理工作站的一致性。

2）应检测中央管理工作站显示和记录各种测量数据、运行状态、故障报警信息的实时性和准确性，以及对设备进行控制和管理的功能，并检测中央管理工作站控制命令的有效性和参数设定的功能，保证中央管理工作站的控制命令被无冲突地执行。

3）应检测中央管理工作站数据的存储和统计（包括检测数据、运行数据）、历史数据趋势图显示、报警存储统计（包括各类参数报警、通信报警和设备报警）情况，中央管理工作站存储的历史数据时间应大于3个月。

4）应检测中央管理工作站数据报表生成及打印功能，故障报警信息的打印功能。应检测中央管理工作站操作的方便性，人机界面应符合友好、汉化、图形化要求，图形切换流程清楚易懂，便于操作。对报警信息的显示和处理应直观有效。对操作权限检测，确保系统操作的安全性。

（9）建筑设备监控系统与子系统（设备）间的数据通信接口功能应符合设计及规范的要求。

建筑设备监控系统与带有通信接口的各子系统以数据通信的方式相连时，应在工作站监测子系统的运行参数（含工作状态参数和报警信息），并和实际状态核实，确保准确性和实时性，对可控功能的子系统，应检测发命令时的系统响应状态。

（10）可靠性测试。系统运行时，启动或停止现场设备时，不应出现数据错误或产生干扰，影响系统正常工作；检测时应采用远动或现场手动启动/停止现场设备，观察中央站数据显示和系统工作情况。切割系统电网电源转为UPS供电时和中央站冗余主机自动投入运行时，系统运行不得中断。

检验方法：功能测试。

（11）实时性能检测。采样速度、系统响应时间应满足合同技术与设备工艺性能指标的要求；报警信号响应速度应满足合同技术文件与设备工艺性能指标的要求。

（12）维护功能检测。应用软件的在线编程（组态）和修改功能，在中央站或现场进行控制器或控制模块应用软件的在线编程（组态）、参数修改及下载，全部功能得到验证后为合格，否则，为不合格。设备、网络通信故障的自检测和报警功能，自检测功能和报警必须指示出相应设备名称和位置，在中央站观察结果显示和报警，并输出结果正确。

2. 一般项目

（1）现场设备性能应符合设计及规范的要求：

1）传感器精度测试，检测传感器采样显示值与现场实际值的一致性，应符合设计及产品的技术文件的要求。

2）控制设备及执行器性能测试，包括控制器、电动风阀、电动水阀、变频器等。主要测定控制设备的有效性、正确性和稳定性；测试核对电动调节阀在零开度、50%、80%的行程处与控制指令的一致性及响应速度；测试结果应满足合同技术文件及控制工艺对设备性能的要求。

（2）现场设备如传感器、执行器、控制箱柜的安装质量应符合设计要求。

检验方法：观察检查及现场测量。

（3）下列项目应符合设计要求：

1）控制网络和数据库的标准化、开放性。

2）系统的冗余配置，主要指控制网络、工作站、服务器、数据库和电源等。

3）系统可扩展性，控制器。I/O口的备用量应符合合同技术文件要求，但不低于I/O口实际使用数的10%；机柜至少应留有10%的卡件安装空间和10%的备用接线端子。

4）节能措施评测，包括空调设备的优化控制、冷热源自动调节、照明设备自动控制、风机变频调速、VAV变风量控制等。根据合同技术文件的要求，通过对系统数据库记录分

析、现场控制效果测试和数据计算后，其结论应为满足设计要求。

检验方法：功能测试。

第二节　建筑设备监控系统管线敷设

一、布管

（1）布线使用的非金属管材、线槽及其附件应采用不燃或阻燃性材料制成。

（2）管材：室内配管使用的钢管有厚壁钢管和薄壁钢管两类。

（3）报警线路应采用穿金属管保护，并宜暗敷在非燃烧体结构或吊顶里，其保护层厚度应不小于3mm；当必须明敷，应在金属管上采取防火保护措施（一般可采用壁厚大于25mm的硅酸钙筒或石棉、玻璃纤维保护筒。但在使用耐热保护材料时，导线允许载流量将减少。对硅酸钙保护筒，电流减少系数为0.7；对石棉或玻璃纤维保护筒，电流减少系数为0.6）。

（4）传输线路采用绝缘导线时，应采取穿金属管、普利卡金属套管、硬质塑料管、硬质PVC管或封闭式线槽保护方式布线，优先穿钢管或电线管。

（5）敷设在多尘或潮湿场所管路的管口和管子连接处，均应作密封处理（加橡胶垫等）。

（6）钢管明敷设时宜采用螺纹连接，管端螺纹长度应不小于管接头的1/2。

（7）弯制保护管时，应符合下列规定：保护管的弯成角度应不小于90°；保护管的弯曲半径：当穿无铠装的电缆且明敷设时，应不小于保护管外径的6倍；当穿铠装电缆及埋设于地下与混凝土内时，应不小于保护管外径的10倍。

（8）导线在管内或线槽内不应有接头或扭结。导线的接头，应在接线盒内焊接或用端子连接。（小截面导线连接时可以绞接，绞接匝数应在5匝以上，然后搪锡，用绝缘胶带包扎）

（9）不同系数、不同电压等级、不同电流类别的线路，不应穿在同一管内或线槽的同一槽孔内。

（10）管内或线槽的穿线，应在建筑抹灰及地面工程结束后进行，在穿线前，应将管内或线槽内的积水及杂物清除干净，管内无铁屑及毛刺，切断口应锉平，管口应刮光。

（11）弱电线路的电缆竖井宜与强电电缆的竖井分别设置，如受条件限制必须合用时，弱电和强电线路应分别布置在竖井两侧。

（12）管路超过下列长度时，应在便于接线处装设接线盒：

1）管子长度每超过45m，无弯曲时；

2）管子长度每超过30m，有1个弯曲时；

3）管子长度每超过20m，有2个弯曲时；

4）管子长度每超过12m，有3个弯曲时。

（13）管线经过建筑物变形缝（包括沉降缝、伸缩缝、抗震缝等）处，应采取补偿措施；导线跨越变形缝的两侧应固定，并留有适当余量。

（14）暗敷的保护管引入地面时，管口宜高出地面200mm；当从地下引入落地盘（柜）

时，宜高出盘（柜）内底面50mm。

（15）钢管暗敷时宜采用套管焊接，管子的对口处应处于套管的中心位置；焊接应牢固，焊口应严密，并作防腐处理。镀锌管及薄壁管应采用螺纹连接。埋入混凝土内的保险管，管外不应涂漆。

（16）钢管暗敷应选最短途径敷设，埋入墙或混凝土内时，离表面的净距离应不小于30mm。

（17）接线盒和分线盒均应密封，分线箱应标明编号。钢管入盒时，盒外侧应套锁母，内侧应装护口。在吊顶内敷设时，盒内外侧均应套锁母。

（18）在吊顶内敷设各种管路和线槽时，应采用单独的卡具吊装或用支撑物固定。

（19）建筑物内横向敷设的暗管管径不宜大于ϕ5，天棚里或墙内水平、垂直敷设管路的管径不宜大于ϕ40。

（20）线槽的安装应横平竖直，排列整齐，其上部与顶棚（或楼板）之间应留有便于操作的空间。垂直排列的线槽拐弯时，其弯曲弧度应一致。

（21）分线箱（盒）暗设时，一般应预留墙洞。墙洞大小应按分箱尺寸留有一定余量，即墙洞上、下边尺寸增加20～30mm，左、右边尺寸增加10～20mm。分线箱（盒）安装高度应满足底边距地、距顶0.3m。

（22）过路箱一般用于暗配线时电缆管线的转接或接续用，箱内不应有钢管穿过。

（23）为了确保用电安全，室内管线与其他管道最小距离符合规范规定。

（24）线槽的直线段应每隔1.0～1.5m设置吊点或支点，吊装线槽的吊杆直径，应不小于6mm。在下列部位也应设置吊点或支点：

1）线槽接头处；

2）距接线盒0.2m处；

3）线槽走向改变或转角处。

（25）在户外和潮湿场所敷设的保护管，引入分线箱或仪表盘（箱）时，宜从底部进入。

（26）线槽应平整，内部光洁、无毛刺，加工尺寸准确。线槽采用螺栓连接或固定时，宜采用平滑的半圆头螺栓，螺母应在线槽的外侧，固定应牢固。

（27）敷设在电缆沟道内的保护管，不应紧靠沟壁。

（28）线槽拐直角弯时，宜用专用弯头。其最小的弯曲半径应不小于槽内最粗电缆外径的10倍。

（29）线槽安装在工艺管道上时，宜在工艺管道的侧面或上方（高温管道，不应在其上方）。

二、穿线

（1）信号电缆（线）与电力电缆（线）交叉敷设时，宜成直角；当平行敷设时，其相互间的距离应符合规范规定。

（2）穿线绝缘导线或电缆的总截面积不应超过管内截面积的40%。敷设于封闭或线槽内的绝缘导体或电缆的总截面积不应大于线槽的净截面积的50%。

（3）多芯电缆的弯曲半径，不应小于其外径的6倍。

（4）室外电缆线路的路径选择应以现有地形、地貌、建筑设施为依据，并按以下原则确定：

1）线路宜短直，安全稳定，施工、维修方便。

2）线路宜避开易使电缆受机械或化学损伤的路段，减少与其他管线等障碍物的交叉。

3）视频与射频信号的传输宜用特性阻抗为75Ω的同轴电缆，必要时也可选用光缆。

4）具有可供利用的架空线路时，可用杆架空敷设，但同电力线（1kV）的间距应不小于1.5m，同广播线间距应不小于1m，同通信线的间距应不小于0.6m。

5）架空电缆时，同轴电缆不能承受大的拉力，要用钢丝绳把同轴电缆吊起来，方法与电话电缆的施工方法相似。电线杆的埋设一般按间距40m考虑，杆长为6m，杆埋深1m。室外电缆进入室内时，预埋钢管要作防雨水处理。

6）需要钢索布线时，钢索布线最大跨度不要超过30m，如超过30m应在中间加支持点或采用地下敷设的方式。跨距大于20m，用直径为4.6～6mm的钢绞线，跨距20m以下时，可用三条直径为4mm的镀锌钢丝绞合。

（5）电缆沿支架或在线槽内敷设时应在下列各处固定牢固：

1）当电缆倾斜坡度超过45°或垂直排列时，在每一个支架上。

2）当电缆倾斜坡度不超过45°且水平排列时，在每隔1～2个支架上。

3）在线路拐弯处和补偿余度两侧以及保护管两端的第1、2两个支架上。

4）在引入各表盘（箱）前300～400mm处。

5）在引入接线盒及分线箱前150～300mm处。

第三节　建筑设备监控系统安装及验收

一、控制器（DDC）的安装

（1）DDC与被监控设备就近安装。

（2）DDC距地1500mm安装。

（3）DDC可安装在被控设备机房中（如冷冻站、热交换站、水泵房、空调机房等）。可在设备附近墙上用膨胀螺栓安装。

（4）DDC安装应有良好接地。

（5）DDC电源容量应满足传感器、驱动器的用电需要。

（6）DDC安装应远离强电磁干扰。

（7）DDC的数字输出宜采用继电器隔离，不允许用。DDC数字输出的无源触点直接控制强回电路。

（8）DDC的输入、输出接线应有易于辨别的标记。

二、中央控制室设备安装

（1）设备底座与设备相符，其上表面应保持水平。

（2）设备安装前应进行检验，并符合下列要求：

1）设备外形完好无损，内外表面漆层完好。

2）设备外形尺寸、设备内主板及接线端口的型号、规格符合设计要求，备品备件齐全。

（3）按图样连接主机、不间断电源、打印机、网络控制器等设备。

（4）中央控制室及网络控制器等设备的安装要符合下列规定：

1）对引入的电缆或导线进行校线，按图样要求编号。

2）交流供电设备的外壳及基础应可靠接地。

3）中央控制室一般应根据设计要求设置接地装置。当采用联合接地时，接地电阻应不大于1Ω。

4）标志编号与图样一致，字迹清晰，不易褪色；配线应整齐，避免交叉，固定牢固。

5）控制室、网络控制器应按设计要求进行排列，根据柜的固定孔在基础槽钢上钻孔，安装时从一端开始逐台就位，用螺栓固定，用小线找平找直后，再将各螺栓紧固。

三、湿度传感器的安装

1. 室内/外湿度传感器的安装

（1）室内湿度传感器安装要求美观，多个传感器安装距地高度应一致，高度差应不大于1mm，同一区域内高度差应不大于5mm。

（2）室内湿度传感器不应安装在阳光直射的地方，应远离室内冷热源，如暖气片、空调机出风口。远离窗、门直接通风的位置。如无法避开，则与之距离应不小于2m。

（3）室外湿度传感器应有遮阳罩，避免阳光直射，应有防风雨防护罩，远离风口、过道。避免过高的风速对室外温度检测的影响。

（4）选用RVV或RVVV3×1.0mm^{2}线缆连接现场DDC。

2. 风管湿度传感器的安装

（1）传感器的安装应在风管保温层完成后，安装在风管直管段或应避开风管死角的位置。

（2）传感器应安装在风速平稳，能反映风温的位置。

（3）风管型湿度传感器应安装在便于调试、维修的地方。

（4）选用RVV或RVVP3×1.0mm^{2}线缆连接现场DDC。

3. 室内/室外温度传感器的安装

（1）室内温度传感器不应安装在阳光直射的地方，应远离室内冷热源，如暖气片、空调机出风口。远离窗、门直接通风的位置。如无法避开则与之距离应不小于2m。

（2）室内温度传感器安装要求美观，多个传感器安装距地高度应一致，高度差应不大于1mm，同一区域内高度差应不大于5mm。

（3）室外温度传感器应有遮阳罩，避免阳光直射，应有防风雨防护罩，远离风口、过道。避免过高的风速对室外温度检测的影响。

（4）选用RVV或RVVP2×1.0mm^{2}线缆连接现场DDC。

4. 水管温度传感器的安装

（1）水管型温度传感器的安装不宜选择在阀门等阻力件附近和水流流束死角和振动较大的位置。

（2）水管型温度传感器不宜在焊缝及其边缘上开孔和焊接安装。水管温度传感器的开

孔与焊接应在工艺管道安装时同时进行。必须在工艺管道的防腐和试压前进行。

（3）选用 RVV 或 RVVP2×1.0mm^2 线缆连接现场 DDC。

（4）水管型温度传感器的感温段宜大于管道口径的二分之一，应安装在管道的顶部。安装在便于调试、维修的地方。

5. 风管温度传感器的安装

（1）风管型温度传感器应安装在便于调试、维修的地方。

（2）传感器的安装应在风管保温层完成后，安装在风管直管段或应避开风管死角的位置。

（3）选用 RVV 或 RVVP2×1.0mm^2 线缆连接现场 DDC。

温度传感器至 DDC 之间应尽量减少因接线电阻引起的误差，对于 1kΩ 铂温度传感器的接线总电阻应小于 1Ω。对于 NTC 非线性热敏电阻传感器的接线总电阻应小于 3Ω。

（4）传感器应安装在风速平稳，能反映风温的位置。

6. 压力传感器的安装

（1）水管压力传感器不宜在焊缝及其边缘上开孔和焊接安装。水管压力传感器的开孔与焊接应在工艺管道安装时同时进行。必须在工艺管道的防腐和试压前进行。

（2）选用 RVV 或 RVVP3×1.0mm。线缆连接现场 DDC。

（3）水管压力传感器应加接缓冲弯管和截止阀。

（4）室内、室外压力传感器宜安装在远离风口、过道的地方。以免高速流动的空气影响测量精度。

（5）风管型压力传感器应安装在风管的直管端，即应避开风管内通风死角和弯头。风管型压力传感器的安装应在风管保温层完成之后。

（6）水管压力传感器宜选在管道直管部分，不宜选在管道弯头、阀门等阻力部件的附近，水流流束死角和振动较大的位置。

（7）压力传感器应安装在便于调试、维修的位置。

四、压差开关的安装

（1）风压压差开关用来检测空调机过滤网堵塞、空调机风机运行状态。安装时应注意以下几点：

1）风压压差开关安装时，应注意压力的高、低。过滤网前端接高压端、过滤网后端接低压端。空调机风机的出口接高压端、空调机风机的进风口接低压端。如图 9-1 所示。

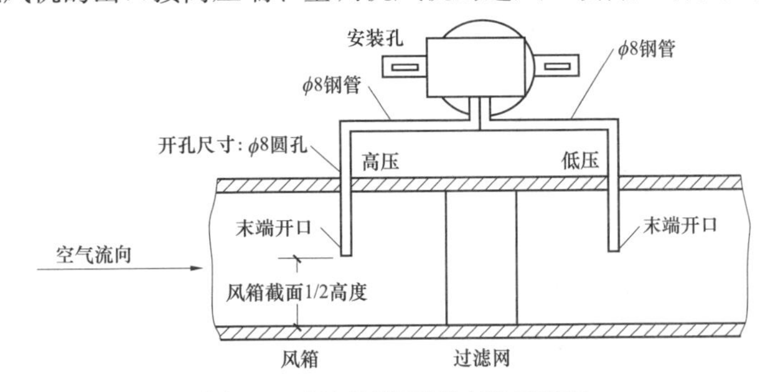

图 9-1　风压压差开关安装示意图

2）风压压差开关安装时，应注意安装位置，宜将压差开关的受压薄膜处于垂直位置。如需要，可使用“L”形托架进行安装，托架可用钢板制成。

3）导线敷设可选用担0电线管及接线盒，并用金属软管与压差开关连接。

4）风压压差开关应安装在便于调试、维修的地方。

5）风压压差开关不应影响空调器本体的密封性。

6）选用RVV或RVVP2×1.0mm^{2}线缆连接现场DDC。

（2）水压压差开关通常用来检测管道水压差，如测量分、集水器之间的水压压差，用其压力差来控制旁通阀的开度。安装时应注意以下几点。

1）水压压差开关宜选在管道直管部分，不宜选在管道弯头、阀门等阻力部件的附近、水流流束死角和振动较大的位置。水压压差开关安装应有缓冲弯管和截止阀，最好加装旁通阀。

2）选用RVV或RVVP3×1.0mm^{2}线缆连接现场DDC。

3）水压压差开关不宜在焊缝及其边缘上开孔和焊接安装。水压压差开关的开孔与焊接应在工艺管道安装时同时进行。必须在工艺管道的防腐和试压前进行。

4）水压压差开关应安装在管道顶部便于调试、维修的位置。

五、空气质量传感器的安装

空气质量传感器安装在能真实反映被检测空间的空气质量状况的地方。安装时应注意以下几点：

（1）风管型空气质量传感器安装应在风管保温层完成之后。

（2）探测气体比空气质量重，空气质量传感器应安装在房间、风管的下部。

（3）探测气体比空气质量轻，空气质量传感器应安装在房间、风管的上部。

（4）空气质量传感器应安装在便于调试、维修的地方。

（5）风管型空气质量传感器应安装在风管的直管段，应避开风管内通风死角。

（6）选用RVV或RVVP3×1.0mm^{2}线缆连接现场DDC。

六、电量变送器的安装

电量变送器把电压、电流、频率、有功功率、无功功率、功率因数和有功电能等电量转换成4～20mA或0～10mA输出。安装时要注意以下几点：

（1）变送器接线时，应严防电压输入端短路和电流输入端开路。

（2）被测回路加装电流互感器，互感器输出电流范围应符合电流变送器的电流输入范围。

（3）变送器的输出应与现场DDC输入通道的特征相匹配。

七、电动调节阀的安装

安装时应注意以下几点：

（1）电动调节阀阀旁应装有旁通阀和旁通管道。

（2）电动调节阀阀门驱动器的输入电压、工作电压应与DDC的输出相匹配。选用RVV或RVVP3×1.0mm^{2}线缆连接现场DDC。

(3) 电动调节阀安装应留有检修空间，如图 9-2 所示。

(4) 电动调节阀的行程、关阀的压力、阀前/后压力必须满足设计和产品说明书的要求。

(5) 电动调节阀一般安装在回水管上。

(6) 电动调节阀应在工艺管道安装时同时进行。必须在工艺管道的防腐和试压前进行。

(7) 电动调节阀应有手动操作机构，手动操作机构应安装在便于操作的位置。

(8) 电动调节阀应垂直安装在水平管道上，尤其对大口径电动阀不能有倾斜。

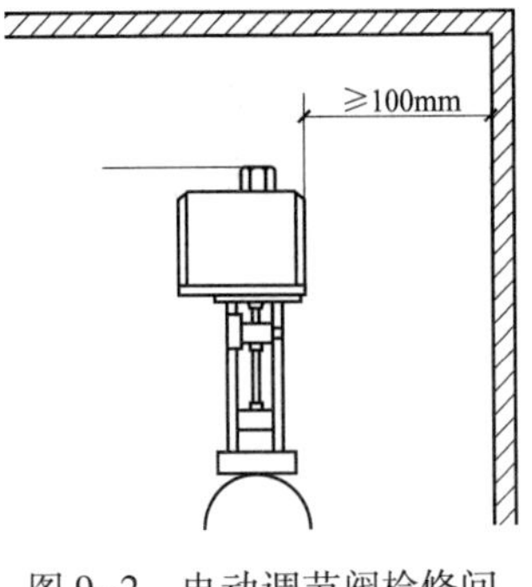

图 9-2　电动调节阀检修间

(9) 电动调节阀阀位指示装置安装在便于观察的位置。

(10) 电动调节阀阀体上的水流方向应与实际水流方向一致。

八、系统调试

BAS 系统的调试要根据设计全面了解整个系统的功能和性能指标。BAS 系统的调试应在所有设备（楼宇机电设备、自控设备）安装完毕，楼宇机电设备试运行工作状态良好，而且满足各自系统的工艺要求的情况下进行。

九、建筑设备监控系统质量验收要求

建筑设备监控系统可包括暖通空调监控系统、变配电监测系统、公共照明监控系统、给排水监控系统、电梯和自动扶梯监测系统及能耗监测系统等。检测和验收的范围应根据设计要求确定。

建筑设备监控系统工程实施的质量控制除应符合本规范第 3 章的规定外，用于能耗结算的水、电、气和冷/热量表等，尚应检查制造计量器具许可证。

建筑设备监控系统检测应以系统功能测试为主，系统性能评测为辅。

建筑设备监控系统检测应采用中央管理工作站显示与现场实际情况对比的方法进行。

(1) 暖通空调监控系统的功能检测应符合下列规定：

1) 检测内容应按设计要求确定；

2) 冷热源的监测参数应全部检测；空调、新风机组的监测参数应按总数的 20% 抽检，且不应少于 5 台，不足 5 台时应全部检测；各种类型传感器、执行器应按 10% 抽检，且不应少于 5 只，不足 5 只时应全部检测；

3) 抽检结果全部符合设计要求的应判定为合格。

(2) 变配电监测系统的功能检测应符合下列规定：

1) 检测内容应按设计要求确定；

2) 对高低压配电柜的运行状态、变压器的温度、储油罐的液位、各种备用电源的工作状态和联锁控制功能等应全部检测；各种电气参数检测数量应按每类参数抽 20%，且数量不应少于 20 点，数量少于 20 点时应全部检测；

3) 抽检结果全部符合设计要求的应判定为合格。

(3) 公共照明监控系统的功能检测应符合下列规定：

1）检测内容应按设计要求确定；

2）应按照明回路总数的10%抽检，数量不应少于10路，总数少于10路时应全部检测；

3）抽检结果全部符合设计要求的应判定为合格。

（4）给排水监控系统的功能检测应符合下列规定：

1）检测内容应按设计要求确定；

2）给水和中水监控系统应全部检测；排水监控系统应抽检50%，且不得少于5套，总数少于5套时应全部检测；

3）抽检结果全部符合设计要求的应判定为合格。

（5）电梯和自动扶梯监测系统应检测启停、上下行、位置、故障等运行状态显示功能。检测结果符合设计要求的应判定为合格。

（6）能耗监测系统应检测能耗数据的显示、记录、统计、汇总及趋势分析等功能。检测结果符合设计要求的应判定为合格。

（7）中央管理工作站与操作分站的检测应符合下列规定：

1）中央管理工作站的功能检测应包括下列内容：

运行状态和测量数据的显示功能；

故障报警信息的报告应及时准确，有提示信号；

系统运行参数的设定及修改功能；

控制命令应无冲突执行；

系统运行数据的记录、存储和处理功能；

操作权限；

人机界面应为中文。

2）操作分站的功能应检测监控管理权限及数据显示与中央管理工作站的一致性；

3）中央管理工作站功能应全部检测，操作分站应抽检20%，且不得少于5个，不足5个时应全部检测；

4）检测结果符合设计要求的应判定为合格。

（8）建筑设备监控系统实时性的检测应符合下列规定：

1）检测内容应包括控制命令响应时间和报警信号响应时间；

2）应抽检10%且不得少于10台，少于10台时应全部检测；

3）抽测结果全部符合设计要求的应判定为合格。

（9）建筑设备监控系统可靠性的检测应符合下列规定：

1）检测内容应包括系统运行的抗干扰性能和电源切换时系统运行的稳定性；

2）应通过系统正常运行时，启停现场设备或投切备用电源，观察系统的工作情况进行检测；

3）检测结果符合设计要求的应判定为合格。

（10）建筑设备监控系统可维护性的检测应符合下列规定：

1）检测内容应包括：

应用软件的在线编程和参数修改功能；

设备和网络通信故障的自检测功能。

2）应通过现场模拟修改参数和设备故障的方法检测；

3）检测结果符合设计要求的应判定为合格。

（11）建筑设备监控系统性能评测项目的检测应符合下列规定：

1）检测宜包括下列内容：

控制网络和数据库的标准化、开放性；

系统的冗余配置；

系统可扩展性；

节能措施。

2）检测方法应根据设备配置和运行情况确定；

3）检测结果符合设计要求的应判定为合格。

（12）建筑设备监控系统验收文件还应包括下列内容：

1）中央管理工作站软件的安装手册、使用和维护手册；

2）控制器箱内接线图。

第十章　防雷及接地系统施工

第一节　防雷与接地系统组成

一、易受雷击的建筑物及部位

1. 易受雷击的建筑物

（1）孤立、突出在旷野的建（构）筑物。

（2）内部有大量金属设备的厂房。

（3）地下水位高或金属矿床等地区的建（构）筑物。

（4）排出异电尘埃、废气热气柱的厂房、管道等。

（5）高耸突出的建筑物，如水塔、电视塔、高楼等。

2. 建筑物易受雷击的部位

（1）对图 10-1（c）、（d），在屋脊有避雷带的情况下，当屋檐处于屋脊避雷带的保护范围内时屋檐上可不设避雷带。

（2）坡度大于 1/10 且小于 1/2 的屋面——屋角、屋脊、檐角、屋檐，如图 10-1（c）所示。

（3）平屋面或坡度不大于 1/10 的屋面——檐角、女儿墙、屋檐，如图 10-1（a）、（b）所示。

（4）坡度不小于 1/2 的屋面——屋角、屋脊、檐角，如图 10-1（d）所示。

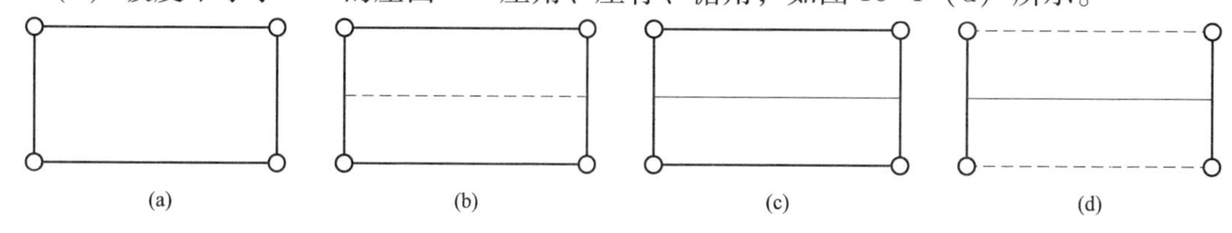

图 10-1　不同屋面坡度建筑物的易受雷击部位

（a）平屋面；（b）坡度不大于 1/10 的屋面；（c）坡度大于 1/10 且小于 1/2 的屋面；（d）坡度不小于 1/2 的屋面

注：o为雷击率最高部位；——为易受雷击部位；------为不易受雷击的屋脊或屋檐。

二、接地系统的组成

接地就是将地面上的金属物体或电路中的某结点用导线与大地可靠地连接起来，使该物体或结点与大地保持同电位。

接地系统是将电气装置的外露导电部分通过导电体与大地相连接的系统，由大地、接地体（接地电极）、接地引入线、接地汇集线、接地线等组成。

接地系统的作用主要是防止人身遭受电击、设备和线路遭受损坏、预防火灾和防止雷

击、防止静电损害和保障通信系统正常运行。

组成接地系统的各部分的功能如下：

（1）接地汇集线。接地汇集线是指建筑物内分布设置并可与各接地线相连的一组接地干线的总称。

（2）接地引入线。接地体与贯穿建筑各楼层的接地总汇集线之间相连的连接线称为接地引入线。

（3）接地体（接地电极）。接地体是使各地线电流汇入大地扩散和均衡电位而设置的与土地物理结合形成电气接触的金属部件。

（4）大地接地。系统中所指的地即为一般的土地，不过它有导电的特性，并且有无限大的容量，可以作为良好的参考电位。

第二节　弱电系统防雷接地施工准备

一、弱电施工防雷接地

防雷接地经过调研，确定方案后，下一步就是工程的实施，而工程实施的第一步则是开工前的准备工作。开工前应做的准备工作主要有以下几项：

（1）严把设计审查关。

（2）为确保施工安全，施工工期一定避开雷雨季节。当遇雷雨季天气施工时，在进行设备操作时也一定要停止施工。

（3）设计防雷接地实际施工图。设计防雷接地实际施工图主要是供施工人员、督导人员以及主管人员使用。

（4）备料。防雷接地施工过程需要的施工材料主要有以下几种：避雷针安装材料、避雷网安装材料、防雷引下线材料、支架安装材料、接地体安装材料、接地干线安装材料。

防雷及接地装置所有部件均应采用镀锌材料，并且应具有出厂合格证和镀锌质量证明书。在施工过程中应注意保护镀锌层。此外，镀锌材料主要有扁钢、角钢、圆钢、钢管、铅丝、螺栓、垫圈、U形螺栓、元宝螺栓以及支架等。

（5）不同规格的工程用料就位。

（6）制订好施工安全措施。

（7）制订施工进度表。

（8）向工程单位提交开工报告。

二、弱电防雷接地施工流程安排

防雷接地工程的施工安装流程：接地体→接地干线→支架→引下线明敷→避雷针→避雷网→避雷带或均压环。

三、弱电防雷接地施工注意的事项

（1）对部分场地或工段要及时进行阶段检查验收，确保工程质量。

（2）对施工单位计划不周的问题，要及时妥善解决。

（3）如果现场施工碰到不可预见的问题，应及时向施工单位汇报，并提出解决办法，供施工单位当场研究解决，以免影响工程进度。

（4）施工现场督导人员要认真负责，及时处理施工进程中出现的各种情况，协调处理各方意见。

（5）对施工单位新增加的内容要及时在施工图中反映出来。

（6）制订工程进度表。

小提示：

在制订工程进度表时，要留有余地，还要考虑其他工程施工时可能对本工程带来的影响，避免出现不能按时完工、交工的问题。

第三节　弱电系统防雷引下线安装

一、引下线安装流程

（1）利用建筑物柱内钢筋作为引下线，在柱内主钢筋绑扎或焊接连接后，并做标志，按设计要求施工，确认记录后再支模。

（2）直接从基础接地体或人工接地体引出的专用引下线，应先按设计要求安装固定支架，并应经检查确认后再敷设引下线。

二、引下线支架安装

由于引下线的敷设方法不同，使用的固定支架也不相同，各种不同形式的支架如图 10-2 所示。

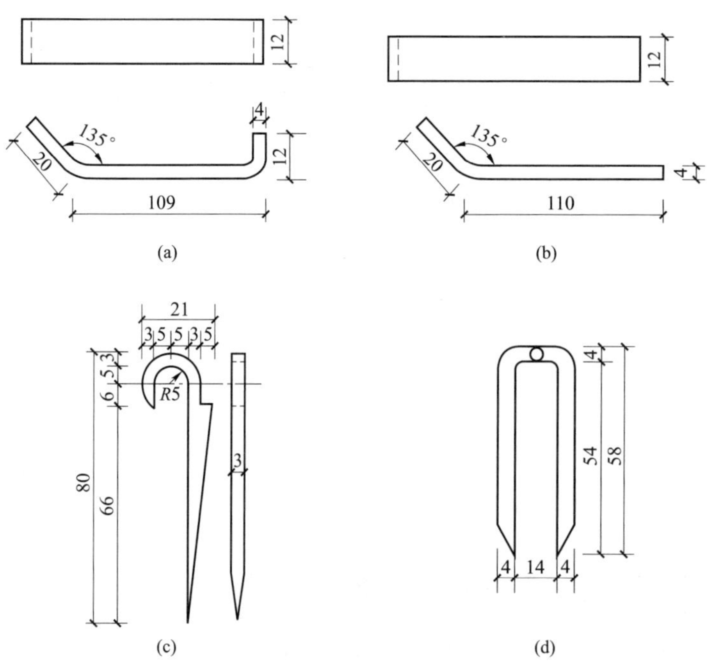

图 10-2　引下线固定支架（单位：mm）

（a）固定钩；（b）托板；（c）卡钉（一）；（d）卡钉（二）

（1）当确定引下线位置后，明装引下线支持卡子应随着建筑物主体施工预埋。

（2）通常在距室外护坡2m高处，预埋第一个支持卡子，然后将圆钢或扁钢固定在支持卡子上，作为引下线。随着主体工程施工，在距第一个卡子正上方1.5～2m处，用线坠吊直第一个卡子的中心点，埋设第二个卡子，依此向上逐个埋设，其间距应均匀相等。

（3）支持卡子露出长度应一致，突出建筑外墙装饰面15mm以上。

（4）引下线固定支架应固定可靠，每个固定支架应能承受49N的垂直拉力。

（5）固定支架的高度不宜小于150mm，固定支架应均匀，引下线和接闪导体固定支架的间距应符合表10-1的要求。

表10-1　　引下线和接闪导体固定支架的间距

布置方式	扁形导体和绞线固定支架的间距/mm	单根圆形导体固定支架的间距/mm
水平面上的水平导体	500	1000
垂直面上的水平导体	500	1000
地面至20m处的垂直导体	1000	1000
从20m处起往上的垂直导体	500	1000

三、暗敷引下线安装

（1）沿墙或混凝土构造柱暗敷的引下线，通常采用直径不小于ϕ12mm镀锌圆钢或截面面积为25mm×4mm的镀锌扁钢。

（2）钢筋调直后与接地体（或断接卡子）用卡钉或方卡钉固定好，垂直固定距离为1.5～2m，由上至下展放或者一段段连接钢筋。

（3）暗装引下线经过挑檐板或女儿墙的做法，如图10-3所示。

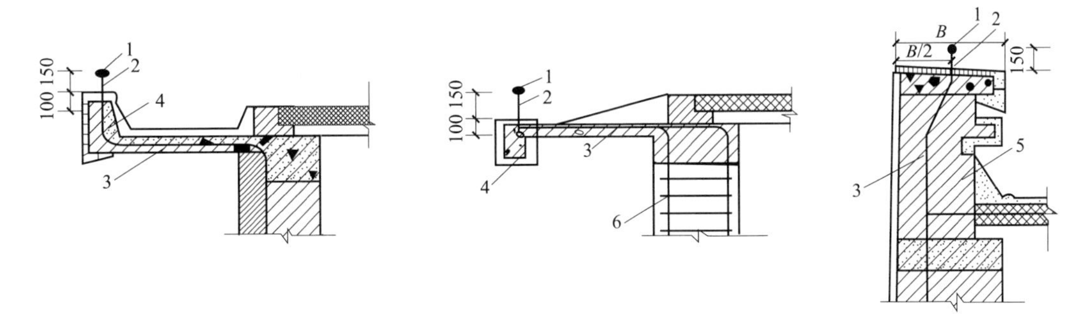

图10-3　暗装引下线经过挑檐板或女儿墙的做法

1—避雷带；2—支架；3—引下线；4—挑檐板；5—儿墙；6—柱主筋；

B—女儿墙墙体厚度

（4）利用建筑物钢筋作引下线，当钢筋直径为ϕ16mm及以上时．应采用绑扎或焊接的两根钢筋作为一组引下线。

（5）当钢筋直径为ϕ10mm及以上时，应采用绑扎或焊接的四根钢筋作为一组引下线。

（6）引下线上不应与接闪器焊接，焊接长度应不小于钢筋直径的6倍，并应双面施焊。

（7）中间与每一层结构钢筋需进行绑扎或焊接连接，下部在室外地坪下 0.8～1m 处焊接一根中 12mm 或截面面积 40mm×4mm 的镀锌导体，伸向室外距外墙皮的距离不应小于 1m。

四、明敷引下线安装

（1）明敷引下线应预埋支持卡子，支持卡子应突出外墙装饰面 15mm 以上，并且露出的长度应一致。

（2）然后将圆钢或扁钢固定在支持卡子上。通常第一个支持卡子在距室外护坡 2m 高处预埋，距第一个卡子正上方 1.5～2m 处埋设第二个卡子，依此向上逐个埋设，间距应均匀相等。

（3）明敷引下线调直后，从建筑物的最高点由上而下，逐点与预埋在墙体内的支持卡子套环卡固，用螺栓或焊接固定，直到断接卡子为止，如图 10-4 所示。

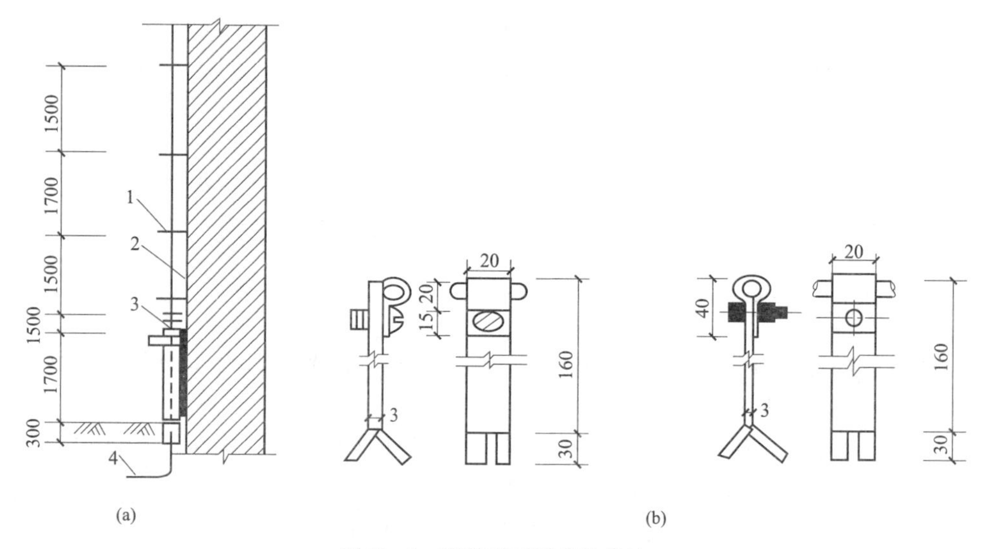

图 10-4　明敷引下线安装做法

（a）引下线安装；（b）支座内支架的构造

1—扁钢卡子；2—明敷引下线；3—断接卡子；4—接地线

（4）引下线经过屋面挑檐处，应做成弯曲半径较大的慢弯，引下线经过挑檐板和女儿墙的做法如图 10-5 所示。

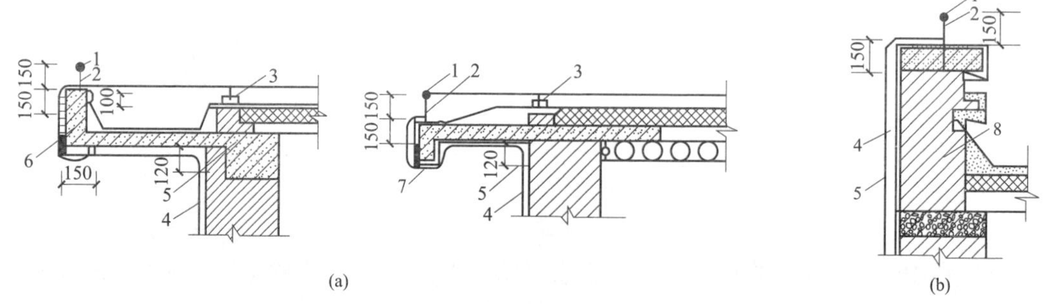

图 10-5　明装引下线经过挑檐板和女儿墙做法

（a）明装引下线分别经过现浇挑檐板和预制挑板的两种做法；（b）引下线经过女儿墙的做法

1—避雷带；2—支架；3—混凝土支架；4—引下线；5—固定卡子；6—现浇挑檐板；7—预制挑檐板；8—女儿墙

（5）引下线安装中避免形成小环路的安装示意图如图 10-6 所示；明敷引下线避免对人体闪络的安装示意图如图 10-7 所示，引下线（接闪导线）在弯曲处的焊接要求如图 10-8 所示。

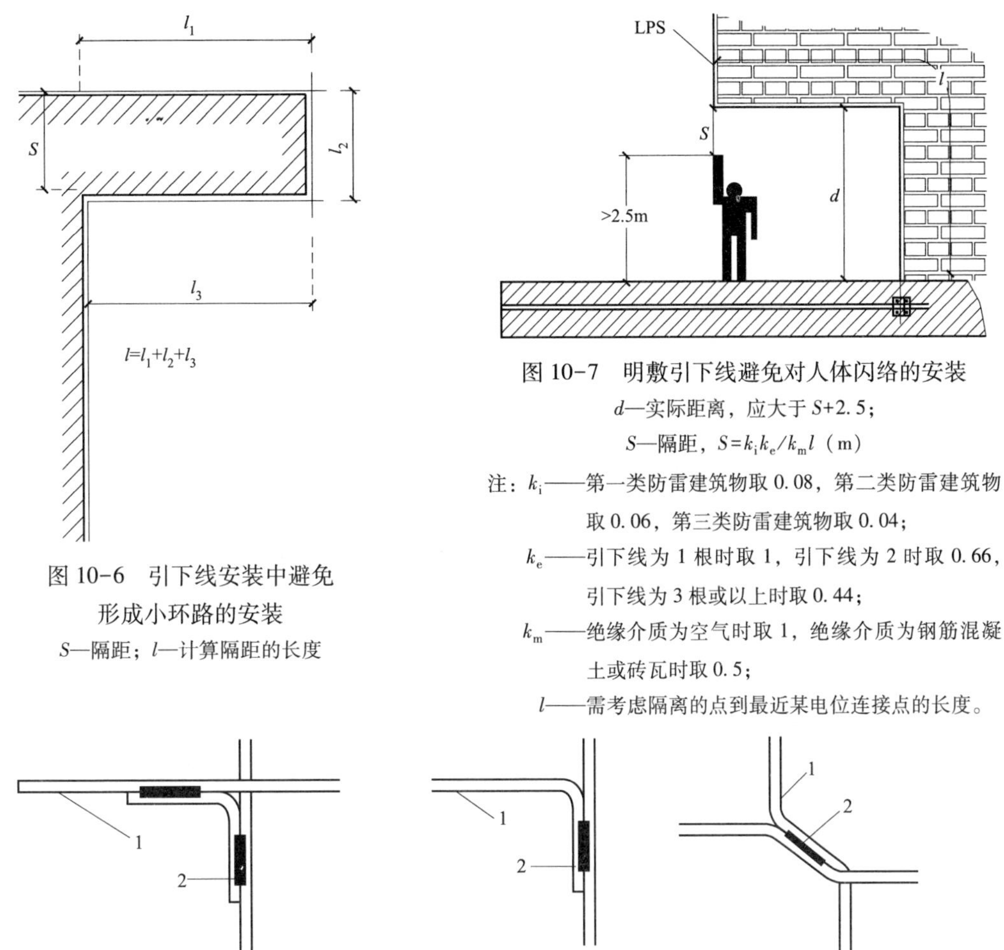

图 10-6　引下线安装中避免形成小环路的安装

S—隔距；l—计算隔距的长度

图 10-7　明敷引下线避免对人体闪络的安装

d—实际距离，应大于 S+2.5；

S—隔距，$S=k_i k_e/k_m l$（m）

注：k_i——第一类防雷建筑物取 0.08，第二类防雷建筑物取 0.06，第三类防雷建筑物取 0.04；

k_e——引下线为 1 根时取 1，引下线为 2 时取 0.66，引下线为 3 根或以上时取 0.44；

k_m——绝缘介质为空气时取 1，绝缘介质为钢筋混凝土或砖瓦时取 0.5；

l——需考虑隔离的点到最近某电位连接点的长度。

图 10-8　引下线（接闪导线）在弯曲处焊接要求

1—钢筋；2—焊接缝口

第四节　避雷针安装

避雷针一般可以分为两种，即独立避雷针及安装在高耸建筑物和构筑物上的避雷针。

小提示：

避雷针通常采用镀锌圆钢或焊接钢管制作，独立避雷针通常采用直径 19mm 镀锌圆钢；屋面上避雷针通常采用直径 25mm 镀锌钢管；水塔顶部避雷针一般采用直径 25mm 镀锌圆钢或直径 40mm 镀锌钢管；烟囱顶部避雷针大都采用直径 25mm 镀锌圆钢或直径 40mm 镀锌钢管。

一、高耸建筑物、构筑物上避雷针安装

高耸独立建筑物、构筑物主要指水塔、烟囱、高层建筑、化工反应塔以及桥头堡等高出周围建筑物或构筑物的物体。高耸独立建筑物的避雷针一般固定在物体的顶部，避雷针通常采用 ϕ25～30mm、顶部锻尖 70mm、全长 1500～2000mm 的镀锌圆钢。

引下线主要可以分为以下两种。

（1）用混凝土内的主筋或构筑物钢架本身充当。

（2）在构筑物外部敷设 ϕ12～16mm 的镀锌圆钢。

引下线的敷设方法应使用定位焊焊在预埋角钢上，角钢伸出墙壁不大于 150mm，引下线必须垂直，在距地 2m 处到地坪之间应用竹管或钢管保护，竹管或钢管上应刷黑白漆，间隔为 100mm。

接地极棒敷设及接地电阻要求同独立避雷针。对于底面积较大且为钢筋混凝土结构的高大建筑物，在其基础施工前，应在基础坑内将数条接地极棒打入坑内，间距≥5m，数量由设计或底面积的大小决定，并用镀锌接地母线连接形成一个接地网。基础施工时，再将主筋（每柱至少两根）与接地网焊接，一直引至顶层。

平顶建筑物的避雷针安装如图 10-9 所示，针体各节尺寸见表 10-2。

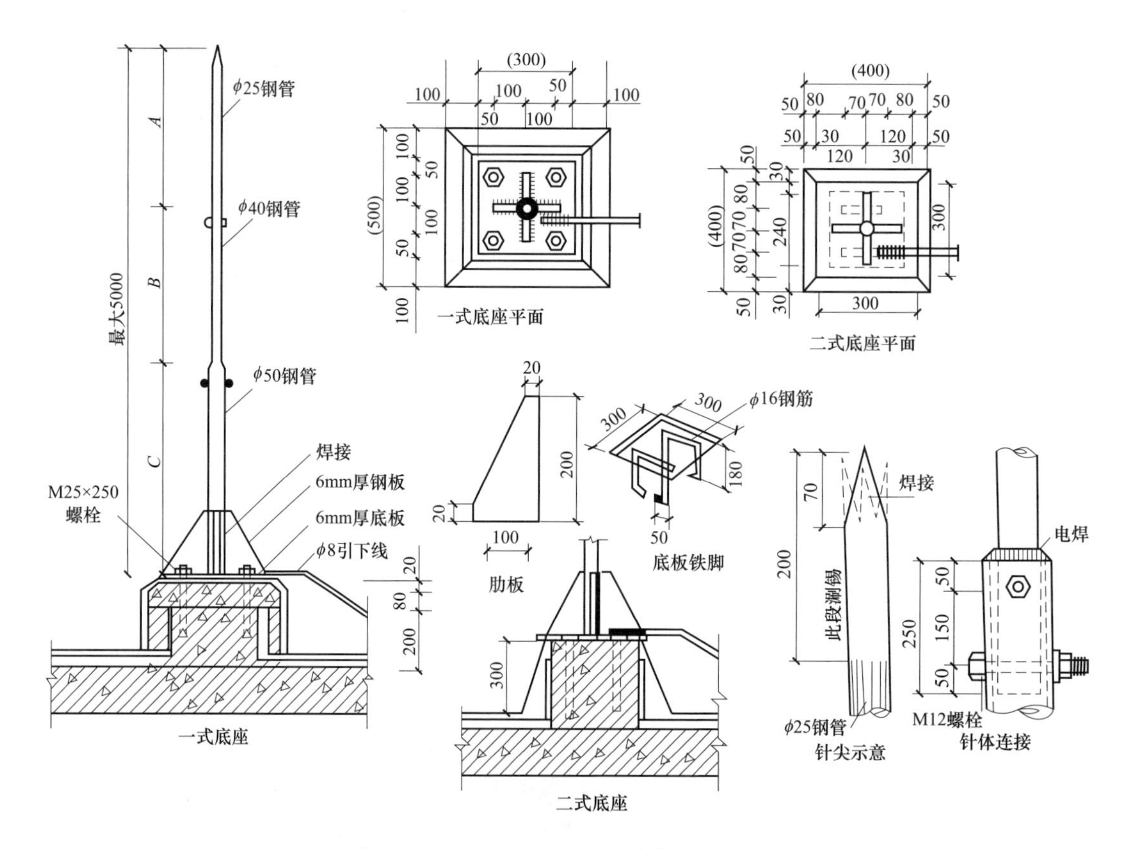

图 10-9　平顶建筑物避雷针安装示意图

表 10-2　　针体各节尺寸

<table>
<tr><td colspan="2">针全高/m</td><td>1.0</td><td>2.0</td><td>3.0</td><td>4.0</td><td>5.0</td></tr>
<tr><td rowspan="3">各节尺寸/mm</td><td>A</td><td>1000</td><td>2000</td><td rowspan="2">1500</td><td>1000</td><td rowspan="2">1500</td></tr>
<tr><td>B</td><td rowspan="2">—</td><td rowspan="2">—</td><td rowspan="2">1500</td></tr>
<tr><td>C</td><td>—</td><td>2000</td></tr>
</table>

注：1. 底座应与屋面板同时捣制，并预埋螺栓或底板铁脚。

2. 避雷针针体均镀锌。

3. 钢管壁厚不小于 3mm。

二、独立避雷针安装

（1）埋设接地体。

1）在距离避雷针基础 3m 开外挖一条深 0.8m、宽度易于工人操作的环形沟。并将避雷针接地螺栓至沟挖出通道。

2）将镀锌接地极棒 ϕ（25～30）mm×（2500～3000）mm 圆钢垂直打入沟内，沟底上留出 100mm，间隔可按总根数计算，通常为 5m。也可用 ∟ 50mm×50mm×5mm 的镀锌角钢或中 32mm 的镀锌钢管作接地极棒。

3）将所有的接地极棒打入沟内后，应分别测量接地电阻，然后通过并联计算总的接地电阻，其值应小于 10Ω。如果不满足此条件，应增加接地极棒数量，直到总接地电阻≤10Ω 为止。

（2）接地干线、接地引线的焊接。

1）焊接通常应采用电焊，若实在有困难可使用气焊。

2）焊接必须牢固可靠，尽量将焊接面焊满。接地引线与接地干线的焊接如图 10-10 所示，其焊接要求同接地干线与接地体的焊接。

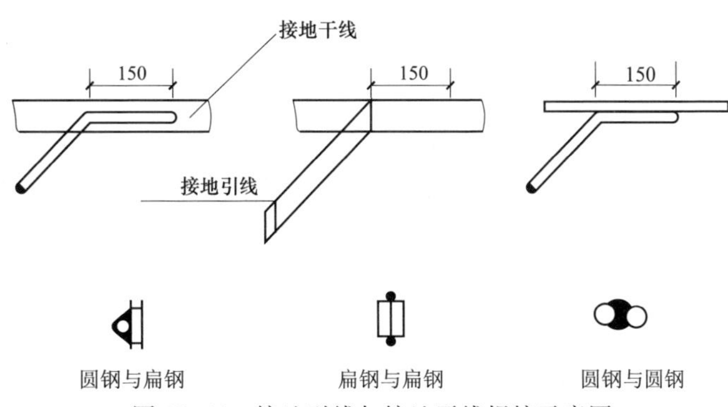

图 10-10　接地引线与接地干线焊接示意图

3）接地干线和接地引线应使用镀锌圆钢，其规格应符合表 10-3 要求。

表 10-3　　防雷装置用金属材料基本要求

<table>
<tr><td rowspan="2">材料要求</td><td colspan="2">接闪器</td><td rowspan="2">引下线</td><td rowspan="2">接地体</td></tr>
<tr><td>避雷针</td><td>避雷带</td></tr>
<tr><td>镀锌圆钢直径/mm</td><td>针长 1m 以下：12
针长 1～2m：16
烟囱顶上：20</td><td>明装：10
暗装：12
烟囱上：16</td><td>明装：10
暗装：12
烟囱上：16</td><td>16</td></tr>
</table>

续表

材料要求	接闪器		引下线	接地体
	避雷针	避雷带		
钢管直径/mm（易燃易爆场所，壁厚≥4mm；一般场所，壁厚≥2.5mm）	针长1m以下：20 针长1～2m：25 烟囱顶上：40	20	20	40
镀锌扁钢截面面积/mm^2（厚度≥4mm）	—	明装：100 暗装：160 烟囱：160	明装：100 暗装：160 烟囱：160	160
镀锌角钢截面面积/mm^2（厚度≥4mm）	—	160	—	

4）焊接完成后将焊缝处焊渣清理干净，然后涂沥青漆防腐。

（3）接地引线与避雷针连接。

1）将接地引线与避雷针的接地螺栓可靠连接，若引线为圆钢，则应在端部焊接一块长300mm的镀锌扁钢，开孔尺寸应与螺栓相对应。

2）连接前应再测一次接地电阻，使其符合要求。检查无误后，即可回填土。

第五节　接闪器安装

接闪器由独立避雷针、架空避雷线、架空中雷网以及直接装设在建筑物上的避雷针、避雷带或避雷网中的一种或多种组成。

一、接闪器安装流程

（1）暗敷在建筑物混凝土中的接闪导线，在主筋绑扎或认定主筋进行焊接，并做好标志后，应按设计要求施工，并应检查确认隐蔽工程验收记录后再支模或浇捣混凝土。

（2）明敷在建筑物上的接闪器应在接地装置和引下线施工完成后再安装，并应与引下线电气连接。

二、暗装避雷带（网）

暗装避雷网是利用建筑物内的钢筋作避雷网，以达到建筑物防雷击的目的，已被广泛利用。

1. 用建筑物V形折板内钢筋作避雷网

建筑物有防雷要求时，可利用V形折板内钢筋作避雷网。施工时，折板插筋与吊环和网筋绑扎，通长筋和插筋、吊环绑扎。折板接头部位的通长筋在端部预留钢筋头，长度不少于100mm，便于与引下线连接。引下线的位置由工程设计决定。V形折板钢筋作防雷装置，如图10-11所示。

2. 用女儿墙压顶钢筋作暗装避雷带

（1）女儿墙压顶为现浇混凝土的，可采用压顶板内的通长钢筋作为暗装防雷接闪器。

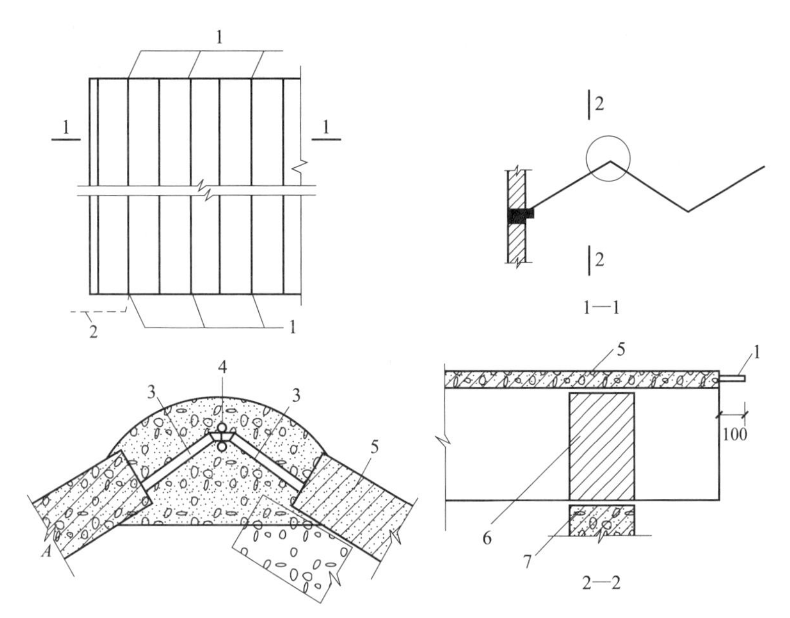

图 10-11　V 形折板钢筋作防雷装置示意图

1—通长筋预留钢筋头；2—引下线；3—吊环（插筋）；4—附加通长 $\phi6$ 筋；
5—折板；6—三脚架或三脚墙；7—支托构件

（2）女儿墙压顶为预制混凝土板的，应在顶板上预埋支架设接闪带。

（3）用女儿墙现浇混凝土压顶钢筋作暗装接闪器时，防雷引下线可采用不小于 $\phi10$mm 的圆钢，引下线与接闪器（即压顶内钢筋）的焊接连接。

（4）在女儿墙预制混凝土板上预埋支架设接闪带时，或在女儿墙上有铁栏杆时，防雷引下线应由板缝引出顶板与接闪带连接。

（5）引下线在压顶处应同时与女儿墙顶设计通长钢筋之间用 $\phi10$mm 圆钢做连接线进行连接。

（6）女儿墙通常设有圈梁，圈梁与压顶之间有立筋时，防雷引下线可以利用在女儿墙中相距 500mm 的 2 根 $\phi8$mm 或 1 根 $\phi10$mm 立筋，把立筋与圈梁内通长钢筋全部绑扎为一体更好，女儿墙不需再另设引下线。

（7）采用这种做法时，女儿墙内引下线的下端需要焊到圈梁立筋上（圈梁立筋再与柱主筋连接）。

（8）引下线亦可以直接焊到女儿墙下的柱顶预埋件上（或钢屋架上）。圈梁主筋如果能够与柱主筋连接，建筑物则不必另设专用接地线。

三、明装避雷带（网）

1. 支座、支架的制作与安装

明装避雷带（网）时，应根据敷设部位选择支持件的形式。敷设部位不同，其支持件的形式也不相同。明装避雷带（网）支架通常采用圆钢或扁钢制作而成，其形式有多种。

（1）明装避雷带（网）应采用镀锌圆钢或扁钢制成。镀锌圆钢直径应为 $\phi12$mm，镀锌扁钢 25mm×4mm 或 40mm×4mm。在使用前，应对圆钢或扁钢进行调直加工，对调直的圆钢或扁钢，顺直沿支座或支架的路径进行敷设。

（2）在避雷带（网）敷设的同时，应与支座或支架进行卡固或焊接使连成一体，并同防雷引下线焊接好。其引下线的上端与避雷带（网）的交接处，应弯曲成弧形。

（3）当避雷带沿女儿墙及电梯机房或水池顶部四周敷设时，不同平面的避雷带（网）至少应有两处互相连接，连接应采用焊接。

（4）避雷带在屋脊上安装。建筑物屋顶上的突出金属物体（如旗杆、透气管、铁栏杆、爬梯、冷却水塔以及电视天线杆等）都必须与避雷带（网）焊接成一体，如图 10-12 所示。

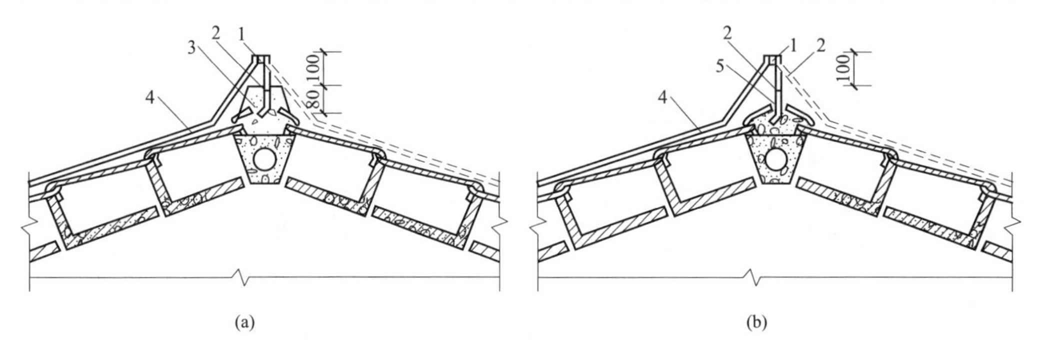

图 10-12　避雷带及引下线在屋脊上安装

（a）用支座固定；（b）用支架固定

1—避雷带；2—支架；3—支座；4—引下线；5—1∶3 水泥砂浆

（5）避雷带（网）在转角处应随建筑造型弯曲，通常不宜小于 90°，弯曲半径不宜小于圆钢直径的 10 倍，如图 10-13 所示。

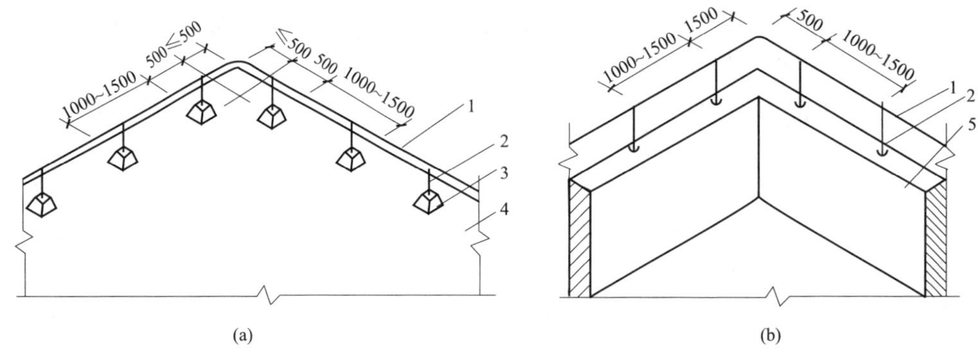

图 10-13　避雷带（网）在转弯处做法

（a）在平屋顶上安装；（b）在女儿墙上安装

1—避雷带；2—支架；3—支座；4—平屋面；5—女儿墙

（6）避雷带沿坡形屋面敷设时，应与屋面平行布置。

（7）避雷带通过建筑物伸缩沉降缝处，可将避雷带向侧面弯成半径为 100mm 的弧形，且支持卡子中心距建筑物边缘减至 400mm，此外，也可将避雷带向下部弯曲，或用裸铜绞线连接避雷带。

第六节　接地装置安装

一、接地装置安装流程

（1）自然接地体底板钢筋敷设完成，应按设计要求做接地施工，应经检查确认并做隐蔽工程验收记录后再支模或浇捣混凝土。

（2）人工接地体应按设计要求位置开挖沟槽，打入人工垂直接地体或敷设金属接地模块（管）和使用人工水平接地体进行电气连接，应经检查确认并做隐蔽工程验收记录。

（3）接地装置隐蔽应经检查验收合格后再覆土回填。

二、自然接地装置安装

1. 条形基础内接地体安装

条形基础内接地体如采用圆钢，直径应不小于 12mm，扁钢截面应不小于 40mm×4mm（镀锌扁钢）。条形基础内接地体安装方式如图 10-14 所示。在通过建筑物的变形缝处，应在室外或室内装设弓形跨接板，弓形跨接板的弯曲半径为 100mm。跨接板及换接件外露部分应刷樟丹漆一道，面漆两道，如图 10-15 所示。当采用扁钢接地体时，可直接将扁钢接地体弯曲。

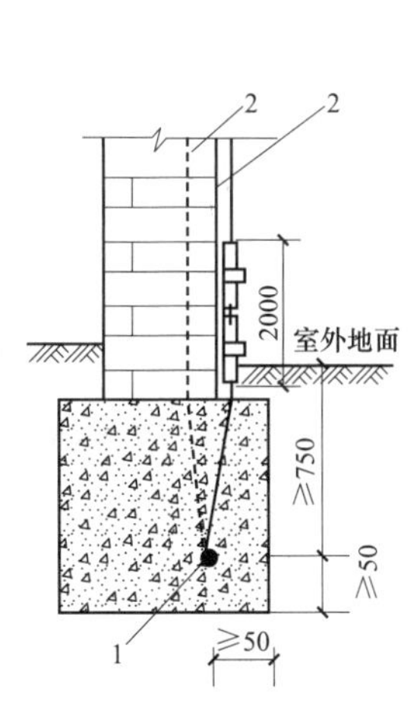

图 10-14　条形基础内接地体的安装

1—接地体；2—引下线

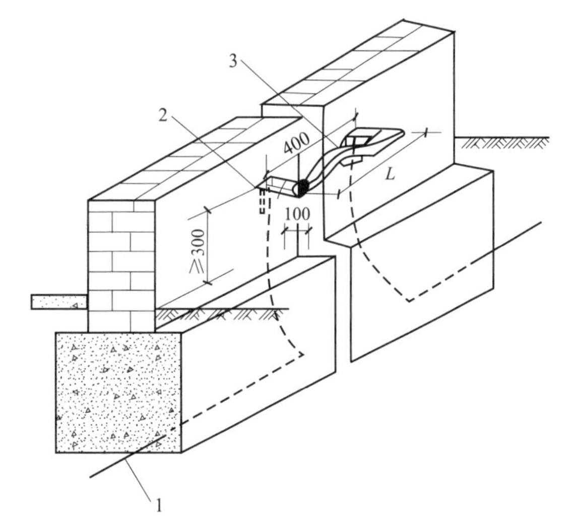

图 10-15　基础内接地体变形缝处做法

1—圆钢接地体；2—25mm×4mm 换接件；3—弓形跨接板

2. 钢筋混凝土桩基础接地体安装

桩基础接地体如图 10-16 所示，在作为防雷引下线的柱子位置处，将基础的抛头钢筋与承台梁主筋焊接，并与上面作为引下线的柱（或剪力墙）中的钢筋焊接。当每组桩基多于 4 根时，只需连接其四角桩基的钢筋作为接地体。

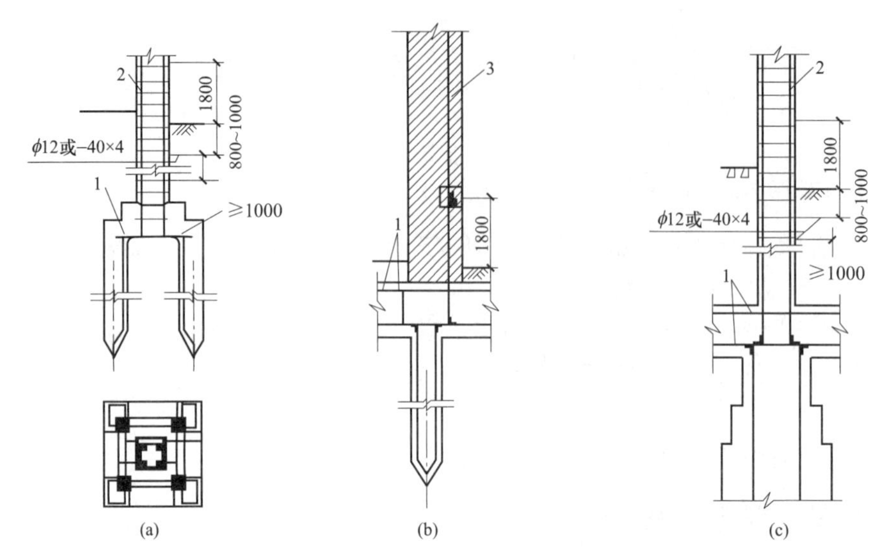

图 10-16　钢筋混凝土桩基础接地体安装

（a）独立式桩基；（b）方桩基础；（c）挖孔桩基础

1—承台架钢筋；2—柱主筋；3—独立引下线

三、人工接地体安装

1. 接地体敷设

人工防雷接地体敷设方式，分为水平敷设和垂直敷设两种。垂直接地敷设方式的具体做法如下：

（1）角钢、钢管、铜棒、铜管等接地体应垂直配置。人工垂直接地体的长度宜为 2.5m，人工垂直接地体之间的间距不宜小于 5m。

（2）人工接地体与建筑物外墙或基础之间的水平距离不宜小于 1m，挖沟前应注意此间距。根据接地体间距标定在中心线的具体位置，然后将接地体打入地中。接地体打入时，一人用手扶着接地体，一人用大锤敲打接地体的顶部。为了防止接地镀锌钢管或镀锌角钢打劈端头，采用护管帽套入接地极顶端，保护镀锌钢管接地极。对镀锌角钢，可采用短角钢（约 10cm）焊在接地镀锌角钢顶端。

（3）用大锤敲打接地极时，敲打要平稳，锤击接地体正中，不得打偏，应与地面保持垂直，当接地体顶部与地面间距离在 600mm 时停止打入。

2. 接地体间连接

（1）将接地线引至需要预留的位置，同时留有足够的延长米。

（2）镀锌扁钢与镀锌钢管或镀锌角钢搭接处，放置平正后，及时焊接，其焊接面应均匀，焊口无夹渣、咬肉、裂纹、气孔等现象。焊接好后，趁热清除表面药皮，同时涂刷沥青油做防腐处理。

（3）镀锌扁钢敷设前应先进行调直，然后将镀锌扁钢放置于沟内接地极端部的侧面，即端部 100mm 以下位置，并用铁丝将镀锌扁钢立面紧贴接地极绑扎牢固。

（4）接地体的连接应采用焊接，并宜采用放热焊接（热剂焊）。当采用通用的焊接方法

时，应在焊接处做防腐处理。钢材、铜材的焊接应符合下列规定：

1）导体为钢材时，焊接时的搭接长度及焊接方法应符合表 10-4 的规定。

表 10-4　　防雷装置钢材焊接时的搭接长度及焊接方法

焊接材料	搭接长度	焊接方法
扁钢与扁钢	应不少于扁钢宽度的 2 倍	两个大面应不少于 3 个棱边焊接
圆钢与圆钢	应不少于圆钢直径的 6 倍	双面施焊
圆钢与扁钢	应不少于圆钢直径的 6 倍	双面施焊
扁钢与钢管、扁钢与角钢	紧贴角钢外侧两面或紧贴 3/4 钢管表面，上、下两侧施焊，并应焊以由扁钢弯成的弧形（或直角形）卡子或直接由扁钢本身弯成弧形或直角形与钢管或角钢焊接	

2）导体为铜材与铜材或铜材与钢材时，连接工艺应采用放热焊接，熔接接头应将被连接的导体完全包在接头里，要保证连接部位的金属完全熔化，并应连接牢固。

（5）接地装置在地面处与引下线的连接施工图示和不同地基的建筑物基础接地施工图示，如图 10-17 所示。

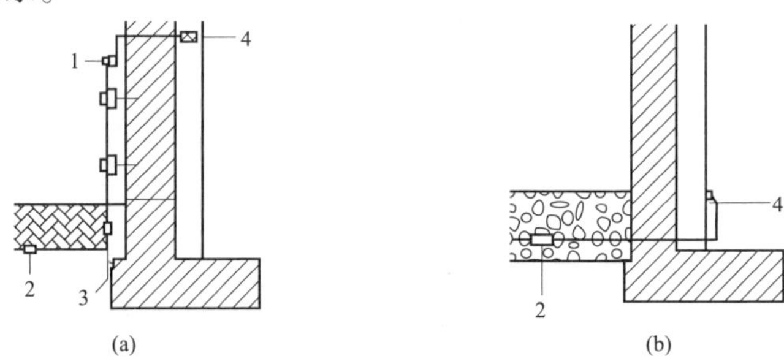

图 10-17　在建筑物地面处连接板（测试点）的安装

（a）墙上的测试接头；（b）地面的测试接头

1—墙上的测试点；2—土壤中抗腐蚀的 T 形接头；

3—土壤中抗腐蚀的接头；4—钢梁与接地线的接点

第七节　等电位联结的要求

一、连接材料和截面要求

（1）穿越各防雷区交界处的金属物和系统，以及防雷区内部的金属物和系统都应在防雷区交界处做等电位联结。

（2）等电位网宜采用 M 型网络，各设备的直流接地应以最短距离与等电位网联结。

（3）所有进出建筑物的金属装置、外来导电物、电力线路、通信线路及其他电缆均应与总汇流排做好等电位金属联结。计算机机房应敷设等电位均压网，并应与大楼的接地系统相连接。

（4）如因条件需要，建筑物应采用电涌保护器（SPD）做等电位联结。

（5）有条件的计算机机房六面应敷设金属屏蔽网，屏蔽网应与机房内环形接地母线均匀多点相连，机房内的电力电缆（线）应尽可能采用屏蔽电缆。

（6）无论是等电位联结还是局部等电位联结，每一电气装置可只连接一次，并未规定必须做多次连接。

（7）架空电力线由终端杆引下后应更换为屏蔽电缆，进入大楼前应水平直埋 50m 以上，埋地深度应大于 0.6m，屏蔽层两端接地，非屏蔽电缆应穿镀锌铁管并水平直埋 50m 以上，铁管两端接地。

（8）离地面 2.5m 的金属部件，因位于伸臂范围以外不需要做连接。

（9）等电位联结只限于大型金属部件，孤立的接触面积小的金属部件不必连接，因其不足以引起电击事故。但以手握持的金属部件，由于电击危险大，必须纳入等电位联结。

二、等电位联结施工基本规定

（1）等电位联结线和联结端子板宜采用铜质材料，等电位联结端子板截面不得小于等电位联结线的截面，连接所用的螺栓、垫圈、螺母等均应作镀锌处理。

（2）在土壤中，应避免使用铜线或带铜皮的钢线作联结线，若使用铜线作联结线，则应用放电间隙与管道钢容器或基础钢筋相连接。

（3）与基础钢筋连接时，建议联结线选用钢材，并且这种钢材最好也用混凝土保护。

（4）确保其与基础钢筋电位基本一致，不会形成电化学腐蚀。

（5）在与土壤中钢管连接时，应采取防腐措施，如选用塑料电线或铅包电线（缆）。

（6）等电位联结线应满足表 10-5 的要求。

表 10-5　　等电位联结线截面要求

数值＼位置	总等电位联结线	局部等电位联结线	辅助等电位联结线	
一般值	不小于 0.5×进线 PE（PEN）线截面	不小于 0.5×进线 PE 线截面①	两电气设备外露导电部分间	1×较小 PE 线截面
			电气设备与装置可导电部分间	0.5×PE 线截面
最小值	6mm^2 铜线或相同电导值的导线② 热镀锌圆钢 ϕ10mm 或扁钢 25mm×4mm	同右	有机械保护	2.5mm 铜线或 4mm^2 铝线
			无机械保护	4mm^2 铜线
			热镀锌圆钢 ϕ8 或扁钢 20mm×4mm	
最大值	25mm^2 铜线或相同电导值的导线②	同左	—	

① 局部场所内最大 PE 截面。

② 不允许采用无机械保护的铝线。

三、等电位联结施工

1. 等电位联结安装流程

在建筑物入户处的总等电位联结，应对入户金属管线和总等电位联结板的位置检查确认后再设置与接地装置连接的总等电位联结板，并应按设计要求做等电位联结。

在后续防雷区交界处，应对供连接用的等电位联结板和需要连接的金属物体的位置检查

确认并记录后再设置与建筑物主筋连接的等电位联结板，并应按设计要求做等电位联结。在确认网形结构等电位联结网与建筑物内钢筋或钢构件联结点的位置、信息技术设备的位置后，应按设计要求施工。网形结构等电位联结网的周边宜每隔 5m 与建筑物内的钢筋或钢结构连接一次。电子系统模拟线路工作频率小于 300kHz 时，可在选择与接地系统最接近的位置设置接地基准点后，再按星形结构等电位联结网设计要求施工。

2. 防雷等电位联结

（1）穿过各防雷区交界处的金属部件和系统，以及在同一防雷区内部的金属部件和系统，都应在防雷区交界处做等电位联结。需要时还应采取避雷器做暂态等电位联结。

（2）在防雷交界处的等电位联结还应考虑建筑物内的信息系统，在那些对雷电电磁脉冲效应要求最小的地方，等电位联结带最好采用金属板，并多次连接在钢筋或其他屏蔽物件上。

（3）对信息系统的外露导电物应建立等电位联结网。原则上，电位联结网不需要直接与大地相连，但实际上所有等电位联结网都有通向大地的连接。

（4）当外来导电物、电力线、通信线从不同位置进入建筑物，则需要若干个等电位联结带，且应就近连接到环形接地体、钢筋和金属立面上。

（5）如果没有环形接地体，这些等电位联结带应连至各自的接地体，并用内部环形导体互相连接起来。

（6）对于在地面以上进入的导电物，等电位联结带应连到设于墙内或墙外的水平环形导体上，当有引下线和钢筋时，该水平环形导体要连接到引下线和钢筋上，如图 10-18 所示。

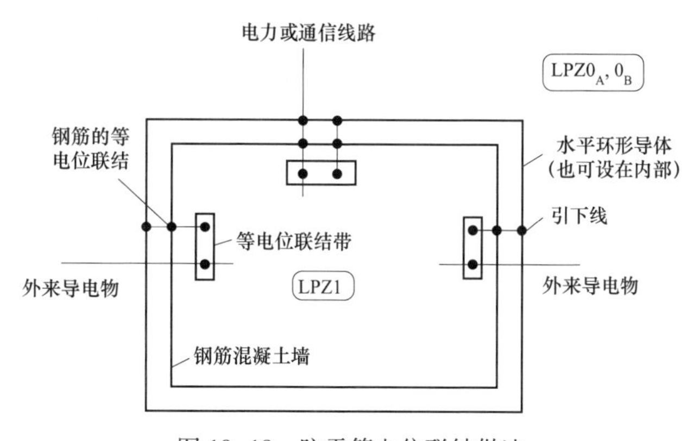

图 10-18 防雷等电位联结做法

3. 信息系统等电位联结

（1）在设有信息系统设备的室内应敷设等电位联结带，机柜、电气及电子设备的外壳和机架、计算机直流接地（逻辑接地）、防静电接地、金属屏蔽缆线外层、交流地和对供电系统的相线、中性线进行电涌保护的 SPD 接地端等均应以最短距离就近于这个等电位联结带直接连接。

（2）连接的基本方法应采用网型（M）结构或星型（S）结构。小型计算机网络采用 S 型连接，中、大型计算机网络采用 M 型连接。在复杂系统中，两种型式的优点可组合在一起。网型结构等电位联结带应每隔 5m 经建筑物内钢盘、金属立面与接地系统连接，如

图 10-19 所示。

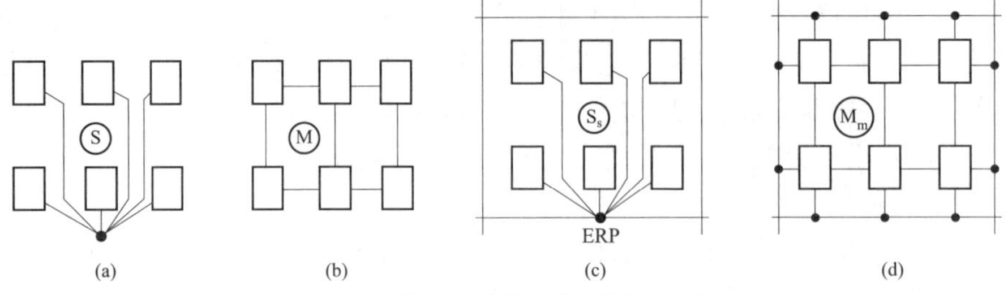

图 10-19　信息系统等电位联结基本方法

（a）S 结构基本等电位联结网；（b）M 结构基本等电位联结网；

（c）S 结构接至共用地的等电位联结；（d）M 结构接至共用地的等电位联结

第八节　防雷接地系统施工质量验收

一、防雷引下线及接闪器安装

1. 主控项目

（1）防雷引下线的布置、安装数量和连接方式应符合设计要求。

检查数量：明敷的引下线全数检查，利用建筑结构内钢筋敷设的引下线或抹灰层内的引下线按总数量各抽查 5%，且均不得少于 2 处。

检查方法：明敷的观察检查，暗敷的施工中观察检查并查阅隐蔽工程检查记录。

（2）接闪器的布置、规格及数量应符合设计要求。

检查数量：全数检查。

检查方法：观察检查并用尺量检查，核对设计文件。

（3）接闪器与防雷引下线必须采用焊接或卡接器连接，防雷引下线与接地装置必须采用焊接或螺栓连接。

检查数量：全数检查。

检查方法：观察检查，并采用专用工具拧紧检查。

（4）当利用建筑物金属屋面或屋顶上旗杆、栏杆、装饰物、铁塔、女儿墙上的盖板等永久性金属物做接闪器时，其材质及截面应符合设计要求，建筑物金属屋面板间的连接、永久性金属物各部件之间的连接应可靠、持久。

检查数量：全数检查。

检查方法：观察检查，核查材质产品质量证明文件和材料进场验收记录，并核对设计文件。

2. 一般项目

（1）暗敷在建筑物抹灰层内的引下线应有卡钉分段固定；明敷的引下线应平直、无急弯，并应设置专用支架固定，引下线焊接处应刷油漆防腐且无遗漏。

检查数量：抽查引下线总数的 10%，且不得少于 2 处。

检查方法：明敷的观察检查，暗敷的施工中观察检查并查阅隐蔽工程检查记录。

（2）设计要求接地的幕墙金属框架和建筑物的金属门窗，应就近与防雷引下线连接可

靠，连接处不同金属间应采取防电化学腐蚀措施。

检查数量：按接地点总数抽查 10%，且不得少于 1 处。

检查方法：施工中观察检查并查阅隐蔽工程检查记录。

（3）接闪杆、接闪线或接闪带安装位置应正确，安装方式应符合设计要求，焊接固定的焊缝应饱满无遗漏，螺栓固定的应防松零件齐全，焊接连接处应防腐完好。

检查数量：全数检查。

检查方法：观察检查。

（4）防雷引下线、接闪线、接闪网和接闪带的焊接连接搭接长度及要求应符合 GB 50303—2015 规定。

检查数量：全数检查。

检查方法：观察检查并用尺量检查，查阅隐蔽工程检查记录。

（5）接闪线和接闪带安装应符合下列规定：

1）安装应平正顺直、无急弯，其固定支架应间距均匀、固定牢固；

2）当设计无要求时，固定支架高度不宜小于 150mm，间距应符合表 10-6 的规定。

3）每个固定支架应能承受 49N 的垂直拉力。

检查数量：第 1 款、第 2 款全数检查，第 3 款按支持件总数抽查 30%，且不得少于 3 个。

检查方法：观察检查并用尺量、用测力计测量支架的垂直受力值。

表 10-6　　明敷引下线及接闪导体固定支架的间距（mm）

布置方式	扁形导体固定支架间距	圆形导体固定支架间距
安装于水平面上的水平导体	500	1000
安装于垂直面上的水平导体		
安装于高于 20m 以上垂直面上的垂直导体		
安装于地面至 20m 以下垂直面上的垂直导体	1000	1000

（6）接闪带或接闪网在过建筑物变形缝处的跨接应有补偿措施。

检查数量：全数检查。

检查方法：观察检查。

二、建筑物等电位联结

1. 主控项目

（1）建筑物等电位联结的范围、形式、方法、部位及联结导体的材料和截面积应符合设计要求。

检查数量：全数检查。

检查方法：施工中核对设计文件观察检查并查阅隐蔽工程检查记录，核查产品质量证明文件、材料进场验收记录。

（2）需做等电位联结的外露可导电部分或外界可导电部分的连接应可靠。采用焊接时，应符合本规范第 22. 2. 2 条的规定；采用螺栓连接时，应符合本规范第 23. 2. 1 条第 2 款的规定，其螺栓、垫圈、螺母等应为热镀锌制品，且应连接牢固。

检查数量：按总数抽查 10%，且不得少于 1 处。

检查方法：观察检查。

2. 一般项目

（1）需做等电位联结的卫生间内金属部件或零件的外界可导电部分，应设置专用接线螺栓与等电位联结导体连接，并应设置标识；连接处螺帽应紧固、防松零件应齐全。

检查数量：按连接点总数抽查 10%，且不得少于 1 处。

检查方法：观察检查和手感检查。

（2）当等电位联结导体在地下暗敷时，其导体间的连接不得采用螺栓压接。

检查数量：全数检查。

检查方法：施工中观察检查并查阅隐蔽工程检查记录。

第九节　某办公楼工程防雷接地系统施工方案

一、总则

1. 工程概况

中国电力工程顾问集团××设计院研究开发基地办公楼（以下简称大楼）位于西安高新开发区团结南路和科技四路十字西南角。主体结构为地上 11 层，地下 1 层，高度为 44.85m，框架剪力墙结构，建筑面积约 34 900m^2（含地下车库面积约 8000m^2），大楼主要用于××设计院研究开发基地生产管理办公用房，大楼属于二类防雷。

2. 适用范围

适用于××设计院研发基地办公楼防雷接地系统工程。

3. 编制依据的标准及规范

GB 50303—2015 建筑电气工程施工质量验收规范。

二、施工准备

1. 材料要求

（1）镀锌钢材有扁钢、角钢、圆钢、钢管等，使用时应意采用冷镀锌还是采用热镀锌材料，有技术参数要求时应符合设计规定。产品应有材质检验证明及产品出厂合格证，做好验收记录和验收资料归档。

（2）镀锌辅料有铅丝（即镀锌铁丝）、螺栓、垫圈、弹簧垫圈、U 型螺栓、元宝螺栓、支架等。

（3）电焊条、氧气、乙炔、沥青漆，混凝土支架，预埋铁件，小线，水泥，砂子，塑料管，红油漆、白油漆、防腐漆、银粉，黑色油漆等。

2. 主要机具

（1）常用电工工具、手锤、钢锯、锯条、压力案子、铁锹、铁镐、大锤、夯桶。

（2）线坠、卷尺、大绳、粉线袋、绞磨（或倒链）、紧线器、电锤、冲击钻、电焊机、电焊工具等。

3. 作业条件

(1) 接地体作业条件。

1) 按设计位置清理好场地。

2) 底板筋与柱筋连接处已绑扎完。

3) 桩基内钢筋与柱筋连接处已绑扎完。

(2) 接地干线作业条件:

1) 支架安装完毕。

2) 保护管已预埋。

3) 土建抹灰完毕。

(3) 支架安装作业条件:

1) 各种支架已运到现场。

2) 结构工程已经完成。

3) 室外必须有脚手架或爬梯。

(4) 防雷引下线暗敷设作业条件:

1) 建筑物(或构筑物)有脚手架或爬梯,达到能上人操作的条件。

2) 利用主筋作引下线时,钢筋绑扎完毕。

(5) 防雷引下线明敷设作业条件:

1) 支架安装完毕。

2) 建筑物(或构筑物)有脚手架或爬梯达到能上人操作的条件。

3) 土建外装修完毕。

(6) 避雷带与均压环安装作业条件:土建圈梁钢筋正在绑扎时,配合作此项工作。

(7) 避雷网安装作业条件:

1) 接地体与引下线必须做完。

2) 支架安装完毕。

3) 具备调直场地和垂直运输条件。

(8) 避雷针安装作业条件:

1) 接地体及引下线必须做完。

2) 需要脚手架处,脚手架搭设完毕。

3) 土建结构工程已完,并随结构施工做完预埋件。

三、操作工艺

1. 工艺流程

避雷针接地体→接地干线支架→引下线明敷→避雷网避雷带或引下线暗敷→均压环。

2. 接地体安装工艺

人工接地体(极)安装应符合以下规定:

(1) 人工接地体(极)的最小尺寸应符合规范要求。

(2) 接地体的埋设深度其顶部应不小于 0.6m,角钢及钢管接地体应垂直配置。

(3) 垂直接地体长度应不小于 2.5m,其相互之间间距一般应不小于 5m。

(4) 接地体理设位置距建筑物不宜小于 1.5m;遇在垃圾灰渣等埋设接地体时,应换土，并分层夯实。

（5）当接地装置必须埋设在距建筑物出入口或人行道小于3m时，应采用均压带做法或在接地装置上面敷设50～90mm厚度沥青层，其宽度应超过接地装置2m。

（6）接地体（线）的连接应采用焊接，焊接处焊缝应饱满并有足够的机械强度，不得有夹渣、咬肉、裂纹、虚焊、气孔等缺陷，焊接处的药皮敲净后，刷沥青做防腐处理。

（7）采用搭接焊时，其焊接长度如下：

1）镀锌扁钢不小于其宽度的2倍，三面施焊。（当扁钢宽度不同时，搭接长度以宽的为准）。敷设前扁钢需调直，煨弯不得过死，直线段上不应有明显弯曲，并应立放。

2）镀锌圆钢焊接长度为其直径的6倍并应双面施焊（当直径不同时，搭接长度以直径大的为准）。

3）镀锌圆钢与镀锌扁钢连接时，其长度为圆钢直径的6倍。

4）镀锌扁钢与镀锌钢管（或角钢）焊接时，为了连接可靠，除应在其接触部位两侧进行焊接外，还应直接将扁钢本弯成弧形（或直角形）与钢管（或角钢）焊接。

（8）当接地线遇有白灰焦渣层而无法避开时，应用水泥砂浆全面保护。

（9）采用化学方法降低土壤电阻率时，所用材料应符合下列要求：

1）对金属腐蚀性弱；

2）水溶性成分含量低。

（10）所有金属部件应镀锌。操作时，注意保护镀锌法。

3. 人工接地体（极）安装

（1）接地体的加工。根据设计要求的数量，材料规格进行加工，材料一般采用钢管和角钢切割，长度应不小于2.5m。如采用钢管打入地下，应根据土质加工成一定的形状，遇松软土壤时，可切成斜面形。为了避免打入时受力不均使管子歪斜，也可加工成扁尖形；遇土土质很硬时，可将尖端加工成锥形详如图3-80所示。如选用角钢时，应采用不小于40mm×40mm×4mm的角钢，切割长度应不小于2.5m，角钢的一端应加工成尖头形状样。

（2）挖沟：根据设计图要求，对接地体（网）的线路进行测量弹线，在此线路上挖掘深为0.8～1m，宽为0.5m的沟，沟上部稍宽，底部如有石子应清除。

（3）安装接地体（极）：沟挖好后，应立即安装接地体和敷设接地扁钢，防止土方坍塌。先将接地体放在沟的中心线上，打入地中，一般采用手锤打入，一人扶着接地体，一人用大锤敲打接地体顶部。为了防止将接钢管或角钢打劈，可加一护管帽套入接地管端，角钢接地可采用短角钢（约1mm）焊在接地角钢一即可。使用手锤敲打接地体时要平稳，锤击接地体正中，不得打偏，应与地面保持垂直，当接地体顶端距离地0.6m时停止打入。

（4）接地体间的扇钢敷设：扁钢敷设前应调直，然后将扁钢放置于沟内，依次将扁钢与接地体用电焊（气焊）焊接。扁钢应侧放而不可放平，侧放时散流电阻较小。扁钢与钢管连接的位置距接地体最高点约100mm。焊接时应将扁钢拉直，焊好后清除药皮，刷沥青做防腐处理，并将接地线引出至需要位置，留有足够的连接长度，以待使用。

（5）核验接地体（线）：接地体连接完毕后，应及时请质检部门进行隐检、接地体材质、位置、焊接质量，接地体（线）的截面规格等均应符合设计及施工验收规范要求，经检验合格后方可进行回填，分层夯实。最后，将接地电阻摇测数值填写在隐检记录上。

4. 自然基础接地体安装

（1）利用无防水底板钢筋或深基础做接地体。

利用无防水底板钢筋或深基础做接地体：按设计图尺寸位置要求，标好位置，将底板钢筋搭接焊好。再将柱主筋（不少于2根）底部与底板筋搭接焊好，并在室外地面以下将主施焊好连接板，消除药皮，并将两根主筋用色漆做好标记，以便于引出和检查。应及时请质检部门进行隐检，同时做好隐检记录。

（2）利用柱形桩基及平台钢筋做好接地体，按设计图尺寸位置，找好桩基组数位置，把每组桩基四角钢筋搭接封焊，再与柱主筋（不少于2根）焊好，并在室外地面以下，将主筋预埋好接地连接板，清除药皮，并将两根主筋用色漆做好标记，便于引出和检查，并应及时请质检部门进行隐检，同时做好隐检记录。

5. 接地干线的安装

（1）接地干线穿墙时，应加套管保护，跨越伸缩缝时，应做煨弯补偿。

（2）接地干线应设有为测量接地电阻而预备的断接卡子，一般采用暗盒装入，同时加装盒盖并做上接地标记。

（3）接地干线跨越门口时应暗敷设于地面内（做地面以前埋好）。

（4）接地干线距地面应不小于200mm，距墙面应不小于10mm，支持件应采用40mm×4mm的扁钢，尾端应制成燕尾状，入孔深度与宽度各为50mm，总长度为70mm。支持件间的水平直线距离一般为1m，垂直部分为1.5m，转弯部分为0.5m。

（5）接地干线敷设应平直，水平度与垂直度允许偏差2/1000，但全长不得超过10 mm。

（6）转角处接地干线弯曲中径不得小于扁钢宽度的2倍。

（7）接地干线应刷黑色油漆，油漆应均匀无遗漏，但断接卡子及接地端子等处不得刷油漆。

6. 接地干线安装

接地干线应与接地体连接的扁钢相连接，它分为室内与室外连接两种，室外接地干线与支线一般敷设在沟内。室内的接地干线多为明敷，但部分设备连接的支线需经过地面，也可以埋设在混凝土内。具体安装方法如下：

（1）室外接地干线敷设：

1）首先进行接地广线的调直、测位、打眼、煨弯，并将断接卡子及接地端子装好。

2）敷设前按设计要求的尺寸位置先挖沟。挖沟要求见前述内容，然后将扁钢放平埋入。回填土应压实但不需打夯，接地干线末端露出地面应不超过0.5m，以便接引地线。

（2）室内接地干线明敷设：

1）预留孔与埋设支持件：按设计要求尺寸位置，预留出接地线孔，预留孔的大小应比敷设接地干线的厚度、宽度各大出6m。以上。其方法有以下三种：①施工时可按上述要求尺寸截一段扁钢预埋在墙壁内，当混凝土还未凝固时，抽动扁钢以便待凝固后易于抽出。②将扁钢上包一层油毛毡或几层牛皮纸后埋设在墙壁内，坝留孔距墙壁表面应为15～20mm。③保护套可用厚1mm以上铁皮做成方形成圆形，大小应使接地线穿入时，每边有6mm以上的空隙。

2）支持件固定：根据设计要求先在砖墙（或加气混凝土墙、空心砖墙）上确定坐标轴线位置，然后随砌墙将预制成50mm×50mm的方木样板放火墙内，待墙砌好后将方木样板剔出，然后将支持件放入孔内，同时洒水淋湿孔洞，再用水泥砂浆将支持件埋牢，待凝固后使用。现浇混凝土墙上固定支架，先根据设计图要求弹线定位，钻孔，支架做燕尾埋入孔中，找平正，用水泥砂浆进行固定。

3）明敷接地线的安装要求：

① 敷设位置不应妨碍设备的拆卸与检修，并便于检查。

② 接地线应水平或垂直敷设，也可沿建筑物倾斜结构平行在直线段上，不应有高低起伏及弯曲情况。

③ 接地线沿建筑物墙壁水平敷设时，离地面应保持250～300mm的距离，接地线与建筑物墙壁间隙应不小于10mm。

④ 明敷的接地线表面应涂以15～100mm宽度相等的绿色漆和黄色漆相间的条纹，其标志明显。

⑤ 在接地线引向建筑物内的入口处或检修用临时接地点处，均应刷白色底漆后标以黑色符号，其符号标为“⏚”标志明显。

4）明敷接地线安装：当支持件埋设完毕，水泥砂浆凝固后，可敷设墙上的接地线。将接地扁钢沿墙吊起，在支持件一端用卡子将扁钢固定，经过隔墙时穿跨预留孔，接地干线连接处应焊接牢固。末端预留或连接应符合设计要求。

7. 避雷针制作与安装

（1）避雷针制作与安装应符合以下规定：

1）所有金属部件必须镀锌，操作时注意保护镀锌层。

2）采用镀锌钢管制作针尖，管壁厚度不得小于3mm，针尖刷锡长度不得小于70mm。

3）避雷针应垂直安装牢固，垂直度允许偏差为3/1000。

4）焊接符合规范要求，清除药皮后刷防锈漆。

5）避雷针一般采用圆钢或钢管制成，其直径应不小于规范要求。

① 独立避雷针一般采用直径为19mm镀锌圆钢。

② 屋面上的避雷针一般直采用直径25mm镀锌钢管。

③ 水塔顶部避雷针采用直径25mm或40mm的镀锌钢管。

④ 烟囱顶上避雷针采用直径25mm镀锌圆钢或直径为40mm镀锌钢管。

⑤ 避雷环用直径12mm镀锌圆钢或截面为100mm^{2}镀锌扁钢，其厚度应为4mm。

（2）避雷针制作：按设计要求的材料所需的长度分上、中、下三节进行下料。如针尖采用钢管制作，可先将上节钢管一端锯成锯齿形，用手锤收尖后，进行焊缝磨尖，涮锡，然后将另一端与中、下二节钢管找直，焊好。

（3）避雷针安装：先将支座钢板的底板固定在预埋的地脚螺栓上，焊上一块肋板，再将避雷针立起，找直、找正后，进行点焊，然后加以校正，焊上其他三块肋板。最后将引下线焊在底板上，清除药皮刷防锈漆。

8. 支架安装

（1）支架安装应符合下列规定：

1）角钢支架应有燕尾，其埋注深度不小于100mm，扁钢和圆钢支架埋深不小于80mm。

2）所有支架必须牢固，灰浆饱满，横平竖直。

3）防雷装置的各种支架顶部一般应距建筑物表面100mm；接地干线支架其顶部应距墙

面 20mm。

4）支架水平间距不大于 1m（混凝土支座不大于 2m）；垂直间距不大于 l. 5m。各间距应均匀，允许偏差 30mm。转角处两边的支架距转角中心不大于 250mm。

5）支架应平直。水平度每 2m 检查段允许偏差 3/1000，垂直度每 3m 检查段允许偏差 2/1000；但全长偏差不得大于 10mm。

6）支架等铁件均应做防腐处理。

7）埋注支架所用的水泥砂浆，其配合比应不低于 1∶2。

（2）支架安装。

1）应尽可能随结构施工预埋支架或铁件。

2）根据设计要求进行弹线及分档定位。

3）用手锤、錾子进行剔洞，洞的大小应里外一致。

4）首先埋注一条直线上的两端支架，然后用铅丝拉直线埋注其他支架。在埋注前应先把洞内用水浇湿。

5）如用混凝土支座，将混凝土支座分档摆好。先在两端支架间拉直线，然后将其他支座用砂浆找平找直。

6）如果女儿墙预留有预埋铁件，可将支架直接焊在铁件上，支架的找直方法同前。

9. 防雷引下线暗敷设

（1）防雷引下线暗敷设应符合下列规定：

1）引下线扁钢截面不得小于 25mm×4mm；圆钢直径不得小于 12mm。

2）引下线必须在距地面 1. 5～1. 8m 处做断接卡子或测试点（一条引下线者除外）。断接线卡子所用螺栓的直径不得小于 10mm，并需加镀锌垫圈和镀锌弹簧垫圈。

3）利用主筋作暗敷引下线时，每条引下线不得少于二根主筋。

4）现浇混凝土内敷设引下线不做防腐处理。焊接符合规范要求。

5）建筑物的金属构件（如消防梯、烟囱的铁爬梯等）可作为引下线，但所有金属部件之间均应连成电气通路。

6）引下线应沿建筑的外墙敷设，从接闪器到接地体，引下线的敷设路径，应尽可能短而直。根据建筑物的具体情况不可能直线引下时，也可以弯曲，但应注意弯曲开口处的距离不得等于或小于弯曲都线段实际长度的 0.1 倍。引下线也可以暗装，但截门应加大一级，暗装时还应注意墙内其他金属构件的距离。

7）引下线的固定支点间距离应不大于 2m，敷设引下线时应保持一定松紧度。

8）引下线应躲开建筑物的出入口和行人较易接触到的地点，以免发生危险。

9）在易受机械损坏的地方、地上约 1. 7m 至地下 0. 3m 的一段地线应加保护措施，为了减少接触电压的危险，也可用竹筒将引下线套起来或用绝缘材料缠绕。

10）采用多根明装引下线时，为了便于测量接地电阻，以及检验引下线和接地线的连接状况，应在每条引下线距地 1. 8～2. 2m 处放置断接卡子。利用混凝土柱内钢筋作为引下线时，必须将焊接的地线连接到首层、配电盘处并连接到接地端子上，可在地线端于处测量接地电阻。

11）每栋建筑物至少有两根引下线（投影面积小于 50m^2 的建筑物例外）。防雷引下线最好为对称位置，引下线间距离应不大于 20m，当大于 20m 时应在中间多引一根引下线。

（2）防雷引下线暗敷设做法：

1）首先将所需扁钢（或圆钢）用手锤（或钢筋扳子）进行调直或种直。

2）将调直的引下线运到安装地点，按设计要求随建筑物引上，挂好。

3）及时将引下线的下端与接地体焊接好，或与断接卡子连接好。随看建筑物的逐步增高，将引下线敷设于建筑物内至屋顶为止。如需接头则应进行焊接，焊接后应敲掉药皮并刷防锈漆（现浇混凝土除外），并请有关人员进行隐检验收，做好记录。

4）利用主筋（直径不少于16mm）作引下线时，按设计要求找出全部主筋位置，用油漆做好标记，距室外地坪1.8m处焊好测试点，随钢筋逐层串联焊接至顶层，焊接出一定长度的引下线，搭接长度不应小于100mm，做完后请有关人员进行隐检，做好隐检记录。

5）土建装修完毕后，将引下线在地面上2m的一段套上保护管，并用卡子将其固定牢固，刷上红白相间的油漆。

6）焊接符合规范要求。

10. 防雷引下线明敷设

（1）防雷引下线明敷设应符合下列规定：

1）引下线的垂直允许偏差为2/1000。

2）引下线必须调直后进行敷设，弯曲处应不小于90°，并不得弯成死角。

3）引下线除设计有特殊要求者外，镀锌扁钢截面不得小于48mm^2，镀锌圆钢直径不得小于8mm。

4）有关断接卡子位置应按设计及规范要求执行。

5）焊接及搭接长度应按有关规范执行。

（2）防雷引下线明敷设。

1）引下线如为扁钢，可放在平板上用手锤调直；如为圆钢叶将圆钢放开。一端固定在牢固地锚的机具上，另一端固定在绞磨（或倒链）的夹具上进行冷拉直。

2）将调直的引下线运到安装地点。

3）将引下线用大绳提升到最高点，然后由上而厂逐点固定，直至安装断接卡子处。如需接头或安装断接卡子，则应进行焊接。焊接后，清除药皮，局部调直，刷防锈漆。

4）将接地线地面以上2m段，套上保护管，并卡固及刷红白油漆。

5）用镀锌螺栓将断接卡子与接地体连接牢固。

11. 避雷网安装

（1）避雷网安装应符合以下规定：

1）避雷线应平直、牢固，不应有高低起伏和弯曲现象，距离建筑物应一致，平直度每2m检查段允许偏差3/ 1000。但全长不得超过10mm。

2）避雷线弯曲处不得小于90°，弯曲半径不得小于圆钢直径的10倍。

3）避雷线如用扁钢，截面不得小于48mm；如为圆钢直径不得小于8mm。

4）焊接符合规范要求。

5）遇有变形缝处应作煨管补偿。

（2）避雷网安装。

1）避雷线如为扁钢，可放在平板上用手锤调直；如为圆钢，可将圆钢放开一端固定在牢固地锚的夹具上，另一端固定在绞磨（或倒链）的夹具上，进行冷拉调直。

2）将调直的避雷线运到安装地点。

3）将避雷线用大绳提升到顶部、顺直，敷设、卡固、焊接连成一体，同引下线焊好、焊接处的药皮应敲掉，进行局部调直后刷防锈漆及铅油（或银粉）。

4）建筑物屋顶上有突出物，如金属旗杆，透气管、金属天沟、铁栏杆、爬梯、冷却水塔、电视天线等，这些部位的金属导体都必须与避雷网焊接成一体。顶层的烟囱应做避雷带或避雷针。

5）在建筑物的变形缝处应做防雷跨越处理。

6）避雷网分明网和暗网两种，暗网格越密，其可靠性就越好。网格的密度应视建筑物的防雷等级而定，防雷等级高的建筑物可使用10m×10m的网格，防雷等级低的一般建筑物可使用20m×20m的网格，如果设计有特殊要求应按设计要求执行。

12. 均压环（或避雷带）安装

（1）均压环（或避雷带）应符合下列规定：

1）避雷带（避雷线）一般采用的圆钢直径不小于6mm，扁钢不小于24mm×4mm。

2）避雷带明敷设时，支架的高度为10～20cm，其各支点的间距应不大于1.5m。

3）建筑物高于30m以上的部位，每隔3层沿建筑物四周敷设一道避雷带并与各根引下线相焊接。

4）铝制门窗与避雷装置连接。在加工订货铝制门窗时就应按要求甩出30cm的铝带或扁钢2处，如超过3m时，就需3处连接，以便进行压接或焊接。

（2）均压环（或避雷带）安装。

1）避雷带可以暗敷设在建筑物表面的抹灰层内，或直接利用结构钢筋，并应与暗敷的避雷网或楼板的钢筋相焊接，所以避雷带实际上也就是均压环。

2）利用结构圈梁里的主筋或腰筋与预先准备好的约20cm的连接钢筋头焊接成一体，并与柱筋中引下线焊成一个整体。

3）圈梁内各点引出钢筋头，焊完后，用圆钢（或扁钢）敷设在四周，圈梁内焊接好各点，并与周围各引下线连接后形成环形。同时在建筑物外沿金属门窗、金属栏杆处甩出30cm长宽2mm镀锌圆钢备用。

4）外檐金属门、窗、栏杆、扶手等金属部件的预埋焊接点应不少于2处，与避雷带预留的圆钢焊成整体。

5）利用屋面金属扶手栏杆做避雷带时，拐弯处应弯成圆弧活弯，栏杆应与接地引下线可靠的焊接。

（3）节日彩灯沿避雷带平敷设时、避雷带的高度应高于彩灯顶部，当彩灯垂直敷设时，吊挂彩灯的金属线应可靠接地，同时应考虑彩灯控制电源箱处安装低压避雷器或采取其他防雷击措施。

四、质量标准

1. 保证项目

（1）材料的质量符合设计要求，接地装置的接地电阻值必须符合设计要求。

（2）接至电气设备、器具和可拆卸的其他非带电金属部件接地的分支线，必须直接与接地干线相连，严禁串联连接。

检验方法：实测或检查接地电阻测试记录。观察检查或检查安装记录。

2. 基本项目

（1）避雷针（网）及其支持件安装位置正确，固定牢靠，防腐良好；外体垂直，避雷网规格尺寸和弯曲半径正确；避雷针及支持件的制作质量符合设计要求。设有标志灯的避雷针灯具完整，显示清晰。避雷网支持间距均匀；避雷针垂直度的偏差不大于顶端外杆的直径。

检验方法：观察检查和实测或检查安装记录。

（2）接地（接零）线敷设。

1）平直、牢固，固定点间距均匀，跨越建筑物变形缝有补偿装置，穿墙有保护管，油漆防腐完整。

2）焊接连接的焊缝平整、饱满，无明显气孔、咬肉等缺陷；螺栓连接紧密、牢固，有防松措施。

3）防雷接地引下线的保护管固定牢靠；断线卡子设置便于检测，接触面镀锌或镀锡完整，螺栓等紧固件齐全。防腐均匀，无污染建筑物。

检验方法：观察检查。

（3）接地体安装：位置正确，连接牢固，接地体埋设深度距地面不小于0.6m。隐蔽工程记录齐全、准确。

检验方法：检查隐蔽工程记录。

3. 允许偏差项目

（1）搭接长度≥$2b$；圆钢≥$6D$；圆钢和扁钢≥$6D$；其中b为扁钢宽度，D为圆钢直径。

（2）扁钢搭接焊接3个棱边，圆钢焊接双面。

检验方法：尺量检查和观察检查。

五、应注意的质量问题

1. 接地体

（1）接地体埋深或间隔距离不够，按设计要求执行。

（2）焊接面不够，药皮处理不干净，防腐处理不好，焊接面按质量要求进行纠正，将药皮敲净，做好防腐处理。

（3）利用基础、梁柱钢筋搭接面积不够，应严格按质量要求去做。

2. 支架安装

（1）支架松动，混凝土支座不稳固。将支架松动的原因找出来，然后固定牢靠；混凝土支座放平稳。

（2）支架间距（或预埋铁件）间距不均匀，直线段不直，超出允许偏差。重新修改好间距，将直线段校正平直，不得超出允许偏差。

（3）焊口有夹渣、咬肉、裂纹、气孔等缺陷现象。重新补焊，不允许出现上述缺陷。

（4）焊接处药皮处理不干净，漏刷防锈漆。应将焊接处药皮处理干净，补刷防锈漆。

3. 防雷引下线暗（明）敷设

（1）焊接面不够，焊口有夹渣、咬肉、裂纹、气孔及药皮处理不干净等现象，应按规范要求修补更改。

（2）漏刷防锈漆，应及时补刷。

（3）主筋铅位，应及时纠正。

（4）引下线不垂直，超出允许偏差。引下线应横平竖直，超差应及时纠正。

4. 避雷网敷设

（1）焊接面不够，焊口有夹渣、咬肉、裂纹、气孔及药皮处理不干净等现象，应按规范要求修补更改。

（2）防锈漆不均匀或有漏刷处，应刷均匀，漏刷处补好。

（3）避雷线不平直、超出允许偏差，调整后应横平竖直，不得超出允许偏差。

（4）卡子螺钉松动，应及时将螺钉拧紧。

（5）变形缝处未做补偿处理，应补做。

5. 避雷带与均压环

（1）焊接面不够，焊口有夹渣、咬肉、裂纹、气孔等，应按规范要求修补更改。

（2）钢门窗、铁栏杆接地引线遗漏，应及时补上。

（3）圈梁的接头未焊，应进行补焊。

6. 避雷针制作与安装

（1）焊接处不饱满，焊药处理不干净，漏刷防锈漆，应及时予以补焊，将药皮敲净，刷上防锈漆。

（2）针体弯曲，安装的垂直度超出允许偏差，应将针体重新调直，符合要求后再安装。

7. 接地干线安装

（1）扁钢不平直，应重新进行调整。

（2）接地端子漏垫弹簧垫，应及时补齐。

（3）焊口有夹渣、咬肉、裂纹、气孔及药皮处理不干净等现象，应按规范要求修补更改。

8. 其他

（1）漏刷防锈漆处应及时补刷。

（2）独立避雷针及其接地装置与道路或建筑物的出入口保护距离不符合规定。其距离应大于3m，当小于3m时，应采取均压措施或铺设卵石或沥青地。

（3）利用主筋作防雷引下线时，除主筋截面不得小于90mm^{2}外，其焊接方法可采用压力埋弧焊对焊等；机械方法可采用冷挤压丝接等，以上接头处可做防雷引下线，但需进行隐蔽工程检查验收。

六、质量记录

（1）镀锌扁钢或圆钢材质证明及产品出厂合格证。

（2）防雷及接地施工预检、自检、隐检记录齐全。

（3）设计变更洽商记录、竣工图。

（4）防雷接地分项工程质量检验评定记录。

第十一章 可视对讲系统施工

第一节 可视对讲系统的方式

一、直按式对讲系统

直按式（单对讲）对讲系统是一种单对讲结构，它由电控防盗门、对讲系统和电源等组成，其组成、接线及特点见表11-1。

表11-1 直按式对讲系统组成、接线及特点

类别	内容
组成	从图11-1可以看出：单对讲系统是用于一幢楼的一个门洞或筒子楼的一层，那么设计时要考虑以下几点。 1）控制系统。控制系统通常采用总线传输、数字编码方式控制，当有来客时，客人按动主机面板对应的房号，户主户机即发出振铃声，户主便可与客人通话。 2）对讲系统。对讲系统主要由传声器、振铃电路等组成，要求语言清晰，失真度低，使对讲双方都能够听清对方的讲话。 3）防停电电源。防停电电源应是交直流两用，当市电停电时能正常开启门。 4）电控防盗门安装。电控防盗门应安装在一个门洞的出入口处，并有电控锁和防停电电源
接线方式	直按式对讲系统接线图如图11-2所示。 由于直按式对讲系统安装简单、价格低，能够被低收入家庭接受，早期的小区多数使用这种产品。 直按式对讲系统的构成如图11-1所示。 如图11-1所示的系统在建设时所需的配置主要有：直按主机、电源与电源线（电源线线径≥0.5mm^2）、分机、电控锁和闭门器
特点	1）面板可根据房数灵活变化。 2）双音振铃或“叮咚”门铃声。 3）金色铝成型主机面板，美观大方。 4）单键直按式操作，方便简单。 5）待命电流少、省电。 6）带夜光装置，不锈钢按键，房号可自行灵活变动。 7）用户操作时方法简单方便。 ① 当停电时，系统可由防停电电源维持工作。 ② 当有来客时，客人按动主机面板对应房号键，主人分机即发出振铃声。当夜间时，访客可按动主机面板的灯光键作照明。主人提机与客人对讲后，主人可通过分机的开锁开关遥控大门电控锁开锁。客人进入大门后，闭门器使大门自动关闭

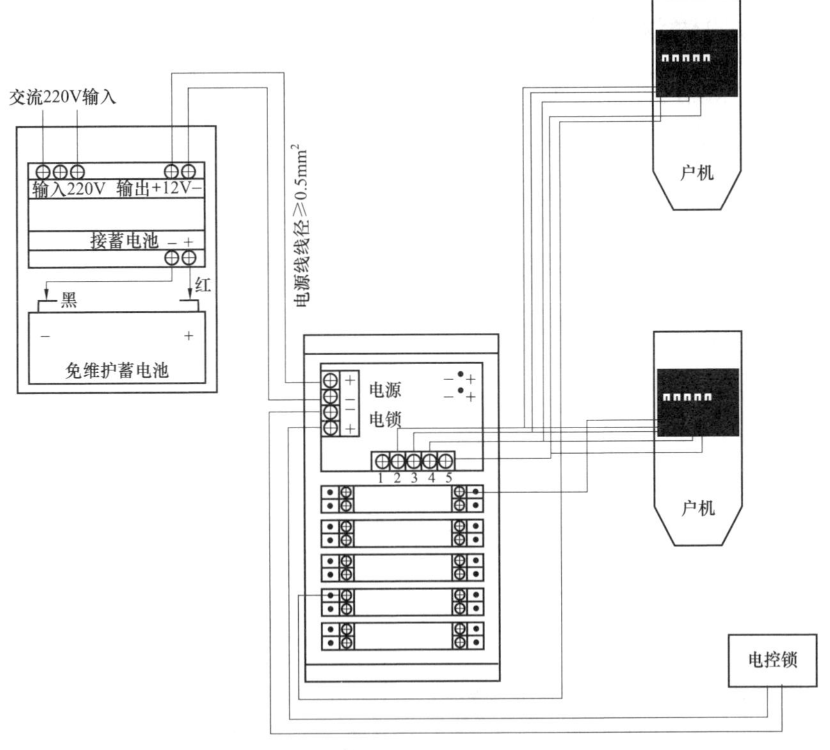

图 11-1　DF-10B-938 直按式对讲系统接线图

1—呼叫线；2—开锁线；3—地线；4—送话线；5—受话线

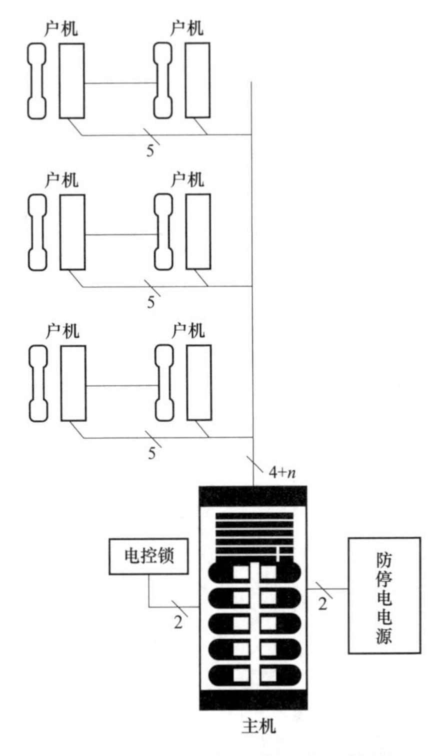

图 11-2　直按式对讲系统的构成

二、普通数码对讲系统

普通数码对讲系统比直按式对讲系统在使用上要方便些，负载能力也强，它的分机采用插线式结构，能够直接应用于63层以下的大厦。

数码式对讲系统的主要特点如下：

（1）不锈钢面板。

（2）四总线结构，施工方便快捷。

（3）采用集成电路控制板。

（4）自动电源保护装置。

（5）四位房号显示。

（6）负载能力强。

（7）自动关机功能。

（8）自动夜光，使用方便=用户操作时简单方便，主要可以表现为以下几个方面。

1）当有访客时，客人先按主机“开”键，输入房号，对应分机即时发出振铃声。主人提机与客人对讲后，主人可通过分机的开锁开关遥控大门电控锁开锁。客人进入大门后，闭门器使大门自动关闭。

2）当停电时，系统可由防停电电源维持工作。

普通数码对讲系统构成如图11-3所示。普通数码对讲系统建设时所需的配置主要有：数码式主机DF2000A/2、电源DE-98、分机ST-201、电控锁1把、闭门器1个以及

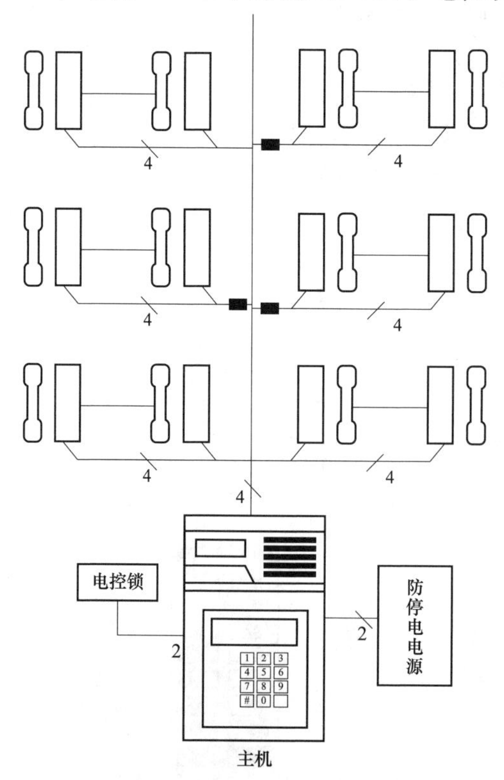

图11-3　普通数码对讲系统构成

隔离器任选件。

三、直按式可视对讲系统

直按式可视对讲系统是在直按式对讲系统的基础上发展起来的，它不仅具有对讲功能，还能够看到来访客人的画面，使用户一目了然。直按式可视对讲系统是近年来建设智能小区的主流产品。直接或可视对讲系统的组成、特点及注意事项见表 11-2。

表 11-2　　直接式可视对讲系统的组成、特点及注意事项

类别	内　　容
组成 特点	直按式可视对讲系统主要是由主机、红外线摄像头、防停电电源、信号线（总线）、视频线、视频分配器、视频放大器、户机以及可视主机等部件构成。直按式可视对讲系统在主机部分增加了红外线摄像头（针孔式），通过同轴电缆传到户主的话机上，在使用上方便简单。直按式可视对讲系统的简单方便性主要可以表现为以下几个方面：
组成 特点	1）住户还可以通过监视键在显示屏上观察楼外情况。 直按式可视对讲系统的构成如图 11-4 所示。 2）当市电停电时，系统由防停电电源维持工作。 3）当访客按动主机板上对应房号时，户主的分机即发出振铃声，同时显示屏自动打开，显示访客图像，主人提机与客人对讲及确认身份后，可通过分机的开锁键遥控大门的电子锁开锁，客人进入大门后，闭门器使大门自动关闭
注意	直按式可视对讲系统建设时主要应注意以下几点： 1）每个防停电电源可供 2～4 台可视用户机，如果采用小直流电源供电，停电时没有图像，但对讲系统仍可正常工作。 2）视频分配器有二分配、四分配，根据该层用户多少来决定选用。 3）视频放大器为可选配件，一般在 12 个用户以内可省略。 4）视频线一般采用 SYV-75-3 缆线即可满足图像清晰度的要求，如果距离较远，也可利用 SYV-75-5 缆线。直按式可视对讲系统的接线，以 DF108B-938V/2 产品为例，安装时接线图如图 11-5 所示
适用范围	DF10B-938V/2 适用于门洞（单元楼）、楼层式等，若工程是大厦型的，可选用数码式可视对讲系统或数码式可视对讲系统的产品

四、联网型可视对讲系统

联网型可视对讲系统是采用单片机技术，进行中央计算机控制。该系统具有通话频道和多路可视视频监视线路，系统覆盖面大，可全方位地管理住宅小区的可视对讲。

联网型可视对讲系统组成、特点及功能见表 11-3。

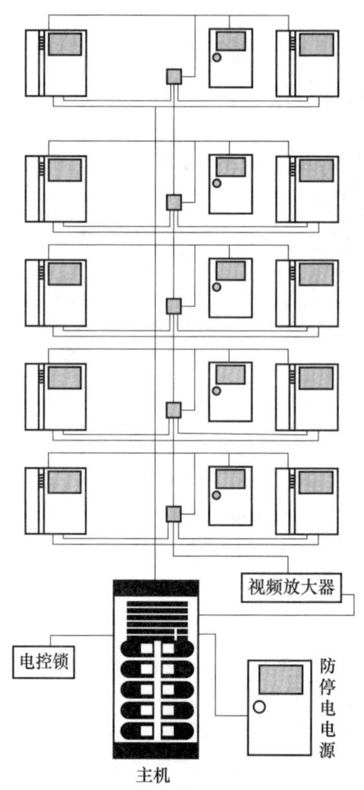

图 11-4　直按式可视对讲系统的构成

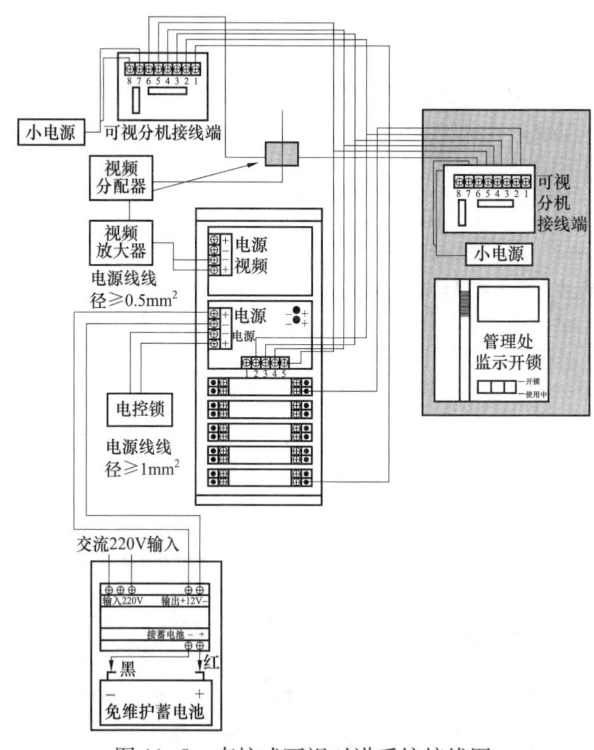

图 11-5　直按式可视对讲系统接线图

1—呼叫线；2—开锁线；3—地线；4—送话线；5—受话线；6—视频线；7—地线；8—电源线

表 11-3　　联网型可视对讲系统组成、特点及功能

类　别	内　容
基本组成	联网型可视对讲系统主要由可视室内分机、单元门口主机、小区门口机以及管理中心机等部分组成，基本组成如图 11-6 所示
基本配置	联网型可视对讲系统基本配置见表 11-4
室内分机	① 用户分机和用户分机可双向通话； ② 用户分机可直接监视本单元楼梯口情况； ③ 用户分机具有家居报警功能，将报警信息传送给中心机； ④ 用户分机能开启本单元电控锁； ⑤ 用户分机可直接呼叫管理中心。 室内分机主要有对讲和可视对讲两大类产品。对讲、可视对讲室内分机基本功能为对讲和可视对讲、开锁。现在许多产品还具备了监控、安防报警、户户通话、信息接收、远程电话报警、留影留言提取、家电控制等功能。 室内机在原理设计上有两大类型：一类是自带编码的室内分机；另一类是编码由外置解码器来完成
单元门口主机	目前，门口主机有可视或非可视产品可供选择。门口主机是楼宇对讲系统的关键设备，因此，在外观、功能、稳定性上是各厂家竞争的要点。门口主机材料有拉铝面板型、压铸型和不锈钢外壳冲压型三大类。从效果上讲，拉铝面板型占有优势。门口主机显示界面有液晶及数码管两种，液晶显示成本高。单元门口主机功能有以下几点。 ① 单元门口主机可以呼叫本单元的各户分机，同时将图像送往各户，并与之双向通话；门口主机可接受分机指令，打开本单元的电控锁。 ② 单元门口主机可呼叫管理中心，同时将图像送往管理中心（视频联网），并可与之双向通话，可要求管理机代开电锁等服务。 ③ 单元门口主机输入正确密码，可打开电控锁
小区门口机	小区门口机与单元门口机一样，只是它被安装在小区出入口，可呼叫小区内所有住户
管理中心机	管理中心机通常具有呼叫、报警接收的基本功能，是小区联网系统的基本设备。现在已有使用计算机作为管理中心机的情况。管理中心机功能包括以下几种。 ① 中心机可呼叫任一联网单元的住户分机并与之双向通话。 ② 中心机可接收任一联网单元住户分机的呼叫信息并储存。 ③ 中心机可接收任一联网单元住户的报警信息并储存。 ④ 中心机可呼叫、监视任一联网单元门口主机。 ⑤ 中心机可接收任一联网单元门口主机的呼叫，并能双向通话及开启任一单元主机入口的电控锁。 ⑥ 干线。系统采用总线结构，主干线为四芯线加一根视频线

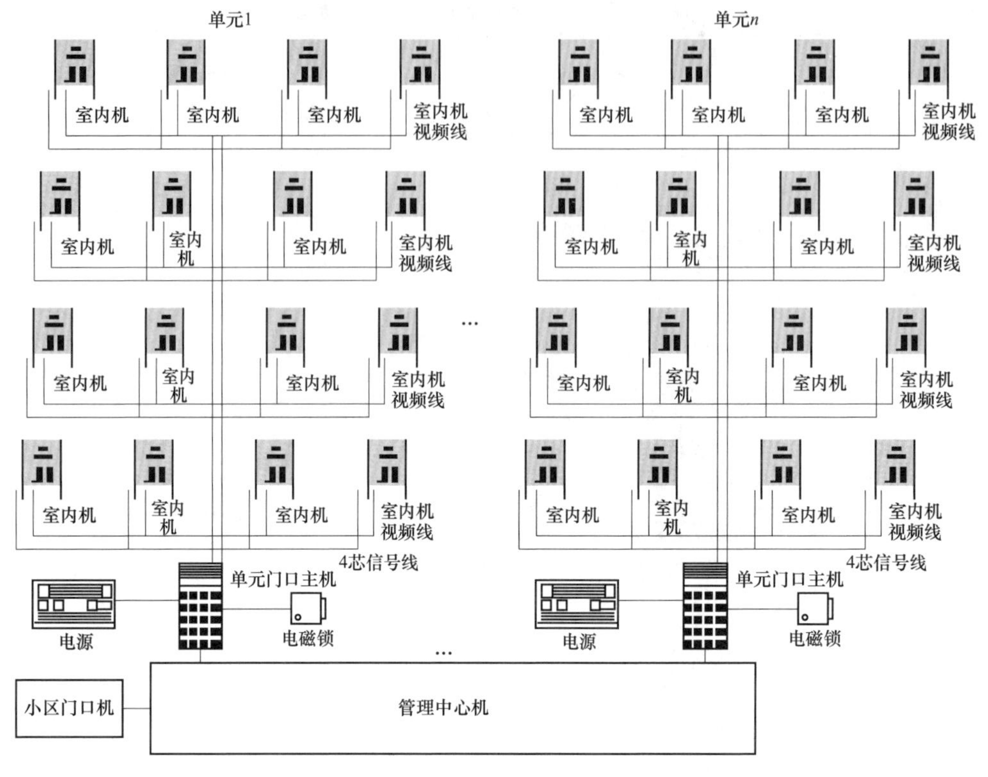

图 11-6　联网型可视对讲系统基本组成图

表 11-4　　联网型可视对讲系统基本配置

分类	管理中心	公共空间	住户室内
配置	管理员可视对讲总机，房号显示器	可视对讲中央计算机控制主机，可视对讲中继资料收集器	住户室内可视对讲机，住户门铃按键
		共同监视对讲门口机，电源供应器，公共门防盗电锁	

第二节　可视对讲系统安装

一、可视对讲系统配线

（1）线路在经过建筑物的伸缩缝及沉降处，应有补偿装置，导线有适当余量。

（2）视频线。单元内主干线布线长度小于 30m 时采用 SYV-75-1 同轴电缆，布线长度在 30m 以上时采用 SYV-75-3 同轴电缆。

（3）分层做好隐蔽工程记录。

（4）明管敷设时，排列整齐。

（5）每一回路导线间和对地的绝缘电阻值必须大于 0.5MΩ，并填写测试记录。

（6）信号、电源、音频线。单元内主干线采用 RVV-4×0.5mm 或 RVV-4×1.0mm 电缆线。当布线长度小于 30m 时用 RVV-4×0.5mm 电缆线，布线长度在 30m 以上时用 RVV-5×1.0mm 电缆线，布线长度按最高楼层来计。

二、总线接线箱安装

1. 安装方式

总线接线箱为壁挂安装方式，采用膨胀螺栓固定到墙上。

一个总线接线箱中放置有两块端子的线路板，两块线路板完全相同，在使用时是独立的。接线时，端子必须按组使用，同一组的两对端子不分输入和输出，若一侧作为输入端，则另一侧即为输出端。

2. 接线方法

总线接线箱的接线方法如图 11-7 所示。

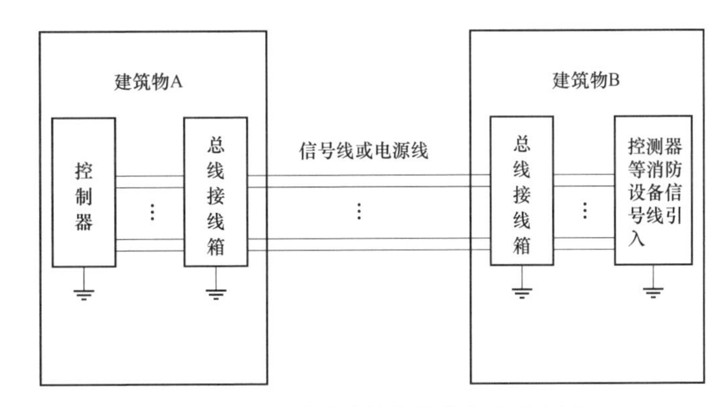

图 11-7　总线接线箱的接线方法示意图

小提示：

建筑物 A 为消防系统的控制室，当信号线或电源线引出建筑物 A 时，应通过总线接线箱，建筑物 B 为探测器等消防设备的保护区域，当信号线或总线引入建筑物 B 时，也应通过总线接线箱。

三、门口主机安装

1. 门口主机的安装方式

（1）壁挂式安装。

1）把室外主机塞入壁挂盒中，从侧面用螺钉固定牢固。

2）固定壁挂盒。壁挂盒与预埋盒通用。安装时盒底部箭头方向应朝上。

3）将传送线连接在端子和线排上，插接在室外主机上。

（2）嵌入式安装。

1）面板：主机的操作面，均裸露在安装面上，供使用者进行操作。楼宇对讲系统主机的面板通常要求为金属质地，主要是要求达到一定的防护级别，以确保主机坚固耐用。

2）把传送线连接在端子和线排上，插接在室外主机上。

3）在门上开孔。前门板开口尺寸、后门板开口尺寸大于室外主机外形 1mm，方便操作即可。

4）把室外主机塞入到门上的长方孔内，从门里面用螺钉固定牢固。

（3）预埋式安装。

1）将传送线连接在端子和线排上，插接在室外主机上。

2）用混凝土把预埋盒固定在墙上，并且预埋盒底部箭头方向应朝上。

3）在墙上预留一个方孔［为预埋盒预埋尺寸（长×宽×厚）］。

4）把室外主机塞入预埋盒中，从侧面用螺钉固定牢固。

2. 接线为电源端子、通信端子、出门按钮及门磁端子的接线

（1）电源端子。电源端子说明见表 11-5。

表 11-5　　电源端子说明

端子序号	标识	名称	与总线层间分配器连接关系
1	D	电源	电源+18V
2	G	地	电源端子 GND
3	LK	电控锁	接电控锁正极
4	G	地	接锁地线
5	LKM	电磁锁	接电磁锁正极

（2）通信端子。通信端子说明见表 11-6。

表 11-6　　通信端子说明

端子序号	标识	名称	与总线层间分配器连接关系
1	V	视频	接层间分配器主干端子 V（1）
2	G	地	接层间分配器主干端子 G（2）
3	A	音频	接层间分配器主干端子 A（3）
4	Z	总线	接层间分配器主干端子 Z（4）

（3）出门按钮及门磁端子。出门按钮及门磁端子说明见表 11-7。

表 11-7　　出门按钮及门磁端子说明

端子序号	标识	名称	与总线层间分配器连接关系
1	DM	门磁	接门磁的正极
2	DK	出门按钮	接出门按钮的正极
3	G	地	接出门按钮或门磁的地

3. 门口主机安装

（1）调整可视对讲主机内置摄像机的方位和视角于最佳位置，对不具备逆光补偿的摄像机，应做环境亮度处理。

（2）安装应牢固、稳定。

（3）门口主机通常安装在各单元住宅门口的防盗门上或附近的墙上，（可视）对讲主机

操作面板的安装高度离地不宜高于 1.5m，操作面板应面向访客，便于操作。

四、管理中心机安装

1. 管理中心机安装方式

管理中心机安装主要可以分为以下两种方式。

（1）采用桌面安装。其安装方法是将管理中心机放置在水平桌面上，或打开脚撑，将管理中心机放置在水平桌面上。

（2）采用壁挂安装。其安装方法如下：

1）在需安装管理中心机的墙壁上打四个安装孔。

2）将装入墙壁的螺钉从管理中心机底面安装孔中穿入，把管理中心机固定在墙壁上。

3）将塑料胀管、木螺钉组合装入墙壁四个安装孔内。

2. 管理中心机接线

系统根据社区的大小、布线的复杂程度采用不同的网络拓扑结构，对于小型社区应采用手拉手连接方式，对于大型社区应采取矩阵交换连接方式。接线端子说明见表 11-8。

表 11-8　　接线端子说明

<table>
<tr><th>端口号</th><th>序号</th><th>端子标识</th><th>端子名称</th><th>连接设备名称</th><th>说　明</th></tr>
<tr><td rowspan="6">端口 A</td><td>1</td><td>GND</td><td>地</td><td rowspan="4">室外主机或矩阵切换器</td><td rowspan="2">音频信号输入端口</td></tr>
<tr><td>2</td><td>AI</td><td>音频入</td></tr>
<tr><td>3</td><td>GND</td><td>地</td><td rowspan="2">视频信号输入端口</td></tr>
<tr><td>4</td><td>VI</td><td>视频入</td></tr>
<tr><td>5</td><td>GND</td><td>地</td><td rowspan="2">监视器</td><td rowspan="2">视频信号输出端，可外接监视器或视频采集设备</td></tr>
<tr><td>6</td><td>VO</td><td>视频出</td></tr>
<tr><td rowspan="2">端口 B</td><td>1</td><td>CANH</td><td>CAN 正</td><td rowspan="2">室外主机或矩阵切换器</td><td rowspan="2">CAN 总线接口</td></tr>
<tr><td>2</td><td>CANL</td><td>CAN 负</td></tr>
<tr><td>端口 C</td><td>1-9</td><td></td><td>RS 232</td><td>计算机</td><td>RS-232 接口，接上位计算机。调试用</td></tr>
<tr><td rowspan="2">端口 D</td><td>1</td><td>D1</td><td rowspan="2">18V 电源</td><td rowspan="2">电源箱</td><td rowspan="2">给管理中心机供电，18V 无极性</td></tr>
<tr><td>2</td><td>D2</td></tr>
</table>

视频信号线采用 SYV-7-3 同轴电缆；音频信号和 CAN 总线采用两对 RVS-2×1.5mm 双绞线。

五、层间分配器安装

层间分配器采用壁挂式安装。层间分配器通常安装在各单元层附近的墙上，（可视）对讲主机操作面板的安装高度离地宜大于 2.2m，应便于操作，并且安装应牢固、稳定。

1. 接线方法及要求

（1）主干线采用 RVV-4×1.0mm，视频线采用 SYV-75-3；分支线线长小于 30m 的采用

RVV-4×0.3mm，线长30～50m的采用RVV-4×0.5mm，视频线采用SYV-75-1。

（2）层间分配器顶部的扁平电缆是干线引入线。左右两旁的扁平电缆是分支输出线。分支输出接室内分机。

若层间分配器处于干线末端，需要打开此层间分配器外壳，将主板上的短路块插上。然而此处应注意的是外壳一定要有良好接地。

2. 对外接线端子

对外接线端子说明见表11-9。

表11-9　接线端子说明

线颜色	端子标识	线名称	
1黄色	V	视频线	分支输出可与可视室内分机相应的端子连接
2黑色	G	地线	
3蓝色	A	音频线	
4白色	Z	总线	
5红色	D	电源线	
6棕色	G	地线	

六、门前铃安装

1. 门前铃安装方式

预埋安装主要可以分为以下两种。

（1）带防雨罩的安装。

1）将门前铃后面的三条黑色EVA密封条拆除。

2）将附件的黑色EVA条粘贴在防雨罩背面的凹槽内（只粘三条，最底下的槽内不要粘）。

3）用两颗沉头螺钉将防雨罩固定到门前铃上下的两个安装柱上。此时，防雨罩就与门前铃安装成一体了。

4）将安装好防雨罩的门前铃整体再安装到预埋盒内。

（2）不带防雨罩的安装。

1）在墙上预留一个略大于预埋盒尺寸的方孔。

2）用混凝土把预埋盒固定在墙上（预埋盒折边紧贴墙面）。

3）将线连接在端子和线排上，插接在门前铃上。

4）用两颗螺钉从侧面将门前铃固定在预埋盒上。

2. 门前铃在防盗门上直接安装

（1）门前铃在防盗门上直接安装时，若防盗门厚度大于40mm（门前铃嵌入部分厚度空间）时，防盗门前面板开孔尺寸125mm×95mm（高×宽），后面板开孔尺寸大于150mm×150mm，方便安装即可。

（2）若防盗门厚度小于或等于40mm时，请防盗门提供商配合解决安装，建议在防盗门后面板上安装金属后罩。

（3）安装时首先将进出线从门中拉出，与门前铃接好，然后将门前铃嵌入防盗门前面

板上开好的长方孔内，再从防盗门后部将两颗M3螺钉从上、下端的两个的圆孔穿入，将门前铃固定在门上。

门前铃接线表见表11-10。

表11-10　门前铃接线表

端子标识	端子名称	注　释
V	视频线	与联网器、室内分机及门前铃分配器相应的端子连接
G	地	
A	音频线	
M12	+12V	

第三节　可视对讲系统检测与验收

一、对讲系统的检测

对讲系统功能的检测内容见表11-11。

表11-11　对讲系统功能的检测内容

测试内容	备　注
室内机的测试	① 门铃提示及与门口机双方通话、与管理员通话的清晰度。 ② 访客图像（可视对讲系统）的清晰度。 ③ 通话保密功能。 ④ 室内开锁功能是否正常
门口机和电控锁的测试	① 呼叫住户和管理员机的功能。 ② CCD红外夜视（可视对讲系统）功能。 ③ 门口机的防水、防尘、防振、防拆等功能。 ④ 密码开锁功能，对电控锁的控制功能。 ⑤ 在有火警等紧急情况下电控锁应处于释放状态
管理中心机的测试	① 与门口机的通信是否正常，联网管理功能。 ② 与任一门口机、任一室内机互相呼叫和通话的功能。 ③ 管理中心机自检功能。 ④ 音、视频部分的检测。 ⑤ 设置地址的检测。 ⑥ 设置管理中心机地址的检测。 ⑦ 设置联网器地址的检测。 ⑧ 配置的检测：回读、删除和联调
检测在市电断电后的状况	检测在市电断电后，备用电源应保证系统正常工作8h以上

二、对讲系统施工验收

对讲系统施工验收时，各项目检查主要参数见表 11-12。

表 11-12　　对讲系统各项目检查主要参数

<table>
<tr><th>设备</th><th colspan="2">检测项目</th><th colspan="2">参　数</th></tr>
<tr><td rowspan="13">门口机</td><td colspan="2">对讲部分供电电压（+，-）（V）</td><td colspan="2">（12±2）DC</td></tr>
<tr><td colspan="2">通话时对讲部分供电电压（V）</td><td colspan="2">（12±2）DC</td></tr>
<tr><td colspan="2">可视部分供电电压（+，-）（V）</td><td colspan="2">（12±2）DC</td></tr>
<tr><td colspan="2">通话时可视部分供电电压（V）</td><td colspan="2">12^{+1}_{-2} DC</td></tr>
<tr><td rowspan="2">信号线</td><td>电压（Sa，-）及电阻（V，Ω）</td><td>（3.5±0.8）V</td><td>∞</td></tr>
<tr><td>电压（Sb，-）及电阻（V，Ω）</td><td>0</td><td>∞</td></tr>
<tr><td colspan="2">语音线（2，-）电阻（Ω）</td><td colspan="2">∞</td></tr>
<tr><td colspan="2">语音线（6，-）电阻（Ω）</td><td colspan="2">∞</td></tr>
<tr><td colspan="2">对讲模块供电电压（1，3）（V）</td><td colspan="2">12^{+1}_{-2} DC</td></tr>
<tr><td colspan="2">视频线电阻（V，MΩ）</td><td colspan="2">75±1-0</td></tr>
<tr><td rowspan="2">通话时信号线</td><td>电压（Sa，-）（V）</td><td colspan="2">3.5±0.8</td></tr>
<tr><td>电压（Sb，-）（V）</td><td colspan="2">0</td></tr>
<tr><td colspan="2">开锁电压（Ab+，Ab-）电压（V）</td><td colspan="2">12</td></tr>
<tr><td rowspan="9">管理机</td><td colspan="2">对讲部分供电电压（+，-）（V）</td><td colspan="2">（12±2）DC</td></tr>
<tr><td colspan="2">通话时对讲部分供电电压（V）</td><td colspan="2">（12±2）DC</td></tr>
<tr><td rowspan="2">信号线</td><td>电压（Sa，-）及电阻（V，Ω）</td><td>3.5±0.8</td><td>∞</td></tr>
<tr><td>电压（Sb，-）及电阻（V，Ω）</td><td>0</td><td>∞</td></tr>
<tr><td rowspan="2">语音线</td><td>电阻（2，-）（Ω）</td><td colspan="2">∞</td></tr>
<tr><td>电阻（6，-）（Ω）</td><td colspan="2">∞</td></tr>
<tr><td colspan="2">视频线电阻（V，MΩ）</td><td colspan="2">75±10</td></tr>
<tr><td rowspan="2">通话时信号线</td><td>电压（Sa，-）（V）</td><td colspan="2">3.5±0.8</td></tr>
<tr><td>电压（Sb，-）（V）</td><td colspan="2">0</td></tr>
<tr><td rowspan="8">中控器</td><td colspan="2">中控器供电电压（+，-）（V）</td><td colspan="2">（12±2）DC</td></tr>
<tr><td rowspan="2">总线信号线</td><td>电压（D1，-）（V）</td><td colspan="2">（4±1）DC</td></tr>
<tr><td>电压（D2，-）（V）</td><td colspan="2">0</td></tr>
<tr><td colspan="2">总线视频线电阻（V，MΩ）</td><td colspan="2">75±10</td></tr>
<tr><td rowspan="2">通话时总线信号线</td><td>电压（D1，-）（V）</td><td colspan="2">4±1</td></tr>
<tr><td>电压（D2，-）（V）</td><td colspan="2">0</td></tr>
<tr><td rowspan="2">联网信号线</td><td>电压（A，-）（V）</td><td colspan="2">3.5±0.8</td></tr>
<tr><td>电压（B，-）（V）</td><td colspan="2">0</td></tr>
<tr><td rowspan="2">电源</td><td colspan="2">可视部分供电电压（+，-）及电流（V，A）</td><td>18^{+1}_{-2}</td><td>2</td></tr>
<tr><td colspan="2">对讲部分供电电压（+，-）及电流（V，A）</td><td>12±2</td><td>2</td></tr>
</table>

续表

设备	检测项目		参　数
解码器	解码器供电电压（+，-）（V）		12±2
	总线信号线	电压（D1，-）（V）	3.5±0.8
		电压（D2，-）（V）	0
	通话时总线信号线	电压（D1，-）（V）	3.5±0.8
		电压（D2，-）（V）	0
视频分配器	视频分配器供电电压（V）		18^{+1}_{-2}
	总线视频线电阻（V，MΩ）		75±10
	通话时总线视频线电阻（V，MΩ）		75±10

第四节　某访客可视对讲系统设计方案

一、系统概述

楼宇对讲系统作为一项必备的门禁控制系统，利用可视对讲识别访客，杜绝闲杂人员随便出入。我们为该小区设计的楼宇对讲系统采用佳乐牌 DH-1000A 型楼宇可视对讲系统，它可完成楼宇可视对讲、紧急报警、图像监视以及遥控开锁等功能，为住户的安全防范提供一套完整的解决方案。佳乐楼宇对讲系统以其清晰的图像以及对讲、智能的控制，对小区日常的综合管理及保障业主的安全发挥着重要的作用。

DH-1000A 系列产品通过了福建省技防检测中心和公安部安全防范报警系统产品质量监督检验测试中心（最高权威检测机构）检测。本系统适应于别墅区以及多层、高层建筑，集门铃、对讲、可视、监视、锁控、呼叫门禁 IC 卡管理于一体。室内分机无须编码，分机可互换，故障及短路不影响系统正常使用。

二、系统组成

整个系统由梯道可视主机、用户室内可视分机、可视门前铃（备选）、层间分配器、管理中心、不间断电源等组成。

每个梯道入口处安装梯道可视主机，可用于呼吁住户或管理中心，业主进入梯道铁门可利用 IC 卡感应开启电控门锁，同时对外来人员进行第一道过滤，避免访客随便进入楼层梯道；来访者可通过梯道主机呼叫住户，住户可以拿起传声器与之通话（可视功能），并决定接受或拒绝来访；住户同意来访者进入后，遥控开启楼门电控锁。业主室内安装的可视分机，对访客进行对话、辨认，由业主遥控开锁。住户家中发生事件时，住户可利用可视对讲分机呼叫小区的保安室，向保安室寻求支援。在保安监控中心安装管理中心机，专供接收用户紧急求助和呼叫。

三、系统功能与特点

（1）选型品质精良，配置科学耐用，系统结构合理，布线精简且维护方便，整体性能与价格达到最优化组合。

（2）符合目前对讲系统智能化、模块化，配置自由化、一体化、兼容化的发展趋势。

（3）室外主机采用微电脑芯片控制各种呼叫、回铃、提挂机、通话、开锁等工作状态。智能化程度高，电路超常稳定、可靠。

（4）主机面板配以先进的表面处理工艺，经久耐用，美观大方。

（5）主机控制部分以美国 Microchip 微控制器芯片为核心，自带看门狗电路，以确保系统能长期稳定运行，同时静态功耗极低，整机静态功耗仅 0.1W。

（6）系统的语音传输均采用无损侦听发码技术，确保不会产生信息传送冲突、漏失，因此不会产生对所传信息的破坏或丢失，同时在该系统中也采用了多种检错措施（如奇偶校验，CRC 循环冗余检错）使得语音信号的传递准确无误。

四、系统结构

整个系统采用分级分布式控制原理，利用模块化设计技术，将众多功能有机地结合在一起。整个系统有两级控制四层设备，构成了一个树形总线分布式的控制通信网络。级控制连线均采用串行总线结构通信模式，简化系统连线，方便施工安装。各层设备之间互换性好，具有故障检测定位及线路保护功能。信号传输距离远，安全可靠，并采用无损侦听技术，避免信号令阻塞和丢失。

可视对讲主机均采用四芯信号线加一根视频线的总线连接，每四户放置一个层间分配器（DH-1000A-J）配接一至四户室内可视分机（DH-1000A-G）。该分机电源每个梯位（但不超过 16 户）由一台不间断电源（DH-1000-U）集中供给，电源采用开关电源，可满足宽电压范围内工作，同时也减少了工频对系统的干扰。

对讲系统由二级控制四层设备组成：用户室内分机（DH-1000A-G）、层间分配器（DH-1000A-J）、室外可视对讲主机（DH-1000A-C）、管理中心（DH-1000A-M）构成。

1. 欧式室外可视主机（DH-1000A-C）

欧式室外可视主机内置非接触门禁读卡器，如图 11-8 所示。

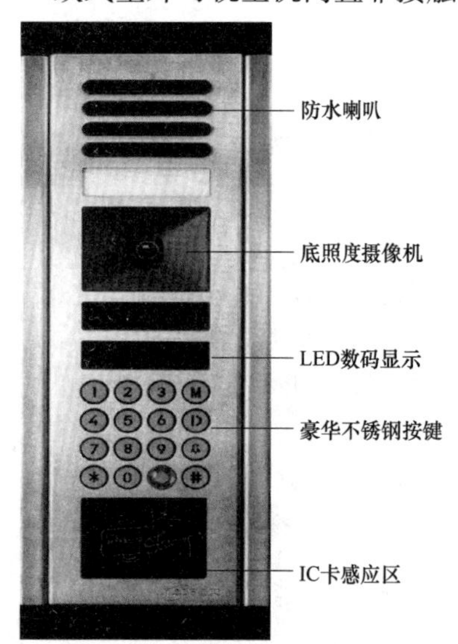

图 11-8　欧式室外可视主机

（1）安装位置：各梯道入口处。

主机面板配以先进的表面处理工艺，经久耐用，美观大方。采用大型 LED 数码管更显豪华气派。摄像机为原装 SONY 公司的高清晰低照度黑白摄像机，同时配以夜间红外补偿，即使在夜间也能看到高品质的图像。键盘采用不锈钢按键，并配以夜光照明，方便访客使用系统。主机抗撞击，防水效果极佳。

（2）功能。

1）通过室外主机键盘可以呼叫住户并与之通话，并执行用户分机发来的开锁指令，开启电控门锁，允许访客进入。

2）通过键入“999”，访客或住户可以直接呼叫管理中心并与之通话，同时也可执行管理中心发来的开锁指令，允许访客或住户进入。

3）通过单元门口室外主机键盘可以设定每一住户各自独立的住户密码（或修改）。

该密码能用于住户开启电控门锁或对住户盗警进行撤/布防，此时住户室内分机有提示音且向管理中心报告、记录。

4）通过室外可视主机的非接触式 IC 卡读卡器，住户可以使用 IC 卡开启电控门锁或撤/布防，同时向管理中心报告、记录。

5）每次开启电控锁，室外主机通过安装于门上的门磁开关，检测大门闭合状态，并通知管理中心登记。同时室外主机计时，当超过一定时间后，主机发出门未闭合提示音，并报告给管理中心记录处理。电控门从开启到规定的闭合时间可以通过主机键盘根据需要设定。

6）室外主机在空闲时态定时扫描该梯口内各用户分机、层间分配器是否处于正常运行状态。对于处于非正常运行状态的用户分机、层间分配器及时报告管理中心处理。

7）室外主机在任何时刻均将各用户分机传送来的各种报警信息、紧急求助信息传送给管理中心，而不中断主机的正常操作（比如此时正和用户通话），能确保报警信号优先传送。

8）通过室外主机键盘键入“功能号+巡更人员编号”可部分实现小区的巡更系统的功能，增加打卡密度。

9）通过主机可以直接对各住户弹性软件编码。

2. 室内分机——可视分机 DH-1000A-G

可视分机内置报警控制器，如图 11-9 所示。其特点如下：

（1）整个分机外观造型美观大方，制作精良。

（2）控制部分以美国 Microchip 微控制器芯片为核心，自带看门狗电路，以确保系统能长期稳定运行，同时静态功耗极低，整机静态功耗仅 0.1W。

（3）室内分机能响应管理中心或梯口主机及门前铃的呼叫，并配以不同的电子铃声指示，方便住户区别。

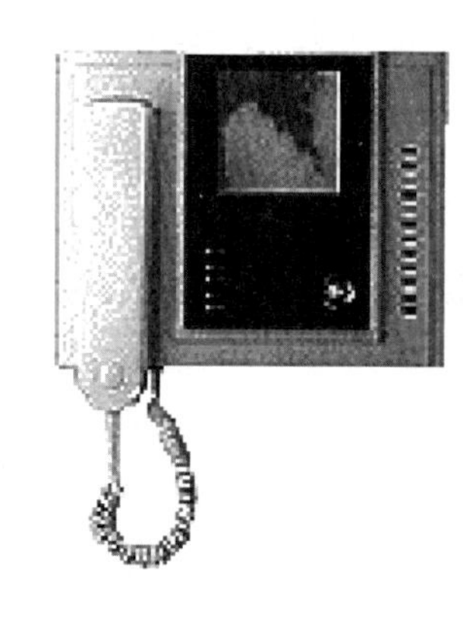

图 11-9　可视分机

（4）按下紧急求助键，可以直接向管理中心报警，管理中心显示并记录该住户房间号和发生时间。紧急求助和报警信息为最高级别优先传送信息，各节点设备和管理中心将优先传送和接受处理。（紧急呼救系统采用串联式，可外引一根线至主卧室、卧室、客厅等）

（5）按下呼叫中心键，可以呼叫管理中心，管理中心显示并记录该住户房间号和呼叫时间，提机即通话。

（6）室内分机能在空闲态时监视梯口状况。

（7）该室内分机同时也是一个四防区的报警平台，可以外接红外探头、门（窗）磁开关、煤气探头、火警探头可与智能家居控制主机兼容。盗警（门磁开关、红外探头）只有在布防的状态下才能响应，布防/撤防可以通过遥控器（选配件）、接触式 IC 卡（用户 IC 卡为选配件）、梯口主机键盘密码来完成，操作成功有相应的提示音。当微控制器检测到报警探头有报警信号时，会发生响亮的提示音，并通知管理中心，即刻显示警情种类及地点。当管理中心确认收到该报警信息时，分机才停止向管理中心报警。因此，确保了每次报警信息在管理中心均有记录，不漏失。

（8）室内分机均无须编码，可通用互换。

（9）住户门口可以安装门前铃。（注：门前铃系安装在住户房门前的用于住户二次确认访客的装置。可以为普通对讲门前铃/可视门前铃/普通门前铃，为选配件）

3. 层间分配器——DH-1000A-J

为一进一出四分支，可以连接4台室内分机，负责为室内分机提供电源、视频及控制信号。对总线传输信号具有隔离放大作用，可避免住户终端设备故障导致系统失常。

（1）将用户分机发出的各种控制信息转换成相应格式发至主机。

（2）将室外主机（或管理中心）发出的各种信令编码按地址和功能态进行搜索过滤加工，以相应的信令格式发送至被寻址（呼叫）的住户。

（3）四路至室内分机控制信号线，语音信号线，控制信号线彼此独立，因此某住户分机故障不会影响其他住户分机及系统的使用。

（4）四路用户分机供电是彼此独立，并有短路保护，当用户分机有电源短路的情况发生时，会自动切断该路电源，直至短路故障清除，便自动恢复供电。

（5）该层间分配器存放各住户分机的房间号及撤/布防状态。系统采用弹性软件编码，避免了使用机械按码开关因机械寿命而带来的隐患。

（6）层间分配器平时以高阻状态挂接在楼梯内的系统总线。因此该层间分配器故障不会影响系统的使用。

（7）层间分配器定时查询用户室内分机，以主动询问方式向用户室内分机发出询问信息，如在规定的时间无应答则视该分机已处于非正常状态，及时通知管理中心。

4. 管理中心机——DH-1000A-M

为系统的最高应用层，能记录各住户的报警、求助、开锁、撤/布防、保安巡逻打卡信息，以及呼叫小区内任一住户。

（1）管理中心采用黑色ASS机壳，并配以超薄的液晶显示屏，使之造型独特、美观、应用方便。

（2）图像能通过面板按键电子化调整图像的亮度，对比度，以适应不同的环境。

（3）采用七位LED数码管，能显示出管理中心收到何地传送来的信息，同时还有多种彩色发光二极管配合指明信息为何种类型，使处理这些信息一目了然。

（4）通过管理中心能主动监视各梯口状态，扩展了小区监控区域。

（5）在管理中心空闲时，也能启动自动模式，对小区内各梯口状况轮流监视，监视时间可以调整。实现小区监控部分功能，增加监控密度。

（6）管理中心在任何时刻均能记录小区各个地方传送来的报警、求助、电控开启状态、撤布防等信息。

（7）管理中心可以呼叫小区的任一住户并与之通话联络。

（8）管理中心能接收梯口主机的呼叫，并开启该梯口电控门锁。

（9）管理中心能实时记录各梯口主机发送来的巡更打卡信息（如时间地点、巡更员号码），并具有值班室人员上下班打卡功能。

（10）管理中心接收到梯口电控门超时未闭合信息时，会显示该单元梯口地址并有提示音。

（11）当有访客通过梯口主机呼叫住户时，管理中心接收并显示该信息，此时可按监视键查看来访情况。

（12）管理中心能通过 RS-232 接口与物业管理计算机联接，通过佳乐小区智能管理软件实现信息的海量存贮，同时能通过打印机将所需信息打印出来。

（13）智能管理软件采用流行的 Windows 界面，操作直观简便。具有值班室人员上下班用密码打卡功能，能方便地考勤管理。用户呼叫、报警等信息均有美观简洁的弹出窗口，值班员可作必要的文字记录，并自动生成报表存档，以供日后查询。

（14）智能管理软件能对巡更线路，巡更时间段进行设置，超时无打卡则提示报警，对巡更打卡管理具有强大的功能。

（15）智能管理软件能对小区资料信息，住户资料信息，物管收费记录进行管理查询。

以上这四层设备均通过四芯信号线加一根视频信号线联成一个功能完善的通信网络。系统的信息传输均采用无损侦听发码技术，确保不会产生信息传送冲突、漏失，即使同一时刻有多个信息竞争传输，也会按地址（房号）的顺序先后传送，因此不会产生对所传信息的破坏或丢失，保证各种信息（尤其是报警求助信息）不丢失。同时在该系统中也采用了多种检错措施（如奇偶校验，CRC 循环冗余检错），使得各种信息的传递准确无误。主机与管理中心采用双信道，即两根控制线：一个信道用于通常的呼叫联络，报警和求助信息传输，另一个信道用于巡逻打卡，系统巡检信息，电控门开启状态等信息的传输。从而使整个小区的信息传输更合理，以防产生重要信息的阻塞丢失，甚至因网络负载过重而导致系统瘫痪。

中心监视各梯口状况也是本系统的一大特色，整个系统利用一根视频线采用手拉手的连线方式将小区各梯口主机及管理中心连接起来，施工、布线方便、简洁明了，采用这一结构方式，即使主机出现故障，也能照样保持整个系统信号传输的通畅，不影响监视其他梯口主机。

第十二章　出入口控制系统施工

第一节　出入口控制系统的类别

一、按出入口控制系统联网模式分类

1. 总线制

出入口控制系统的现场控制设备通过联网数据总线与出入口管理中心的显示、编程设备相连，每条总线在出入口管理中心只有一个网络接口如图 12-1 所示。

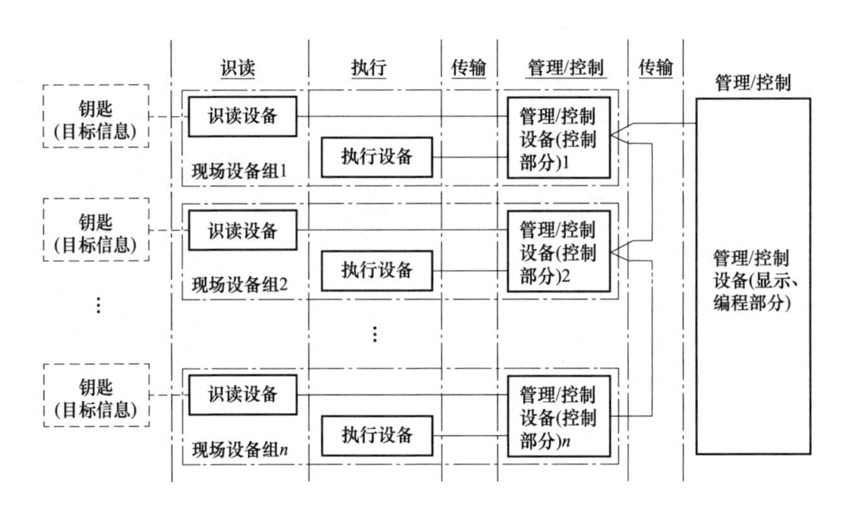

图 12-1　总线制系统组成

2. 环线制

出入口控制系统的现场控制设备通过联网数据总线与出入口管理中心的显示、编程设备相连，每条总线在出入口管理中心有两个网络接口，当总线有一处发生断线故障时，系统仍能正常工作，并可探测到故障的地点。

3. 单级网

出入口控制系统的现场控制设备与出入口管理中心的显示、编程设备的连接采用单一联网结构，如图 12-2 所示。

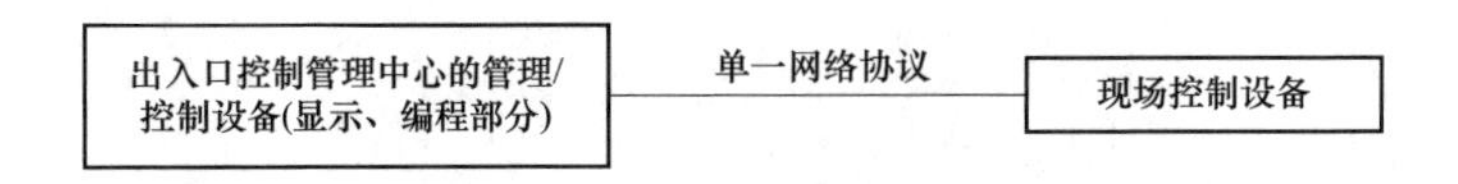

图 12-2　环线制出入口控制系统的组成

4. 多级网

出入口控制系统的现场控制设备与出入口管理中心的显示、编程设备的连接采用两级以上串联的联网结构，且相邻两级网络采用不同的网络协议，如图 12-3 所示。

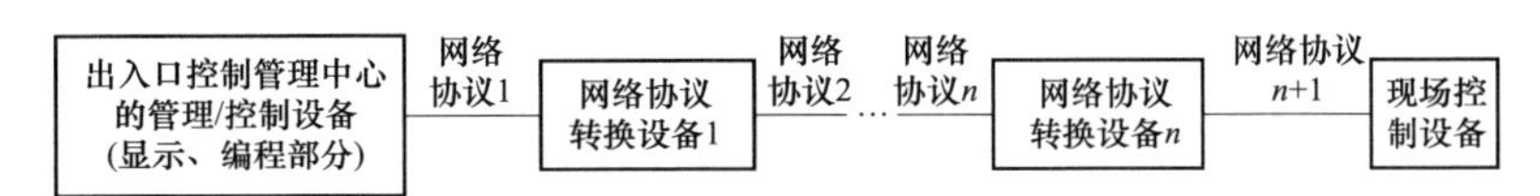

图 12-3　多级网系统组成

二、按出入口控制系统现场设备连接方式分类

1. 单出入口控制设备

仅能对单个出入口实施控制的单个出入口控制器所构成的控制设备，如图 12-4 所示。

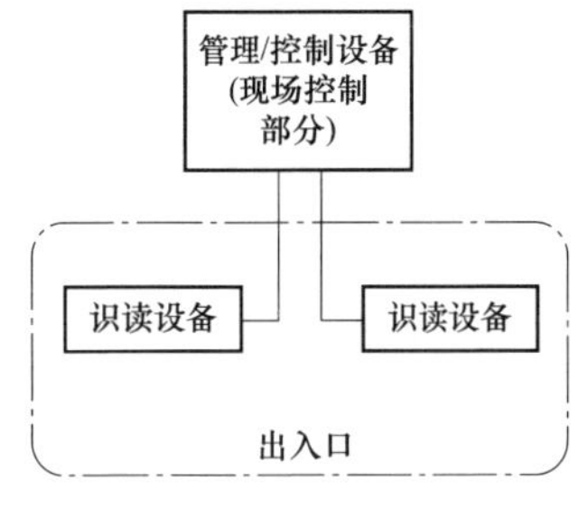

图 12-4　单出入口控制设备型组成

2. 多出入口控制设备

能同时对两个以上出入口实施的单个出入口控制器所构成的控制设备，如图 12-5 所示。

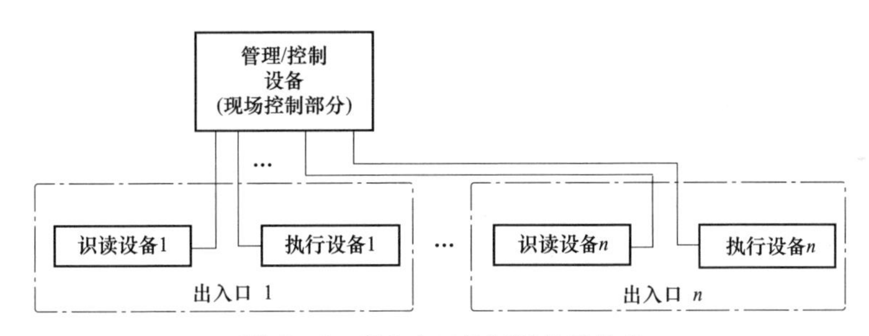

图 12-5　多出入口控制设备型组成

三、按出入口控制系统管理/控制方式分类

1. 独立控制型

出入口控制系统，其管理与控制部分的全部显示/编程/管理/控制等功能均在一个设备（出入口控制器）内完成，如图 12-6 所示。

2. 联网控制型

出入口控制系统，其管理与控制部分的全部显示/编程/管理/控制功能不在一个设备（出入口控制器）内完成。其中，显示/编程功能由另外的设备完成。设备之间的数据传输通过有线和/或无线数据通道及网络设备实现，如图 12-7 所示。

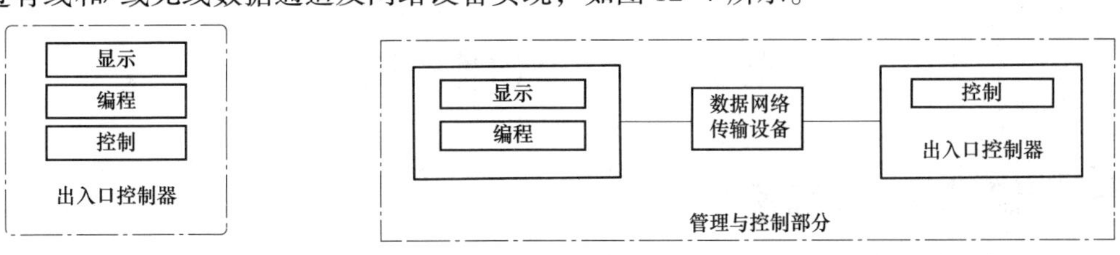

图 12-6　独立控制型组成

图 12-7　联网控制型组成

3. 数据载体传输控制型

出入口控制系统与联网型出入口控制系统的区别仅在于数据传输的方式不同，其管理与控制部分的全部显示/编程/管理/控制等功能不是在一个设备（出入口控制器）内完成。其中，显示/编程工作由另外的设备完成。设备之间的数据传输通过对可移动的、可读写的数据载体的输入/导出操作完成。

四、按出入口控制系统硬件构成模式分类

1. 一体型

出入口控制系统的各个组成部分通过内部连接，组合或集成在一起，实现出入口控制的所有功能，如图 12-8 所示。

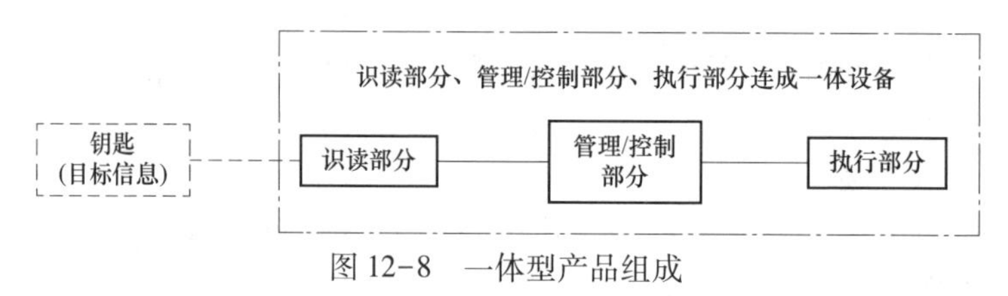

图 12-8 一体型产品组成

2. 分体型

出入口控制系统的各个组成部分，在结构上有分开的部分，也有通过不同方式的组合的部分。分开部分与组合部分之间通过电子、机电等手段连成为一个系统，实现出入口控制的所有功能，如图 12-9 所示。

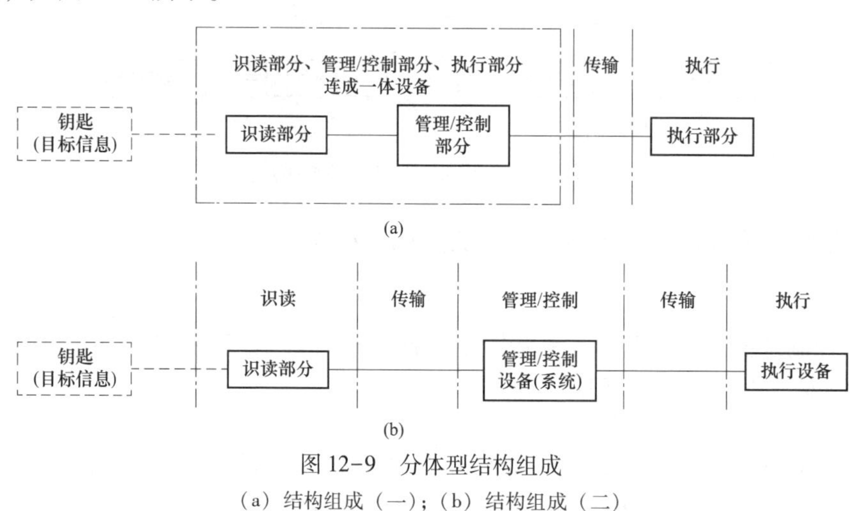

图 12-9 分体型结构组成

（a）结构组成（一）；（b）结构组成（二）

第二节 出入口控制系统组成

一、出入口控制系统基本构成

出入口控制系统是利用自定义符识别或/和模式识别技术对出入口目标进行识别并

控制出入口执行机构启闭的电子系统或网络。出入口控制系统一般由出入口目标识别子系统、出入口信息管理子系统和出入口控制执行机构三部分组成，其构成如图 12–10 所示。

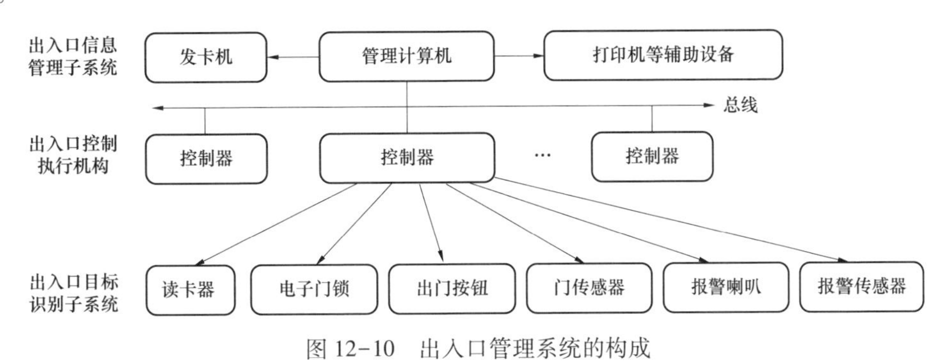

图 12–10　出入口管理系统的构成

二、出入口目标识别子系统

出入口目标识别子系统是直接与人打交道的设备，通常采用各种卡式识别装置和生物辨识装置。卡式识别装置包括 IC 卡、磁卡、射频卡和智能卡等。卡式识别装置因价格便宜，已得到广泛使用。生物辨识装置是利用人的生物特征进行辨识，如利用人的指纹、掌纹及视网膜等进行识别。由于每个人的生物特征不同，生物辨识装置安全性极高，一般用于安全性很高的军政要害部门或大银行的金库等地方的出入口管制系统。

在出入口控制装置中使用的出入凭证或个人识别方法，主要有密码键盘识别、射频卡片和人体生物特征识别技术三大类。其原理、优缺点见表 12–1。

表 12–1　　出入口控制系统的出入凭证或个人识别方法

类别	内　容
密码键盘识别	密码键盘识别是通过检验输入密码是否正确来识别进出权限的，这类产品分普通型和乱序键盘型（键盘上的数字不固定，不定期自动变化）两类。 1）普通型。普通型密码键盘识别操作方便、无须携带卡片、成本低，但它只能同时容纳三组密码，容易泄露，安全性很差，无进出记录，只能单向控制。 2）乱序键盘型（键盘上的数字不固定，不定期自动变化）。乱序键盘型密码键盘识别操作方便、无须携带卡片，但密码容易泄露，安全性还是不高，无进出记录，只能单向控制，且成本高
射频卡识别	射频卡识别的卡片和设备无接触，开门方便安全；寿命长（理论数据至少十年），安全性高，可连微机，有开门记录；可以实现双向控制；卡片很难被复制。 1）非接触式 IC 卡。对存储在 IC 卡中的个人数据进行非接触式的读取。优点是伪造难、操作方便、耐用；缺点是会忘带卡或丢失。 2）IC 卡。对存储在 IC 卡中的个人数据进行读取与识别。优点是伪造难、存储量大、用途广泛；缺点是会忘带卡或丢失。 3）磁卡。对磁卡上的磁条存储的个人数据进行读取与识别。优点是价廉、有效；缺点是伪造更改容易、会忘带卡或丢失。为防止丢失和伪造，可与密码法并用

续表

类别	内　容
人体生物特征识别	从统计意义上来说，人类的指纹、掌纹和眼纹等生理特征都存在着唯一性，因而这些特征都可以成为鉴别用户身份的依据。 1）眼纹识别。眼纹识别方法有两种，即利用视网膜上的血管花纹和利用虹膜上的花纹。其中，视网膜识别是利用视网膜扫描仪来检测视网膜上血管的特性，这个技术需要将眼睛放得离相机很近，用以获得一张聚焦后的图片，其失误率几乎为零。但不能识别视网膜病变或脱落者。 虹膜识别是利用虹膜扫描仪测量眼睛虹膜中的斑驳，用户在距离相机 30cm 或 30cm 以上的距离注视相机几秒钟即可完成识别操作。 2）掌纹识别。利用人的掌形和掌纹特征也可进行身份鉴别。由于它的易用性，使得掌纹识别受到好评。但掌纹识别的准确度比指纹略低。 3）指纹识别。因每个人的指纹各不相同，利用指纹进行身份鉴别是一种识别身份的方法。基于指纹识别技术的出入口管制系统早已经投放市场。其缺点是对无指纹者不能识别，且存在着合法用户的指纹被他人复制的可能，降低了整个系统的安全性。 4）声音识别。声音识别就是利用每个人的声音差异来进行识别，是人体生物特征识别技术中最容易被用户接受的方式。但声音容易被模仿或使用者由于疾病而使声音发生变化时将无法识别

三、出入口信息管理子系统

（1）出入口信息管理子系统由管理计算机和相关设备以及管理软件组成。它管理着系统中所有的控制器，向它们发送命令，对它们进行设置，接收其送来的信息，完成系统中所有信息的分析与处理。

（2）出入口管制系统可以与电视监控系统、电子巡更系统和火灾报警系统等连接起来，形成综合安全管理系统。

四、出入口控制执行机构

（1）出入口控制执行机构由控制器、出口按钮、电动锁、报警传感器、指示灯和喇叭等组成。

（2）控制器接收出入口目标识别子系统发来的相关信息，与自己存储的信息进行比较后作出判断，然后发出处理信息，控制电动锁。

（3）若出入口目标识别子系统与控制器存储的信息一致，则打开电动锁开门。若门在设定的时间内没有关上，则系统就会发出报警信号。

（4）单个控制器就可以组成一个简单的出入口管制系统，用来管理一个或几个门。多个控制器由通信网络与计算机连接起来组成可集中监控的出入口管制系统。

第三节　出入口控制系统设备安装一般要求

一、设备的布置要求

1. 设备选型应符合的要求

（1）与其他子系统集成的要求。

（2）信号传输条件的限制对传输方式的要求。

（3）安全管理要求和设备的防护能力要求。

（4）防护对象的风险等级、防护级别、现场的实际情况、通行流量等要求。

（5）出入目标的数量及出入口数量对系统容量的要求。

（6）对管理/控制部分的控制能力、保密性的要求。

2. 设备的设置应符合的要求

（1）采用非编码信号控制和/或驱动执行部分的管理与控制设备，必须设置于该出入口的对应受控区、同级别受控区或高级别受控区内。

（2）识读装置的设置应便于目标的识读操作。

二、常用识读设备的选择

常用识读设备选型主要可以分为编码识读设备和人体生物特征识读设备。常用识读设备的选型主要应注意以下几个方面。

（1）所选用的识读设备，其误识率、拒认率、识别速度等指标应满足实际应用的安全与管理要求。

（2）当采用的识读设备，其人体生物特征信息存储在目标携带的介质内时，应考虑该介质如被伪造而带来的安全性影响。

（3）当识读设备采用 1∶1 对比模式时，需编码识读方式辅助操作，识别速度及误识率的综合指标不随目标数多少而变化。

（4）当采用的识读设备，其人体生物特征信息的存储单元位于防护面时，应考虑该设备被非法拆除时数据的安全性。

（5）当识读设备采用 1∶N 对比模式时，不需由编码识读方式辅助操作，当目标数多时识别速度及误识率的综合指标会下降。

常用编码识读设备的选型宜符合表 12-2 的要求。

表 12-2　　常用编码识读设备选型要求

<table>
<tr><th>名称</th><th>适应场所</th><th>主要特点</th><th>安装设计要点</th><th>适宜工作环境和条件</th><th>不适宜工作环境和条件</th></tr>
<tr><td>普通密码键盘</td><td>人员出入口；授权目标较少的场所</td><td>密码易泄漏、易被窥视，保密性差，密码需经常更换</td><td rowspan="3">用于人员通道门，宜安装于距门开启边 200～300mm，距地面 1.2～1.4m 处；
用于车辆出入口，宜安装于车道左侧距地面高 1.2m，距挡车器 3.5m 处</td><td rowspan="3">室内安装；
如需室外安装，需选用密封性良好的产品</td><td rowspan="2">不易经常更换密码且授权目标较多的场所</td></tr>
<tr><td>乱序密码键盘</td><td>人员出入口；授权目标较少的场所</td><td>密码不易泄漏，密码不易被窥视，保密性较普通密码键盘高，需经常更换</td></tr>
<tr><td>磁卡识读设备</td><td>人员出入口；较少用于车辆出入口</td><td>磁卡携带方便，便宜，易被复制、磁化，卡片及读卡设备易被磨损，需经常维护</td><td>室外可被雨淋处；
尘土较多的地方；
环境磁场较强的场所</td></tr>
</table>

续表

名称	适应场所	主要特点	安装设计要点	适宜工作环境和条件	不适宜工作环境和条件
接触式IC卡读卡器	人员出入口	安全性高，卡片携带方便，卡片及读卡设备易被磨损，需经常维护	用于人员通道门，宜安装于距门开启边200～300mm，距地面1.2～1.4m处； 用于车辆出入口，宜安装于车道左侧距地面高1.2m，距挡车器3.5m处	室内安装； 适合人员通道	室外可被雨淋处； 静电较多的场所
接触式TM卡（纽扣式）读卡器	人员出入口	安全性高，卡片携带方便，不易被磨损		可安装在室内外； 适合人员通道	尘土较多的地方
条码识读设备	用于临时车辆出入口	介质一次性使用，易被复制、易损坏	宜安装在出口收费岗亭内，由操作员使用	停车场收费岗亭内	非临时目标出入口
非接触只读式读卡器	人员出入口； 停车场出入口	安全性较高，卡片携带方便，不易被磨损，全密封的产品具有较高的防水、防尘能力	用于人员通道门，宜安装于距门开启边200～300mm，距地面1.2～1.4m处； 用于车辆出入口，宜安装于车道左侧距地面高1.2m，距挡车器3.5m处； 用于车辆出入口的超远距离有源读卡器（读卡距离>5m），应根据现场实际情况选择安装位置，应避免尾随车辆先读卡	可安装在室内外； 近距离读卡器（读卡距离<500mm）适合人员通道； 远距离读卡器（读卡距离>500mm）适合车辆出入口	电磁干扰较强的场所； 较厚的金属材料表面； 工作在900MHz频段下的人员出入口； 无防冲撞机制（防冲撞：可依次读取同时进入感应区域的多张卡），读卡距离>1m的人员出入口
非接触可写、不加密式读卡器	人员出入口；消费系统一卡通应用的场所；停车场出入口	安全性不高，卡片携带方便，易被复制，不易被磨损，全密封的产品具有较高的防水、防尘能力			
非接触可写、加密式读卡器	人员出入口；与消费系统一卡通应用的场所； 停车场出入口	安全性高，无源卡片，携带方便不易被磨损，不易被复制，全密封的产品具有较高的防水、防尘能力			

常用人体生物特征识读设备的选型宜符合表12-3的要求。

表 12-3　　　　常用人体生物特征识读设备选型要求

<table>
<tr><th>名称</th><th colspan="2">主要特点</th><th>安装设计要点</th><th>适宜的工作环境和条件</th><th>不适宜的工作环境和条件</th></tr>
<tr><td>指纹识读设备</td><td>指纹头设备易于小型化；识别速度很快，使用方便；需人体配合的程度较高</td><td rowspan="2">操作时需人体接触识读设备</td><td rowspan="2">用于人员通道门，宜安装于适合人手配合操作，距地面1.2～1.4m处；当采用的识读设备，其人体生物特征信息存储在目标携带的介质内时，应考虑该介质如被伪造而带来的安全性影响</td><td rowspan="2">室内安装；使用环境应满足产品选用的不同传感器所要求的使用环境要求</td><td rowspan="2">操作时需人体接触识读设备，不适宜安装在医院等容易引起交叉感染的场所</td></tr>
<tr><td>掌形识读设备</td><td>识别速度较快；需人体配合的程度较高</td></tr>
<tr><td>虹膜识读设备</td><td>虹膜被损伤、修饰的可能性很小，也不易留下可能被复制的痕迹；需人体配合的程度很高；需要培训才能使用</td><td rowspan="2">操作时不需人体接触识读设备</td><td>用于人员通道门，宜安装于适合人眼部配合操作，距地面1.5～1.7m处</td><td rowspan="2">环境亮度适宜、变化不大的场所</td><td rowspan="2">环境亮度变化大的场所，背光较强的地方</td></tr>
<tr><td>面部识读设备</td><td>需人体配合的程度较低，易用性好，适于隐蔽地进行面像采集、对比</td><td>安装位置应便于摄取面部图像的设备能最大面积、最小失真地获得人脸正面图像</td></tr>
</table>

三、执行设备的选择

常用执行设备的选型宜符合表 12-4。

表 12-4　　　　常用执行设备选型要求

<table>
<tr><th>应用场所</th><th>常采用的执行设备</th><th>安装设计要点</th></tr>
<tr><td rowspan="7">单向开启、平开木门（含带木框的复合材料门）</td><td>阴极电控锁</td><td>适用于单扇门；安装位置距地面0.9～1.1m边门框处；可与普通单舌机械锁配合使用</td></tr>
<tr><td>电控撞锁</td><td rowspan="2">适用于单扇门；安装于门体靠近开启边，距地面0.9～1.1m处；配合件安装在边门框上</td></tr>
<tr><td>一体化电子锁</td></tr>
<tr><td>磁力锁</td><td rowspan="2">安装于上门框，靠近门开启边；配合件安装于门体上；磁力锁的锁体不应暴露在防护面（门外）</td></tr>
<tr><td>阳极电控锁</td></tr>
<tr><td>自动平开门</td><td>安装于上门框；应选用带闭锁装置的设备或另加电控锁；外挂式门机不应暴露在防护面（门外）；应有防夹措施</td></tr>
<tr><td rowspan="3">单向开启、平开镶玻璃门（不含带木框门）</td><td>阳极电控锁</td><td rowspan="3">同本表第 1 条相关内容</td></tr>
<tr><td>磁力锁</td></tr>
<tr><td>自动平开门机</td></tr>
</table>

续表

应用场所	常采用的执行设备	安装设计要点
单向开启、平开玻璃门	带专用玻璃门夹的阳极电控锁	安装位置同本表第1条相关内容；玻璃门夹的作用面不应安装在防护面（门外）；无框（单玻璃框）门的锁引线应有防护措施
	带专用玻璃门夹的磁力锁	
	玻璃门夹电控锁	
双向开启、平开玻璃门	带专用玻璃门夹的阳极电控锁	同本表第3条相关内容
	玻璃门夹电控锁	
单扇、推拉门	阳极电控锁	同本表第1、3条相关内容
	磁力锁	安装于边门框；配合件安装于门体上；不应暴露在防护面（门外）
	推拉门专用电控挂钩锁	根据锁体结构不同，可安装于上门框或边门框；配合件安装于门体上；不应暴露在防护面（门外）
	自动推拉门机	安装于上门框；应选用带闭锁装置的设备或另加电控锁；应有防夹措施
双扇、推拉门	阳极电控锁	同本表第1、3条相关内容
	推拉门专用电控挂钩锁	应选用安装于上门框的设备；配合件安装于门体上；不应暴露在防护面（门外）
	自动推拉门机	同本表第5条相关内容
金属防盗门	电控撞锁	同本表第1、5条相关内容
	磁力锁自动门机	
	电机驱动锁舌电控锁	根据锁体结构不同，可安装于门框或门体上
防尾随人员快速通道	电控三棍闸	应与地面有牢固的连接；常与非接触式读卡器配合使用；自动启闭速通门应有防夹措施
	自动启闭速通门	
小区大门、院门等（人员、车辆混行通道）	电动伸缩栅栏门	固定端应与地面有牢固的连接；滑轨应水平铺设；门开口方向应在值班室（岗亭）一侧；启闭时应有声光指示，应有防夹措施
	电动栅栏式栏杆机	应与地面有牢固的连接，适用于不限高的场所，不宜选用闭合时间小于3s的产品，应有防砸措施
一般车辆出入口	电动栏杆机	应与建面有牢固的连接；用于有限高的场所时，栏杆应有曲臂装置；应有防砸措施
防闯车辆出入口	电动升降式地挡	应与地面有牢固的连接；地挡落下后，应与地面在同一水平面上；应有防止车辆通过时，地挡顶车的措施

第四节　出入口控制系统安装

一、传输方式、缆线选择

（1）传输方式应考虑出入口控制点位分布、传输距离、环境条件、系统性能要求及信息容量等因素，应认真计算系统供电及信号的电压、电流，所选用的缆线实际截面积应大于理论值。

（2）识读设备与控制器之间的通信用信号线宜采用多芯屏蔽双绞线。

（3）门磁开关及出门按钮与控制器之间的通信用信号线，线芯最小截面积不宜小于 0.50mm^2。

（4）布线设计应符合 GB 50348—2004《安全防范工程技术规范》的有关规定。

（5）控制器与管理主机之间的通信用信号线宜采用双绞铜芯绝缘导线，其线径根据传输距离而定，线芯最小截面积不宜小于 0.50mm^2。

（6）执行部分的输入电缆在该出入口的对应受控区、同级别受控区或高级别受控区外的部分，应封闭保护，其保护结构的拉伸、弯曲强度应不低于镀锌钢管。

（7）控制器与执行设备之间的绝缘导线，线芯最小截面积不宜小于 0.75mm^2。

二、出入口管理系统平面布置

某大楼各室的出入口控制系统的设备平面布置图。

三、门禁系统的安装

（1）门禁控制系统的设备布置如图 12-11 所示。电控门锁应根据门的材质、开启方向等来选择。

（2）门禁控制系统的读卡器距地 1.4m 安装。

（3）门禁系统的安装应根据锁的类型、安装位置、安装高度、门的开启方向等进行。

四、磁卡门锁安装

如图 12-12 所示，有的磁卡门锁内设置电池，不需外接导线，只要现场安装即可。阴极式及直插式电控门锁通常安装在门框上，在主体施工时在门框外侧门锁安装高度处预埋穿线管及接线盒，锁体安装应与土建工程配合。

在门扇上安装电控门锁时，需要通过电合页进行导线的连接，门扇上电控门锁与电合页之间可预留软塑料管，主体施工时在门框外侧电合页处预埋导线管及接线盒，导线选用 RVS2×1.0mm^2，连接应采用焊接或接线端子连接。

五、电磁门铁

电磁门锁是一种经常用的门锁，选用安装电磁门锁应注意门的材质、门的开启方向及电磁门锁的拉力。如图 12-13 所示为电磁门锁的安装示意图。

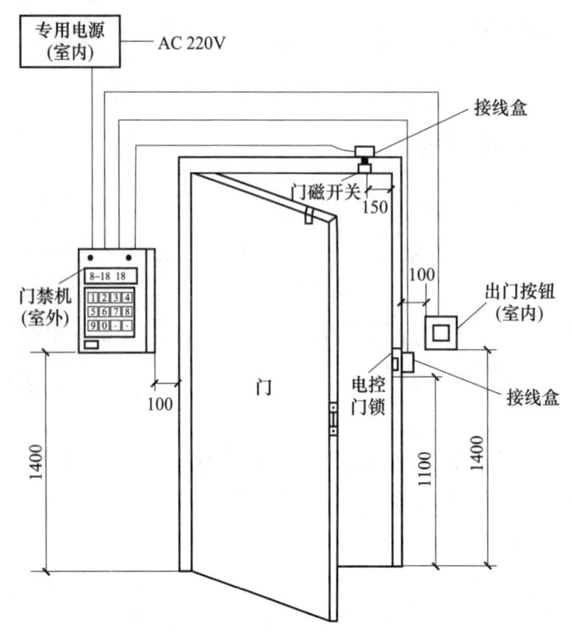

图 12-11　门禁系统现场设备安装

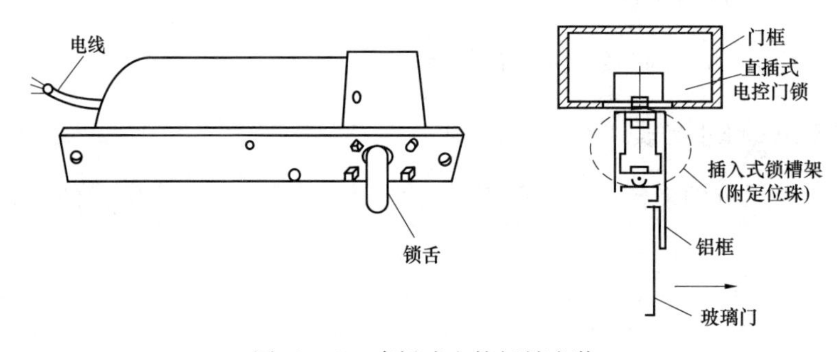

图 12-12　直插式电控门锁安装

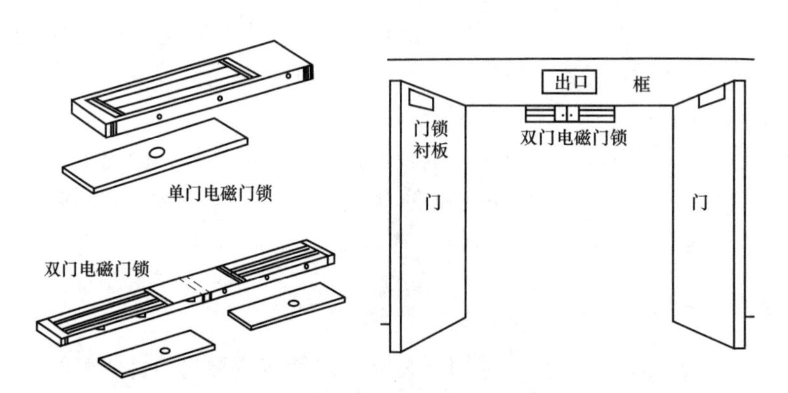

图 12-13　电磁门锁安装示意图

六、门禁控制系统缆线选择

（1）读卡机与输入/输出控制板之间可采用5～8芯普通通信缆线（RVV或RVS）或3类双绞线，每芯截面积为0.3～0.5mm^2。

（2）读卡机与现场控制器连线可采用4芯通信缆线（RVVP）或3类双绞线，每芯截面积为0.3～0.5mm^2。

（3）门磁开关可采用2芯普通通信缆线RVV（或RVS），每芯截面积为0.5mm^2。

（4）输入/输出控制板与电控门锁、开门按钮等均采用2芯普通通信缆线（RVV），每芯截面积为0.75mm^2。

第五节　出入口控制系统的检测与验收

出入口控制系统的检测与验收见表12-5。

表12-5　　出入口控制系统的检测与验收

项　目	内　容
检测及验收依据	1）供货方和项目施工方所提供的，由甲方和设计方共同确认的检测验收程序文档和施工设计图样。 2）要进行检测的通行门、通道、电梯、楼梯以及停车场出入口等控制点的风险等级。 3）标明文件或合同中由甲方明确规定的技术和应用要求
软件的检测及验收	1）在软件测试的基础上，对被验收的软件进行综合评审，给出综合评价，其中主要包括： ① 软件设计与需求的一致性。 ② 文档描述与程序的一致性、完整性、准确性和标准化程度等。 ③ 程序与软件设计的一致性。 2）根据需求按照说明书中规定的性能要求（包括：精度、时间、适应性、稳定性、安全性、易用性以及图形化界面友好程度）对所验收的软件逐项进行测试，或检查已有的测试结果。 3）对所检测验收软件按相关要求进行强度测试与降级测试。 4）演示验收软件的所有功能，以证明软件功能与任务书或合同书要求一致。 5）审定按软件提供方提供的审定验收测试计划进行并检查全套软件源程序清单及文件
硬件的检测及验收	1）通过系统主机、区域控制器及其他控制终端，使用电子地图实时监控出人控制点的人员并防止重复迂回出入的功能及控制开闭的功能。 2）系统及时接收任何类型报警信息的能力，其中主要包括：非法强行入侵，非法进入系统，非法操作、硬件失败以及与本系统联动的其他系统报警输入。 3）系统操作的安全性。 ① 系统操作人员操作信息的详细只读存储记录。 ② 系统操作人员的分级授权。 4）检测系统与综合管理系统、防盗及消防系统的联网联动性能。 5）检测断电后，系统启用备用电源应急工作的准确实时性及信息的存储和恢复能力。 6）检测系统主机在离线的情况下，区域控制器独立工作的准确实时性和储存信息的功能。 7）检查系统主机与区域控制器之间的信息传输及数据加密功能

第六节　出入口控制系统的防护等级

系统的防护能力由所用设备的防护面外壳的防护能力、防破坏能力、防技术开启能力以及系统的控制能力、保密性等因素决定。系统设备的防护能力由低到高分为 A、B、C 三个等级。

一、出入口控制系统识读部分防护等级

系统识读部分的防护等级分类宜符合表 12-6 的规定。

表 12-6　　系统识读部分的防护等级分类

<table>
<tr><th rowspan="2">等级
要求</th><th rowspan="2">外壳防护能力</th><th colspan="3">保密性</th><th colspan="2">防破坏</th><th colspan="2">防技术开启</th></tr>
<tr><th>用电子编码作为密钥信息的</th><th>采用图形图像、人体生物特征、物品特征、时间等作为密钥信息的</th><th>防复制和破译</th><th colspan="4">有防护面的设备抵抗时间/min</th></tr>
<tr><td rowspan="4">普通防护级别（A 级）</td><td rowspan="4">外壳应符合 GB 12663—2001《防盗报警控制器通用技术条件》的有关要求。
识读现场装置外壳应符合 GB 4208—2008《外壳防护等级（IP 代码）》中 IP42 的要求。
室外型的外壳还应符合 GB 4208—2008《外壳防护等级（IP 代码）》中 IP53 的要求</td><td rowspan="4">密钥量 > $10^4\times n_{max}$</td><td rowspan="4">密钥差异 > $10\times n_{max}$
误识率不大于 $1/n_{max}$</td><td rowspan="4">使用的个人信息识别载体应能防复制</td><td>防钻</td><td>10</td><td rowspan="2">防误识开启</td><td rowspan="2">1500</td></tr>
<tr><td>防锯</td><td>3</td></tr>
<tr><td>防撬</td><td>10</td><td rowspan="2">防电磁场开启</td><td rowspan="2">1500</td></tr>
<tr><td>防拉</td><td>10</td></tr>
<tr><td rowspan="4">中等防护级别（B 级）</td><td rowspan="4">外壳应符合 GB 4208—2008《外壳防护等级（IP 代码）》中。IP42 的要求。
室外型的外壳还应符合 GB 4208—2008《外壳防护等级（IP 代码）》中 IP53 的要求</td><td rowspan="4">密钥量>$10^4\times n_{max}$，并且至少采用以下一项。
① 连续输入错误的钥匙信息时有限制操作的措施。
② 采用自行变化编码。
③ 采用可更改编码（限制无授权人员更改）</td><td rowspan="4">密钥差异 > $10^2\times n_{max}$；
误识率不大于 $1/n_{max}$</td><td rowspan="4">使用的个人信息识别载体应能防复制；无线电传输密钥信息的，则至少经 24h 扫描时间（改变不少于 5000 种编码组合）获得正确码的概率小于 4%，或每次操作钥匙后自行变化编码</td><td>防钻</td><td>20</td><td rowspan="2">防误识开启</td><td rowspan="2">3000</td></tr>
<tr><td>防锯</td><td>6</td></tr>
<tr><td>防撬</td><td>20</td><td rowspan="2">防电磁场开启</td><td rowspan="2">3000</td></tr>
<tr><td>防拉</td><td>20</td></tr>
</table>

续表

<table>
<tr><th rowspan="2">等级
要求</th><th rowspan="2">外壳防护能力</th><th colspan="3">保密性</th><th colspan="2">防破坏</th><th colspan="2">防技术开启</th></tr>
<tr><th>用电子编码作为密钥信息的</th><th>采用图形图像、人体生物特征、物品特征、时间等作为密钥信息的</th><th>防复制和破译</th><th colspan="4">有防护面的设备抵抗时间/min</th></tr>
<tr><td rowspan="5">高防护级别（C级）</td><td rowspan="5">外壳应符合GB 4208—2008《外壳防护等级（IP代码）》中IP43的要求。
室外型的外壳还应符合GB 4208—2008《外壳防护等级（IP代码）》中IP55的要求</td><td rowspan="5">密钥量>$10^6 \times n_{max}$，并且至少采用以下一项。
①连续输入错误的钥匙信息时有限制操作的措施。
②采用自行变化编码。
③采用可更改编码（限制无授权人员更改）。不能采用在空间可被截获的方式传输密钥信息</td><td rowspan="5">密钥差异>$10^6 \times n_{max}$误识率不大于$1/n_{max}$</td><td rowspan="5">制造的所有钥匙应能防未授权的读取信息、防复制</td><td>防钻</td><td>30</td><td rowspan="2">防误识开启</td><td rowspan="2">5000</td></tr>
<tr><td>防锯</td><td>10</td></tr>
<tr><td>防撬</td><td>30</td><td rowspan="2">防电磁场开启</td><td rowspan="2">5000</td></tr>
<tr><td>防拉</td><td>30</td></tr>
<tr><td>防冲击</td><td>30</td><td>—</td><td>60</td></tr>
</table>

二、出入口控制系统执行部分防护等级

系统执行部分的防护等级分类宜符合表12-7的规定。

表12-7　　　　系统执行部分的防护等级分类

要求 防护	外壳防护能力	控制出入的能力		防破坏/防技术开启抵抗时间（min或次数）
		执行部件	强度要求	
普通防护级别（A级）	有防护面的，外壳应符合《外壳防护等级（IP代码）》中IP42的要求。 否则外壳应符合《外壳防护等级（IP代码）》由IP32的要求	机械锁定部件的（锁舌、镇栓等）	符合《机械防盗锁》A级别要求	符合《机械防盗锁》A级别要求
		电磁铁作为间接闭锁部件的	符合《机械防盗锁》A级别要求	符合《机械防盗锁》A级别要求；防电磁场开启>1500min
		电磁铁作为直接闭锁部件的	符合《机械防盗锁》A级别要求	符合《机械防盗锁》A级别要求；防电磁场开启>1500min；抵抗出入目标以3倍正常运动速度撞击3次
		阻挡指示部件的（电动挡杆等）	指示部件不作要求	指示部件不作要求

续表

要求 防护	外壳防护能力	控制出入的能力		防破坏/防技术开启抵抗时间（min 或次数）
		执行部件	强度要求	
中等防护级别（B 级）	有防护面的，外壳应符合《外壳防护等级（IP 代码）》中 IP42 的要求。 否则外壳应符合《外壳防护等级（IP 代码）》由 IP32 的要求	机械锁定部件的（锁舌、锁栓等）	符合《机械防盗锁》B 级别要求	符合《机械防盗锁》B 级别要求
		电磁铁作为间接闭锁部件的	符合《机械防盗锁》B 级别要求	符合《机械防盗锁》B 级别要求；防电磁场开启>3000min
		电磁铁作为直接闭锁部件的	符合《机械防盗锁》B 级别要求	符合《机械防盗锁》B 级别要求；防电磁场开启>3000min；抵抗出入目标以 5 倍正常运动速度撞击 3 次
		阻挡指示部件的（电动挡杆等）	指示部件不作要求	指示部件不作要求
高防护级别（C 级）	有防护面的，外壳应符合《外壳防护等级（IP 代码）》中 IP42 的要求。 否则外壳应符合《外壳防护等级（IP 代码）》中 IP32 的要求	机械锁定部件的（锁舌、锁栓等）	符合《机械防盗锁》B 级别要求	符合《机械防盗锁》B 级别要求
		电磁铁作为间接闭锁部件的	符合《机械防盗锁》B 级别要求	符合《机械防盗锁》B 级别要求；防电磁场开启>5000min
		电磁铁作为直接闭锁部件的	符合《机械防盗锁》B 级别要求	符合《机械防盗锁》B 级别要求；防电磁场开启>5000min；抵抗出入目标以 10 倍正常运动速度撞击 3 次
		阻挡指示部件的（电动挡杆等）	指示部件不作要求	指示部件不作要求

三、出入口控制系统管理与控制部分防护等级

系统管理与控制部分的防护等级分类宜符合表 12-8 的规定。

表 12-8　　　　**系统管理与控制部分的防护等级分类**

<table>
<tr><th rowspan="2">要求
等级</th><th rowspan="2">外壳防护能力</th><th colspan="4">控制能力</th><th colspan="2">保密性</th><th>防破坏</th><th>防技术开启</th></tr>
<tr><th>防目标重入控制</th><th>多重识别控制</th><th>复合识别控制</th><th>异地核准控制</th><th>防调阅管理与控制程序</th><th>防当场复制管理与控制程序</th><th colspan="2">抵抗时间/min</th></tr>
<tr><td>普通防护级别（A 级）</td><td>有防护面的管理与控制部分，其外壳应符合 GB 4208—2008《外壳防护等级（IP 代码）》中 IP42 的要求，否则外壳应符合 GB 4208—2008《外壳防护等级（IP 代码）》中 IP32 的要求</td><td>无</td><td>无</td><td>无</td><td>无</td><td>有</td><td>无</td><td colspan="2" rowspan="3">对于有防护面的管理与控制部分，与表 12-7 的此项要求相同
对于无防护面的管理与控制部分不作要求</td></tr>
<tr><td>中等防护级别（B 级）</td><td>有防护面的管理与控制部分，其外壳应符合 GB 4208—2008《外壳防护等级（IP 代码）》中 IP42 的要求
否则外壳应符合 GB 4208—2008《外壳防护等级（IP 代码）》由 IP32 的要求</td><td>有</td><td>无</td><td>无</td><td>无</td><td>有</td><td>有</td></tr>
<tr><td>高防护级别（C 级）</td><td>有防护面的管理与控制部分，其外壳应符合 GB 4208—2008《外壳防护等级（IP 代码）》中 IP42 的要求
否则外壳应符合 GB 4208—2008《外壳防护等级（IP 代码）》中 IP32 的要求</td><td>有</td><td>有</td><td>有</td><td>有</td><td>有</td><td>有</td></tr>
</table>

第十三章　停车场管理系统施工

第一节　停车场管理系统用设备

停车场管理系统用设备见表 13-1。

表 13-1　　停车场管理系统用设备

类　别	内　容
出入口票据验读器	（1）入口票据验读器驾驶人员将票据送入验读器，验读器根据票据卡上的信息，判断票据卡是否有效。如果票据卡有效，则将入库的时间（年、月、日、时、分）打入票据卡，同时将票据卡的类别，编号及允许停车位置等信息储存在票据验读器中并输入管理中心。此时电动栏杆升起车辆放行，车辆驶过入口感应线圈后，栏杆放下，阻止下一辆车进库。如果票据卡无效，则禁止车辆驶入，并发出告警信号。某些入口票据验读器还兼有发售临时停车票据的功能。 （2）出口票据验读器驾驶人员将票据卡送入验读器，验读器根据票据卡上的信息，核对持卡车辆与凭该卡驶入的车辆是否一致，并将出库的时间（年、月、日、时、分）打入票据卡，同时计算停车费用。当合法持卡人支付清停车费用后，电动栏杆升起，车辆被放行。车辆驶过出口感应线圈后，栏杆放下，阻止下一辆车出库。如果出库持卡人为非法者（持卡车辆与驶入车辆的牌照不符合或票据卡无效），验读器立即发出告警信号。如果未结清停车费用，电动栏杆不升起。有些出口票据验读器兼有收银 POS 的功能
电动栏杆	电动栏杆由票据验读器控制。如果栏杆遇到冲撞，验读器立即发出告警信号。栏杆受汽车碰撞后会自动落下，不会损坏电动栏杆机与栏杆。栏杆通常为 2.5m 长，有铝合金栏杆，也有橡胶栏杆。另外考虑到有些地下车库入口高度有限，也有将栏杆制造成折线状或伸缩型的现象，以减小升起的高度
自动路闸	（1）自动路闸由入口票箱的停车场控制器输出的操作信号控制。 （2）自动路闸应接受手动输入信号，遇到特殊情况下可以通过钥匙人工手动提升闸杆；应具有安全防护措施，闸杆落闸时，如地感感知栏杆下有车误入时，自动停闸回位，防止栏杆砸车的情况发生；可缓冲接受两条抬闸指令，使可连续过车，而不必每过一辆车都要动作一次；路闸栏杆采用铝合金方条，并在底部设置橡胶条，应耐用可靠、不变形
自动计价收银机	（1）自动计价收银机根据停车票据卡上的信息自动计价或向管理中心取得计价信息，并向停车人显示。 （2）停车人则按显示价格投入钱币或信用卡，支付停车费。停车费结清后，则自动在票据卡上打入停车费收讫的信息
泊位调度控制器	（1）当停车场规模较大，尤其是多层停车场的情况下，如何对泊位进行优化调度，以使车位占用动态均衡，方便停车人的使用，是一件很有意义的工作。 （2）要能实现优化调度与管理，需要在每一个停车位设置感应线圈或红外探测器，在主要车道设感应线圈，以检测泊位与车道的占用情况，然后根据排队论作动态优化，以确定每一新入场车辆的泊位。 （3）在入口处与车道沿线对刚入库的车辆进行引导，使之进入指定泊位

续表

类　别	内　容
车牌识别器	（1）车牌识别器是防止偷车事故的保安系统。当车辆驶入车库入口，摄像机将车辆外形，色彩与车牌信号送入计算机保存起来，有些系统还可将车牌图像识别为数据。 （2）车辆出库前，摄像机再将车辆外形，色彩与车牌信号送入计算机与驾车人所持票据编号的车辆在入口时的信号相对比，若两者相符合即可放行。这一差别可由人工按图像来识别，也可完全由计算机操作
车辆检测线圈（车辆感应器、地感）	（1）车辆检测线圈用手启动取卡设备、读卡设备和启动图像捕捉。是全自动车库管理系统入口、出口的主要硬件设备。 （2）车辆检测线圈的线圈感应系数应为 50～200μH，线圈激磁频率应为 250～300Hz
显示屏	（1）在读卡时，显示卡号及卡类型及状态（有效、过期、挂失、进出场状态）。 （2）停车场控制器出现异常时，LED 中文显示屏显示控制器工作所处状态。 （3）票箱 LED 显示屏平时显示相关信息，内容可自定
摄像机	（1）摄像机安装在进出口，车辆进场读卡时，摄下车辆图像，包括车牌号码，经计算机处理，将车主所持卡的信息一并存入计算机数据库。 （2）当车辆出场时，摄像系统再次工作，摄下出场车辆，调出进场时的图像，同时显示在计算机屏幕上进行确认，有效防止车辆被盗。管理人员可以随时监视出口的状况
管理中心	（1）管理中心主要由功能较强的 PC 机和打印机等外围设备组成。管理中心可作为一台服务器以 RS 485 等通信接口与下属设备连接，交换营运数据。 （2）管理中心对停车库营运的数据作自动统计，档案保存；对停车收费账目进行管理；若人工收费则监视每个收费员的密码输入，打印出收费的班报表。 （3）在管理中心可以确定计时单位与计费单位并且设有密码阻止非授权者侵入管理程序

第二节　停车场管理系统施工

一、停车场管理系统的组成

停车场系统组成示意图如图 13-1 所示。

二、停车场管理系统结构与工作原理

停车场管理系统是通过计算机、网络设备、车道管理设备搭建的场内车流引导、车辆出入、停车费收取等的网络系统。按使用功能分为内部车库系统与普通停车场系统。

停车场管理系统本质上是一个分布式的集散控制系统，整个系统如图 13-2 所示。

如图 13-2 所示的系统是按全自动车库管理系统的功能绘制的，实际系统由于功能的差异和设备组成方式的不同而略有变化。

系统工作时，数据与阅读机读出的数据一起被传入管理系统，进行核对与计费。若需当场核收费用，由出口收费器（员）收取。手续完毕后，出口电动栏杆升起放行。放行后电动栏杆落下。车库停车数减一，入口指示信息标志中的停车状态刷新一次。

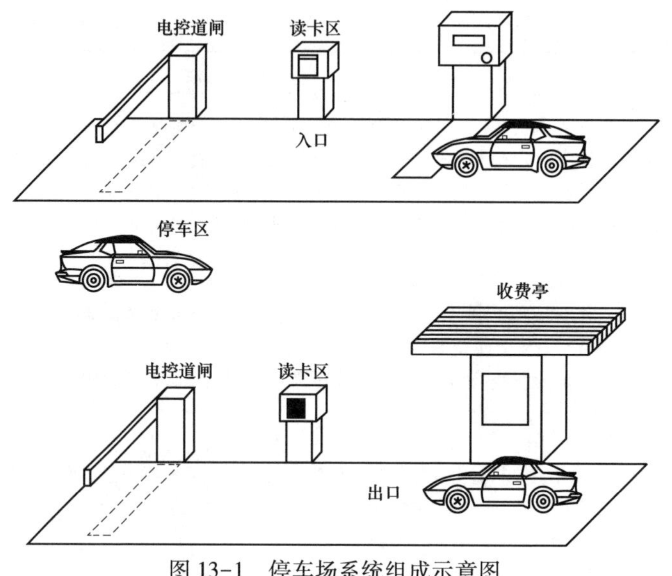

图 13-1　停车场系统组成示意图

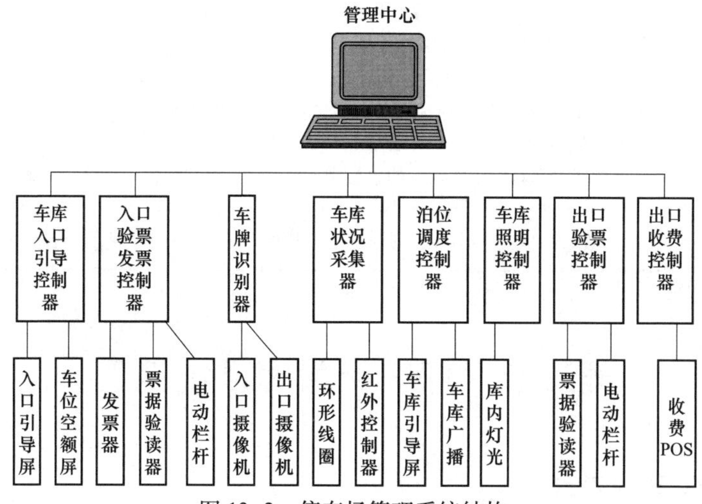

图 13-2　停车场管理系统结构

三、内部车库系统

智能大厦都有常驻车辆，作为高级商用楼的车库随着商务的发展，基本上是以内部车辆管理为主，以少量的散客为辅，如配合地面公共车位。从保安管理和安全可靠性角度考虑，许多大厦完全为内部管理。作为内部停车场，它的管理系统见表 13-2。内部车库系统结构图如图 13-3 所示。

表 13-2　　　　**部车库的管理系统**

类别	内　容
识别卡	像信用卡大小的塑封卡片，可接收发自读卡器的激光（RF）信号，并返回预先编制的唯一识别码，极难伪造。使用寿命可达 10 年以上

续表

类别	内　　容
读卡器	读卡器不断发出低功率 RF 信号，在短距离内（10～20cm）接受识别卡返回的编码信号，并将编码反馈给控制器
控制器	控制器含有信号处理单元，每个控制器可控制一个门，控制器之间通过 RS 485 接口互连（1～32 个），其中一个为主控制器，可与计算机相连并交互数据
计算机	先进的软件可将控制器传来的信息转换成商业数据，其数据库可供及时查询。它还对控制器的参数和数据进行控制
挡车器	内部有控制逻辑电路．采用杠杆门，速度快，可靠性高，噪声低，有紧急手动开关

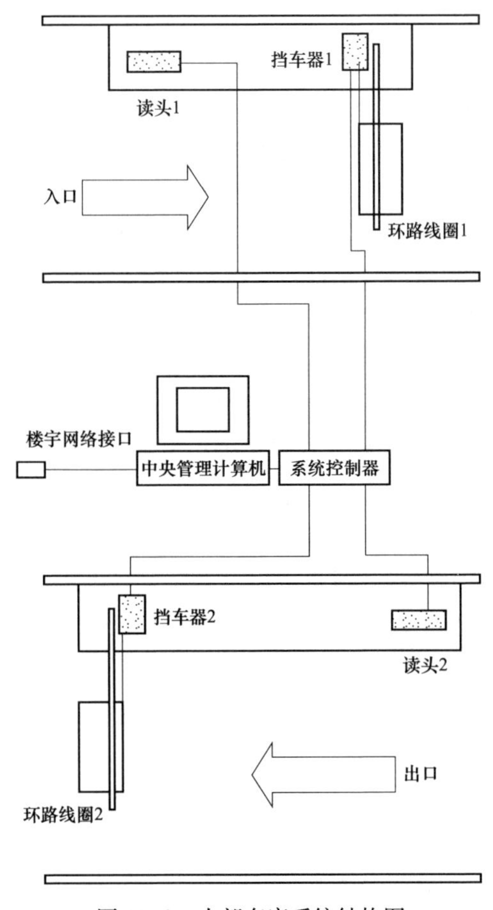

图 13-3　内部车库系统结构图

四、全自动车库管理系统

全自动车库管理系统以感应卡为信息载体，通过感应卡记录车辆进出信息，利用计算机管理、控制机电一体化外围设备，从而控制进出停车场的各种车辆。全自动车库管理系统入口、出口管理如图 13-4 所示。

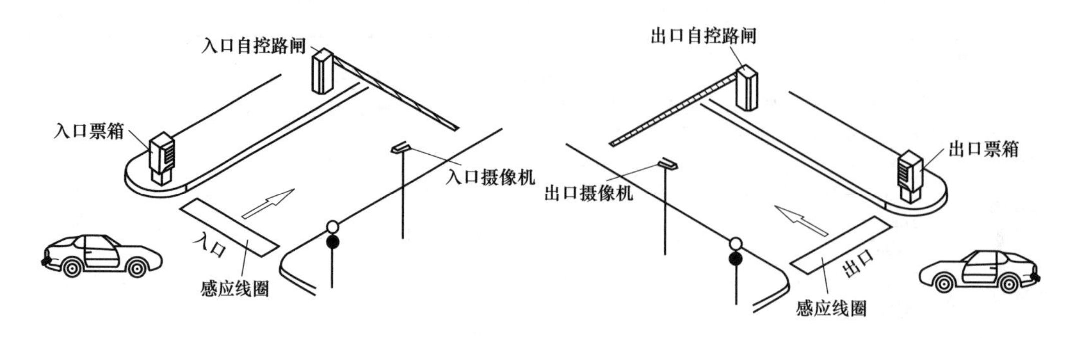

图 13-4　全自动车库管理系统入口、出口管理图

（1）入口设备主要由入口票箱（内含感应卡读卡器、感应卡出卡机、车辆感应器、对讲分机）、红绿灯控制系统、自动路闸、车辆检测线圈和摄像机组成。

（2）车辆进入停车场时，设在车道下的车辆检测线圈检测车辆驶入，入口红绿灯指示系统发生变化，此时入口的绿灯灭红灯亮提示用户现有车辆进入并禁止车辆驶入，同时入口处的票箱显示屏则显示和提示司机按键取卡，司机按键，票箱内发卡器即发送一张感应卡，经输卡机芯传送至入口票箱出卡口，并同时读卡。入口摄像机抓拍进场车辆图像并存入计算机。司机取卡后，自动路闸起栏放行车辆，车辆通过车辆检测线圈后自动放下栏杆同时入口红灯灭绿灯亮提示用户该车道可入口。

（3）出口设备主要出口票箱（内含感应卡读卡器、感应卡出卡机、车辆感应器、对讲分机）、红绿灯控制系统、自动路闸、车辆检测线圈、摄像机组成。

（4）车辆驶出停车场时，设在车道下的车辆检测线圈检测车辆到达，出口红绿灯指示系统发生变化，此时出口的绿灯灭红灯亮提示用户现有车辆在出口处并禁止车辆驶出，司机将感应卡在出口票箱感应或直接交给收费员，收费计算机根据感应卡记录信息自动计算出应缴费，并通过收费显示牌显示收费金额并语音同步提示司机缴费。收费员收费确认无误后，按确认键，电动栏杆升起，车辆通过埋在车道下的车辆检测线圈后，电动栏杆自动落下，出口红灯灭绿灯亮提示用户该车道可出口。

（5）收费管理处内设备由收费管理计算机、感应卡控制器、报表打印机、对讲主机系统、收费显示屏和操作台组成。

（6）收费管理计算机除负责与出入口票箱车场控制器、发卡器通信外，还负责对报表打印机和收费显示屏发出相应控制信号，同时完成车场数据采集下载、读用户感应卡、查询打印报表、统计分析、系统维护和月租卡发售功能。

（7）全自动车库管理系统的主要构件。

1）全自动路闸。可任意配备电动手动、操作方便的闸杆；起落平稳无颤动；防砸车、防伤人；可与各种控制设置联网实现智能控制。

2）短距离读写机。硬件 RF 射频感应式（读写器），使用可靠。

3）数字式车辆检测器。以数字量逻辑判断代替传统的模拟量开关判断，确保判断的准确性；感应量调节灵活，适应大车流量的运行系统。

4）电子显示屏。采用 LED 发光管，确保亮度；深色底设计，增加显示量度。

5）自动吐卡票箱。自动吐卡票箱置于停车场入口车道上，与收费计算机连接，每次出卡或有效读卡，计算机都有记录。

当外来车辆驶至入口发卡票箱前方的感应线圈处，由车辆检测器检测并与按钮联动，自动吐出一张卡，驾驶人自行取卡后就可进入；具有显示屏提示功能；具内藏式对讲机，驾驶人可以通过它询问停车情况，管理中心也可及时向出入口传达信息。

6）道闸控制器。是一种采用数字化技术设计的智能型多功能手动、无线遥控两用遥控控制设备，具有良好的智能判定功能和很高的可靠性，是当前电动道闸系统中首选的自动控制设备。

7）道闸分控器。

第三节　停车场管理系统安装

一、读卡机（IC 卡机、磁卡机、出票读卡机、验卡票机）的安装

（1）读卡机应安装在平整、坚固的水泥墩上，保持水平、不能倾斜。

（2）读卡机应安装在室内；安装在室外时，应考虑防水及防撞措施。

（3）读卡机与闸门机安装的中心间距宜为 2.4～2.8m。

二、感应线圈的安装（图 13-5）

（1）应埋设在车道居中位置，并与读卡机、闸门机的中心间距保持在 0.9m 左右。

（2）埋设深度距地表面不小于 0.2m，长度不小于 1.6m，宽度不小于 0.9m。感应线圈至机箱处的缆线应采用金属管保护，并固定牢固。

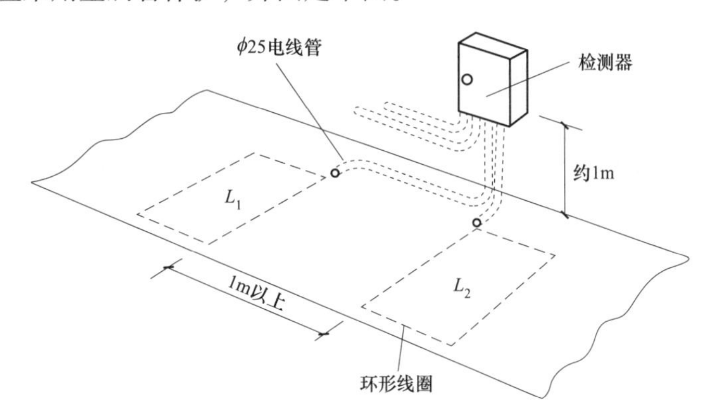

图 13-5　环形线圈的施工

三、闸门机的安装要求

（1）宜安装在室内；安装在室外时，应考虑防水及防撞措施。

（2）闸门机与读卡机安装的中心间距宜为 2.4～2.8m。

（3）应安装在平整、坚固的水泥基墩上，保持水平、不能倾斜。

四、信号指示器的安装

（1）车位状况信号指示器应安装在车道出入口的明显位置，其底部离地面高度保持在2.0～2.4m。

（2）车位状况信号指示器宜安装在室内；安装在室外时，应考虑防水措施。

（3）车位引导显示器应安装在车道中央上方，便于识别引导信号；其离地面高度保持在2.0～2.4m；显示器的规格通常不小于长1.0m，宽0.3m。

五、停车场系统布线要求

（1）将控制器放于较隐蔽或安全的地方，防止人为的恶意破坏。

（2）室内布线时不仅要求安全可靠而且要使线路布置合理、整齐、安装牢固。

（3）控制箱的交流电源应单独走线，不能与信号线和低压直流电源线穿在同一管内，交流电源线的安装应符合电器安装标准。

（4）选用合格的、经过检测的、参数符合国家相关标准的电线电缆。在穿线之前，电线电缆均要先检测导通电阻和绝缘电阻。

（5）需要接头的线，接头要用焊锡焊接并套热缩管，在热缩管外还要裹电工胶带。

（6）信号线电力线不能穿在通一管内要远离30～50cm以上。

（7）布线时应尽量避免导线有接头。

（8）使用的导线，其额定电压应大于线路的工作电压15%～20%。

（9）布线在建筑物内安装要保持水平或垂直。布线应加套管保护（塑料或镀锌钢管，按室内布线的技术要求选配）。天花板的走线可用金属软管或PVC管，但需固定稳妥美观。

（10）导线的绝缘应符合线路的安装方式和敷设的环境条件，导线的截面积应满足供电和机械强度的要求。

（11）接线时切勿将导线的铜心直接拧在接线端子上，应在每根导线的端头用专用压线钳压制金属接管，然后将金属接管拧在接线端子上。

（12）接线完成后要彻底清理剪下的线头等杂物，尤其是裸露的铜心线头，以避免通电时造成短路损坏设备。

（13）穿好所有的线后，所有出线点的线要用扎带扎好，连线带管用塑料带包好，以免雨水进入线管。

（14）多芯电缆要先在每芯电线上用号码管标记芯号，并记录芯号与颜色的对应，这是电缆另一头接线的依据。

六、管线敷设布线

管线敷设相对比较简单，在管线敷设之前，对照停车场系统原理图及管线图理清各信号属性、信号流程及各设备供电情况；信号线和电源线要分别穿管。对电源线而言，不同电压等级、不同电流等级的线也不可穿同一条管。

七、停车场地感线圈安装

1. 地感线圈安装方法

（1）矩形地感线圈安装。通常探测线圈应该是长方形。两条长边与金属物运动方向垂直，彼此间距推荐为1m。长边的长度取决于道路的宽度，通常两端比道路间距窄0.3～1m。

（2）“8”字形安装。在某些情况下，路面较宽（超过6m）而车辆的底盘又太高时，可以采用此种安装形式以分散检测点，提高灵敏度。这种安装形式也可用于滑动门的检测，但线圈必须靠近滑动门。

2. 埋设地感线圈

埋设地感线圈主要应注意以下几点。

（1）在线圈槽中按顺时针方向放入4～6匝（圈）电线，且线圈面积越大，匝（圈）数越少。放入槽中的电线应松弛，不能有应力，而且要一匝一匝地压紧至槽底。

（2）选择线径大于0.5mm^{2}的单根软铜线，外皮耐磨、耐高温，防水。

（3）地感线圈埋设是在出入口车道路面铺设完成后或铺设路面的同时进行的。

（4）线圈的引出线按顺时针方向双绞放入引线槽中，并将线圈的两个端子引入出入口机，道闸的机箱内留1.5m长的线头。

（5）线圈及引线在槽中压实后，最好上铺一层0.2cm厚的细沙，可防止线圈外皮高温熔化。

（6）用熔化的硬质沥青或环氧树脂浇注已放入电线的线圈及引线槽，冷却凝固后槽中的浇注面会下陷，继续浇注，直至冷却凝固后槽的浇注表面与路面平齐。

（7）测试线圈的导通电阻及绝缘电阻，验证线圈是否可用。

第四节　停车场管理系统的检测与验收

一、停车场系统检测

1. 接线检查

（1）其他接线检查：计算机、打印机等连接线。

（2）通信接线检查：CAN总线正负极；120Q终端电阻；不能分支。

（3）AC 220V供电及接地接线检查。

1）相线、零线、接地线的顺序。

2）接触电阻小于0.1Ω。

2. 通电

（1）入口设备通电：参照设备使用说明书，设备应工作正常、通信正常。

（2）出口设备通电：参照设备使用说明书，设备应工作正常、通信正常。

（3）收银管理设备通电：参照设备使用说明书，设备应工作正常、通信正常。

二、停车场验收

1. 车库验收

露天验收的主要内容有露天停车场要路面平整，无起砂，无空鼓以及无裂纹。

2. 室内停车场验收

停车场验收主要包括以下内容。

（1）照明设施：配套齐全，灯具完好无损，开关灵活，照明正常。

（2）排水系统：设有专门的排水沟，参照明暗沟验收标准，排水泵参照相关机电设备验收标准。

（3）露天（夹层）车棚：参照相关室内验收标准。

（4）车道标识：入口、出口标识清楚，油漆均匀。

（5）单车架：焊接牢固平直，油漆面均匀，无锈迹。

第十四章　弱电工程施工综合案例

编制：　　××
审核：　　××
审批：　　××
编制单位：××××建设工程有限公司
编制时间：××××年××月××日

一、工程概况

1. 单位工程概况

（1）工程名称：××省大学科技园孵化中心2号楼。

（2）建筑面积：66 417m^2。

（3）建筑层数：地上十六层、地下一层。

（4）建筑高度：70.30m。

（5）工程地址：××高新技术产业开发区××路11号，××街、××路、××街。

（6）结构类型：钢筋混凝土框剪结构。

（7）施工范围：室内通风、排烟工程。

（8）工程质量：确保“中州杯”工程，誓夺国家优质工程“鲁班奖”。

（9）本工程为钢筋混凝土框剪结构建筑，使用年限为50年，抗震设防烈度7度，耐火等级为一级，建筑结构安全等级为二级。

（10）建筑功能：一层设计的建筑功能为接待、服务中心、物业管理用房、孵化区和大厅，二层以上均为孵化区（孵化区是指为培养中小企业管理人员而进行专业技术培训的基地）。

2. 分项工程概况

（1）电话系统。

本工程电话干线选用HYV22-1000×（2×0.5），在地下车库外埋地敷设，进入地下车库后沿桥架敷设；地上每层在弱电井内设电话接线箱，接线箱干线为HYV-60×（2×0.5）沿桥架敷设，每层接线箱安装在电气竖井内，挂墙安装，底边距地0.5m，电话支线选用HTVV-2×2×0.5，穿P16管沿墙沿楼板暗敷，在电气竖井内明敷，电话出线座安装高度底边距地300mm。

（2）宽带网络系统。

本楼宽带网干线用宽带接入光纤，宽带网支线选用5类UTP，穿P20管沿墙沿板暗敷，在电气竖井内明敷，每层接线箱安装在电气竖井内，挂墙安装，底边距地0.5m，宽带网出线安装高度底边距地300mm。

（3）视频监控系统。

在本工程的地下车库的主通道，一层各个入口及电梯轿厢内、电梯前室、其他各层主要走道等处设置监控摄像头机，用于监视这些场所的安全情况。

二、施工部署

1. 工程工期安排

本工程的弱电工程与装饰工程和其他安装工程交叉施工，在总工程总施工进度计划的框架下，加快工程施工进度，保证工期。

在前期预埋阶段在主体浇混凝土前将施工内容穿插进，不能延误土建施工进度，同时土建施工队配合好安装的预留预埋工作，保证工序之间环环相扣配合紧凑；后期安装阶段利用作业面多的特点，充分组织好劳动力和机械设备加快进度来保证进度。

2. 施工组织系统

本工程采用项目法施工管理模式组织施工，成立安装工程项目经理部，由项目经理统一领导，处理施工中各方面问题，对内协调各专业工种的施工，全面负责工程生产、技术、质量、安全工作。

本工程按专业进行分工负责，在项目经理领导下，现场所有人员分工合作，共同完成工程的各项任务。具体分工如下：

（1）项目经理部。

施工技术部：按专业设置2名专业施工员，负责该专业劳动力安排、施工技术管理工作及工种间协调工作。

质量安全员：负责各专业工种施工质量的检验、监督，有关标准、规范的贯彻执行和安全措施的落实、检查工作。

材料管理员：负责材料、设备的采购申报、接受及现场的保管、发放工作。

工程资料员：负责资料和施工图纸的收发、整理和保管工作。

（2）现场施工班组。

安装工程各施工班：负责各种线管预埋工作、设备的安装工作。

焊工班：负责各类支架及有关设备支架的焊接工作。

3. 现场管理方法

现场以项目法组织施工。项目法施工是我国施工企业根据经营战略和内外条件，按照企业项目的内在规律，通过对生产诸要素的优化配置与动态管理，实现项目合同目标，提高工程投资效益和企业综合经济效益的一种科学管理模式。项目法施工的最大好处是项目经理部成为施工现场指挥系统的管理机构，能缩短甲方与施工单位的距离，便于对计划、合同的管理和质量、成本的控制，以便负责施工的工程项目能达到预期的最佳效果和最终目的。项目经理部实行项目经理责任制，经理全面统筹和协调整个施工现场的一切日常工作，负责与业主、工程监理和现场各施工单位的沟通联系，团结现场全体施工人员，调动一切积极因素，保证工程按照规定的目标高速、优质、低耗地全面完成。项目经理部的管理人员应深入施工现场，检查施工进度和质量，发现问题及时采取措施处理，主动配合其他承包单位的施工，努力做好各方面工作。施工员按专业分工负责，管理、安排、指导对口班组施工。在项目经理的统一指挥下，全体人员团结合作，互相促进，科学管理，密切协调，保证工程顺利进行。

在实际管理过程中，须着重做好以下几个方面的工作：

（1）现场所有人员必须服从项目经理部的统一调配和指挥，自觉遵守现场规章制度和劳动纪律，熟悉施工规范，做到安全生产。

（2）施工管理人员要积极工作，深入现场，经常检查施工进度和质量。参加有关单位组织的巡场和协调会议，发现问题及时纠正、采取措施予以解决。现场各专业施工员既要各司其职，又要相互配合支持，合理调配劳动力，科学安排施工程序，密切协调各工种搭接，共同向项目经理负责。

（3）项目经理负责部每周召开一次内部碰头会，汇报施工进度，提议质量措施，交换具体意见，讨论存在问题，研究解决办法，总结经验教训，商议今后工作。

（4）现场所需劳动力，由项目部根据施工计划和实际需要，向劳务分公司要求，调派有关专业的施工班组进场施工。

（5）现场施工班组接受项目经理部的领导，必须保证每天的实际工作时间和必要的加班赶工，按期、保质量地完成施工员下达的工程任务。

（6）进入施工高峰期，估计可能出现劳动力不能满足施工进度所需的情况，项目经理部有权要求施工组赶工或采取其他应变措施，确保工程进度。

（7）运用统筹组织施工，这是对于合理安排、科学管理、缩短工期、减低成本等行之有效的管理方法。施工网络计划压迫突出管理工作应抓紧的关键活动，显示各项活动的机动时间，使管理人员做到胸有全局，自觉加强对重要工序的组织和管理，以便工程能获得好、快、省、安全的效果。以总体施工网络计划为依据，结合甲方要求和土建进度，编制月、旬施工进度计划，并提交给现场各有关单位以争取得到支持和配合。根据实施过程中的实际完成情况，及时调整进度计划，实行动态控制管理。对施工中出现得计划偏差，应及时采取积极有效的措施，做到“向关键线路要工期，在非关键线路上挖潜力”，保证作业计划的严肃性和可行性，以达到宏观调控的目标。

4. 施工人员及需用机械

本工程计划施工人员为50人，由弱电安装各班组负责施工。消防工程主要施工设备见表14-1。

表14-1　　消防设备表

序号	设备名称	设备型号	数量	备注
1	砂轮切割机	ϕ400	4台	弱电工程
2	台钻	ϕ3～ϕ16	4台	弱电工程
3	煨管器		3台	弱电工程
4	角磨机		6台	弱电工程
5	交流焊机	BX1-400	3台	弱电工程
6	交流焊机	BX-300	3台	弱电工程
7	电锤	TE-22型	6	弱电工程
8	冲击钻	TE-12型	5台	弱电工程
9	液压顶弯机		2台	弱电工程
10	钢合梯		8台	弱电工程
11	液压压线钳		2台	弱电工程

5. 施工准备

施工准备工作是整个施工生产的基础，根据本工程的工程内容和实际情况，项目部共同制定施工的准备计划。为工程顺利进展打下良好的基础。

三、施工技术及方法

1. 施工方法及工艺标准

（1）工艺流程。

混凝土内钢管路施工主要工艺流程：预留箱盒位置→敷设管路→管路连接→切断→弯曲。

（2）操作工艺。

1）预留箱盒位置。为了保证箱盒位置及标高的准确，现阶段我们采取先预留箱盒位置后安装箱盒的办法。具体做法是，根据设计图样要求在配电箱的位置处预留一个比箱体尺寸大的洞口，一般可要求左右各大50～100mm，上下各大150～200mm。这项工作必须提前考虑，对各种规格配电箱分别制作木套箱，钢筋绑扎时，通知钢筋工在配电箱位置做好预留洞和洞口钢筋加强工作。木套箱的做法可以参照土建门窗洞模板的做法。对于接线盒或开关、插座盒，留洞尺寸可定为150×250mm。这些洞的预留一般采取预埋聚苯板的办法。施工前加工定做或现场制作150×250×100mm的聚苯板块，施工中固定在所需要的位置。管路排列要严格按照进入配电箱或盒的要求，管口必须封堵严密，以免灰浆渗入造成管路堵塞。

成品保护要求：其他工种不得碰撞或弯折电线管路，管口封堵严密，电工在浇捣混凝土时派专人值班。

2）敷设管路。管路必须敷设在钢筋网内侧，分两种情况，第一种是从楼地面内引出的管路，第二种是从墙上箱盒向外引的管路。

① 对于从楼地面内引出的管路，应在土建楼层放线后及时检查，对超出墙体线的管路，要及时进行处理，如果是根部超出，必须进行剔凿然后重新接管，如果是上部超出墙体线只需将其扳正，但要注意不能用力过猛，避免管路折断或变形。

② 对于从墙上箱盒向外引的管路，必须从木套箱或聚苯板中引出，并连接牢固紧密。为了避免混凝土浇捣时的冲击，竖向管路应沿竖筋绑扎固定，横向管路沿水平筋固定，并绑扎在水平筋的下侧。需要进入楼板的管路伸出墙体后与钢筋固定，管口必须封堵严密，可以采用管堵封堵或将管折回头并绑扎的办法。

③ 成品保护要求：管口必须封堵严密，否则容易造成堵管。

3）管路连接。包括管路与管路的连接和管路与箱盒的连接两种情况。

① 管路与管路的连接：使用与管路配套钢管管件。连接前注意首先要清除被连接管端的灰浆等，保证粘接部位清洁干燥。涂好后平稳地插入管件中，插接要到位。必要时可用力转动套管保证连接可靠。套管连接的管路应保持平直。

② 管路与箱盒的连接：本项工作应在土建进行核查后，配合箱盒的安装同时进行。首先测定好箱盒位置，根据其位置截取适当长度的管路，如果原来管路长度不够时，可采取接短管的办法，使其长度满足使用要求。按照上面套管与管路连接的办法，把盒接头与各管路连接，把盒接头的另一端插入箱盒，并用配套的锁母固定，然后把箱盒固定在合适的位置。

4）管路的切断。对于直径在20mm以下的管路可以使用专用的剪管器（割管器）进行

剪切，注意不能使切断的管口发生变形，对于直径在 20mm 以上的管路可以使用钢锯锯断，但必须用钢锉把管口内外的毛刺修整平齐。不能斜口，以避免接管时出现质量问题。

5）易出现的质量问题及解决办法（表 14-2）。

表 14-2　　易出现的质量问题及解决办法

质量问题	原因和解决办法
钢管煨弯时出现凹扁过大，弯曲半径不够倍数	使用手动弯管器时，受力点要适当移动，不能用力过猛；使用液压弯管器时，模具要配套，焊接钢管的焊缝不应放在侧面；钢管直径大于 80mm 时，最好到专业厂家加工定做
跨接地线焊接长度不够，焊缝不饱满、出现夹渣、咬肉等	焊接长度不够：操作人员责任心不强，应加强自检、互检，班组长加强检查、督促、教育直至处罚。焊缝不合格一般由于技术水平不高，应加强技术培训
管口不平齐，有毛刺	锯管后没有及时用钢锉清除毛刺。主要是操作人员责任心不强，应加强自检、互检，班组长加强检查、督促、教育直至处罚

6）成品保护要求。不得敲打或弯折电线管路，管路敷设完成后，要及时套好管堵，其他工种不得随意拆除。

（3）管内配线敷设工程。

1）施工准备。

① 作业条件。管内穿线在建筑物抹灰、粉刷及地面工程结束后进行穿线前应将电线保护管内的积水及杂物清理干净。但针对建筑电气安装项目逐渐增加管内穿线的工程量随之增大，为配合工程整体同步竣工，管内穿线可以提前进行，但必须满足下列条件：① 混凝土结构工程必须经过结构验收和核定。② 砖混结构工程必须初装修完成以后。③ 作好成品保护，箱、盒及导线不应破损及被灰、浆污染。④ 穿线后线管内不得有积水及潮气侵入，必须保证导线绝缘强度符合规范要求。已向穿线的操作人员做好技术交底。

② 材质要求：

a. 导线：导线的规格、型号必须符合设计要求，并应有出厂合格证和试验单。导线进场时要检验其规格、型号、外观质量及导线上的标识，并用卡尺检验导线直径是否符合国家标准。

b. 镀锌铁丝或钢丝：应顺直无背扣、扭结等现象，并有相应的机械拉力。

c. 护口：根据管子直径的大小选择相应规格的护口。

d. 安全型压线帽：根据导线截面和根数正确选择使用压线帽，并必须有合格证。

e. 连接套管：根据导线材质、规格正确选择相应材质、规格的连接套管，并有合格证。

f. 接线端子（接线鼻子）：根据导线的根数和总截面选择相应规格的接线端子。

g. 辅助材料：焊锡、焊剂、绝缘带、滑石粉、布条等。

③ 工器具。克丝钳、尖嘴钳、剥线钳、压线钳、电工刀、一字及十字螺钉旋具。万用表、兆欧表。放线架、放线车、高凳。电炉子、电烙铁、锡锅、锡斗、锡勺等。

2）质量要求。

① 三相或单相的交流单芯电缆，不得单独穿于钢导管内。

② 不同回路、不同电压等级和交流与直流的电线，不应穿于同一导管内；同一交流回路的电线应穿于同一金属导管内，且管内电线不得有接头。

③ 电线、电缆穿管前，应清除管内杂物和积水。管口应有保护措施，不进入接线盒（箱）的垂直管口穿入电线、电缆后，管口应密封。

3）工艺流程。

选择导线→穿带线→扫管→带护口→放线及断线→导线与带线的绑扎→管内穿线导线连接→接头包扎→线路检查绝缘摇测。

4）施工方法要点。

① 管煨弯可采用冷煨和热煨法，管径20mm及其以下可采用手扳煨管器，管径25mm及其以上使用液压煨管器。

② 箱安装应牢固平整，开孔整齐并与管径项吻合，要求一管一孔不得开长孔，铁制盒、箱严禁用电气焊开孔。

③ 盒箱稳注要求灰浆饱满、平整固定、坐标正确。

④ 管路敷设前应检查管路是否畅通，内侧有无毛刺；管路连接应采用丝扣连接或扣压式管连接；管路敷设应牢固通畅，禁止做拦腰管或拌脚管；管子进入箱盒处顺直，在箱盒内露出的长度小于5mm。

⑤ 管路应做整体接地连接，采用跨接方法连接。

（4）线槽安装。

工艺流程：弹线定位→支吊架安装→线槽安装→线槽内配线。

1）施工要点。

① 弹线定位：根据设计图确定出安装位置，从始端到终端（先干线后支线）找好水平或垂直线，用粉线袋沿墙壁等处，在线路中心进行弹线。

② 支、吊架安装要求：所用钢材应平直，无显著扭曲。下料后长短偏差应在5mm内，切口处应无卷边、毛刺，支、吊架应安装牢固，保证横平竖直；固定支点间距一般应不大于1.5～2.0mm，在进出接线箱、盒、柜、转弯、转角及丁字接头的三端500mm以内应设固定支持点支、吊架的规格一般应不小于扁铁30mm×3mm，扁钢25mm×25mm×3mm。

2）线槽安装要求。

① 线槽应平整，无扭曲变形，内壁无毛刺，各种附件齐全。

② 线槽接口应平整，接缝处紧密平直，槽盖装上后应平整、无翘脚，出线口的位置准确。

③ 线槽的所有非导电部分的铁件均应相互连接和跨接，使之成为一连续导体，并做好整体接地。

④ 线槽安装应符合现行《高层民用建筑设计防火规范》的有关部门规定。

3）线槽内配线要求。

① 线槽配线前应消除槽内的污物和积水；缆线布放前应核对型号规格、程式、路由及位置与设计规定相符。

② 在同一线槽内包括绝缘在内的导线截面积总和应该不超过内部截面积的40%。

③ 缆线的布放应平直、不得产生扭绞，打圈等现象，不应受到外力的挤压和损伤。

④ 缆线在布放前两端应贴有标签，以表明起始和终端位置，标签书写应清晰，端正和正确。

⑤ 电源线、信号电缆、对绞电缆、光缆及建筑物内其他弱电系统的缆线应分离布放。

各缆线间的最小净距应符合设计要求。

⑥ 缆线布放时应有冗余。在交接间，设备间对绞电缆预留和度，一般为 3～6m；工作区为 0.3～0.6m；光缆在设备端预留长度一般为 5～10m；有特殊要求的应按设计要求预留长度。

⑦ 缆线布放，在牵引过程中，吊挂缆线的支点相隔间距应不大于 1.5m。

⑧ 布放缆线的牵引力，应小于缆线允许张力的 80%，对光缆瞬间最大牵引力不应超过光缆允许的张力。在以牵引方式敷设光缆时，主要牵引力应加在光缆的加强芯上。

⑨ 电缆桥架内缆线垂直敷设时，在缆线的上端和每间隔 1.5m 处，应固定在桥架的支架上，水平敷设时，直接部分间隔距施 3～5m 处设固定点。在缆线的距离首端、尾端、转弯中心点处 300～500mm 处设置固定点。

⑩ 槽内缆线应顺直，尽量不交叉、缆线不应溢出线槽、在缆线进出线槽部位，转弯处应绑扎固定。垂直线槽布放缆线应每间隔 1.5m 处固定在缆线支架上，以防线缆下坠。

⑪ 在水平、垂直桥架和垂直线槽中敷设缆线时，应对缆线进行绑扎。4 对对绞电缆以 24 根为束，25 对或以上主干对绞电缆、光缆及其他信用电缆应根据缆线的类型、缆径、缆线芯数为束绑扎。绑扎间距不宜大于 1.5m，扣间距应均匀、松紧适应。

⑫ 在竖井内采用明配、桥架、金属线槽等方式敷设缆线，并应符合以上有关条款要求。

四、施工工期、质量、安全施工保证措施

1. 工期保证措施

（1）强化项目管理，推行项目法施工，实行项目经理负责制，项目经理对施工全过程负责。

（2）编制合理先进的施工总进度计划，并在此计划下分专业编排月计划、周计划，其中周计划细化到日进度，抓住关键线路和关键工序，确保总进度计划的顺利实施。

（3）与建设、监理、设计、土建及装饰等单位密切配合，及时协调，以计划为指导，有指令性地安排施工任务，每周开好生产协调和技术协调会，及时解决施工中的难题，做到周计划日平衡，确保总计划的实现。

（4）做好施工前的各项准备工作，尤其是施工机具和施工人员的进场工作。

（5）组织好配件的外委托加工工作，加强各专业的现场预制工作。

（6）严格按设计、标准、规范、工艺施工，做到分部分项一次合格，杜绝返工，用高质量保证施工进度。

（7）坚持科学技术是第一生产力，积极推广新工艺、新技术。采用先进实用的施工方法，采用机械化和半机械化的手段，利用一切条件，缩短工期。

（8）优化生产要素配置，组织专业化队伍，采用劳动竞赛的形式，充分发挥职工的积极性，提高劳动生产率。

（9）实行经济承包责任制，充分利用经济杠杆的作用，把施工进度、工程质量、施工生产、文明施工等要素与资金紧密挂钩。

（10）组织人力进行夜间施工，实行三班倒，严格按计划施工。

2. 质量保证措施

（1）建立项目质量保证体系（图 14-1）。加强质量保证体系正常运转，设置技术质量

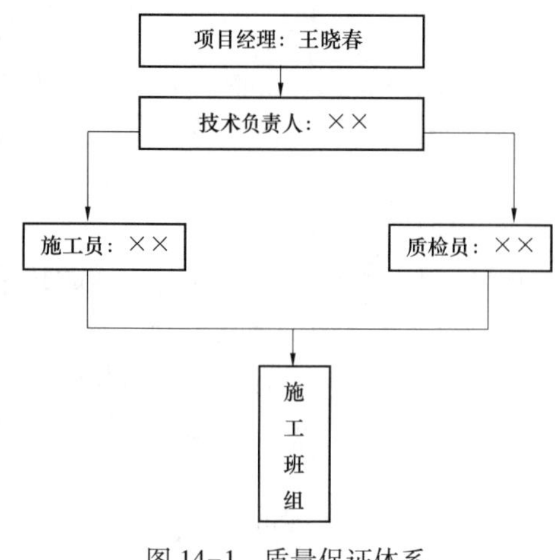

图 14-1　质量保证体系

监督部门，来保证质量。

（2）建立质量控制要点，对施工全过程分阶段、分环节进行质量控制，每个控制环节为一个停检点，上道工序合格后才能进行下道工序的施工。

（3）严格坚持技术管理制度，在图样会审的基础上，编制切实可行的施工方案，并经论证和审批，施工前进行认真的技术交底，主要技术问题及主要分项工程开工前应由公司总工程师组织交底，并有书面记录。

（4）严格按图样、标准、工艺、规程组织施工，各级质量员发现问题应及时逐级上报，经技术部门和设计单位核定后再处理。

（5）加强质量监督检查工作，严格控制施工过程中的工程质量通病，把好各道工序质量关，隐蔽工程和重要工序必须经建设单位签字认可后，才能进行下道工序施工，施工中原始记录要填写真实齐全。

（6）严格履行材料的检验制度，检验制度执行《检验和试验状态控制程序》，并做好记录，建立必要的各种管理台账，各工序操作人员在使用时，必须核对各种材料清单，检查无误后方可使用。

（7）抓好重点部位，关键部位的管理和施工，对消防、弱电等工程进行重点控制。

（8）配齐现场施工机具、设备，提高施工生产机械化水平，改善劳动条件，提高工程质量。

（9）配置必要的检测仪器，按国家《计量法》要求，管好用好施工用全部计量器具，确保测量数据准确。

（10）实行严格的奖罚制度，确保质量目标的实现。

（11）坚持样板制度和操作人员挂牌制度。每个分项工程施工前，均应先做样板，经检查验收认可后，方准大面积施工。尊重建设单位、监理单位和济南市质检部门对该工程的监督检查并做好配合工作。

（12）实行质量岗位责任制。项目经理对工程质量全面负责。班组保证分项工程质量，个人保证操作面和工序质量。严格执行工序间质量自检、互检、交接检制度。分部工程在“三检”和专业检查基础上，报请质量监督站核验同意后，方可进行后续分部工程的施工。

（13）紧紧抓住对质量影响面大，易发生质量通病的主要环节，实行全方位质量检查，认真做好记录，及时整改，坚决消灭质量通病，确保工程质量目标的实现。

3. 安全保证措施

安全管理目标：杜绝重大安全事故，控制一般轻伤事故，为达到该目标将采取以下措施：

（1）在施工前，严格按职业健康安全管理体系标准制订项目安全规划，明确各工序、各环节的安全措施，负责人及奖惩措施。

（2）建立项目安全保证体系，各队应有专职的安全员，专职安全员均应经过劳动部门

培训，持证上岗。

（3）做到安全工作由项目经理亲自抓，安全部门专职抓。

（4）贯彻“安全第一，预防为主，防治结合”的方针，搞好安全生产教育，施工前做好进场教育，施工中坚持日常教育，把安全施工活动在全员、全过程、全工作日的工作中体现出来。

（5）加强安全标准化管理，采用召开会议、现场监督、检查评比、劳动竞赛等各种形式搞好施工安全。

（6）悬挂安全警示牌、张贴安全宣传标语，造就安全施工环境，时刻在施工人员心中敲警钟。

（7）严格执行有关安全生产制度，坚持做到交代任务必须交代安全措施和要求，对安全关键部位进行经常性的安全检查，及时排除不安全因素。

（8）强化安全操作规程，严格按安全操作规程办事，《安全操作规程》发放到班组。

（9）对安全违章现象，实行经济处罚并责令停工。

（10）各种用电设备要做做到“三级配电、两级保护、一机一闸”，并经常检查完好程度，发现隐患应及时处理，地下室潮湿环境中一般应使用低压电器，如必须用强电时，要有防触电保护措施，线路要有双重耐压保险。

（11）预留孔洞，电梯井洞、竖井等要有安全网，电梯井门口装设临时栏杆，井架口要装有安全门。

（12）立体交叉施工时，不得在垂直面上出现高低层次同时施工，确实无法错开时，应搭设防护棚，并在高空作业区设置警戒线，派专人看管。

（13）进入现场的施工人员一律配戴安全帽，高处作业人员系安全带，设置安全网，对特殊工种人员如电焊工、气焊工、电工等，配备好劳动保护用品。

（14）加强防火工作，现场配备必要的消防器具，对施工人员要加强消防意识的教育。

（15）安全管理。

1）建立安全责任制：公司副总经理、项目部经理负责安全生产。项目部设安全员，班组设兼职安全员，责任落实到人。经济承包有安全指标和奖罚办法。

2）安全教育：施工人员进入现场必须进行安全教育，组织学习与认真贯彻执行安全操作规程。

3）安全技术交底：做好部分分项工程安全技术交底，交底内容要有针对性，交接双方必须签字。

4）特种作业：操作人员必须经培训合格，持有上岗证，才可进行操作。

5）安全检查：执行专职日巡制度、班组周检制度，并及时写出书面记录。如发现事故隐患，定人、定时间、定措施整改，并由安全员监督执行。

6）现场设立十项安全措施及有针对性的安全宣传牌。

7）现场安全生产管理资料由专人负责，分类齐全，做到规范化、标准化。现场安全员必须佩戴袖标。

4. 现场文明施工措施

（1）建立文明施工责任制，实行划区负责制。

（2）按建设单位审定的总平面规划布设临建和施工机具，堆放材料、成品、半成品。

埋设临时管线和架设照明、动力线路。

（3）建立安装工程主要工序报批制度，保证协调施工，断（接）水、断（接）电要报批并取得甲方同意认可。

（4）工地入口处设置工程概况介绍标牌，工地四周设置围护标志，宣传牌要明显醒目，施工现场按规定配备消防器材，派专人管理。

（5）材料堆放要做到：按成品、半成品分类，按规格堆放整齐，标牌清楚，多余物资及时回收，材料机具堆放不得挤占道路和施工作业区，现场仓库、预制场要做到内外整齐、清洁安全。由于本工程单层面积较大，材料的二次搬运量较大，应组织好人力，不能影响正常施工。

（6）施工中必须对噪音进行控制，以免影响周围群众的正常休息和生活。

（7）建立卫生包干区，设立临时垃圾场点，及时清理垃圾和边角余料，做到工完场清。

（8）经常保持施工场地平整及道路和排水畅通，做到无路障、无积水。

（9）建立节约措施，消灭常流水、常明灯。

（10）按专业建立成品保护措施，并认真执行。特别是在安装工程全面展开期间，分专业设足够的专职保安人员进行成品保护，防止破坏和丢失。

（11）注意临建在使用过程中的维护和管理，做到工程竣工后自行拆除，恢复平常状态。

5. 工种配合施工措施

（1）工序配合。

该工程施工各专业交叉作业多，安装预留预埋要求位置准确无误，安装工程配合的好坏将直接影响整个工程的进度和质量，因此将采取以下措施：

1）把好图样会审关。安装各专业技术人员必须认真熟悉图样，逐个复核预留预埋构件和孔洞的位置、尺寸，并以书面文件的形式提交土建专业核对，尽可能减少差错和返工。

2）做好技术交底。由各专业技术人员对施工班组进行技术交底，对施工方法、技术要求、计划安排均交代清楚，并存交底记录。

3）及时配合预留预埋。按照土建的施工进度提前做好预留、预埋的预制工作，在土建施工的同时或在土建提出的期限内完成预留、预埋工作。保证预留、预埋工作的高质量。依据土建提供的基准线确定其位置，并采取焊接等加固方法可靠固定，还须采取措施防止堵塞，在浇注混凝土时派专人在现场检查，防止在土建施工中被损坏和移动。

4）预留、预埋在浇注混凝土之前，安装和土建技术负责人一起检查、复核。填写工序交接单，并经甲方有关人员复验无误后方可浇注混凝土。

5）在土建拆模后，及时检查预埋件的位置是否正确，并清理干净，发现问题及时采取补救措施，避免大量剔凿和截断钢筋。

6）加强与土建、装饰工程的现场联系，有关技术质量、交叉施工等事项以工作联系单的形式及时通知各方。中间交接的工序和项目要及时办理中间交接记录。

7）安装工程与装饰工程配合施工的器具提前取得样品的准确尺寸和安装的准确位置，以书面形式提交装饰单位，以便留孔。

（2）与土建配合。

预留预埋配合，预留人员按预埋预留图进行预留预埋，预留中不得随意损伤结构钢筋，

与土建结构矛盾处，由技术人员与土建协商处理，在楼、地、墙内，错、漏、堵塞或设计增加的埋管，必须在未做楼地面前补埋，板上、墙上留设备进入孔，由设计确定或安装有关工种在现场与土建单位商定，土建留孔。

（3）与建设单位的配合。

1）甲方供应的材料、设备，由甲方按进度计划及时提供，到货计划由施工项目班子提供。

2）图样及设计变更资料，由甲方按规定数量及时提供、安装与设计的有关事宜亦由甲方协调。

3）认真服从监理公司的安排，接受监理工程师的质量监督管理，在工程进度、材料管理、质量管理、工程验收等各方面为监理工程师开展工程监理工作提供方便条件。

4）在施工过程中，甲方和监理公司对安装质量进行监督，设备开箱检查，隐蔽验收、试车、试压均应请甲方及监理有关人员参加和验收。

五、现代化管理方法和新技术应用

先进的科学技术和先进的经营管理是推动经济高速发展的两个主要因素，要快速、优质、低耗地完成安装任务，在项目施工中采用现代化工程管理方法和大力推广新技术是必不可少的手段。

在工程项目管理中我们将以工期、成本、质量为目标采用如下的现代化管理方法。

（1）应用网络计划进行进度、成本控制，同时也对工程未来的发展做出预测，估计超支、节约或提前、拖后的情况，及早采取措施以保证工程的顺利进行。

（2）推广全面质量管理，将管理结果变为管理因素，运用统计技术的科学工作方法，提高施工质量，确保质量目标的实现。

（3）将目标管理融于本项目的管理之中，并相应地建立目标责任制，调动各级人员的积极性。

（4）本项目在进度管理、材料管理、劳动力管理、财务管理等方面，将运用计算机进行辅助管理，以提高处理繁杂信息的能力，提高工作效率。

参 考 文 献

[1] 范丽丽. 弱电系统设计 300 问 [M]. 北京：中国电力出版社，2010.
[2] 杨光臣，等. 怎样阅读电气与智能建筑工程施工图 [M]. 北京：中国电力出版社，2007.
[3] 郑清明. 智能化供配电工程 [M]. 北京：中国电力出版社，2007.
[4] 曹祥. 智能楼宇弱电电工 [M]. 北京：中国电力出版社，2008.
[5] 北京建工培训中心. 建筑电气安装工程 [M]. 北京：中国建筑工业出版社，2012.